现代导航的演进
——量子技术的兴起

Quo Vadis: Evolution of Modern Navigation
The Rise of Quantum Techniques

【美】F. G. Major　　著

吴德伟　杨春燕　徐小杰　苗　强　戚君宜　译

国防工业出版社

·北京·

著作权合同登记　图字：军-2016-070号

图书在版编目（CIP）数据

现代导航的演进：量子技术的兴起/（美）F.G.梅杰（Fouad G.Major）
著；吴德伟等译. 一北京：国防工业出版社，2018.2
书名原文：Quo Vadis：Evolution of Modern Navigation The Rise of
Quantum Techniques
ISBN 978-7-118-11551-2

Ⅰ.①现…　Ⅱ.①F…　②吴…　Ⅲ.①量子论－应用－卫星导航
Ⅳ.①TN967.1

中国版本图书馆CIP数据核字（2018）第025910号

※

*国防工业出版社*出版发行

（北京市海淀区紫竹院南路 23 号　邮政编码 100048）
北京京华虎彩印刷有限公司印刷
新华书店经售

*

开本 787×1092　1/16　印张 16¾　字数 385 千字
2018 年 2 月第 1 版第 1 次印刷　印数 1—1500 册　定价 128.00 元

（本书如有印装错误，我社负责调换）

国防书店：（010）88540777　　　发行邮购：（010）88540776
发行传真：（010）88540755　　　发行业务：（010）88540717

译者序

导航，这一所有运行体赖以完成任务的核心技术之一，自古以来从未停止过发展的步伐。导航这项应用性科学，其涉及的学科范围之广、专业知识之浩瀚，远远超出了初学者的想象。投身导航研究的专业人员，只有上通天文、下通地理，古知航海、今知航天，从各个方向领域跟踪钻研导航技术的进步，才能不断地满足各种运行体发展的要求，精心为用户服务。

如今，人类已经实现了更快、更高、更远、更深的运行梦想。超高速飞行、太空探索、深海潜航等活动都牵引着导航技术向更高的水平发展。译者所在团队长期从事空天飞行器导航理论与技术教学科研的工作，面对导航发展的迫切需求，紧密跟踪导航前沿，从类脑智能自主导航、量子信息技术实现的新型导航等方面，力图破解现代导航依然存在的实际问题。

然而，导航将何去何从？美国的 Major 教授以他的量子物理学家新视野，给出了导航专业人员期待的回答。我们曾也乘人工智能、量子信息科学兴起之东风，追随认知导航、量子导航创新的步伐，但并未意识到导航未来发展方向的涵义。而 Major 先生却以他智慧的论述，自然而然地将量子技术的兴起与现代导航的演进联系起来，毫不晦涩地指明了未来导航发展的方向，令导航专业人员大有豁然开朗、立身学科专业峰巅之感。更令人钦佩的是，此书作者身为量子物理学者、原子钟方面的顶级专家，竟能将导航的演进这样一幅波澜壮阔的漫漫长河史，如数家珍般地娓娓道来，令我们感到虽弥久钻研、苦心积淀也自愧不如。

此书的益处不仅是史诗般地对导航发展历程进行描述，更是就量子理论与技术在导航发展中的支撑作用做出了系统、深刻的阐述。令译者汗颜的是，作者提到此书可适用于具有大专水平的非专业人员阅读参考，而事实上，虽然译者本身就是导航专业人员，但是对此书一些内容的理解仍有些困难，可能存在着严重的东西方对量子物理和量子力学基础建立的差异，或许美国等西方发达国家在这方面已经与我们拉开了差距，我们亟需把这项缺课补上，而这本书恰恰可以起到助推作用。也正因为如此，译者团队精心地将此书翻译出来奉献给我国的专业和非专业人员鉴赏学习。

全书共有 18 章，在作者洋洋洒洒的笔下是对导航原理所依托的全部物理基础的诠释，内容之丰富为导航专业人员所向往，受到导航及相关专业人员的欢迎。我们虽未能与 Major 先生谋面，但却好似相识已久，期待与大师相见的那一天。翻译工作是由吴德伟教授、杨春燕教授、徐小杰副教授、戚君宜副教授、苗强讲师合力完成的，其中，吴德伟教授翻译了第 1、2、17、18 章，杨春燕教授翻译了第 3、4、5、6 章，徐小杰副教授翻译了第 8、9、11、12 章，戚君宜副教授翻译了第 14、15、16 章，苗强讲师翻译了第 7、10、13 章。吴德伟、杨春燕教授进行了全书的统稿工作，苗强讲师负责了全书插图的编译。正如前面所提到的，因译者团队本身对量子理论和技术的认识不深，故在翻译当中难免会有词义不达的缺憾，恳请读者雅正。感谢李响、韩昆、魏天丽、方冠等研究生在此书翻译过程中的助力。

译 者

2017 年 12 月

前 言

近年来，全球导航和大地测量等领域在精度和实时性方面均取得了革命性的进展。20 世纪中叶，"太空征服"的迅速开展和超稳定原子钟的发展，推动了具有高精度并且可连续全球覆盖卫星导航系统的实现。在美国，GPS 系统（全球定位系统）最初起源并服务于军事需要，但后来扩展到普通大众。毋庸置疑，高分辨率 GPS 系统主要还是为未来军事之用。其他卫星系统包括欧洲的"伽利略"定位系统、俄罗斯的"格洛纳斯"卫星导航系统和中国的"北斗"。

航天器原子钟在这些系统中起着关键性作用，它可以通过地面辅助，保持连续的亚微秒级的同步卫星网络。GPS 已经发展成为一种成熟可靠、全球通用的系统，只需相对便宜的手持接收机便可应用。与掌上无线通信设备一样，GPS 已渗入到我们的文化之中。技术同化脚步的加快不可避免地拉开了公众的技术理解水平与新技术复杂程度之间的差距。微电子技术的发展和计算机的复杂化降低了操作设备时对专业知识的要求，只需知道按钮的功能即可。

本书旨在通俗易懂地阐述一些基本原理，深入说明卫星导航系统的设计，同时在正文中通过介绍性章节简介导航方法的早期发展。本书不是在讲导航的历史，只是尝试用史学观点介绍导航。

本书主要面向大专水平、具备物理和工程方面基础的求知非专业人员。它以直观的方式，广泛介绍了地面和空间导航演变的相关主题，且较少使用数学公式。前两章介绍自然界中的导航和古代水手的导航，包括腓尼基人、维京人、太平洋岛上居民所用的导航。第 3、4 章介绍恒星导航、星座及星坐标等要素。第 5～7 章介绍精密机械计时器，海洋中经度的测定和精密可控石英时钟最近的发展。第 8 章总结介绍了量子概念，作为讨论微波和光与原子之间相互作用的准备知识。有关原子钟的介绍相当详细，包括氢微波激射器、铯束、铷电池，以及最新发展的铯喷泉和单离子频率标准。随后介绍陀螺罗盘的章节引出了对萨格纳克激光陀螺的讨论。从第 13 章开始介绍有关基于时间的导航：先是基于地面网络的"罗兰 C"和"奥米茄"，随后是基于卫星的系统，包括轨道理论、早期的卫星导航系统 SECOR、TRANSIT 等；最后推出了全球导航卫星系统——全球定位系统（GPS），该系统是本时代重大技术成就之一。对 GPS 分三大部分进行介绍：空间、控制和用户部分。研究人员试图通过实现超常的协调性和精度，使整个系统正常运作。GPS 尤其是差分 GPS 的应用广泛，除了常见的空中导航、海洋导航和导弹制导，GPS 还应用于大地测量、重大工程建设、矿业项目、农业、生态、紧急定位，更不用说高速公路导航。第 17 章是太空导航的相关内容。第 18 章讨论了导航的未来，届时原子干涉仪可作为陀螺罗盘使用，铯喷泉作为原子时间标准，量子计算机用来更新卫星星历。

在此，对为本书的顺利完成做出各种贡献的人们深表感谢。

目　录

第 1 章 自然界中的导航

1.1 动物导航

地球上的生命形态千变万化，行为方式各异，但最让我们费解的是，许多生物在长途迁徙过程中，即使是穿越广袤无垠的海洋，也不会迷失方向。但是，在很大程度上，动物行为的遗传学基础对我们仍是一个谜。看似无止境的进化之路在许多方面已变得越发明显，动物已经进化到能够根据不同环境找到方向的程度。一些动物居住并活动于地球表面的各种地形中，而一些动物伴随着风云翱翔于大气之中，还有一些生活在茫茫大海深处。举一显著事例，帝王蝶能够穿越整个北美大陆迁徙成千上万英里，路途之长，以致至少需要两代才可完成迁徙！同样令人困惑的还有一些其他动物的迁徙行为，例如，马恩岛海鸥的飞翔速度很快，可以滑翔掠过大西洋到达繁殖地；太平洋鲑鱼则历经两年，游过成千上万英里的海洋回到其孵化的流域。

目前，我们对许多迁徙物种仍然缺乏认知，以至于无法从基本的导航功能分析它们的行为。为了适应大规模迁徙，在动物进化过程中产生了很多奇特行为，错综复杂，使我们难以分析所看到的动物行为，因为它们采用的导航方法取决于其所处的特定环境。然而，为了理解动物的迁徙和归航行为，我们必须根据观察到的、可描述的行为区分基本的导航技能。最基本的一种导航被动物行为学家[1]称为"引航"，该术语源于船舶导航。在此，活动是在连续熟悉的"地标"的导引下完成的，同时这些"地标"之间有着一些随机或系统的搜索联系。"地标"的含义非常广泛，它不仅指可辨认的、可见的物理特征信号，还包括基于听觉和嗅觉的信号。在寻找目的地的过程中，如果超出了目前的感知范围，则需要一个概念性地图，以及身体对时空与方向的判断，来寻找下一个地标。这种多物种拥有的高级导航能力要通过罗盘定位来获得。动物拥有维持特定罗盘方位的能力，即无需预先了解任何地标，便可确定相对地球南北轴的坐标轴方位。仅有几种物种可实现的最高级导航才是"真正的导航"，这些动物无需预先了解其路径，也能沿着正确的方向前往目的地。当然，这并不能说明这些动物拥有某种超自然的感知能力或第六感帮助其实现这些条件下的导航，也许有些动物天生携带内部"地图"，它们能够利用这样的能力确定移动方向，并感知时间的推移以及其他信号。否则，又该如何解释帝王蝶的迁徙呢？

导航中十分有用的地标来源于动物的活动空间，除了较为常见的可见物体或地形特征外，还可能是气味或者声音。动物的行为与其周围所有能够识别的信号有关。在地面生活的昆虫可以利用地面上可见的地标或嗅觉作为辅助，白天迁徙的鸟类可以识别地理特征，如远处低空的海岸线。这类地标对于候鸟至关重要，它们可以利用地标校正预定飞行路线的任何偏差，如由侧风引起的偏差。引航在某些动物的归巢行为中扮演着重要

1

的角色，然而对于信鸽却较为次要。一些实验可有力地证明，即便信鸽几乎可以完全看到鸽房。通过操控也可使它们辨别方向的能力出现定位偏差。

1.2　通过太阳确定方向

截至目前，在动物行为中，最显著却又惊人的共有特征是，某些动物可以依据地球地轴实现自身的导向，即实现罗盘定向。对于许多拥有视觉焦点或者至少拥有足够感光能力的动物，如果能够感知一天中太阳不断变化的位置，则可以由太阳确定方位。事实上，许多动物可以精确做到利用其生物钟，准确结合太阳的运动，推断出一个恒定的方位。此生物钟会调节动物和植物的内在机理，从而产生所谓的昼夜节律（拉丁语：circa=关于，dies=天数），此术语意味着每天有规律的重复变化。自古以来，人们就已注意到这种遵循昼夜循环的周期性行为。18 世纪，以为动植物分类而闻名于世的伟大自然主义者卡尔·林奈（Carolus Linnaeus）指出，不同种类的花，其花瓣会在一天中不同的时间展开和合拢。这种现象具有一定的规律性，卡尔·林奈据此开垦了一个花园，种满了在一天中不同时间开放的花草，做成了一个花钟。最新研究揭示了光刺激与驱动昼夜节律化学过程的生化途径。首次在植物中发现的光敏感物质——隐花色素，它在蓝色到紫外光谱区起着光传感器的作用，能够进行 24 小时周期性的生化过程。在这之前，人们已发现老鼠和人类视网膜中的细胞与植物中的隐花色素有类似基因，这表明这类基因在昼夜光感应中起着重要的作用。对果蝇的详细研究也发现了可控制昼夜节律生化反应的特异性序列。

蜜蜂和某些鸟类补偿太阳运动的能力已被定量证明。20 世纪 50 年代，古斯塔夫·克莱默（Gustav Kramer）[2] 对关在鸟笼中的八哥进行的一系列经典实验表明：通过使用镜子改变鸟看到太阳的视线位置，也会相应改变它们的方向感。因为感受到方向改变，笼中之鸟就想要飞出鸟笼进行迁徙，从而表现出焦急或者"焦躁不安"（德语：Zugunruhe）就证明了这一点。另外，还可通过使八哥逐步适应交替的昼夜循环，系统地改变其生物钟[3]，进一步定量证明具有同一能力。结果发现，鸟类的确可以感知太阳每小时 15° 运动。研究人员对许多其他脊椎动物和无脊椎动物也进行了类似的实验，包括信鸽、两栖类等，都得到了相似的结果。很多物种并不需要直接看到太阳，它们已经拥有透过云层和大气的散射间接感知太阳光偏振方向的能力。太阳光穿过大气发生散射从而使天空呈现蓝色是由一定模式偏振引起的，这种模式取决于太阳的相对位置和观察方向。人们可以使用偏振滤光器来证明这一点，例如，使用一对"偏振"太阳镜会发现，通过滤光器观察到的天空亮度，在沿着视线绕轴旋转过程中是各不相同的。这样就使得能够检测这种偏转现象的物种，无论是在阴天条件下还是太阳在地平线以下，又或在黎明和黄昏的时候，都能够找到自己的方向。第 2 章在介绍维京人在大雾中仍能确定太阳位置的能力时，会对此话题进行详细描述。真正了不起的是蜜蜂、蚂蚁和蜘蛛这些无脊椎动物，有证据表明，它们能够在光谱的紫外线区域（380~410nm）检测到偏振方向，并用于定位。例如，一项针对沙漠蚁[4]的实验表明，这种生物能够在广阔的区域中寻找食物，且能够在没有气味线索的情况下回到自己的巢穴，在实验中，它们可以单独穿越距离其巢穴数百米的沙滩试验区。将偏振滤光器安装在可移动框架上，使蚂蚁暴露在偏振方向可控的阳光下，尽可能使蚂蚁看不见任何可以帮助其回到巢穴的地标。结果发现，在成功地返回巢穴的过程中，蚂蚁似乎确实能够对阳光紫外线成分的偏振有所感应。另外，研究人员在蜘蛛的身上安装了二次光学传感器，感知落在它们身上的阳光偏振方向，从而也证实了在蜘蛛身上存在对紫外线的独特性感应。

太阳光偏振甚至也可能延伸至水下环境，其中水本身形成的散射可导致光发生偏振，其方向取决于太阳的位置，这种偏振的感测深度已经超出了可见阳光的深度。

1.3　通过星星确定方向

能够在夜间迁徙的某些物种明显地表明，它们一定可以通过太阳以外的其他方式实现方向定位。人们自然而然地认为星图是绝佳之选，将此类信号作为线索明显比明亮的太阳更为困难。为了通过星星确定方向，动物必须补偿因地球自转引起的星图的明显转动，这与利用太阳定位的要求一样。另外，生物钟也必须发挥作用。通过观察它们迁徙的首选方向法，研究人员再次对夜间迁徙的鸟类进行了实验，结果发现情况也是这样的。在针对靛彩鹀[5]的一系列经典实验中，鸟被关在特制的圆笼中，天黑后放到开阔的天空。可以观察到，当天空明亮、星星清晰可见时，鸟的迁徙方向感完全正确，但是在阴天条件下，它们就明显地失去了方向感，同时失去了活力，显然，最直观的解释是鸟是根据星星来判断方向的。当然，很难凭借鸟这一种动物就得出有关生物行为的确切结论，因为难以确定和控制影响观察时的各种因素，或许，看到阴沉沉的天空，鸟儿就变得沮丧或者感知到风暴即将来临。对靛彩鹀[6]进行了一系列更加令人信服的实验，天文馆被用来模拟夜空，结果表明，这些鸟朝着投射到天文馆圆顶的星星方向迁徙，即使天文馆北极星设置的方向远离真正的罗盘方向时，也是如此。如果关闭了天文馆星，圆顶光线变得昏暗，鸟的夜间迁徙会明显受到影响变得杂乱或者完全停止。为了测试鸟是否需要提前暴露在夜空下，以培养正确的迁徙方向感，研究人员将靛彩鹀的幼仔隔离饲养直到第一次迁徙，之后在天文馆中进行测试。最初它们只是随机寻找方向，后来它们便表现出了正常的迁徙行为。通过使两组靛彩鹀幼仔适应天极的不同方位，进一步验证了它们利用星图辨别迁移方向的论点。

曾经，人们认为只有鸟类拥有这种非凡的能力。然而，最近瑞典隆德大学的研究人员玛丽·达克（Marie Dacke）和埃里克·沃伦恩特（Eric Warrant）报告了在南非对粪甲虫进行的实验[7]。这些粪甲虫将粪便滚成比自己大的粪球，然后沿着某条直线快速离开，以躲开粪堆周围的人群，即使在晚上也不会迷失方向。这就要求它们保持一个恒定的方位，因而，肯定在夜间有某种导航辅助。以前人们曾认为只有月亮能提供这种辅助，但后来慢慢发现，在没有月亮的晴空中，许多甲虫仍然能够实现导航！这引发了人们对星星作用的猜测。为了验证该猜测，研究人员在天文馆中不断变换天空状态操纵甲虫，对其进行观察，结果明确表明星星提供了必要的信号，特别是一些明亮的星星集中成为一条线状我们将称其为银河，能够指引它们的路线。

有人可能认为，在夜空中月亮比星星更明亮，它可以是夜行迁移动物的天然向导，但它并不适合长途迁徙。最主要的原因是月亮在运动时，在整个月运周期中，它的视位置和外观每天都会大幅度变化，有时甚至会消失。为了利用月亮固定一个罗盘方位，生物必须跟踪日周期和月运周期这两个不相干的周期。然而有些情况却证明，在对照实验中的沙蚤以及最近实验中的粪甲虫等昆虫可用月亮确定方向。

1.4 磁场定向

在人们发现磁性的早期，磁场对动物行动可以神秘地产生好或坏的影响，被认为是遍及一切的力量。古中国的风水（发音为"fung shway"）学派至今仍然流行，在该学派中，利用磁"罗盘"使古迹建筑，甚至生活中家具等物体在空间对准，表示吉利。从早期的观察中可以发现，天然磁石（一种铁矿磁的形式）如果自由旋转，会自动找到相对于地球轴的固定方向。在 16 世纪晚期，威廉·吉尔伯特（William Gilbert）已将天然磁石的这种显著特性作为自己的研究课题，在《论磁》一书中，他提出了革命性的理念，文中提及地球本身也具有天然磁石的特性。他的地磁理论认为大地被磁场包围，仿佛一块大磁铁嵌入地球中心，与地球的自转轴基本对齐。这为制造一个用自由转动的磁针构成航海罗盘提供了理论依据。第 2 章将涉及更多关于磁罗盘历史的内容。

在生物领域，地磁场在引导动物迁徙和归航路线方面的确扮演着重要的角色。一些动物能够在无垠的海洋和沙漠，甚至在没有任何视觉提示的阴天长途跋涉，显然意味着它们使用了非视觉的备用导航系统。事实上，显而易见，这种非视觉的能力源自感知地磁场方向的能力。这种想法可以追溯到近一个世纪前。在一系列欧洲知更鸟[8]综合实验中，给载流圆形线圈（这些线圈以同轴的形式布局在鸟笼的对侧）的鸟笼施加成对的均匀磁场，一对沿水平轴，另一对沿垂直轴。用这种方式，鸟可以感应到独立变化磁场的垂直和水平分量。再一次观察鸟在迁徙过程中的一般方向性，人们会惊讶地发现，知更鸟不仅感应到了磁场，而且作出了相当复杂的反应。它们并没有像人们使用磁罗盘一样简单地使用水平分量的方向，相反，水平分量只定义一个轴，并没有定义沿该轴的特定方向；它是由相对垂直方向的总磁场斜率决定的。这就意味着，对于一个给定的水平分量，如果反转磁场的垂直分量，鸟的迁徙方向也随之反转，如图 1.1 所示。

观察可知，在多云天气下，磁场定向对信鸽[9]返航也很重要。稍后本章将详细讨论信鸽。磁场信息的处理方式和决定信鸽行为的方式仍有待深入研究，很难准确地设计和解释环境对实验的影响，然而观察结果表明，这些鸟类对于磁场的变化极其敏感。最近有报告称，已经在信鸽的头部和蜜蜂的腹部找到磁性物质，但还需要进一步研究这些物质是否和定向有关。

动物对周围磁场敏感的另一个重要例子是无脊椎动物，尤其是蜜蜂。当然，这些生物是人类生活中重要商品的生产者，因此地位特殊，

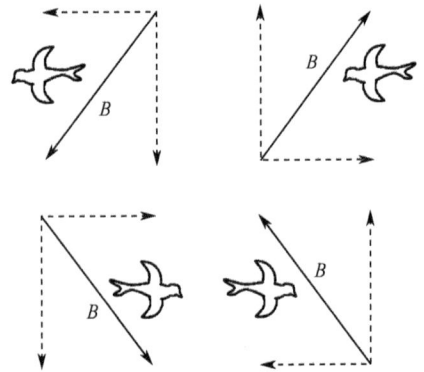

图 1.1 磁场对知更鸟的影响（B-磁场强度）

所以人类对其颇有研究兴趣，尤其是它们的群居行为和组织。更吸引人的是"野外工作"的蜜蜂在发现蜜源，返回蜂巢后能够准确地告知其他蜜蜂蜜源的位置。奥地利生物学家

卡尔·冯·弗里希（Karl von Frisch）[10]使用特制的带有观察窗的蜂箱，观察到返巢的蜜蜂会跳一种复杂舞蹈，它们遵循 8 字形的路线，身体左右摇摆。舞蹈是在蜂巢的垂直蜂窝表面上进行的。通过这种运动定量地传达食物源的方向和距离信息，这是动物之间交流最明显的例子。相对垂直面摆动的路线角等于食物源相对太阳方向的方向角，距离与摆动的频率或次数相当。报道称，在蜜蜂活动的区域施加不同强度的磁场可以影响舞蹈摆动的路线方向。

相比于别的线索，迁徙的候鸟利用地磁场在洲际间的导航会受到称为磁场风暴[11]的短暂性干扰。地磁风暴已然成为地磁场领域的研究课题，磁暴与太阳耀斑一样会产生壮观的极光，同时干扰无线电通信。早在 18 世纪，磁场观测站就对地磁场一段时间的变化做了系统观测。在某些天观测记录的磁场强度相当平滑且有规则的准周期，而某些天的记录则出现了较大的不规则瞬时波动。规则的磁场变化每半小时重复一次，最大变化大约是 100 伽马（1 伽马=10^{-9}T）。人们认为这种平滑变化源自于电离层上的大气"潮汐"，从而造成地球的稳定磁场上形成一股导电气体流，像发电机一样诱发电流，即发电机效应。正是这些电流引起了地面磁场周期性地小幅增加。与这些变化不同的是，磁场风暴强度具有脉冲形式，磁场的水平分量突然增加，在高水平保持一个小时左右，然后下降至最小值，几天之后又恢复正常值。通过装有无线电跟踪器的信鸽实验表明，超过 100 伽马的磁场干扰足以明显降低鸟类准确判断归航方向的能力。

虽然我们已了解到磁场对鸟类导航能力有很大的影响，但对这种感应能力的神经和生化基础方面的理解并没有多大进展。视觉、嗅觉、听觉等其他感官系统都有可以识别的感觉器官，但是并没有在任何动物的体内发现磁场感觉器官。例如，声波必须与生物的某个特定的部位即耳朵接触才能产生交互，而磁场的独特之处就在于它能够自由地接触整个生物体，从而形成与生物的任何一点或多点的交互。而且此交互可能并不局限于某个可识别的器官，而是可能在大脑等的某些分散区域。

近年来，人们对解答动物磁感应问题的兴趣愈加高涨。最近出现了有望揭示这一奥秘的方法更加激发了人们的研究兴趣。对于生活在海洋中的生物，它们对地磁场的敏感可以通过电磁感应进行合理解释。多亏了迈克尔·法拉第（Michael Faraday）使我们知道一个电导体穿过磁场时会沿着它产生感应电动势（emf）。据推测，鲨鱼和鳐科等类似动物就拥有这样的器官，它们在地磁场中的运动会产生可感知的电压，从而引起电磁感应。这一假设的主要难点在于动物周围是一个移动的导体，即海洋，而海洋本身也会产生电场。多项公开的实验报告都澄清了射线对磁场灵敏度的影响，但是并没有达成一致意见。然而，鸟类和昆虫的磁场感知能力仍有待解释，但不难想象动物身体的某些导电部位穿过磁场时可能也会产生电动势（emf）。

另一个更有前途的假设是地磁场或其变化能够影响动物的生化过程。显然，如果确实是这样，那么它一定要历经一个极其微妙的过程。这当然不是简单的能量交换，因为影响生物反应所需的能量要远高于地磁场可以提供的能量。然而，在原子物理学中也有例子表明，根据量子对称性的量子选择规则，弱磁场可以影响更多高能光子的吸收和发射。一种基于量子态的对称性的磁场感受器的机理引发了人们的极大兴趣。它涉及成对自由基离子的相干电子自旋态。相干态本质上是固有的量子特性，与粒子具有单一、独立的坐标和动量的经典力学不同，例如电子束的量子描述必须遵从对称性原理，实际上，这点制约了系统的特性。在此，我们不讨论量子理论，后面介绍原子钟的章节会涉及一些量子的概念。简单来说，对于一束电子中，其中一个分子的量子态的数学表达式必须是反对称的，即任何两个电子的坐标转换和旋转方向必须产生大小相等符号相反的函数，电子自旋方向有"上"或"下"两个值被视作一个坐标。对于 α 和 β 两个电子，函数的自旋部分必须是对称的形式：

$\alpha (\uparrow) \beta (\uparrow)$，$[\alpha (\uparrow) \beta (\downarrow) +\alpha (\downarrow) \beta (\uparrow)]$，$\alpha (\downarrow) \beta (\downarrow)$　　对称

$[\alpha (\uparrow) \beta (\downarrow) -\alpha (\downarrow) \beta (\uparrow)]$　　反对称

对称自旋函数必须与空间坐标的反对称函数相关联，反对称自旋函数则恰好相反。对称自旋函数可形成三态，而反对称函数只形成单态。再回到自由基离子对反应的话题，这些反应得到的结果可能对量子宇称条件形成的弱磁场造成巨大的影响。例如，自由基离子对由光学激发分子的形成，该能量上可以将一个电子转移到充当接受器的另一个分子，从而产生正负离子对。正离子上留下未配对电子自旋，该电子自旋与接收器分子上的采集电子自旋耦合。这些电子与外部任意磁场或者核磁矩相互作用，即进行所谓的超精细相互作用。一个重要的特点是转移回电子的概率取决于量子态的时间演变，即两种离子耦合电子自旋的量子态。这一时间演变对磁场敏感。

1.5　风和气流

对于主要生活在大气中的候鸟和昆虫，成功迁徙的关键在于在难以预测的气流和多云天气条件下的导航能力。这些物种已经进化到可以认知这些条件，从而有利于缓解它们的旅途劳顿，或者避免在长途跋涉时命丧汪洋大海，这点并不为奇。它们的飞行路线和时机受到暖流、被大型鸟类猎杀时上升的气流以及季风方向的影响。由于风速和风向在时间和空间上均不稳定，因此偶尔出现的侧风也不可避免地导致飞行路线偏移预定路线。为了纠正该偏移，迁徙的鸟类必须依靠海岸线或山峰等可见标志判断偏离预定路线的程度。显然，与鸟类这样体型较大的物种相比，飞行速度相对较慢的昆虫则更易受到风的影响，它们的路线几乎完全由风向决定。已有许多专业机构考察研究影响鸟类选择开始迁徙精确时间的决定性因素。如今已有力地证明它们更青睐顺风，这不足为奇；然而，并不能确定鸟类是否能够事先感知方向，等待有利的风向开始它们的迁徙之旅，或者它们的迁徙路线最初是否源自于一年当中的盛行风向。在任何情况下，肯定都要尽量避免顶风，因为如果要穿过一片大型水域的话，顶风有可能带来灾难。如前所述，风对昆虫至关重要，因为它们飞行速度缓慢，并且无法抵抗风力，例如大家公认的害虫——沙漠蝗虫会像黑云一样聚集遮住阳光，再随风飞行的过程中吃掉所有植被，周期性地困扰北非和中东地区。由于它们给农作物带来了灾难性的破坏，蝗灾很早就成了国际研究的课题。英国剑桥大学的研究人员发现，高浓度的荷尔蒙血清素与蝗虫的转性有关，使它们从一种独立的生物个体转变成具有攻击性、群居的、破坏性群体[12]。人们通过卫星图像跟踪蝗群并密切监测它们的活动。蝗虫结群的现象也出现在鸟类当中，这又提出了一个有趣的问题：群体中的个体如何协调自己的飞行，从而形成一个整体、复杂的群体飞行。单独依靠风向并不能解释群体如何避免被分散，并且保持连贯的规模。如此看来，群体外面的个体会自己协调朝向群体中靠拢飞行。

1.6　电场定向

对于生活在深海的动物，在水中对电位（电压）梯度的敏感可能有助于引导它们迁徙。与发电机的原理相同，导电海水运动可通过地球磁场产生电压梯度。这些电势梯度的方向同时垂直于磁场和海洋水流的方向。假设这些水流在广袤的海洋中遵循一定的规律，则对电势梯度敏感的生物也许能够对自己相对于这种水流的方向进行定位，并提供导航信号。有证据表明，鳐鱼和鲨鱼对它们周围水的电势梯度敏感，因此可以根据海洋水流方向推测它们的位置。

举一利用电场实现电流导航的显著示例，在南美和非洲河流的浑水中存在"弱"电鱼，如裸背电鳗[13]。这些生物的短距离导航已经进化到专业级电子化阶段，它们能够在低能见度环境下躲避障碍物和其他鱼类。裸背电鳗的尾巴上有一个可以释放相对较弱的电脉冲（不同于致命的电鳗的）专门器官，称为放电器官（EOD），在其周围会产生电场，因为水具有导电性，因此水和水中的其他固体导电率变化时，电场分布也随之畸变。通过检测沿鱼身前部皮肤表面的电场分布的变化，这种鱼能够"看到"物体，以及检测同种其他鱼的存在，同时探测周围的环境。随着与源距离（差不多相当于均匀介质中理想偶极子距离的反立方）的增大，电场强度快速减弱，因此这种感知方法只在动物周围小范围内有效，不适合长距离导航。这种感知模式的原理，虽然让人联想到蝙蝠的回声定位，但无论是能量辐射的类型还是最大范围，其共同点很少。

1.7　信鸽

自古以来，人们就已熟知信鸽（原鸽）的一种独特天赋，即在一个完全陌生的环境中将其释放，它们可以飞越遥远的距离，并回到家里的鸽房。根据圣经旧约记载，当诺亚释放鸽子来验证大洪水是否结束时，他满怀希望地期待它们返回，如果它们可以的话。从中世纪到 20 世纪战争时代，人们一直使用信鸽作为快速传递信息的载体。据说在滑铁卢战役拿破仑战败后，金融家罗斯柴尔德（Rothschild）（对于国王和皇帝是银行家）赶在别人之前在伦敦通过信鸽传递这一新闻，获得了巨大的利益。同样地，在 1870—1871 年的普法战争中，朱利叶斯·路透发现了一个商机，即围困中的巴黎急需与外界沟通。于是，他开展了信鸽传信服务，最终发展成现今的路透社。当时，摄影科学迅猛发展，特别是缩微摄影技术成为了可能，使其能够通过信鸽传送成千上万条信息。第一次世界大战期间（1914—1918），交战双方大规模使用信鸽，因为当时的无线电仍处于起步阶段，并不成熟，至少在战争开始的时候，信鸽在战场中发挥了重要的作用。1918 年，美国海军部发行了《信鸽接待、养护和训练手册》。第一次世界大战中，有一只名为 Cher Ami（亲爱的朋友）的鸽子被认为是最杰出的英雄之一，它挽救了一支部队——迷失的大军，纽约第 77 师。简而言之，这支部队太过深入敌军腹部，在重重炮火包围下如果不能将信息立即送达指挥所，该军必将全军覆灭。唯一可用的手段是信鸽，这就是 Cher Ami 成名的原因。不幸的是，德国人发现了它从密集的火力中起飞，胸部中弹，失去了一只眼睛，携带传书的腿部也受了伤，但它并没有被吓住，而是继续飞向指挥所，拯救了整个部队。法国政府因它非凡的勇气授予了荣誉骑士团勋章，图 1.2 为 Cher Ami 的雕塑。

在此次事件中，这只信鸽被赋予了人性的光芒，人们认为它具有忠于职守的精神。当然，事实是当时它没有其他选择，只能飞到它的"鸽房"，即此处所说的指挥所。第二次世界大战中，另一只名为"美国大兵乔"的信鸽因其卓越的贡献也荣获殊荣，它在意大利小镇被美国空军轰炸的紧急境地下，拯救了 1000 名英国士兵的生命。当时及时的通信已然最为重要，而"美国大兵乔"做到了，为此它获得了迪金勋章，这是一个英国专门为各种做出卓越贡献的动物授予的奖项，通常会授予参加搜寻和救援任务的猎犬。

图 1.2　英雄 Cher Ami

信鸽归巢行为一直是人们热衷的研究领域，与迁徙不同，在本地就可对其进行研究，观察和控制十分方便。人们对各种环境因素在信鸽从陌生的环境归巢过程中的作用仍然存有较大争议。人们普遍认为信鸽使用地图和罗盘，即通过构造一个概念性地图，推断它所在的位置，然后根据某种定位机理引导它飞行。有充分的证据表明，鸟类是通过嗅觉、磁性和视觉等环境的刺激，感知它在地图上的位置，而方向感则依赖于太阳和地磁场。尽管成功归巢一般来说还需要许多其他能力，但由于其变化性，通常用实验结果很难解释。不过毫无疑问，地磁场在信鸽以及其他候鸟的导航中发挥着一定的作用。人们做了一系列测试鸟类在完全阴天条件下是否利用磁定向导航的实验[14]。实验时将小块磁铁连在一组鸽子的背上，对照组背负着同样质量的非磁性铜片，然后放飞。结果发现，有太阳光时，鸽子并没有丧失正确归巢的能力（所谓的消失方向），但在浓密云层的覆盖下放飞时，与对照组相比，实验组鸽子的磁场受到小磁铁的干扰，更容易产生随机偏离。后来，人们采用一个更精细的方法[15]进行实验，即用微型励磁线圈取代小磁铁，这样，通过反转通电电流在线圈中的方向，便可简单地反转穿过鸟头部的磁场方向。两组信鸽携带这样的线圈，在阴天条件下放飞，一组设置的磁场方向是垂直向上，另一组则是垂直向下。据观察，两者在刚被放飞的时候飞向了相反的方向。随着（全球定位系统）GPS 的出现，后面的章节中会提及相关内容，现在可以以米级精度实时跟踪迁徙和归巢动物的活动。最近，GPS 已经用于详细研究受控条件下信鸽的活动，本章将介绍利用 GPS 长距离跟踪候鸟，例如马恩岛海鸥。GPS 最近已应用于详细研究信鸽[15]在整个行程中的活动。以前的研究更多地集中于方位消失，即鸟在飞行过程中罗盘方位消失后的活动，结果发现鸽子在放飞之前，如果有 5min 的时间预先观察周围的环境，它会更快地归巢。在归巢飞行前它会在未知的放飞点侦查大约 1000m 的范围，就好像完成对出发地的预先观察。最近在对鸽子归巢能力中利用的传感器特性和位置研究[16]表明，磁场感知部位在鸽子的上喙区。如果对上喙区进行局部麻醉，或者放置一块磁铁，就会影响鸟类发现磁场以及对正确方向的感知能力。磁场信息的处理和鸽子行为方式的决定仍然是一个谜，很难设计一个实验来扮演环境的角色，且不好解释。然而，观察结果的确表明，这些鸟对于磁场的变化极其敏感。最近的报告称，在鸽子的头部和蜜蜂的腹部已经发现存在磁性物质，但还需进一步研究这些磁性物质是否与方向有关。

8

在某个特定位置放飞的鸽子，其归巢模式会反常，为了解决这一问题，最近[17]开启了一个几近全新的研究领域。在某种情况下，鸽子被放飞的时候会不约而同地错误转弯，而在另一个位置，鸽子总是或多或少随机飞行，除非是在一个特殊的日子，它们才都能成功地回家。由于还没有报告表明磁异常引起这种奇怪的行为，直到最近地质学家哈格斯特鲁姆发现了鸽子具有发现次声波的非凡能力，该谜底才得以揭晓。次声波是物体以人耳听不到的低于 20Hz 的低频振动产生的。哈格斯特鲁姆发现，鸽房犹如一个声学信标，也许就是声学信标发散出来的次声波信号引导信鸽归巢。值得注意的是，他从放飞的日期中收集到足够的天气数据，用一种特殊的计算机程序对该天的风向做出预测，并证明风携带着次声波信号。该结果与观察结果完全一致。

最近的研究兴趣已经转向探索成功归巢行为，涉及鸟大脑区域。尤其是发现鸟大脑中有一部分叫做海马体，与归巢行为有关。实验已经表明，海马体损伤会降低空间学习能力，并造成记忆力损失，但是，与罗盘方向有关的其他导航线索能力则受损更为严重，例如声音和嗅觉，从而破坏了鸽子的归巢能力[18]。

1.8　帝王蝶

在所有的迁徙动物物种中，帝王蝶在许多方面（黑脉金斑蝶）是最神秘的：在同一个物种中它们既有迁徙的，也有不迁徙的，这是从其迁徙目的地以及长距离行程在狭义上的定义而言的。此外，它们不需要已完成迁徙的前代的帮助仍能够导航至其目的地，这种个体能力证明：在帝王蝶微乎其微的大脑中已形成了天生的方向感！

每到秋天，帝王蝶便开始从北美落基山脉东北部到墨西哥中部山区某些特定的冷杉林地区，长达 3500km 以上的不懈旅程去越冬。那些落基山脉西部的帝王蝶倾向于沿着太平洋海峡的各个地点迁徙到南边，并不像去往墨西哥的那些帝王蝶一样令人印象深刻。大致的迁徙路线如图 1.3 所示。

图 1.3　帝王蝶迁徙路线

与春夏的蝴蝶不同，秋季迁徙的蝴蝶的缺点是保幼激素会导致发育停滞，也就是生殖停止，与夏季蝴蝶几周寿命相比，它们的寿命会明显延长至几个月。腹部还堆积大量脂肪，为向南方进行长途迁徙做好准备。在整个墨西哥越冬期，基本无生殖，直到春天来临时，它们打破滞育，繁殖变得活跃。它们交配的时候向北飞，把受精卵产在美国西南地区的马利筋上，在那里通过正常的生命周期，从卵到幼虫到蛹，然后以相对有活力的成年个体出现。这些生殖力旺盛、但不迁徙的蝴蝶的生命周期相对较短，只有几周，在此期间它们向北扩散，可能追随幼虫取食丰富但却有毒的植物马利筋，然后重新又云集在北部地区，有的远至加拿大南部。在迁徙蝴蝶迁徙到墨西哥之前，不迁徙蝴蝶可能已经繁殖了四代，这意味着迁徙的蝴蝶是最后一代物种所繁殖的。

更为神秘的是，有两种帝王蝶能够从美国广泛分散的区域聚集到墨西哥中部精确的位置，尽管开始迁徙与最后到达的隔了几代。当然，许多物种习惯聚集在某些特定的地理区域进行繁殖，但一般成年后会回到它们出生的地方，而不是上一代！由于受质量制约，很难利用 GPS 这样强大的技术跟踪帝王蝶的迁徙路线，尽管 GPS 接收机已经微型化到一定程度，但对于小巧的蝴蝶仍然不好用。无论如何，已经通过现场观察得到了它们的迁徙路线，实际上，有很多组织对它们的活动感兴趣，已经成立了相关小组专门跟踪这些美丽的蝴蝶。

一些实验室通过测试蝴蝶对地磁场以及太阳方向作为导航手段的灵敏度，解决了它们如何导航的核心问题。众所周知，这些导航方式在许多其他动物中起到一定的作用，但是直到最近，关于帝王蝶的导航能力出现了不同的观察现象。穆里岑和弗罗斯特[19]使用特制的飞行模拟器得到了确定的答案，他们将帝王蝶关在可自由"飞翔"的飞行模拟器里面，通过受控环境条件下刺激帝王蝶的自由飞行，这些学者解决了帝王蝶依靠什么信号进行导航的问题。图 1.4 是模拟器的示意图。

飞行模拟器由一个半透明的塑料圆筒组成，大小相当于一个大鸟笼，底座的中心有一个直径为 6 英寸的垂直孔，孔心对准悬挂的蝴蝶，空气可直接从孔中进入。垂直的气流由一个可变的风扇控制，通过在管道内部填充平行细长的管子（吸管）校准气流以尽量避免产生涡流。在圆筒的底部附近，每隔 90° 钻一个小孔，共有 4 个孔，分别装上微型摄像机。相机可以 360° 转动，以免任何方向偏差。上面用一个薄且直的钨丝"拴"住蝴蝶，背部和胸部用蜂蜡粘住。悬挂的线通过商用光学编码器刚性地连接到垂直轴上，蝴蝶的身体被束缚保持在一个水

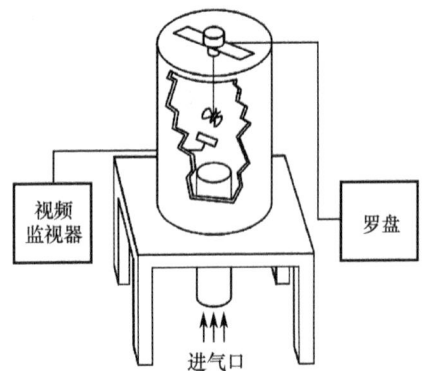

图 1.4 帝王蝶飞行模拟器

平面内，但是可以转动，且摩擦极小。光学编码器连到计算机上，每隔一定的时间进行记录，并根据一个给定的恒定速度推导出一个飞行路线。

在秋季迁徙期，在安大略湖北岸对 50 多只捕获的野生帝王蝶进行了实验，大多数的蝴蝶被观察了至少 1h，有些甚至长达 4h。假设它们在空气中的正常速度大约为 18km/h，这相当于 72km 的虚拟飞行。实验为受控实验，等效于转动装置，可以确保无方向性偏差，即使故意将蝴蝶转向其他方向，观察到蝴蝶总是会返回到正确的地理方向。为了测试它们对太阳方向的敏感性，首先将蝴蝶在室内至少饲养 5 天，然后让它们经过 3 种不

同的光/暗序列来重置生物钟：①提前 6h 的时间序列；②延迟 6h 的时间序列；③正常的昼夜序列。在做实验的地方，6h 之内太阳的方位角在 91°～115°之间变化。因此，如果蝴蝶依靠太阳辨别方向，与正常组相比，经过 6h 蝴蝶移动的飞行方向应该相反。对于这一部分实验，在一个阳光灿烂的日子，时间移位的蝴蝶能够在有机玻璃模拟器中清晰辨别飞行方向。转换时间的结果清楚地证明，飞行方向与事先测量是有偏移的，无论是磁场还是方向，相对正常的迁徙方向，都证明了它们依靠太阳寻找方向。对于磁场测试的系列试验，蝴蝶在一个密闭的半透明仿真器中"飞行"，以防止任何的残留阳光进入。并无证据表明模拟器所施加的旋转磁场对蝴蝶的方向性行为有任何影响，因此得出结论，帝王蝶不是通过对地磁场作出回应进行导航。综上所述，这一系列采用受控环境的飞行模拟器得到的漫长的飞行路径的良好的数据有力地证明了太阳的作用，同时也证明了磁场对帝王蝶的迁徙没有任何作用。

最近有关夏季（不迁徙）帝王蝶和迁徙的帝王蝶之间的产生行为差异的分子基础的研究趋于明朗。朱海尊（Haizun Zhu，音译）等人[20]在帝王蝶大脑中识别了 23 个基因，与保幼激素相关，这点将有生殖能力的帝王蝶与无生殖能力的帝王蝶区分开来。在无生殖能力的迁徙蝴蝶中，有关寿命、脂肪酸代谢以及先天免疫的基因相比更强。最近其他的研究也开始涉及帝王蝶的生物钟，以及把它们暴露在光/暗周期和紫外线辐射的基因层次上。弗罗伊（Froy）等人[21]报告称，蝴蝶持续暴露在恒定的光照强度下会在分子层面上扰乱生物钟周期，行为也会随之改变。用于定义生物周期开始的计时器一般是从蛹（羽化）长成成年蝴蝶的时间开始，实验室中 6h 转换的光/暗周期导致羽化成虫的时间也相应产生变化，如果随后是持续的黑暗，这种节律将不受影响。另外，恒定的光照也扰乱了蝴蝶的生物周期以及蝴蝶恰当纠正阳光对其飞行进行导向的能力。奇怪的是研究发现，暴露在恒定的阳光下会导致一种倾向，即蝴蝶会朝着太阳飞行。鉴于已知太阳光谱的紫外线部分对其他昆虫具有一定的作用，所以弗罗伊等人还研究了太阳光谱的紫外线部分是否对帝王蝶的导航起到作用。为了探讨这一问题，首先让蝴蝶在晴朗的室外达到稳定的飞行模式，然后在模拟器中放一个紫外线过滤器，以阻挡辐射波长小于 394nm 的光线，再让其照射到蝴蝶，结果发现，蝴蝶竟然停止了定向飞行，直到把紫外线过滤器拿走了之后才恢复飞行！

1.9 长距离迁徙的鸟类

在许多动物导航的例子中，没有一种动物比海鸥和北极燕鸥等海鸟的跨洋迁徙距离更长，跟踪更具有挑战性。相对而言，海鸥身形较小（体重小于 1kg），但滑翔速度很快，并不时地接近水面或者潜到水底下。与其他鸟类的区别在于，灰鹱的迁徙距离最长。它们从太平洋中的新西兰开始长途飞行，直到太平洋北部，不断寻找良好的觅食地。马恩岛（前缀 Man 指马恩岛，马恩岛曾经是殖民地）海鸥的迁徙距离也相当长，它们在威尔士南海岸的一个小岛——斯科默挖洞筑巢，每年秋天开始进行一年一度的长途迁徙，向南沿着非洲西海岸穿过大西洋到南美洲，冬天在阿根廷的海岸度过。归程开始向北飞向加勒比地区，然后朝向东北横跨北大西洋，飞回斯科默的巢穴中。

20 世纪 50 年代[22]初，剑桥大学生物学家杰弗里·马修斯（Geoffrey Matthews）首先对马恩岛海鸥的导航能力产生了兴趣。他的开创性工作主要是通过系统研究确定鸟从英国不同地点穿过陌生的路线返回巢穴的导航能力。之前的归巢实验是通过将刚孵出的鸟带到尽可能遥远的地方，如意大利，但是试验没有任何结果。1952 年[23]，《时代》简短地报道了马恩岛海鸥横跨大西洋的独特之旅，引起了大众兴趣。

近年来，随着微型 GPS 接收器的不断发展，克服了许多跟踪跨洋鸟类迁徙的困难。这些技术已经用于研究马恩岛海鸥在斯科默岛殖民地孵化期间的飞行。在最近发表的一篇文章中，吉尔福德（Guilford）[24]等人描述了一个特殊设备的应用例子：质量只有 2.5g 的小型档案录音光记录仪跟踪马恩岛海鸥从威尔士到南美洲一年一度的迁徙。这些小型光记录仪也称为地理定位器，重点是它们具有判断地理位置的能力，因为携带有微型光度计和其他带有时间戳的探测器用以记录日出、日落和正午的准确时间以及其他活动，如潜入水下等。这些设备配备有一个集成了软件的电脑芯片，可以根据光检测器的输入信息来确定地理位置。通过白天的长短可以计算纬度，通过相对于格林尼治时间的正午精确时间估算经度。

吉尔福德（Guilford）等人的跟踪项目在坐标大约为 52°N，5°W 的斯科默岛上，选择了 6 对繁殖的马恩岛海鸥进行跟踪，在 12 只鸟的腿上系上微型地理定位器，到 8 月下旬解开，下个季节时 12 只鸟全部都回到了斯科默繁殖场，地理定位器被顺利带回。记录数据显示了迁徙路线，它们沿着非洲西海岸向南穿过大西洋，大约向西南的巴西海岸方向，最后向南到达阿根廷拉普拉塔河的南面过冬，大约 40°S，在该区域洋流汇合产生丰盛的鱼类。返回威尔士的繁殖地时，它们需要向西北方向飞行，到达加勒比海东部，继续向北到达美国东海岸，最后向东穿过大西洋北部到达威尔士。在向南迁徙的 7750km 旅程中，最短的记录时间由一只雄性鸟在 6.5 天内完成，包括在水中觅食的时间和潜入水中的时间，据估计这种鸟的平均飞行速度达到 55km/h。记录数据表明，鸟类经常在中途停留，多天不继续迁徙活动。返回到它们的繁殖地后，观察到雌性鸟类会经历一个成卵阶段，包括产前前往爱尔兰海觅食。

灰鹱也是一种远距离迁徙的海鸟，它们是一群丰富的物种，在海上可以观察到它们飞越太平洋上空的长距离迁徙。最近人们才通过前面提到的微型地理定位器跟踪到个别鸟类，从而准确记录了它们的迁徙路线和行为。采用这种技术，S·A·谢弗（S.A. Shaffer）等人[25]已经从新西兰的繁殖地开始，跟踪了它们约 260 天，64000km 的距离，成为了有史以来靠电子设备记录的动物最长迁徙距离。自然而然，人们认为它们的飞行路线会遵从最有利的盛行风向模式。确实，它们沿着当地盛行风的方向，从新西兰开始向东迁徙，直到它们离开南部海洋北上，在这一点上它们似乎利用了信风带向西飞行。一旦进入到北太平洋凉爽的水域，它们便朝着日本、阿拉斯加、加利福尼亚东部这三个繁殖场中的其中一处飞行，使得漫长的飞行有中途停留。记录显示，灰鹱在通过太平洋一个狭窄区域时，以八字形飞行。它们还表现出了良好的季节性行为：在南方为春天或者夏天的繁殖季节时，它们会迁徙到南极更冷的水域，在那里潜水几十米，进行觅食。在南方秋天的季节，则开始它们的长距离迁徙到达北太平洋，飞往上述提到的三个地方觅食。

1.10　太平洋鲑鱼

太平洋鲑鱼的迁徙壮举毫不逊色于灰鲸。这些鱼从出生的河流或湖泊迁徙到太平洋的广袤地区繁殖、成长，然后回到它们出生的内陆水域，产卵、死亡，太平洋鲑鱼以此过程闻名于世。迁徙可能经过成千上万英里的海洋，在此过程中它们需要寻找到其出生的河口之路，然后到河里的产卵场，这对鱼的能力无疑是一项非凡的挑战。它们的迁徙从未失败过，以至于繁殖的种群已经进化并适应了其特定的栖息地。

极为有趣的是，幼年鲑鱼在完成迁徙之前的时间确定和铭记方式。在动物行为中，铭记是一种众所周知的现象，已经成为人们研究的热点，如鸭子。华盛顿渔业大学[26]的 A·H·迪特曼（A.H. Dittman）和 T·P·奎因（T.P. Quinn）过去已经研究了野生鲑鱼的铭记和归巢特性，尤其是幼年鲑鱼在淡水中的习性。因为跟踪海洋鲑鱼非常艰难，所以研究主要局限于标记和回收，以及在内陆水域对幼体的定位试验。20 世纪 60 年代初，基思·杰弗斯（Keith Jefferts）[27]研发了一个非常有效的鱼类标记方法，他在鱼头中注入一个 1mm 长的钢丝，磁性良好，上面有数字代码以提供相关的信息，如日期和放行地点等。从标记和回收的归巢鲑鱼发现，它们会聚集在出生河口，这点具有显著的一致性。但是鲑鱼在海上确定方向的根本问题还没有完全解决，有人认为它们使用了地图和罗盘，其他人则认为靠一个罗盘就足矣。对大型湖泊中鲑鱼的研究表明，它们有能力根据太阳、偏振阳光和地磁场确定自己的方向。的确，研究人员已经从一些鲑鱼物种的头部分离出磁性晶体。但是，它们与磁感受器之间的关联性仍有待证明。

返回的鲑鱼从开放的海域过渡到内陆河流，面临着特殊方向的适应问题，也许需要几种不同的定位技术才能解决。实验证明，从淡水回到产卵地的导航主要是通过嗅觉信号，鲑鱼铭记的嗅觉基础最初由哈斯勒（Hasler）和他的同事[28]提出，他们做了一个实验，把银鲑鱼幼体暴露在两种合成（可能有气味）的化学物质中，一年半后发现，它们回去产卵时，被引到了有其中一种气味的不同流域。

1.11　人类的导航

根据著名行为学家皮亚杰（Piaget）[29]有关儿童的几何概念一书，人类的空间知识有一个分阶段演变的层次结构，基本阶段始于基本的感知—运动经验，以建立对环境的认知，然后发展到囊括空间和方向信息，并形成一个连贯的认知地图。但是，这个制图的比喻可能有点离题。舍尔（Scholl）[30]通过实验发现，环境中实际经验形成的空间表征与绘制地图研究得到的空间表征存在差异。从测试对象指向不同看不见物体的能力的结果，他得出了结论，即运动中观察到的自我为中心的观点提供了人类对空间环境的认知表征基础。真正令人惊讶的是，表征不能是静态的，而是必须根据对象所面对的路径自动转换角度。这需要人脑中有一个关键部分，是一个专用的复杂导航系统，其中视力扮演着重要的角色。视觉系统连续地监测光线的流动，并将数据传达到大脑，在大脑中从各个视觉要点处理和确认所有的三维空间关系，在三维空间这种能力对于连贯现实的形成至关重要。

许多不同的大脑缺陷都可能导致人类的导航受损，包括视觉信息的神经编码匮乏或者空间影像记忆受损。缺乏方向线索时，人体天然的左右不对称就会导致绕着一个圈运动，这就解释了缺乏视觉信号的盲人找不准方向容易转圈的现象；在这种情况下，任何认知表征必须通过触觉或者其他与环境的接触进行构建。为了全面了解人类认知结构的复杂性，只需要考虑其可能出错的各种方式，但通常事实并非如此。例如，大脑局部区域受损可能导致一种情况，称为单侧感觉丧失，病人可以响应左边或右边单独的刺激，但是同时刺激时一侧始终会被忽略。而视觉整合缺陷则会导致一个人只能观察到眼睛、鼻子、嘴等，但不能构造成一张完整的脸，或者只看见一把椅子、一张桌子、一扇窗户，但并不能判断它是一个整体。

虚拟现实技术的不断发展使人们有可能复制实际的旅行条件，从而可以研究可控条件下人类的导航，也就是说测试对象的视角以非自我为中心的参照系融入到一种环境下，即置身于身外，不以自我为中心。大量的研究结果证实，使用虚拟现实技术构建的认知地图类似于在真实环境中获取的地图。

参考文献

1. R G.Golledge (ed.), Wayfinding Behavior (Johns Hopkins University Press, New York, 1999), p. 127

2. G. Kramer, Ibis 101, 399 (1959)

3. W.T. Keeton, Adv. Study Behav. 5, 47-132 (1974)

4. R. Wehner, M. Mueller, Naturwissenschaften 80, 331-333 (1993)

5. S.T. Emlen, Auk 84, 309-342 (1967)

6. S.T. Emlen, in Avian Biology, ed. by D.S. Farner and J·R.King, vol 5 129-219 (1975)

7. M. Dacke, E.J. Warrant, Current Biology (Elsevier, New York, 2013)

8. W. Wiltschko, R. Wiltschko, J. Comp, Physiology 109, 91-100 (1976)

9. C. Walcott, J. Exp, Biology 70, 105-123 (1977)

10. K. von Frisch, The dance language and orientation of bees (Harvard University Press, Cambridge, MA, 1967)

11. J.J. Love, Phys. Today 61, 31-37 (2008)

12. M.L. Anstey et al., Science 323(5914), 627-630 (2009)

13. H. W. Lissmann, J. Exp. Biol. 35 451-486 (1958)

14. W.T. Keeton, Proc. Natl. Acad. Sci. 68(1), 102-106 (1971)

15. F. Papi et al., J. Exp. Biol. 166, 169-179 (1992)

16. D. Biro et al., J. Exp. Biol. 205, 3833-3844 (2002)

17. J. Hagstrum, J. Exp. Biol. 216, 687 (2013)

18. V.F.P. Bingman, T.J. Jones, J. Neuroscience 14, 6687-6694 (1994)

19. H. Mouritsen, B.J. Frost, Proc. Natl. Acad. Sci. USA 99, 10162 (2002)

20. Z. Haisun et al., BMC Biol. 7, 14 (2009)

21. F. Oren et al., Science 300, 1303 (2003)

22. G.V.T. Matthews, J. Exp. Biol. 30, 370 (1953)

23. The Times (of London) June 28, (1952)

24. T. Guilford et al., Proc. R. Soc. B 276, 1215-1223 (2009)

25. S.A. Shaffer et al., Proc. Natl. Acad. Sci. USA 103, 12799-12802 (2006)

26. A.H. Dittman, T.P. Quinn, J. Exp. Biol. 199, 83—1 (1996)

27. P.K. Bergmann, K.B. Jefferts, et al., Washington Department of Fisheries, Res. Paper 3, 63 (1968)

28. A.D. Hasler, W.J. Wisby, Am. Nat. 85, 223-238 (1951)

29. J. Piaget et al., Children's Conception of Geometry (Basic Books, New York, 1960)

30. M.J. Schell, J. Exp. Psych. 13, 615 (1987)

第 2 章　早期的导航

2.1　沙漠游牧民族

　　远古时代，在导航设备出现之前，人们的寻路技能完全凭感觉：无论是穿越广袤沙漠的游牧民族，还是穿过灌木打猎的土著居民，或是在浩瀚的海洋中划着独木舟的太平洋岛民，在地球表面上，人们寻路的能力不断发展。与那些不得不对环境具有天生的敏感度，能够确定自己相对于太阳或者地磁场方向的动物不同，人类探路者对实际环境中有助于路线确定的认知能力明显提高了。这远远超出了那些未经训练的无意识观察者的一般认知水平；它需要细心的观察，并且随着位置的移动十分清晰地辨别环境变化的细微差别，且以时间排序方式记忆。通过几代人口口相传，早期的人类导航者将前人冒险穿过茫茫大海和沙漠的故事流传下来，积累了导航知识。

　　对于穿过尘土飞扬的沙漠以及流动沙丘的骆驼商队，与太平洋岛民到达视线难以企及的遥远的岛屿一样，导航也是一项极其巨大的挑战，无论哪种情况，一旦迷失方向都有可能命丧黄泉，他们知道只有到达目的地才能活下来。正是这种强大的意念促使他们在每个可能的线索上集中注意力，决不松懈，在旅程中不断确定路线上的每一点。如此详细的观察，深深地烙在记忆中，并代代积累，形成大量知识经验，从天体运动到沙漠游牧民族对流动沙丘性质的认识，以及岛上海员对海风和波浪的研究，无所不及。在图形地图出现之前，甚至在文字出现之前，寻路基本可以依靠脑中的地图，即记忆中存储的有用的图案线索和航路点、它们的相对方向、预计旅程时间等。由于距离长，行程不确定，主要地标可能被分开，古代的旅行者在离开一个航点时，会充分利用沿路所有能够辨别的线索直到下一个航点，参照他们之前走过的同样路线或别人的描述在脑海中形成的记忆地图进行解析。对于沙漠游牧民族，因为他们生活在沙漠中，夜间繁星满天，人们一般认为他们是依靠星星来辨别方向的。尽管沙漠居民肯定对夜间的唯一同伴——星星表示敬畏，且能够辨识出星星的图案，但是游牧民族寻找道路的方式主要还是依靠他们在地表的活动经验。与 Ma'aza 游牧民族一起居住在埃及东部沙漠的 J·J·霍布斯[1]却发现这些牧民对星星一无所知。同样，英国旅行家特里斯坦·古利（Tristan Gooley）记录了自己与一位图阿雷格向导在北非沙漠中生活的相似经历，他们主要依靠太阳、盛行风，以及悬崖、岩石、旱谷等地形特点。最显著的特点在于，这些游牧民族与其所处环境的关系亲密，他们只根据某种部落相关的细微特征命名的方式进行助记，或许过去这里发生过一些事。例如，将一个地方命名为 Jebel el Dibbaah（屠宰山），因为那里的山羊会莫名其妙地死于某种疾病[1]。Ma'aza 游牧民族对地理方位的感知主要依靠一天中观察到的太阳位置，也可能是夜间星星的图案。其他辅助线索包括当时的风向、沙丘方向和形状以及植被的生长方式等。对于航海员，线索还包括海浪和风的方向，水的颜色，云的形成特点，以及可能观察到的海鸟及其飞行路线。

2.2　太平洋中的航海家

在一望无际的汪洋大海中，古代航海员在导航时一般仅限于在起点与陆地之间的直航，而且要在没有风暴袭击的情况下。

殖民统治时期分布在太平洋许多岛屿处的太平洋岛民通过从一个岛航行到另一个岛穿越相对较短的距离可以到达远洋地区。毛利人民间传说，一位名为库佩的英雄在[2]13世纪航行到了新西兰。玻利尼西亚人和美拉尼西亚人的生活直接受海洋的影响，他们不借助任何仪器或者书写技术，只是依靠舷外支架和双体船便可在开放的海域航行。他们发明的恒星导航系通过几代人口口相传流传下来。通过意外的风暴驱动和有目标的探索结合，几百年前他们就几乎殖民了太平洋群岛中从夏威夷群岛到新西兰的所有岛屿。

在不考虑最短路线的情况下，航海家在茫茫的大海到达预定的目的地，只要他知道整个旅程从起点到预期终点要遵循的方向，并通过一定的手段维持这个方向就足矣。鉴于此，他必须使用具有恒定方向的参照系，理想状态下，这个参照系应该独立于其自身的特定位置和直接环境。有这样一个全球参照系：它是依据地球自转轴线在空间中的自然不变性建立的。除了一个极其缓慢的、在实际应用中可以忽略不计的轴线的运动（称为岁差），地轴相对于"固定的"星星几乎是固定的，只需通过其旋转对称性定义。为了使其发挥作用，地球上的任何点都必须以此作为参考系，而且地球上要有相对此参考系已知固定方向的可观测指标。恒星可作为定向的参考点，其之所以固定就在于它们不同于行星，相对位置保持不变。因为与地球的大小相比，它们之间距离很远，所以无论在地球上的哪一点进行观察，恒星都可以假定为在空间中的特定的方向。第4章中，将会详细讨论恒星视差现象引起的偏移特性。对于地球上的观察者，恒星似乎是镶嵌在巨大的黑色球形圆顶（天球）内表面的光点，地球则处于它的中心。由于地球绕轴线以恒定的速率自转，周期为24h，因此对于地球上的人来说，天球也似乎绕同一轴线沿与地球自转方向相反的方向旋转。这意味着如果假设太阳在某一个瞬间消失，那么地球上的人们会看到星星在同心圆上运动，有些则会在人的视野内绕完这些圆，其他的则在地平线下消失，然后又重新出现在另一边绕完这个圆。在北半球，星星旋转的点接近北极星。当然在实际中，当太阳高于地平线时，太阳光在大气层的作用下散落开来，形成明亮的天空，将星星完全掩盖。如果地球周围没有任何大气层散射太阳光线，人们就能在繁星中看到太阳，因为地球绕其在轨道上运动，所以看上去它也在一年中不断移动。将地球中心到太阳中心连成一条线，以一个接近恒定的速度旋转，扫射形成一个名为黄道面的平面，在1年时间内完成绕轨道运动。由此可知，由于地球大气层的存在，在一年中的任何特定时间，当太阳的方向指向天球的特定部分时，白天，该区域的星星将高于地平线，因此在明亮的蓝天下是不可见的，而那些在反方向的星星则在夜间可见。所以，在一年中的不同时间，可以在夜空中看见不同星图或星座。如果在晴朗的夜晚沿着地平线扫视，就会看到无数的星星，有些刚刚超出地平线，有些在西边的地平线上，有些从东边的地平线上升起，哪些星星刚好在地平线上取决于一年中的精确时间。从古至今，人们熟知的最基本整个寻路系统（星星导航）是，任何一个特定的星星都会在地平线上的某些点升起或落下，一年中无论什么时候（太阳时）升起或落下，利用这些点可以确定一个方向，使得与地球轴系方向的角度完全相同。由于地球绕太阳作轨道公转，每晚一个给定星星在地平线上升起或落下的时间将提前 4 分钟太阳时。6 个月后，这种夜间转变累积至 12h，例如，在太阳升起之前的上午 6：00 升起的星星，经过 6 个月，升起时间会越来越早，直到提前到前一天下午 6：00 升起。由于星星的轨迹像一个同心圆弧，因此那些方向更接近于 N-S 磁极轴线的星星的半径较小，并且与地平线交叉形成更小的角度（如有）。交叉角的倾斜度也取决于观察者所在的纬度，事实上地平线发生交叉的确切位置也是如此。由此可见，预定路线越接近于 N-S 轴线，星星升起时的方位变化就越快，这就进一步限制了无误差时转向的可用长度，因此在长距离运动时要求有更多的星星。

古代的航海家们不需要借助任何天文仪器，也不需要对一年中不同时间夜间中出现的星图（星座）以外的知识，以及这些星图在夜间以视在的恒定旋转速度的认知，便可以跟随星星从给定的起点到达特定目的地。太平洋岛民世代航海，他们的导航系统在不断改进，他们从一个特定的岛出发，通过某个特定星星的指引到达目的岛屿，或者更经常依据一系列的星星，因为这些星星上升和降落在地平线上的点为同一点，还可以给人以指示，只有遵循这些指示才能到达目的地。指引星星的选择取决于出发地和目的地这两个点。在两个岛之间有通道就可以考虑使用这种方法。由于海平面符合地球的曲率，地球非常接近于球形，它们之间的最短距离就是沿着穿过它们的测地线，这是一个圆弧，其中地球的球面与一个想象为通过这些点绘制并穿过地球中心的平面相交。不幸的是，一条方向恒定的航线，虽然相对于北向而言是恒定的，但一般并不遵循测地线，而是另外一条曲线，叫做恒向线，因此并不是最短的距离。然而，如果走过的距离与地球的半径相比较小，则地球表面上这段距离非常接近于一个平面。由此可见，通过近似法，测地线接近于一条直线。但是直线的一个基本特征就是沿其长度方向，所有点的方向恒定。因此，在地球表面上任何点的周边（实际可能超过几百英里），沿恒向线测定的距离与沿着测地线测定的距离大致相同，所以，恒向线距离就近似于两个给定点之间的最短距离。如果两点之间的距离很远，以至于地球表面的曲率不可忽略不计，则恒向线航线不再是两点之间的最短距离。第 5 章中将继续论述相关内容。

与预定航线的任何横向偏差，无论是顶风转变航向时的有意行为，还是大风、洋流等无法控制的干扰所造成的漂移，都要求有足够的技能在不能预见这些情况下能够检测到，并及时采取措施进行补偿以回归正轨。在缺乏海上定位方式的情况下，岛屿航海家必须以面对的环境作为线索，例如盛行风的强度和方向、海洋浪涌和水流模式，但所有这些因素可能都受制于季节变化。此外，他必须对船的性能以及船受到这些因素影响时的运动有充分的了解。这些经验只能从多年水上生活经历以及部落航海家首领的谆谆教导中获得。这不仅要求记住每一颗引导星星的方向，而且还必须能够应对不利的风向，不断修改航线。这意味着，不能死板地根据特定系列星星航行，而必须估算已经走过的航程距离并且相应地纠正路线。这些"原始人"无法使用任何仪器测量经过的时间和船的速度，却能成为如此成功的航海家，的确很了不起。

2.3　星象罗盘

天气变幻莫测，云层可能遮住一个或多个引导方向的星星，从而导致严重的问题。在这种情况下，本该出现在地平线上的明亮星星可能消失不见，尽管其他星星与目的地不成一条直线，但也可通过与这些星星成一定适合的固定角度作为参考设定航线。因此有时航向并没有指向导向的星星，而是使一颗特定的星星或在同一星座中的多颗星星与双体船上的不同特征相联系，例如桅杆、船板等，尤其在抢风转变航向时，需要不断改变航线，这种方法就非常有用。这相当于抽象地将星星视作方向的指示，而不是作为识别特定岛屿的独特标记。了解了相对角度关系这个原始概念后，下一步就是构建一种类似航海罗盘的工具，称为星象罗盘，在这种罗盘中利用恒星升起和降落的位置（不是时间）都围绕一个封闭的图形来进行标记，该图形表示地平线总扫掠范围。卡罗林群岛的居民发明了这样一个带有星星位置的星象罗盘，星星在方形或圆形上的分布并不均匀，像航海罗盘分为 32 点[3]。该数字与西方科学家的发现毫无关系，只是自然而然地将方形四等分，然后再重复等分到八份、十六份，最后到三十多份。由于卡罗林群岛位于赤道稍北，当地居民能够看见北极星，并且了解它的特殊属性，他们将它称为不移动的星星。然而，在西方罗盘中它并不被视为基本点，而是把牛郎星升起的位置（在天鹰座中）作为基本点，其中大约有 8° 的偏角，从而使得在西方罗盘内，它上升的点处于正东偏北方向。之所以牛郎星扮演着特殊的角色，是因为卡罗林群岛沿着第六个平行的纬度延伸，因此，牛郎星升起和落下时，几乎垂直通过头顶上的顶点。除了北极星及其周围的星星以外，在卡罗莱纳州观察地平线上的转动时，其他任何星星都会在地平线上的某些与 N-S线对称的点升起或落下。其中，那些可被罗盘识别的星星主要是它们的位置（而非亮度）合理地覆盖该地平线的整个扫掠范围，只是间隔不相等。它们的 N-S 线像西方罗盘一样，根据北极星和南十字座定义。南十字座大约只有 -60° 的偏角，因此其绕南极的弧度似乎比北极星绕北极的弧度更大。南十字座的主臂几乎总是指向南极，它从极点东面的某一点通过垂直位置沿着其圆弧移动到西面很远的一点，其中北偏点命名为群星，对应为小熊星座和大熊星座，例如，朝南时，南十字座用于界定沿其圆弧的五个分开的点，对应它升起、落下、主臂垂直以及半人马座阿尔法星升起和落下的两个位置。自然可假设，太平洋岛上的居民和其他人一样，本能地按想象的某些分组排列命名星图，即使在阴天条件下，一组中只有一两颗星星可见，训练有素的航海家也能够立刻辨别出这个星图。有人曾说，相比南北方向，东西方向上的罗盘点距离更近，这可能说明一个事实，即靠近天球赤道的星星更适合地平线上点的导航，因为它们的升起和落下比高偏角的星星更接近于垂直方向。即使缺乏导航图概念，或者实际上缺乏一种文字系统，卡罗莱纳州人仍然能够将它们的星象罗盘发展成为有用的导航辅助工具，把已知的星星汇集和组织在一起，然后循其规律，从一个岛航行到另一个岛。对于每个目的岛屿，根据合适的星点画一条线，并牢记此线。给定的线可对应相对方位相同的其他岛屿对。如前所述，虽然每一条线可根据主要星星的名称识别，但事实上，必须记住出现在水平线上相同位置的一系列星星。有关命名的星点、连接两个岛屿的轴线以及星星序号等知识，由老航海家传授给年轻的学徒，他们将贝壳围成一个封闭的图形，通常是圆形或者是矩形（首选），因为他们认为边角提供自然的参考点，有助于学习、记忆星星位置。图 2.1 完整地列出了组成卡罗莱纳州星盘的星星以及西方名称。

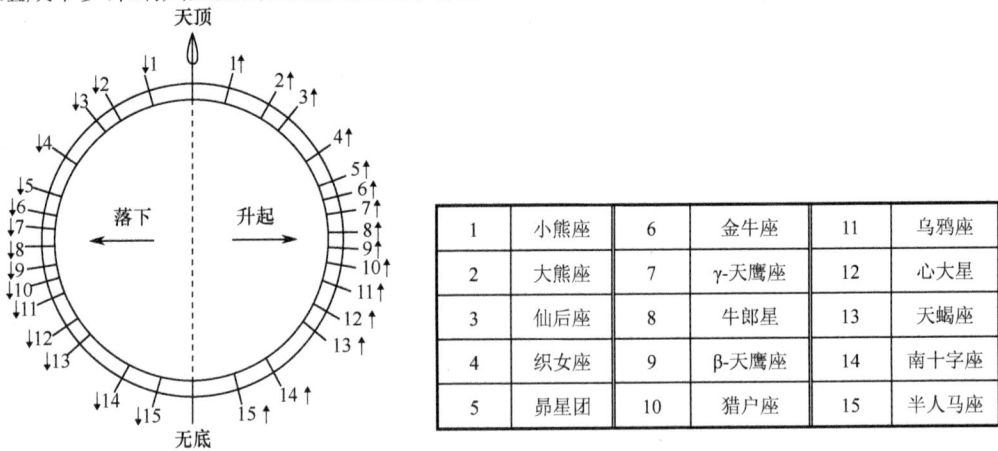

1	小熊座	6	金牛座	11	乌鸦座
2	大熊座	7	γ-天鹰座	12	心大星
3	仙后座	8	牛郎星	13	天蝎座
4	织女座	9	β-天鹰座	14	南十字座
5	昴星团	10	猎户座	15	半人马座

图 2.1　卡罗莱纳州星盘（↑=升起，↓=落下）

如前所述，星象罗盘点的确切位置，除了在两极和天球赤道上以外，随着观察者的纬度而变化，这似乎严重限制了星象罗盘作为导航设备的应用。但是，由于指引到达特定目的地的星序是由实际的经验所得，星点绝对地理方位纬度变化的因素一定也有所考虑。在大范围纬度上航行的另一个影响因素是，有些星星可能不再出现在地平线上，并且可见的星星图案也不断变化。特别重要的是，北极星在赤道以南是不可见的，然而岛上的航海家已经学会根据大熊星座的"指针"星来估计它的位置。航行为东西方向时，即保持一个恒定的纬度，对星象罗盘点的方向不会造成影响。

毋庸置疑，一位太平洋岛国的航海家出海所面临的最大挑战在于，根据洋流和风向修正船只相对预定航线的偏移，然后通过估算修正航向，最终必须到达目的地。星点在地平线上的确切方位随纬度的不同而有所变化，因此，不可能发现漂移导致的微小变化，因此对是否需要校正的确没有任何帮助。洋流的影响特别隐秘，因为海水推动着船只移动，看不见陆地，也没有参考说明其存在。出于需要，古时航海家不断发展了考虑洋流的许多方法。一个重要的方法就是，在岸上设置标志，当船只航行很远时也可以在船尾看见它。这些标志可作为一个参考记录，评估相对横向漂移。当然，这有助于获得洋流的必要信息，但由于岛屿本身的影响，其作用仅限于岸边几英里范围内。对于远距离旅途这并不适用，只能依靠导航知识在岛际航道中预测洋流的特定模式。必须基于洋流速率和方向，并观察风的强度和方向来判断漂移的速度。同时，还需要了解漂移的持续时间，以预测漂移时间从而保持实际航线良好。由于独木舟相对缓慢，所以对此而言洋流的意义变得更为重要。

最后介绍被视为太平洋原始航行重现的一次壮举：1947 年，挪威人托尔·海尔达尔带领的船员完成了一次伟大的航行，他们利用轻质原木制成木筏——"康奇基"号帆船，并为船只配备了帆，从秘鲁航行 8000km 穿越太平洋。远征的目的在于证明早期的本土南美人可以就地取材，使用木筏由洪堡特洋流推动向西航行穿过太平洋，没有利用任何现代仪器导航，始终严格依靠星星和洋流辨别方向。

2.4 腓尼基人

在古时，没有任何人像腓尼基人一样能够凭借他们的航海技能令同代人刮目相看，他们居住于地中海东部一带，大约在如今的黎巴嫩。早在公元前2000年，从他们的城市比布鲁斯、西顿和推罗开始，他们航行到已知的世界尽头，并建立殖民地和贸易据点，遍及地中海区域。他们还穿越了摩尔人命名的"雅八塔里克"（阿拉伯语为登上塔里克）海神之柱，也就是今天的直布罗陀海峡。在北美，他们建立的主要殖民地——迦太基，在权力和文化方面与罗马齐名。但极具讽刺意味的是，尽管同代人普遍将字母文字的发明归功于他们，或者至少认为是他们将字母文字传播到整个地中海地区，但是除了陪葬碑文或官方性质的碑文留下只言片语以外，他们却没有将自己的重要文献保留下来。像意大利历史学家展马扎[4]描述的那样："这正是他们奇特的命运"，他们的文化历史，以及航海、贸易、手工艺品方面的辉煌成就只能通过他们的敌人——罗马人、希腊人的眼睛传给后代。古埃及人和以色列人对待他们更为友好，因为跟他们有贸易往来，并且需要他们的能工巧匠以及优秀的海员。布匿战争中，罗马人洗劫了迦太基城市，并毁灭了帝国图书馆，其中包含腓尼基人全部的知识遗产。因此，为了寻找他们的航海遗产，人们不得不依靠第二手资料，例如希腊人荷马、希罗多德、普鲁塔克、斯特拉波，以及后来的罗马作家西塞罗和普林尼等人的著作。腓尼基人很早就出现在作家的笔下，他们是矛盾的个体，被誉为技术精湛、无与伦比的工匠和航海家，但根据罗马作家的描述，他们却缺乏职业道德，狡猾、残忍并且懦弱。对这些成功的"野蛮人"比较正面评价的例子可能是为了弱化罗马的失败或者通过夸大敌人的力量来夸大胜利。然而，作为技术精湛和热爱创新的工匠，他们是无可争议的；据记载，所罗门国王挑选了腓尼基工匠在耶路撒冷建造他的宫殿。在古代，他们的纺织和印染泰尔红紫技术备受人们追捧，以至于成为皇室的标志。希腊地理学家斯特拉波在西顿附近腓尼基沙滩上发现的细沙，可用于生产优质的玻璃。罗马人普林尼也证实了玻璃确实由那里的沙子制造而成，并且这是第一次制造玻璃镜。不能说是腓尼基人发现了玻璃的制作方法，因为当时这种方法在其他地方已经广为人知，如埃及以及最有可能的中国，但是腓尼基人生产的玻璃却可能是最好、最均匀、最透明的，远远超出了简单的珠子和碗。考古发现，无论是在水下还是陆上，腓尼基人均建立了广泛的文化和商业知识体系，包括设计和建造船只的方式。古典作家的作品证实，腓尼基人建造船舶的技能以及在遥远国度勘探和贸易航行的能力似乎没有极限。图2.2展示了发现于西顿的腓尼基石棺上的浅浮雕详图，它刻画了大约公元前2世纪腓尼基人的商船。

如果古代的历史学家可信，那么腓尼基人环行非洲大陆比葡萄牙人达伽马绕过好望角要早近2000年。他们经常穿越地中海，建立贸易站和殖民地，足迹遍布今天的西班牙、科西嘉岛、撒丁岛、马耳他、法国南部和非洲北部。他们建立的海上航线已经越过了直布罗陀海峡，进入大西洋，其中一条连接非洲海岸远抵几内亚湾，另一条向北穿过比斯开湾，远至现在的布列塔尼，甚至是威

图2.2 腓尼基商船的浅浮雕
（经英国国家图书馆理事会许可）

尔士的锡矿。在地中海的东部，据说他们受埃及法老之聘，已远航至红海和印度洋地区。

由于人们不知道腓尼基人已经研发出了导航仪器，在最近学者研究发现之前，人们一直以为腓尼基人只能在陆地可视的范围内航行，并且主要在白天航行。由于航行的速度不超过 2～3 海里，所以按照规定，他们的补给站以及晚上避难场所之间的距离不能超过 25 海里。可是从地中海的地图可以看出，腓尼基人的贸易站之间有许多段旅程超过了100 海里，这不可能在一天之内完成。当然，也有从事捕鱼或者当地货物转运的沿海船舶，他们可能在晚间短暂停留。沿海导航技术基本上基于岸上的视觉线索来确定方位，并保持足够远的距离，以尽量减少浅滩搁浅或者触礁等灾害风险。

作为航海员，腓尼基人能够在地中海上长途航行，有时甚至穿越危险的、不可预知的大海，这证明了他们的航海技能。海上风暴随时都可能爆发。他们从痛苦的经验中不断熟悉一系列可预测的季风，随着时间的推移这些季风已成为熟知词汇的一部分，如米斯特拉尔风、西罗科风和哈姆辛风。米斯特拉尔风是在冬天从北方吹来的冷风，有时烈风经过法国的罗纳河谷带来巨浪。相比之下，西罗科和哈姆辛风则是强热的含尘偏南风，在春天从北非和红海吹来。作为经验丰富的水手，腓尼基人无疑对在地中海中的变幻莫测非常警觉。图 2.3 展示了地中海的盛行风。

腓尼基人能够从现今位于北非的突尼斯等开阔海域穿越到达西西里岛的马沙拉，该距离已经超出了白天航行的行程，这一事实说明他们也可以在夜间航行，并保持方位正确。对此，最简单的解释是他们至少使用了基本的导航形式，即星星导航，事实上是小熊星座中的北极星，据说也称腓尼基星。然而，古人在开阔海域航行是极其危险的，因为海上瞬息万变，风

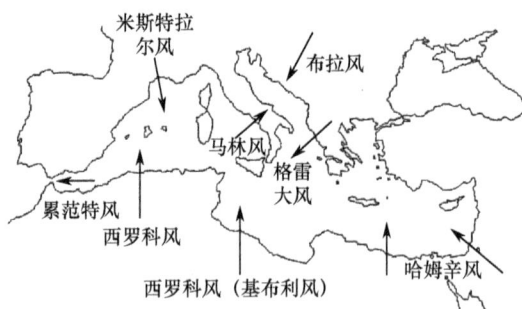

图 2.3　地中海的盛行风

浪的强度与方向都不可预测。尽管腓尼基人以及他们的后代迦太基人在设计和建造适合航行的船舶方面已经炉火纯青，这也使得罗马人十分羡慕，但是在海上风浪面前，这些只不过是手工艺品而已，因此尽可能地选择沿海导航也就不足为奇了。据古代希腊历史学家希罗多德称，迦太基船只的速度和机动性能优于罗马的船只，因而罗马人通过战争毁坏迦太基军舰，然后据此设计和建造自己的舰队。

希罗多德在他的《历史》一书中也记载了一件有关埃及法老尼哥（公元前 610—前 594）的趣事，他渴望找到一条环航过非洲从红海到地中海的海上航线！显然，他没有想到通过苏伊士地峡挖一条运河，尽管根据希罗多德记载，尼罗河和红海之间已经开挖渠道了，但是不久就停工了。他任命了一名腓尼基船长，并命其环行非洲进行探险，该船长在船上装备了粮食，还聘用了腓尼基船员。显然，法老的顾问对非洲大陆的大小没有概念，他们可能认为埃塞俄比亚已知的陆地就是非洲的最南端。这次远征从红海向南航行，绕过非洲南端，船在非洲西侧向北返回，通过海神之柱（直布罗陀）进入地中海。很多人由此赞同希罗多德是一位杰出的古历史学家，并将其称为历史之父。理论上，这次探险有可能成功，因为与瓦斯科·达伽马相比，它仅依靠沿海的导航，盛行风更有利于选择的方向，然而，这一记载的真实性却值得商榷。

人们对腓尼基人将字母文字引入希腊这一观点存在类似的争论。希罗多德再次在他的《历史》一书中明确指出："是跟随卡德摩斯的这些腓尼基人将各种各样的技艺引入了希腊，其中我相信在那之前希腊人并不懂字母表。"同样地，出于对希罗多德的尊重，老普林尼等著名作家也明确说明腓尼基人发明了字母表中的字母。然而，现在的学者并不同意古希腊人所谓的"腓尼基字母"中腓尼基人所扮演的角色。纯音标字母的演变（字母代表简单的声音而不是表意文字）可以追溯到约公元前1700年，那时埃及象形文字被分解并简化。同时美索不达米亚的楔形文字也向着简体字的方向不断发展。在克里特，书写的音标系统也推动了音标字母的发展，字母起源的困惑部分源于命名法的差异，即"腓尼基人"和"迦南人"的使用存在差异，并且源于相互作用的影响和文化。人们似乎一致认为，字母表不是谁"发明"的，而是从这些来源融合演变而来，从而产生"叙利亚"（迦南人）或者腓尼基文字。字母发展到希腊文时意味着腓尼基语的最后阶段。

2.5 维京人

793—1066年间，维京人是盘踞于如今的挪威西部和南部到英国的东海岸，并往来于北大西洋之间的海上强盗。1066年，这些人对英国的无端攻击终结，这是决定命运的一年，因为同年，威廉一世、诺曼底公爵（通常的绰号是"征服者威廉"）在黑斯廷斯战役中击败了盎格鲁—撒克逊国王哈罗德，并且把法国的美食带到了英国。诺曼底人在黑斯廷斯的胜利要归功于维京人，因为哈罗德一直忙于从英格兰东北部抵御维京人并将其赶走，所以当威廉的军队入侵南方时，哈罗德的疲惫之军不得不重整旗鼓，长途行军，穿过英格兰，与诺曼底军队交锋。与他们的探索壮举相反，维京人十分嗜杀，且具有破坏性，他们践踏毫无防备的寺院，偷盗任何有价值的东西。特别是793年，他们残暴地洗劫了英国圣徒卡斯伯特寺院。

但是，我们对维京人的唯一兴趣在于，他们如何设法在有可能持续数天的阴天和下雾环境下，穿过北大西洋而不迷失方向。根据冰岛的传奇故事，维京人不仅入侵英国，肆意破坏，而且在埃里克的领导下航行到了冰岛，建立了殖民地。埃里克的儿子雷夫埃里克森，出生在冰岛，继承了他父亲的海上探索精神，向西远航抵达格陵兰岛，有人说已经到达了北美洲。古代斯堪的纳维亚人的导航之谜仍然无法解开，但是没有人怀疑他们面对未知的勇气和决心。人们推测，他们是被太阳的某种神秘欲望所驱动。众所周知，从冰岛到格陵兰岛最初的探索旅程中，如果他们保持中午的太阳在同一海拔上，从而沿着大致相同的纬度前进，他们的船一定会到达格陵兰岛，因为格陵兰岛实在是太大了！这与太平洋岛民必须找到散落在浩瀚大海中的小岛的探索相反。维京人从挪威到格陵兰岛的基本航线是沿着恒定的纬度61°N；然而，一旦格陵兰岛上的某一特殊点成为返程的期望目的地时，那么就必须确保导航精度。当时还未发明磁罗盘。在晴朗的天空下，维京人可以依靠太阳；毫无疑问，他们已经注意到太阳扫掠过的弧线在夏天和冬天是不同的，中午是在头顶的南方，在那一时刻，经过正南。事实上，考古学家已经发现了一种原始的日晷，带有指时针（投射阴影的部分），且垂直于投射阴影的平面。阿拉伯天文学家设置的改进时针，与指向北极星的点成一定角度，也是在很久以后。维京人日晷的木制表面已刻有曲线，大概用时针影子顶端的路径表示一年不同时间每天的进程。众所周知，如果在一年当中的不同时间绘制中午阴影的长度，则结果是 8 字细长的图形，它有一个深奥的名称：地球仪 8 字曲线。基本事实是，当太阳处于最高点时，阴影的方向将指向北。

当然，使用日晷的一个重要的前提条件是太阳可见。维京人如何可以在持续数天的大雾中避免迷失方向这一问题，仍有待解答。1967 年，丹麦考古学家托基尔德·拉姆斯库[5]首先提出了维京人可能已经发现了一定的结晶矿物质，当以不同的角度对着太阳观望天空时，这种矿物质不断变化的透明度具有显著的方向性。用现代术语来说，当阳光被雾或薄云层[6]散射之后，矿物质能够对阳光的偏振进行解析。这一说法让人不禁想起了对蚂蚁和蜜蜂利用偏振光所做的研究，尤其是奥地利生物学家卡尔·冯·弗里施的工作（第 1 章已有提及）。拉姆斯库对维京人传奇故事中的太阳石很感兴趣，他认为维京人一定使用了一种非常特殊的宝石，具有不同寻常的光学性能。如果太阳石实际上是一种结晶矿物质，如方解石或电气石，它可能已经被双折射甚至是二向色，也就是用两套光学性能加倍折射，即法向射线和不规则射线，这些射线的偏振方向相互垂直，就电气石而言，晶体的吸收有很大的差异，其独特的偏振方向导致只有一条射线能够通过，因此，它将作为一个偏振滤光器使用。最近[7]，盖伊罗帕斯及其法国雷恩大学的同事们报告了他们的实验，在实验中，他们使用方解石晶体证明利用散射太阳光的偏振来推断太阳光方向的能力。他们的实验表明，通过旋转晶体在一个独特的角度可以完全消除光的偏振，因此可以准确地推断出太阳的方向。人们在晶体光学出现前 200 年的沉船中发现了矿物质块，即方解石，也使维京人使用"宝石"作为导航装置这一理论更具可信度。

下面回顾一下"偏振"的含义。根据 19 世纪克拉克·麦克斯韦的研究可知，在一定条件下，光自身表现为横向电磁波（EM），即它的振荡电磁场的方向垂直于波行进的方向。偏振状态仅仅是在这个平面内场的方向垂直于光束方向。非偏振光束的磁场方向绕着光束轴随机定向，而偏振光束的磁场方向可能会相应地沿轴线发生变化，图 2.4（a）所示为圆偏振，图 2.4（b）所示为线性偏振。

从非偏振光束中选择一种偏振光的偏振滤光器可以使用任何一种双折射或者双色晶体进行构造。结果发现，（彩色）偏振滤光器在许多光学系统都有应用，最熟悉的应用是"宝丽来"太阳镜。

也许拉姆斯库已意识到，在现代，服务于北极地区的航空公司已经使用了一种名为晨昏罗盘的设备，这种设备基于对低层大气中粒子散射形成的太阳光偏置的分析。到达地球的太阳光在大气层中被空气中的分子和其他粒子散射，这个事实已经被证实，至少从 19 世纪开始，特别在最近，由于空气污染备受关注，所以关于这类问题有大量的文献可供参考。这种散射最明显的效果是蓝色的天空和红色的日落。瑞利勋爵发现散射的程度与光波频率成四次方比例。这意味着，太阳光谱中，频率更高的蓝色端散射远多于红色。瑞利的理论也解释了一个事实——太阳光部分为偏振光，即沿光束点不同点的横向电磁场优先在一个方向上。仍然需要利用瑞利的理论来确定如何利用偏振滤光器找到太阳方向。在他的散射理论中，

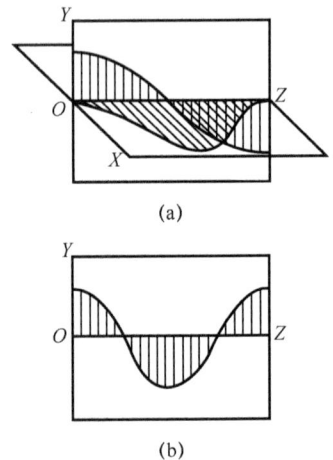

图 2.4 光的不同偏振说明

（a）圆偏振；（b）线性偏振的横向电磁分量。

假设光从粒子散射而来，与光的波长相比，粒子非常小，以至它们的形状无关紧要，可以说无结构。它们被入射光波的电场分量拉伸，产生振荡电偶极子，其再辐射的电磁波构成了散射光（见图 2.5（b））。这里不再展示复杂的数学公式，而是在式（2.1）中简单陈述这一结果，光照强度的偏振方向垂直于散射平面 I_T，平行于平面 I_P。散射平面就是一个依次通过太阳、散射空气粒子和观察者的平面。

$$I_P = I_0 k^4 \alpha^2 \cos^2 \theta / r^2, \quad I_T = I_0 k^4 \alpha^2 / r^2 \tag{2.1}$$

式中：α 与空气分子的偏振率成比例，k 是每米波长中光的波数，θ 为散射角。当观察方向与从太阳到天空中观察点的方向成直角时，就会观察到最大偏振方向，也就是说当 $\theta = 90°$ 时，如图 2.5（a）所示。

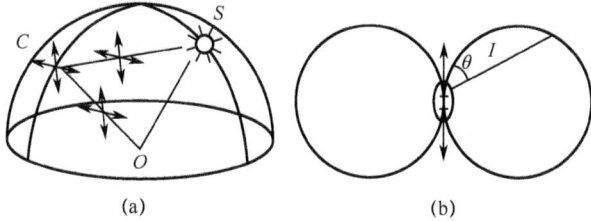

图 2.5　（a）因大气中云层散射的偏振光；（b）感应电偶极子振荡辐射图。

偏振滤光器用于定位遮蔽的太阳的方法：在天空中，透过滤光器看天空中的某点，这一点必须远离可见的太阳，从而确定滤光器的偏振方向，然后绕视线作为轴线进行旋转。通过滤光器看到的天空亮度取决于旋转的角度，该角度应该在最大值和最小值之间变化。在亮度最小的角度时，朝着太阳的方向，在滤光器上标记线。根据瑞利理论，此线应该指示偏振滤光器的方向。利用这个"校准"，当大雾遮住太阳的时候，能够找到太阳的方向。将偏光器对准天空中两个独立分布的点，重复相同的观测，每次注意滤光器上标记的线。如果一切顺利，则朝着太阳的两个方向应该与看不见太阳的位置相交。至此，谜底揭晓。维京人是否做了这一切，虽然合理，但永远不能确定。推测的维京人在多云条件下固定太阳位置的方法如图 2.6 所示。

最近人们对在云层覆盖和太阳高度等不同条件下的日光偏振进行了研究[8]，目的在于评价它是否适合所谓的天空偏振导航，包括统计调查在某些阴天条件下，人类分辨太阳位置的能力。奇怪的是，从沙漠蚂蚁导航研究中，反而可以得到一些关于偏振学的灵感。

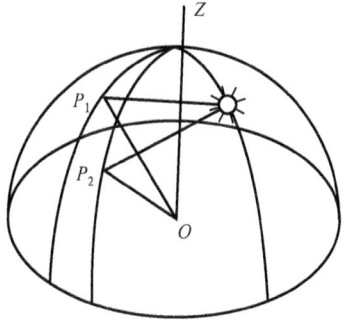

图 2.6　推测的维京人在多云条件下固定太阳位置的方法

2.6　古代的仪器

2.6.1　日晷和夜行仪

最早用于时间计量的装置自然来源于对时间的基本认识，即昼夜的自然循环及四季变化。为了跟踪太阳在天空中的运行轨迹，简易时钟应运而生，希腊人将该时钟用于投射阴影的竖杆称为指时针。最原始的形式是将阴影投射到水平面内，上面标有线，对应一天的不同时间段。这个原理的应用有许多不同的形式，最早的是古埃及影子时钟，将水平杆的影子按照南北方向放置，上面的刻度在东西方向上移动。这些早期的影子时钟并非以小时为间隔标明时间，一天中的时间间隔相对较大。

将一天划分为 24h 可追溯到古代的苏美尔人，他们生活在古巴比伦地区[9]。他们数字中的 60 进制系统，反映在时间上就是把 1h 划分为 60min，把 1min 划分为 60s。这同样适用于角度测量：一个圆周是 360°，1° 是 60′，1′是 60″。第 3 章介绍苏美尔人对天文学的贡献。苏美尔版本的影子时钟有一个严重的漏洞：因为垂直轴的影子在一天内以可变速率移动，因此它不能作为一个标准时间，更糟糕的是这种变化本身随着季节和纬度的变化而变化。为了改善这个问题，需要复杂的天体力学知识。中世纪时，阿拉伯天文学家提出了一个简单的解决方案，即简单地设置时针的方向，它不是在垂直方向而是倾斜在北天极的方向，也就是地球旋转轴线的方向。这个方向与北极星的方向相差不超过 1°，这个看似简单的变化把阴影杆变成了测量时间的精密仪器——日晷。

有一个略似于日晷的海洋仪器，即夜行仪，它通过观察夜空（天球）中北天极视自转的角度来测量时间。由两个同心的圆形刻度盘组成，一大一小，绕着它们共同的中心转动。边缘等分为 12 份，对应一年中的 12 个月，内边缘分为 24 份，对应一天 24h。大臂伸出圆盘，绕刻度盘中心旋转。在北半球北极星可见的晴朗夜晚，把仪器保持在大臂的长度，通过仪器中心的圆孔可以看见北极星。旋转指向大臂使其与大熊星座上的两颗星星处于同一条直线上，可称为指针，因为当一条直线与之重叠并延长时，离北极星只有 1°。随着时间的推移，地球的自转使得这条线开始旋转，并且该旋转角度是经过恒星时的度量。第 4 章将专门讨论恒星时和太阳时的差异。

2.6.2 磁罗盘

历史记载，对某种矿物质的磁性使用也许可追溯到公元前 4 世纪的古中国，可以确定的时间是公元前 2 世纪的汉代，当时类似罗盘的占卜工具开始使用。这些由磁块组成的磁矿石被精细雕刻成一个勺子的形状，放在代表天的圆盘上，勺子中心位于正方形青铜板上，代表地球。在青铜板上（即所谓的占卜板）刻着中国古代占卜作品《易经》中的各种符号，也标记了表示星座的方位角，可能与占星术相关。最初，我们认为中国的这些"罗盘"与导航没有关系，更多的是与风水（发音为"feng shway"，意为风和水）有关。即便现在，风水习俗又有所复兴，用于安排一些活动时在空间或者时间上确定最有利的条件。在 7 世纪，唐朝人已能够将铁针简单地与天然磁石进行摩擦来磁化它们。11 世纪的记录显示，人们已经了解到铁针通过热处理可以被磁化，并且定位在南北方向。大约那时一种新的"罗盘"设计出现了，其中的磁化针被装饰成鱼状，漂浮在一碗水的木制平台上，碗的边缘上刻着古"罗盘"的 24 天空圆盘标记。

磁石是磁铁矿的一种特殊形式，是具有各种复杂化学和晶体结构的矿物质，其中还含有其他物质，例如氧化铁。磁铁矿并不少见，但是天然磁石却非常少见。公元前 650 年，现代科学方法的创始人泰勒斯发现了磁石对铁的吸引力。"磁石为什么具有天然磁性"的问题引发了"地球这个整体具有磁性"这个更广泛的问题。然而，按照瓦希勒夫斯基[10]的说法，地球的磁场本身并不能解释天然磁石的磁性。他的假说是，雷击导致磁化，同时产生瞬态高温和磁场。

地球磁力的源头通常假设为球心熔融金属的涡旋流，并想象熔融金属围绕着内部实芯旋转，为液体金属[11]的对流运动提供能量。如果在磁场中存在小波动，无论该波动有多小，都可以通过磁场增强，在移动的熔融金属中产生感应电流，从而可以产生一个自支持的发电机。而理论挑战在于证明这种自我维持条件是可能实现的，这与对地球内部的了解或者至少可信度相一致。地磁学理论体系最近有了新的发展[12]，表明了洋流如何引起地球表面地磁场中某些长期的变化。

地球磁场在表面及其外部的分布就好像一个非常大的磁棒位于地球的中心，几乎与其旋转轴对齐，如图 2.7 所示。

当然，表面而言磁场强度和方向的详细分布随着局部地球结构的磁性质变化而不同。显然，从图 2.7 中可以看出，在地球表面上除地磁赤道表面上以外的任何点，局部磁场的方向通常都不是水平的，磁场方向与水平方向形成的夹角即所谓的磁倾角。这个角度可以通过磁化针自由地绕水平轴旋转来测量。在此磁场方向的倾角有一种明显的效应，那就是要求安装的罗盘针应防止它向下倾斜，因为这种情况下在水平面上它会使自己和磁场对齐。磁极的地理位置磁倾角为 90°，不会与由地球旋转轴定义的地理极轴完全重合，而且长年累月它会偏移

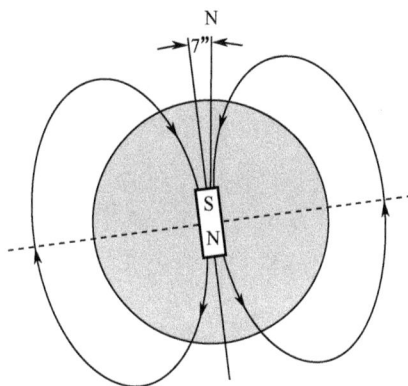

图 2.7 吉尔伯特关于地磁场起源的观点

相对位置。由于磁"子午线"不与地理子午线也就是 N-S 线重合，因此在地球表面任意给定点的罗盘读数不同于真实的地理北极，这就是所谓的磁场变化。尽管现在很少依靠磁罗盘，但是每年航海图仍然会发布磁偏差以及它的长期变化。世界上有的地区的磁偏差在短距离内也会改变，从而降低了磁罗盘的实用性，因此在大西洋南部，地球表面有一磁场异常微弱的区域，这个区域持续地发生着变化。

2.6.3 沙漏

沙漏是一种最常见的间隔计时器，它基于给定数量的细粉末通过狭窄的管道所需的时间。虽然它与液体类似物——漏壶——一种古代的水时钟具有相同的工作原理，但是沙漏在欧洲的历史显然只能追溯到 14 世纪。很难相信，具有创造性的希腊人或者腓尼基人竟然没有想到用固体的漏壶来避免液体的杂乱无章。当然漏壶确实具有可连续操作性，只要提供水即可。实际上，沙漏表示的时间跨度有限性已然成为生命转瞬即逝的象征。老人将时间生动地描绘成带着一个沙漏和一把镰刀。固体不一定总是沙子，根据流动的恒定性来决定，这意味着该物质不能吸收水分，而且其颗粒流动性也不可改变。颗粒通过孔流动的速率取决于颗粒的大小和形状，以及颗粒间的摩擦。一般并不在玻璃外表面刻度来标记小时的时段，而是使用不同大小的沙漏来表示不同的时间。图 2.8 给出了一种典型的沙漏。

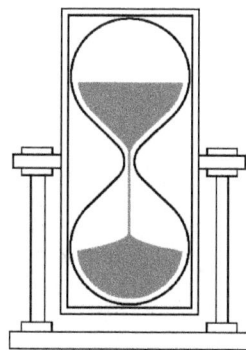

图 2.8 典型的沙漏示意图

通过小孔时，沙漏中固体颗粒流动的动力不同于液体，液体流取决于"压头"，用水管工的术语来表达就是孔的静水压力。漏壶要求供水以保持压头固定，从而保持流速恒定。若为沙漏，固体颗粒通过管口的速率更难估计。A·A·米尔斯等人[13]已提出这一理论。他们指出沙漏与漏壶的本质区别在于，颗粒的流速不仅仅取决于剩余高度，除非快到底端的时候。颗粒大小和形状的均匀性以及它们之间的低摩擦都是重要的因素，一种小玻璃球材料的玻璃态球形颗粒可达到重复效果。理论表明，完成一个循环的时间间隔与小玻璃球的总体积和 $1/(D-d)^{2.5}$ 成比例，其中 D 是圆孔的直径，d 是颗粒的最大直径。

19 世纪，沙漏已经应用于船舶中标记值班的时间。值班的周期为 4h，这段时间内一组船员值班，当时间到的时候另一组船员听到铃声来替换他们。每次砂玻璃流完的时候铃声响起，然后沙漏翻转。在船上携带的沙漏可以测量 1h、0.5h 和 0.5min。0.5h 响一次铃声，1h 响两次，4h 的值班会听到"8 次铃声"。

2.6.4 拖板计程仪和拖曳式计程仪

拖板计程仪设计精巧，早期用于测量船在水中的速度。它的基本结构包括加重的木制板，上边连接长绳，绳子在沿它的长度上有规律的打结，并且缠绕在一个自由转动轴上。从船尾将它扔到水里，随着船向前移动，绳结随之松开，相对船运动。一位船员操作 0.5min 计时的沙漏，另一位船员注视绳结，当绳结通过他的时候，他大喊"标记"，此时第二个船员翻转沙漏，当砂玻璃流完的时候大喊"标记"，第一个船员计算出两个标记之间经过他的结点，并且已知连续结点间的距离，计算出船相对于水的速度。选择绳子上结点的间距，使在 0.5min 内通过船上固定点的绳结数量在数值上等于以"海里/小时"或"节"计量的速度。

19 世纪，拖板计程仪被拖曳式计程仪取代，它由带有四个径向刀片的螺旋转子组成，在船的尾部拖曳使它旋转，旋转速可在刻度盘上机械显示，由旋转速率可以推导出旋转体相对于水的速度，又由随时间累计的速度即可得到行驶距离。

2.6.5 戴维斯象限仪

戴维斯象限仪的前身是直角器。这个古老的仪器用于测量两个远距离物体之间的夹角，如本书中地平线上太阳或恒星的高度。顾名思义，它由一个有刻度的长杆和一个滑动杆组成，滑动杆穿过长杆以保证它沿着长度方向滑动时，始终垂直于长杆。对于高度测量，横梁也必须保持垂直方向。通过目视杆的两端，沿杆调整横梁的位置，即可在观察中沿着两个方向看见两端，例如一个方向为地平线，另一个方向为太阳的方向。获得横梁长度后，读出杆上调整位置后的刻度，即可计算出期望角度的正切值，然后从正切的三角函数表中读取角度。

直角器至少有三个致命的缺点：首先：观察者必须直接观察太阳；第二，观察者必须在两个方向之间交替凝视；第三，他的眼球必须对准杆上线性刻度的起点。尽管如此，它还是以使用简单而被沿用了几个世纪。直到 17 世纪，一个更精致的工具出现，即戴维斯象限仪，如图 2.9 所示，它不需要直接观察太阳，太阳的方向从阴影中衍生出来，上面蒙上了阴影瞄准板，主杆上安装一个 60° 的小型标度盘。杆的下面是一个更大的 30° 的标度盘，安装有滑动瞄准板。两个标度盘的共同中心是地平线瞄准板，将地平线与阴影的边缘排成一行，即可从两个标度盘中读出所需的角度。现代形式的象限仪/六分仪则使用反射元件，这归功于牛顿的创新，后面的章节详细讨论这点。

2.6.6　星盘

星盘是一种古老的天文仪器，中世纪时阿拉伯天文学家对其进行了完善。它本质上是模拟一个计算工具，用于追踪星座，确定纬度和时间。图 2.10 展示了星盘的图片，与杰弗里·乔叟《论星盘》中描述的相似，当时为了他儿子的教育[14]，杰弗里·乔叟编写了《坎特伯雷故事集》。

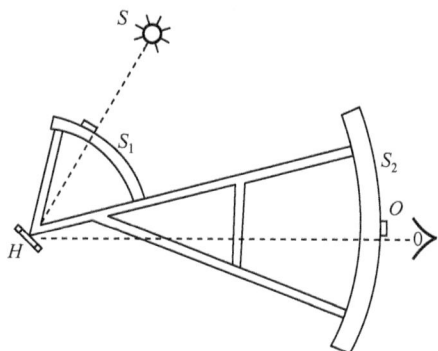

图 2.9　戴维斯象限仪的设计原理图

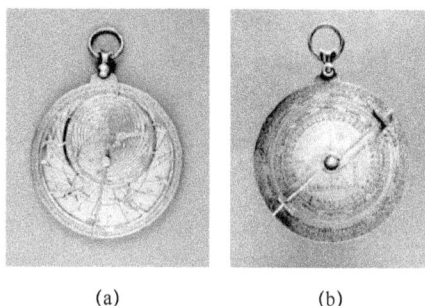

图 2.10　乔叟时代（1391）的星盘
（a）正面；（b）背面（经英国国家博物馆保管委员会许可）。

星盘的边缘刻有统一的刻度，分为 24 份，星盘上面刻有观察者看到的天球投影。投影对应观察者特定的纬度，在不同位置的另一名观察者必须相应地改变这个星盘。夜空的旋转中心是一个蜘蛛网（阿拉伯语 "Ankaboot" 意为蜘蛛）般的开口星图，称为网，上面还刻有星星之中太阳的路径，好像它是地球的观察者：黄道十二宫。另外，旋转的中心还有一条直线的指示器，称为指针。星盘的背面是同心圆，标有刻度，显示黄道十二宫和公历月。指针的杆叫做照准仪，跨过旋转中心的整个直径。我们将向读者详细介绍阿拉伯星盘的复杂性，可以说该星盘使用之前，公历月和天已为人所知。太阳的高度用仪器背面的角度刻度来观察瞄准，使用者也可从侧面读取太阳沿着黄道十二宫的位置。此信息用于前侧转动相对于太阳投影的星图，直到黄道十二宫太阳的位置与观察的高度一致。通过合理设置指针的一端，然后读取 24h 刻度盘上的另一端，即可读取此时间。

应当指出，阿拉伯星盘是一种天文仪器，对于普通水手过于复杂。因此，水手的星盘是阿拉伯星盘背面的精简版，用以确定纬度。

参考文献

1. J.J. Hobbs, Bedouin Life in the Egyptian Desert (University of Texas Press, Austin, TX, 1989)

2. M. King, History of New Zealand Penguin Books (2003); also A. Sharp, Ancient Voyagers in the Pacific，Penguin Books (1957)

3. D. Lewis, We the Navigators, secondth edn. (University of Hawaii Press, Hawaii, 1994)

4. F. Mazza, in The Phoenicians p. 628 Moscatti Ed Rizzoli Intl. Publ. N. Y. (1999): Auber, M.E The Phoenicians and the West Cambridge University Press, 1996

5. B. Almgren et al., The Viking (Barnes and Noble, New York, 1995)

6. R. Hegedus et al., Proc. R. Soc. A463, 1081 (2007)

7. R. Guy et al., Proc. R. Soc. 468, 671 (2012)

8. G. Horvath et al., Philos. Trans. R. Soc. B 366, 772 (2011)

9. S.N. Kramer, The Sumerians, Their history Culture and Character (University of Chicago Press, Chicago, 1963)

10. P.J. Wasilewski, Phys. Earth Planet. Int. 15, 349 (1977)

11. D.P. Stern, Rev. Geophys. 40(3), 1-30 (2002)

12. G. Ryskin, New J. Phys. 11, 063015 (2009)

13. A.A. Mills et al., Eur. J. Phys. 17, 97-109 (1996)

14. St. John's College, University of Cambridge, Library website

第3章 天文学的历史背景

3.1 古代天文学

现代天文学的渊源可以追溯到考古学家对古代美索不达米亚遗址[1]解密中关于天体事件的记录，希腊人如此命名是因为该遗址位于底格里斯河和幼发拉底河两大河流之间，该两河流域位于今天的伊拉克。这些记录包括印在泥板上的楔形字符，最早的可追溯到公元前 3000 年。美索不达米亚人无法选择一个更持久耐用的介质。他们的数字系统是 60 进位，也就是说，以 60 为一个基数。然而，0，1，2，…，59 这样的数字表示让人想起了古罗马的数字，而他们的数字仅仅由两个不同的楔形字符组合而成：一个垂直字符和一个水平字符，如图 3.1 所示。他们缺乏符号 0（其起源被认为是印度），以至于 0 的存在只能通过空字符来表示。我们把 1h 分成 60min，把 1min 分成 60s，同样，弧度、弧分、弧秒也是基于 60 进位的，毫无疑问，这些都起源于古巴比伦[2]。

图 3.1　60 进制楔形字符

古美索不达米亚人对天文学表现出异乎寻常的兴趣。目前，没有任何记录表明有人比他们更痴迷天文学，即使是古代的伟大航海家们——腓尼基人。这也许是由于罗马人彻底摧毁了迦太基。古人对星星的兴趣最合理的解释是他们的信仰，尤其是在一些美索不达米亚人中，他们认为夜空中星星的运动和图案与地球上的日常生活密切相关，地球上将会发生的事情可从星空中预见。日食被视为一种极其不祥的现象，换句话说，在远古石碑中记录的有关行星和恒星的详细观察实际上是出于占星的目的。

与其他文化一样，美索不达米亚人非常重视历法的构建，按照一年四季周期性变化规范社会活动。显然，日历对日常生活至关重要，例如种植种子、收获庄稼以及宗教仪式。构建准确历法的困难在于地球的自转周期，地球绕太阳的公转周期以及月球绕地球的轨道，因为它们不是简单按比率计算。因此，月球的周期大约是 29.5 天，地球公转的周期大约是 365.25 天。更为复杂的是，我们的传统算法是一周七天，所以在一个月中没有整数周，一年中也没有朔望月。在古美索不达米亚时期，历法基于太阳和月球的运动，但不一定是复杂的方式：它们使用月球（月）和地球（年）的轨道周期，每月始于晚上，即当新月第一次出现在西边地平线上时。由于一个月不是由整数天数组成，此现象大概每 29 天或 30 天发生一次，发生的概率大致相同。公元前 3000 年，人们不满意这种不确定历法，因此，官方将年历所有月份均定义为 30 天。这一做法在以后的天文中被流传了下来。用这种阴历月的定义，一年 12 个月将会减少 5.25 天。因此，为了校正，插入了闰月，使得年历与季节对应，同理，在闰年的二月多一天。

古美索不达米亚人认识到了"固定"的星星（恒星）和行星之间的差异，按照现代学者的说法，行星也称流浪星，美索不达米亚人将其称为"biblu"，意思是流浪的羊。在公元前第一个千禧年间，古巴比伦人对太阳、月亮以及相对某些恒星为参考的行星运动进行了广泛而详细的观察。这些观察被收集记录为泥版文献，称为古巴比伦的天文日记。大约公元前 500 年，古巴比伦天文学家重新整理了日记中的记录，以反映天体在指定参考系的位置变化。摈弃使用突出恒星作参考的做法，人们注意到，太阳和行星的视运动只限于沿黄道绕地球的窄圆形区域进行，黄道即是地球上的人观察太阳于一年内在恒星之间所运行的视路径。现在我们当然知道，由于地球和其他行星绕太阳旋转的平面几乎重合，地球沿着它的轨道运动，太阳和行星相对于遥远恒星似乎在一个狭窄的范围内移动。在圆带中，相对于选择原点的角位置称为黄道十二宫，可用作参照系。现代天文学中黄道十二宫的原点为太阳在春分时的位置。在地球的轨道的这个点，地球的自转轴与太阳—地球方向成直角。黄道十二宫分为 12 等份，每个"宫"或者"标志"都以该方向上最显眼的恒星或星座命名，如图 3.2 所示。

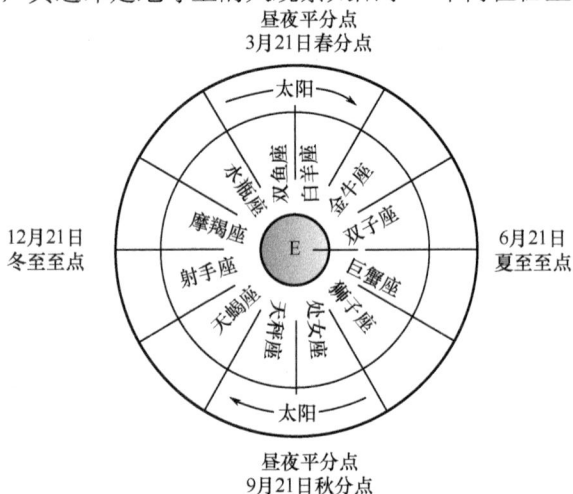

图 3.2 黄道十二宫的星座

用沿着黄道带的特殊星座给太阳和行星等一系列星星赋予特别的意义，这是占星术的依据。在小孩出生之时，仔细观测确定太阳、月亮和行星的位置，以此确定孩子的星座。表 3.1 显示了古巴比伦黄道带的 12 个星座。

表 3.1 黄道十二宫的角度间隔

宫	范围/(°)	名称	宫	范围/(°)	名称
白羊座	0~30	公羊	天秤座	180~210	天平
金牛座	30~60	公牛	天蝎座	210~240	蝎子
双子座	60~90	双生子	射手座	240~270	射手
巨蟹座	90~120	蟹	摩羯座	270~300	山羊
狮子座	120~150	狮子	水瓶座	300~330	水瓶
处女座	150~180	处女	双鱼座	330~360	鱼

随着精确历法的发明和不断细化，以及记录太阳和行星运动的系统化，古巴比伦人对天文学的建立做出了突出的贡献。最初的动机可能更多的与占星术有关而不是科学，但这一事实并不会令他们的成就黯然失色。通过系统的时间标记观测以及较长时间的记录，可以在不相干的、零星的观察中发现它们的有序性和周期性。这不仅使得事件预测成为可能，也为观察到的现象之间的相互关系形成假说提供了依据，即创建模型。

公元前 331 年，亚历山大扩张征服了美索不达米亚，将古巴比伦天文学的成就带给了胜者希腊人，此前，他们没有对天空状态做系统记录的传统。事实上，古希腊人对哲学有着特殊爱好，他们更倾向于对宇宙以及人类在宇宙中的地位提出理论构想，但不愿通过实际观察来验证假设。这种说法对于像柏拉图和亚里士多德这样的哲学家或许不公平。这种哲学态度可能适合于几何证明，例如毕达哥拉斯定理，因为容易推断得到一个直角三角形的边而没必要使用尺子去测量，虽然，激光使现代距离测量成为可能，但是测量一个巨大的三角形也是不现实的。言归正传，希腊的思想与美索不达米亚经验的融合，推动了数学建模发展，促使以巴比伦数据为基础，行星运动的数学建模取得重要进展，这些进展主要与古罗马亚历山大[2]时代的希腊人托勒密有关。

在与古巴比伦人相互融合之前，希腊天文学家专注于我们称之为宇宙学的问题：关于宇宙和人类生活空间的猜测。早在公元前 6 世纪的希腊，所有学生对毕达哥拉斯这个名字都很熟悉，因为他发明了毕达哥拉斯定理，提出地球是一个球体的哲学依据，球体是"最完美的"。另外一个更为合理的地球形状假想由希腊科学的又一杰出人物——亚里士多德（公元前 384—前 322）提出，他在著作中说明了月球本身不发光，月亮形状改变是由于太阳光照射到球体而改变了方向。在实际观测的基础上，他推测出地球是球形的，这点已经脱离了希腊的传统认识。另一位值得永久铭记的希腊天文学家是阿利斯塔克（公元前 310—前 230），来自萨摩斯岛（毕达哥拉斯也出生于此地）。他认为地球绕着太阳转，1500 年以后，布鲁诺终其一生都在研究这一问题。亚里士多德等人当时不同意此观点的原因在于当时没有认识到可观察视差，即观察者移位导致观察对象的视方向出现移位。16 世纪晚期，丹麦人第谷·布拉赫提出了同样的观点。原则上，该观点完全正确。视差即使发生在最近的恒星之间，但是由于它们相距非常远以至于很小，因此只有通过现代的望远镜才能看见。

公元前 3 世纪，埃及的亚历山大城因其图书馆成为了著名的学习中心，一座包含古代希腊、埃及、印度和原始美索不达米亚艺术和科学的伟大资料库。这是一个学术中心，藏书万卷，但是在约公元前 48 年被一场大火毁掉，很多后来的历史学家并不同意此说法。亚历山大是很多著名天文学家的故乡，他们就读于亚历山大学校。其中包括之前提到的萨摩斯岛的阿里斯（约公元前 310—前 230）、埃拉托色尼（约公元前 276—前 196），当然，还有最著名的克罗狄斯·托勒密。

埃拉托色尼设计了测量地球表面[3]曲率的一种方法。这种方法基于太阳距离地球非常遥远，到达地球的太阳射线接近于平行线，实际上发散角仅为 1/3 弧分！太阳、恒星和行星照射到地球的光线平行对于天文导航的技术十分重要，后面章节将详细介绍这方面内容。埃拉托色尼的实验原理很简单，同时测量光线照射到地球表面两个相距很远的点相对垂直方向的角度差，如图 3.3 所示。他使用的这两个点分别是埃及的赛伊尼（靠近现代的阿斯旺），以及距赛伊尼北部 5000 视距的亚历山大（视距是一个古老的单位，1 视距≈1/6km）。

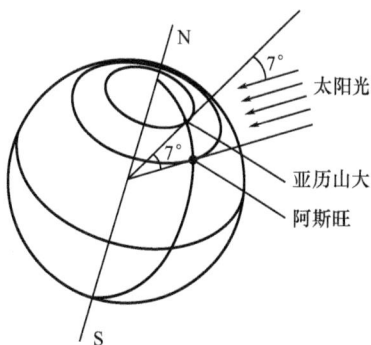

图 3.3 埃拉托色尼测量地球表面曲率的实验

恰巧赛伊尼的纬度约为北纬 23°（巨蟹座的回归线纬度），他指出，6 月 22 日（夏至）的正午，太阳光线可以垂直穿透深井，表明太阳正值天顶。但是在亚历山大，同样时间测得的太阳光线倾斜了 7°，或者是圆的 1/50。因此他认为地球表面是弧形的，证实了他之前的假想，地球的确是一个球体。因而，亚历山大到赛伊尼距离（5000 视距）必定是地球圆周的 1/50，整个圆周必须是 250000 视距的距离。他所使用的单位并不确定，所以很难评估结果的正确性；尽管如此，它仍然代表了希腊经验科学的重要成就。

公元前最后一位也是最著名的希腊天文学家，毫无疑问是喜帕恰斯。公元前 2 世纪早期，他出生于小亚细亚的尼西亚。他一生中的大部分时间都在罗得岛度过，即现在的土耳其沿岸。不幸的是，他只有一本著作被保留了下来，该作品还备受指责。但是他对天文学的贡献在他之后的天文学家的工作中都有体现，尤其在托勒密的工作中。我们知道喜帕恰斯编纂了一份星表，列出了众多星星的天球坐标以及大小（亮度）。本章的后面详细介绍这些物理量。他将星星坐标与更古老的可用数据仔细地做了比较，得到了一个惊人的发现，这也证明了前人对天文数据的细致分析。他注意到，在过去的 150 年中，恒星围绕旋转的北天极位置似乎已经移位了 2°。他解释这是由于天球轴运动造成的。今天此现象可以理解为，由于太阳和月亮对地球产生引力，使得地球的自转轴缓慢扫掠，形成圆锥状。这跟在顶端看陀螺效应一样，因为重力作用，一个天体的自转轴指向在空间中缓慢且连续的变化。地轴的这种运动称为岁差，大约 26000 年才可完成一个循环。

古代天文学家中，对天文学发展影响最大的或许是克罗狄斯·托勒密（或托勒密）。他生活在 2 世纪[2]埃及的亚历山大，当时处于罗马人的统治之下。我们并不确定他的实际出生日期，一般认为是公元 100 年。他的著作涉猎广泛，包括数学、地理、占星术和音乐理论，但是以数学天文学的研究而闻名，这在阿拉伯语书名为《天文学大成》的第 13 卷中有所体现。这个著作不仅包含他的作品，同时也包含了对喜帕恰斯等早期天文学家成果的汇编，范围非常广泛，几乎囊括了当时希腊所有的天文知识。在希帕克斯理论和观测的基础上，托勒密最重要的贡献是太阳系的几何模型，这符合希腊传统认识的圆周运动，并且相当准确地预测了月球和行星的运动。通过详细说明托勒密的几何结构，后来的伊斯兰天文学家们才得以完善模型，并一直沿用，直到 1300 年后的哥白尼时代。

从数学角度描述天体运动的困难在于参照系固定在地球上，而它本身相对星星是运动的。如果坐标系固定在太阳上而非地球上，则很容易描述行星的运动。当然，在布鲁诺时期，争论的焦点不在于坐标系的选择，而在于宇宙的中心位置，他的异端学说大大超出了行星的运动。布鲁诺誓死捍卫自己的权利公然反对教会教义。虽然地球和行星相对太阳运动较易处理，但是相对运动的地球，行星的运动则更为复杂。为了进行描述，喜帕恰斯和托勒密引入了偏心圆运动和周转圆。由此，他们能够解释令人头痛的行星逆行运动的现象，在逆行运动中，行星有时候会沿着它的轨道逆行。可以想象，古时候这种现象常会引起人们的敬畏和恐惧，认为可能是地球上一些即将发生之事的征兆。因此，为这种现象寻找一个合理的解释会是一个伟大的壮举。

在太阳系的理论模型构建尝试过程中，托勒密深受亚里士多德建立的希腊哲学传统的影响，认为地球由完全不同的四种物质组成：土、气、火、水。月球之外的宇宙遵循不同运动定律的第五个要素或元素。地球上四种元素的"自然"运动状态呈直线，但是第五种元素的运动呈圆形。因此，他开始着手解决行星运动的难题：太阳和行星如何做圆周运动才使它们呈现在地球上观测到的位置？在引入细化方法提高预测的准确性前，他描述的这个基本行星模型基于周转圆，如图 3.4（a）（b）所示。

假设水星和金星等内行星在周转圆上运动，即绕太阳成圆形，其中心在一个被称为均轮的更大的圆上运动，此均轮以地球为中心，如图 3.4（a）所示。周转圆的半径是行星与太阳之间的距离，均轮半径是地球与太阳之间的距离。不难证明，这仅仅相当于地球和行星绕太阳在环形轨道运动的日心说系统的一个数学变换。对于火星、木星和土星等外行星，几何形状稍有不同，如图 3.4（b）所示，行星 P 绕太阳 S 的轨道比地球的轨道略大。通过应用一个小的几何技巧，可以把这个问题变成内行星周转圆运动的问题。为此，定义一个点 Q'，使得 PQ'等于且平行于 SC，从而构建平行四边形 SPQ'C。注意到，在整个运动过程中，由于 CS=Q'P，P 位于以 Q'为圆心，地球轨道长为半径的圆上。此外，由于 SP=CQ'，所以点 Q'一定在以点 C 为中心的圆上运动，半径等于行星的轨道半径。因此，图 3.4（b）中的外行星涉及的周转圆与图 3.4（a）中的内行星类似。

上述行星理论基于简单周转圆直接解释了行星逆行运动的原因。我们可能会想到，逆行运动发生时，有一段时间行星会沿着它的轨道反向运动，然后又恢复原来的方向。托勒密的理论也可解释内行星在轨运行速度高于地球在轨运行速度这一现象；显然，在部分轨道上，行星与太阳的运动方向相同，而部分时间，方向则相反。根据现代日心说轨道理论，逆行运动不难解释。图 3.5 描绘了地球和一个假想的外行星相对于以太阳为中心坐标系的位置。如果假设逆行运动出现在外行星，那么它的轨道运动要比地球慢。

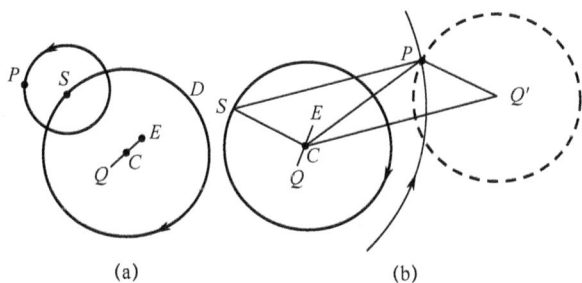

图 3.4　周转圆

（a）内行星；（b）变换后外行星运动。

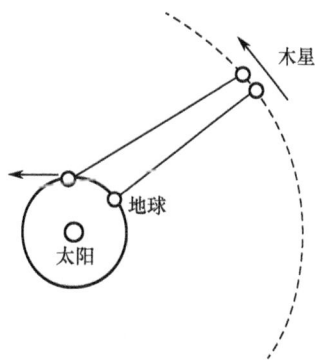

图 3.5　现代理论中的行星逆行运动

现在我们知道，行星的轨道不是圆形而是椭圆形，这要归功于约翰内斯·开普勒；托勒密偏执地认为运动必须是圆形，这迫使他尝试更加复杂的系统以更好地预测观测数据。与希帕霍斯的观点一致，他假设太阳处于偏心位置，其偏距离可以调整以适应观察行星的视速度在其轨道上的变化。这有助于解释这种现象，也就是众所周知的，冬天太阳在轨道上运行的速度比夏天快。这在关于行星运动的开普勒第二定律中给出了定量的表达式，后面还会提及这方面内容。在试图进一步改进他的理论与观测的一致性中，他还假定周转圆的中心以均匀的角速率运动，既不是绕地球运动，也不是绕均轮中心运动，而是绕第三个点运动，这个点是地球与均轮中心的等分点。尽管将等分引入模型提高了理论预测与观察值之间的一致性，但它违背了哲学世界观，即所有天体的运动是复杂的匀速圆周运动。然而，就月球的运动而言，仍存在一个更常见但却严重的问题，即按照模型，月球与地球的距离大约在两倍内变化。这意味着在地球上的观察者看到月球的大小以相同的倍数变化。显然，这是一个致命的缺点，托勒密也未解决。直到 11 世纪后期，一位名为纳速拉丁·图斯（约 1201－1274）的波斯天文学家才成功地解决了这一问题。

3.2　伊斯兰天文学

《天文学大成》一书对托勒密的介绍详尽至极，他的数学研究也颇为深入，使得以经典亚里士多德宇宙论为基础的天文学迈上稳定发展的台阶，后来，天文学家们转向占星术。的确，后来的天文学家也尝试过解决很多问题，但是，在同样的哲学约束下，这种努力无非犹如构思一种有缺陷的理论。许多作家为《天文学大成》写过评论，但在之后的几个世纪，随着罗马帝国的瓦解，欧洲最终陷入了"黑暗时代"，很多希腊科学文献也随之丢失。17 世纪，阿拉伯伊斯兰帝国横跨北非、南欧，延伸至中东，随着它的出现，人们又重新拾起了对科学和天文学的兴趣，在城中建立了图书馆，如巴格达、大马士革、格拉纳达，在天文台上观测月球和行星的运动，并对星星进行编目。希腊、巴比伦、印度的科学和天文学著作被翻译成阿拉伯文复制并保存。事实上，后来托勒密的一些重要的著作只有阿拉伯语译本。

推动伊斯兰统治者提倡学习天文学的动力来源于穆斯林教徒必须遵循的三个重要宗教仪式。第一个是一天中按规定的时间祈祷五次，时间由太阳的位置和日晷的读数确定，这就需要了解日出和日落的精确时间。第二个是祈祷者必须面向麦加（伊斯兰教徒的礼拜方向）。严格地遵守上述仪式当然较为困难，宗教当局需要向人们提供任何位置朝向麦加的罗盘方向。可能只有沙漠中迷失的信徒可获豁免。最后，信徒必须遵守斋月，在这期间白天必须禁食。既然是阴历，开始时间取决于观察到的第一个新月。宣礼员从光塔的时间来告知什么时候开始祈祷，什么时候开始斋戒，而通知宣礼员的义务落在了清真寺指定的官员身上，叫做穆瓦奇特，阿拉伯语意为定时器。

由于伊斯兰教是信徒日常生活中不可缺少的一部分，所以他们很重视遵守准确的祈祷和斋戒时间也就不足为奇。规定必须使用阴历：因此新月可见性的问题至关重要。值得注意的是，潜心研究这一问题的是穆斯林数学家、天文学家穆罕默德·伊本·穆萨（约780 年）。他出生于巴格达，供职于巴格达的 Dar el Hikma（智慧之家），一家专门为学习进步而设立的机构。正是在这里，希腊、埃及、印度和安达卢西亚的著作被复制并翻译成阿拉伯文。花拉子米最著名的是他的数学著作，英语名为《代数》，之后代数[4]的概念传入欧洲，又由其名有了今天"算法"一词。虽然他因发明了代数而闻名于世，但同样，在确定太阳落山以及月亮贯穿全年的精确时间上，他也做出了卓越的贡献。这相对于月球的运动建模并非微不足道，因为托勒密的模型并不令人满意。

另一个伊斯兰学者——伊本·阿尔·海塞姆对托勒密系统做出了详细的质疑，在西方被称为阿尔·哈增，出生于巴士拉（约 965 年）。他以视觉光学研究而闻名于世，驳斥了希腊的视觉理论，据说发明了一种暗箱。他将对托勒密理论的批评编成了一本书，翻译为《有关托勒密的疑问》。他认为托勒密的理论一定赞同亚里士多德的宇宙论，因此引入偏心等分点来提高观察的一致性不可接受。当然，托勒密也意识到了这一点，但是他无法找到一个更好的替代。等分点具有观察的一致性，摈弃它需要修改整个模型。正是因为一直以来人们对模型的不满意，最终才导致了 400 年后哥白尼日心说模型的提出。

还有一位杰出的穆斯林数学家、天文学家完善了托勒密的月球[5]理论，他就是纳速拉丁·图斯[5]，人们推断他来自波斯东北部土族城市，出生于约1201年。那时，蒙古游牧民族横扫亚洲，造成大范围破坏，屠杀当地居民。1214年，成吉思汗率领蒙古人入侵伊斯兰世界，他们在途中大肆破坏，1220年抵达土族。图斯躲避在当时的一个重要学习中心——尼沙布尔。其中一段时间，他混于刺客（暗杀十字军的穆斯林秘密团体成员）之中，这些刺客是什叶派伊斯兰教的异端分支，在波斯，他们占领了山区要塞。刺客威胁从未消失，直到大约1256年，他们被蒙古人旭烈兀根除。图斯很幸运，旭烈兀对占星术很感兴趣，有人告诉他图斯在天文学上天赋异禀，旭烈兀便将图斯任命为单人智囊团，主要负责占星学。1258年，蒙古人占领巴格达后，旭烈兀回到波斯，在波斯西北部的马拉盖建立了都城。在那里，旭烈兀依据图斯的设计，授权建立了宏大的天文台。在此，图斯负责监管许多精密天文仪器的设计和建造，包括星盘、大量的数学计算和天文表。他"发明"了一种数学装置，现在被称为图斯双圆，它可以把两个反向旋转的圆周运动组合在一起，产生线性运动，从而使只通过圆周运动的组合更准确地模拟令人头痛的月球运动成为可能。事实上，图斯对托勒密的行星运动理论做了极大的改进，直到约270年后哥白尼日心说模型的提出。

在这段小结中，我们提到的最后一位穆斯林天文学家是伊本·沙蒂尔（阿拉伯语意为"智慧之子"）[6]，是14世纪最杰出的穆斯林天文学家，1305年左右，他出生于叙利亚大马士革，成长于大马士革著名的Umayyed清真寺muwaqqit，负责确定每天祷告以及斋戒月斋戒的确切时间。他的成就并不在于精确计时，而在于行星理论方面。直到20世纪50年代，现代学者才开始研究伊本·沙蒂尔关于行星理论的著作，研究表明，哥白尼使用了同样的数学技巧来改善托勒密模型。伊本·沙蒂尔提出了新的行星理论，废除了偏心均轮和托勒密的模型等分部分，代以二次周转圆。虽然他并没有实现相对于太阳的改善，但是通过减少月球与地球距离之间的变化，以及附加的周转圆完善了月球修正理论，这是对托勒密模型的重大反对。伊本·沙蒂尔还负责建造了一个长2m、宽1m的美丽大理石日晷，并将它安装在大马士革Umayyed清真寺的尖塔上。它的指针与地球极轴（旋转轴）平行以便影子有相等小时划分。

在伊斯兰科学界的"黄金时代"时期，在伊斯兰学者在天文学和数学科学方面成就斐然之时，欧洲知识分子却因宗教争议，在科学上止步不前。当然这对于伊斯兰社会是件好事，但是那里的天文学家们主要服务于伊斯兰教的礼仪。在科学史上，伊斯兰经常被轻描淡写的认为只是传了古希腊人的知识成就，而实际上，阿拉伯的数学家在代数、三角学以及光学上都做出了卓越的贡献。伊斯兰中心和欧洲的基督教之间科学知识的传播主要通过西部的西班牙和东部的拜占庭。天文和数学表等资料，以及先进的仪器设计，如星盘，也都传入了基督教欧洲社会。

3.3 欧洲天文学家

欧洲最著名的天文学家是尼古拉·哥白尼（1473—1543），他继承并发展了托勒密行星理论，并成为伊斯兰继任者。哥白尼生于波兰托伦市，他学习过医学和教会法，拉特兰会曾采纳了他对历法改革的建议。他是一位真正的"文艺复兴人",曾在意大利攻读大学,精通多门语言,了解数学、医学、宗教和宇宙学。他在波兰的瓦尔米亚担任过很多年的民政工作者,因其日心宇宙学说成为天文学史上的主要人物,但这甚至并不是其主要关注点。1539 年,哥白尼偶然与一位名为乔治·雷提卡斯的数学家讨论了太阳系中日心说的想法,乔治·雷提卡斯将其写进了一本占星术书里。在莱提克斯的鼓励下,哥白尼就此想法做了完整的论述,就是我们所熟知的《天体运行论》。该书出版于 1543 年,写明将此著作献给教皇。同年,哥白尼去世。虽然说他的太阳系日心说模型的确打破了传统以地球为中心的模型,但是人们认为不应如此简化。他使用了大量的数学技巧,包括阿拉伯天文学家的多重周转圆和图斯双圆。以单纯的圆周运动建立的约束模型,其复杂性并没有因为选择了不同的参照系而降低。然而日心说理论的一个重要方面在于,它能解释因地球绕太阳旋转导致的外行星逆转现象,这全是因为地球绕太阳的运动造成的。这并不能说明他试图反对当时正统的宗教具有革命性,相反,他保持着对宇宙根深蒂固的信仰,并一直在寻找一个符合它的、更简单、更精细的行星模型。图 3.6 所示为哥白尼的太阳系描述的行星同心轨道。

图 3.6　哥白尼的太阳系

　　哥白尼去世三年后,1546 年,另一位伟大的天文学家诞生于斯科纳省一个贵族家庭。当时,斯科纳省是丹麦的一个城市,如今属于瑞典。该天文学家的拉丁名为第谷·布拉赫,曾在丹麦和德国求学,在大学期间,他对天文学和天文学仪器产生了浓厚的兴趣。在德国求学结束后,丹麦和挪威国王腓特烈二世为其提供资助,并在哥本哈根附近的一个小岛上为他建造了"观天堡"天文台,此后,他便成了一名成功的天文学家。该天文台也因古老、原创设计的天文仪器而成为欧洲最著名的天文台。但是应该注意,这个用于天文观测的玻璃透镜系统的想法直到十年后(大约 1608 年)才"付诸实践"。该天文台成了天文观测、研讨会和天文表汇编的中心。1597 年,他的赞助者腓特烈二世逝世,第谷·布拉赫离开了丹麦,并于 1599 年最终定居于布拉格,两年以后,他也去世了。在布拉格,他聘请了约翰内斯·开普勒做他的助手,让他在自己连续仔细观察记录的基础上,计算火星的运行轨道。这些观测结果从未在他生前正式出版过。

　　约翰内斯·开普勒(1571—1630)出生于德国西南部的武腾堡州韦尔德城区附近,当时是神圣罗马帝国的一部分。他有幸成为著名天文学家第谷·布拉赫的助手,正如上文所述,他的工作是根据火星详细连续地观测数据记录,计算它的精确轨道。他在工作中有了开创性的发现,拟合数据最好的不是一个圆,而是椭圆。这项工作大约于 1605年完成,研究成果在他的《新天文学》中发表。文中提出了现在称为行星运动的开普勒第一、第二定律。1601 年,第谷·布拉赫去世,开普勒接任成为皇家数学家。虽然他的名气在于他的天文学成就,但是,像后世的艾萨克·牛顿一样,他也研究光学,在透镜系统和人眼的成像理论方面有所贡献;实际上,望远镜的一种设计就是以他的名字命名的。1621 年,开普勒出版了著作《哥白尼天文学概要》,介绍了日心说的系统,随后出版了《鲁道夫星表》,涵盖了第谷·布拉赫对恒星和行星全面和详细的汇编。

开普勒阐述了三大行星定律：

第一定律：每个行星都沿各自的椭圆轨道围绕太阳运动，而太阳则处在椭圆的一个焦点中。

第二定律：在相等时间内，太阳和运动中的行星的连线（向量半径）所扫过的面积相等。

第三定律：以太阳为焦点，沿椭圆轨道运行的所有行星，其椭圆轨道半长轴的立方与周期的平方之比是一个常量。

第一定律指出，轨道的形状是椭圆，它是普通封闭的圆锥曲线，其中最简单的是圆。为了生成这个圆，试想两个圆锥状的尖顶，彼此相对地同轴安装，如图 3.7 所示。

现在考虑圆锥与平面之间相交的曲线，相交曲线由平面相对圆锥轴的夹角 A 的大小与圆锥面与圆锥轴的夹角 B 的大小决定。若为圆，$A=90$；若为椭圆，$A>B$；若为抛物线，$A=B$；若为双曲线，$A<B$。对圆锥曲线的研究要追溯到约公元前 200 年，古希腊几何学家阿波罗·尼奥斯。

我们应该关注椭圆的几何结构，长直径为长轴，短直径为短轴。椭圆有两个特征点，沿主轴线距离中心相等，称为焦点。椭圆的独特属性之一是，椭圆上任意一点到两焦点的距离之和总是恒定的，无论该点在椭圆的何处。这个属性意味着一个惊人的光学性质，即如果反射镜的表面符合椭圆的形状，那么放置在一个焦点的点光源将精确反射到另一个焦点。两个焦点的距离与长轴长度的比值为椭圆的偏心率，此偏心率可衡量椭圆偏离圆形的程度。如果用 ε 代表偏心率，那么对于圆，$\varepsilon=0$，对于直线段，$\varepsilon=1$。

正如牛顿后来证明的，当两个物体相互施加牛顿定义的力时，力与它们之间距离的平方成反比，即

$$F=\frac{k}{d^2} \tag{3.1}$$

其中，F 是力，d 是物体之间的距离，k 是常数。物体的运动轨迹是一个圆锥曲线。开普勒第二定律与行星在其轨道的运行速度有关。在古希腊罗马时代，人们就已经知道太阳沿着黄道带以不恒定的速率运行。在现代，这意味着地球在它的轨道上以不恒定的速率运行。根据第谷·布拉赫提供给他的详细且精确的观测分析，开普勒能量化地球的运动变化以及轨道椭圆形的几何形状。图 3.8 所示为开普勒第二定律的含义，在相同时间间隔内，太阳和运动中的行星的连线所扫过的面积相等。由于半径变化，角的扇区也随之变化，时间间隔相同，因此地球的表观速度发生变化。

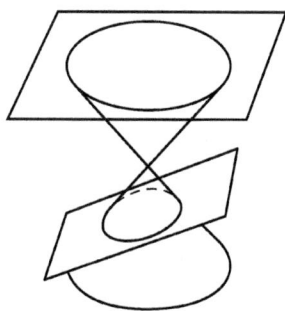

图 3.7 圆锥部分

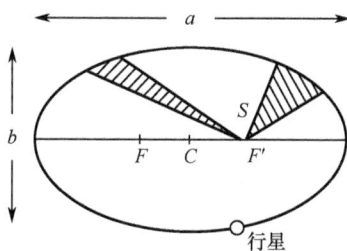

图 3.8 开普勒第二定律

在现代科学史上，与开普勒同时代的还有一位泰斗，那就是伽利略（1564—1642），他出生于意大利著名的比萨斜塔之家——比萨，在那里他做了重物自由下落实验，从此声名远扬。近年来，有人担心比萨斜塔可能会倒塌。望远镜的发明是伽利略对天文学的一个重要贡献。组成（折射）望远镜的基本光学元件——玻璃镜片，早在 14 世纪就已传到了欧洲，可能来自伊斯兰的西班牙或拜占庭，那时，单一的眼镜片在意大利已经很常见。然而，直到 1608 年，使用两个镜头增强看清远处物体的专利才授予了一个名为汉斯·利伯希的荷兰眼镜制造商。几乎可以肯定，利伯希制造的眼镜更接近于探险家亚伯塔斯曼使用的那种侦查望眼镜。总之，伽利略很快就掌握了这项发明，并于 1609 年发明了自己的望远镜。他是第一个使用望远镜仰望夜空的人，开创了观测天文学的新领域。他设计并完善了许多望远镜，使其达到 20 多倍直径的放大倍率，这使他能够第一次清楚地看到月球表面山脉和陨石坑、金星的相变、木星的四颗卫星，并且用肉眼就能在像云一样密布的银河系中区分单个星星。这些观察发表于 1610 年出版的《星际使者》中，轰动了整个世界！人类已经可以检测到普遍接受的天球观念——第五元素，然而结果发现，它更像是亚里士多德所说的四种元素。1632 年，伽利略的不朽之作《关于两种世界体系的对话》出版。在 S·德雷克对这部经典的英文版编辑中，有阿尔伯特·爱因斯坦撰写的序言，部分内容如下：

"在这本书里有一个人，他充满激情、斗志、智慧和勇气，用理性的思维站出来反对那些依仗人们的无知、牧师的懒惰、以及披着学者外衣来维护和捍卫自己权力的教会……"

这本书以三个人对话的形式出现，分别是萨尔维亚蒂、沙格雷多和辛普利西奥，他们谈论了各个科学问题，以揭示有关公认的物体运动方式和行为观点的谬论和矛盾之处。萨尔维亚蒂是伽利略观点的代表，而辛普利西奥则是亚里士多德式的哲学家。天主教会的红衣主教贝拉明曾经警告伽利略不要公开传播哥白尼的模型，因为它违背教会的教条。向教皇乌尔班八世提出出版《对话》的诉求也被断然拒绝。尽管如此，它还是在意大利佛罗伦萨出版，然而被罗马宗教裁判所裁定违规。伽利略也被公开羞辱，被迫放弃主张。据说，他曾喃喃自语：无论如何，它总是运动着的。

伽利略也为力学奠定了基础。他引入了物体惯性这一概念。他认为，物体运动的"自然"状态不像亚里士多德所描述的呈圆形，而是保持静止或者匀速直线运动。这成为牛顿第一运动定律的基础。伽利略也做了著名的自由落体加速运动和物体在光滑斜面上运动的实验。他测量不同物体的加速度值，将其作为平面倾斜角的函数。另外，伽利略还注意到钟摆的等时性，即一定质量的悬挂物，沿着小弧自由摆动，无论它摆动的角度有多大，都可在相同的时间内完成一次摆动。这个故事发生在 1583 年，伽利略学医之时，他用自己的脉搏来测量比萨大教堂一盏吊灯摆动的时间（想必他当时也考虑了质量）。假设单摆的摆动角度很小，则单摆的实际周期（完成一个振荡的时间）非常接近于一个常数。要得到真正的等时，弧必须是摆线的一部分而不是圆。直到 1642 年他去世之前的几个月，伽利略还建议使用钟摆来调节时钟。1638 年，他双目失明，无法将自己的想法付诸实践。他向他的儿子温琴口述了他的设计，温琴做出了图纸，但并没有完成模型。这一项荣誉留给了克里斯蒂安·惠更斯，他提出了物理光学中有名的惠更斯原理。

3.4 艾萨克·牛顿

在数学和天文学发展史上，另一位著名的人物便是艾萨克·牛顿，他出生于 1643 年，即荷兰探险家亚伯塔斯曼驾船环游新西兰后不到一年。他出生于英格兰林肯郡乡下的落伍尔索普庄园，家庭普通，文化氛围并不浓厚。不像莫扎特，他并没有在数学和天文学方面过早地显现出天分，直到 20 多岁，他的才华得以体现。牛顿出生的地方，也是他将大半生贡献给科学和数学的地方，如今成为历史遗址；那里有老苹果树，因苹果掉落而闻名于世，一次偶然的机会，这位年轻的剑桥大学教授看到了果实掉落，他产生了重力概念的灵感。这颗树长出的小树苗被世界各地的许多机构争相收购！1665 年，鼠疫爆发引起恐慌，牛顿任教的剑桥大学被关闭。当时，大学决定解散学生和老师，牛顿因此回到伍尔索普庄园，度过了潜心创作的两年，直到安全回到剑桥大学。

在伍尔索普庄园短暂的时间里，牛顿有了以下几方面的突破：

（1）白光是由不同颜色（即不同波长）的光混合而成的。

（2）运动定律。

（3）数学新的分支：他所谓的流数（微积分）。

（4）万有引力定律。

牛顿在其著作《光学》中详尽地分析了白光可以分解为不同颜色的光，1704 年，《光学》第一版出版于英国。书中间接提到了他发明的微积分与德国数学家莱布尼茨发现的微积分不同。后者则在牛顿的大部分生涯中质疑这一说法，并一直是其对立方。牛顿对光学的贡献不只是简单的观察，他发现当白光通过空气－玻璃界面时，光线折射出不同的颜色，对于这一点，人们早在 1300 年就已有所认识。实际上，波斯人卡马尔·埃德丁以及后来的德国弗莱堡僧人狄奥多里克也就彩虹形成之因给出了有效解释。而牛顿则证明了，当彩虹中的一种颜色通过第二个棱镜折射，光的颜色保持不变。也就是说，折射不会使颜色发生变化，白光包含所有的颜色的光，由于眼睛的生理现象，当所有颜色的光同时进入人眼时，给人的感觉是"白色"光。他还研究了现在所谓的牛顿环，即把一个磨得很精、曲率半径较大的凸透镜放置在一个十分光洁的平面玻璃上，在白光照射下可看到，中心点是一个暗点，周围则是明暗相间的同心圆圈。他研究了光的衍射的边界。为了解释这些波浪般的性质，他认为有必要完善他的光学"微粒说"理论。在他的光由粒子或微粒组成理论中，如果微粒要满足他的力学理论，那必须要满足条件，即当观察的光线在空气－玻璃接触平面发生变化时，光粒子在玻璃的传播速度要比在空气中快，这显然是错误的。如今，现代物理学已经表明，光确实有"粒子性"，人们认为牛顿可能说对了一半！其实，光的粒子——光子，并不像普通粒子一样可以满足牛顿运动定律，因为它总是以（常数）光速传播！

在他的重要著作《自然哲学数学原理》中，牛顿运动定律——牛顿力学的基础有所介绍。简单翻译总结如下：

（1）任何物体在不受任何外力的作用下，总保持匀速直线运动状态或静止状态，直到有外力迫使它改变这种状态为止。

（2）物体加速度的大小与作用力成正比，与物体的质量成反比，加速度的方向跟作用力的方向相同。

（3）两个物体之间的作用力和反作用力总是大小相等，方向相反，作用在同一条直线上。

正如前面所指出的，第一定律是对伽利略假说的一个说明，它认为"自然"的状态是匀速直线运动。在动力方面，它指出物体具有抵抗改变其现有运动状态的性质，也就是说物体具有惯性。在第二定律中，牛顿将运动的量理解为动量，定义为速度 v 与常数因子 m 相乘乘积，称为惯性质量，是对物体抵抗改变它运动状态能力的衡量。此定律的一个重要结果是，对于一个要不断改变其运动方向的物体，比如物体做圆周运动，它必然受到不断指向中心之力的影响。在相互作用的系统中，运动第三定律是动量守恒定律的基础。例如，如果有两个质量为 m_1 和 m_2 且相互作用的物体，则在相互作用的过程中一直保持 $F_{12} = -F_{21}$，可以得出，在一定的时间内，动量的改变相等且方向相反，即

$$F_{12} = \frac{m_1 \Delta V_1}{\Delta t} = -F_{21} = -\frac{m_2 \Delta V_2}{\Delta t} \tag{3.2}$$

所以动量的总改变 $(m_1 \Delta V_1 + m_2 \Delta V_2) = 0$，也就是说，总动量没有变化。这就是喷气式发动机给飞机推力的基本原理。通过发动机中的热气体不断排出，携带的动量产生反向向前的推力。

从牛顿定律中可以得出的同样重要的守恒定律，即角动量守恒。这可以通过陀螺仪解释，陀螺仪通过在万向支架上安装转子，可以使其在垂直于转子轴线的平面上旋转。当转子开始转动的时候，它的支脚会沿相反方向旋转。陀螺罗盘曾为导航的主要工具，其主要原理在于其具有很大的角动量，因此可以在小扰动情况下保持其方向。理想状态下，如果没有力矩作用在旋转转子上，其角动量将保持恒定，也就是说，它将一直指向同一个方向。地球等行星的旋转同样如此。

牛顿在数学方面的主要贡献不只在于独立创造了新分支——即所谓的流数术。这与数学函数和变量的概念，以及对变量变换引起的函数值变化的处理有关。他还引入了如今的微积分概念。虽然其《原理》中提到过该项工作，但是直到 1687 年才发表，而 1684 年，德国数学家、哲学家戈特弗里德·莱布尼茨也发表过类似的想法，所以他就宣称自己先创立了微积分。牛顿强烈反驳了此说法，声称 1666 年发生瘟疫的时候，他在伍尔索普庄园就已孕育了最初想法，并做了大量笔记。

艾萨克·牛顿最伟大的贡献是万有引力定律。这是一个有名的归纳推理示例。起源于伽利略的认识，他认为任何物体都是以恒定的加速度落到地上，因此牛顿经过自己推导，得出了结论：一定有力作用在了物体上，使它落到了地上。毫无疑问，如果地上有一个洞的话，它将继续跌进洞中。根据他的第一定律，他又推断出，星球必定会持续受力，如月球必定不断受到地球的引力，因为它不断地绕着地球旋转，行星绕太阳公转的原因也是如此。由此，他推测，在空间中，必定有万有引力。为了推导出这种力与事物之间的距离关系，当物体作匀速圆周运动时，他假设有很大的向心加速度，指向中心。对于熟知微积分的现代学生，推导加速度的公式可能不是一个挑战，但在当时，即使对于牛顿，也并非小事。在任何情况下，向心加速度——α 使用以下表达式：

$$\alpha = \omega^2 r \tag{3.3}$$

其中，ω 是角速度，单位 rad/s，r 是轨道半径，质量 m 要求的力可通过牛顿定律得出

$$F = ma = m\omega^2 r \tag{3.4}$$

但是，按照开普勒行星运动的第三定律，有

$$\left(\frac{2\pi}{\omega}\right)^2 = T^2 = kr^3 \tag{3.5}$$

其中，T 是周期，k 是常数，将 ω^2 导入 F 表达式，可简化得到

$$F = m\frac{(2\pi)^2}{k}\frac{1}{r^2} \tag{3.6}$$

这表明，如果引力遵循一个简单幂次定律，为符合开普勒第三定律，它一定是平方反比定律。如果引力像法拉第的"磁力线"一样辐射，这个结果将非常合理。在两个物体 m_1 和 m_2 之间的万有引力定律通常为

$$F = \frac{Gm_1m_2}{r^2} \tag{3.7}$$

其中，G 是引力常量，采用国际单位制，数值为 $G = 6.673 \times 10^{-11} \text{Nm}^2(\text{kg})^{-2}$。这一结果适用于理论上两质点之间的力。将其应用到行星的运动，仍然需要计算两个较大球体之间的作用力。为此，牛顿只用微积分来解决这一难题。他证明如果两个均匀的球体总质量集中在中心，它们之间的力是相同的，这当然极大地简化了问题的解决途径。牛顿证明了粒子的运动方程（微分）服从平方反比关系。就平面极坐标 (r,θ) 而言，行星绕太阳轨道旋转的轨道形式如下：

$$\frac{1}{r} = C\left[1 + \varepsilon\cos(\theta - \theta')\right] \tag{3.8}$$

它代表偏心率为 ε 的圆锥曲线，偏心率是总能量 E 和角动量 L 的函数，二者均是运动常量：

$$\varepsilon = \sqrt{1 + \frac{2EL^2}{mk^2}} \tag{3.9}$$

其中，$k = GMm$，M 是太阳的质量，与行星（十分接近地球质量，但与木星差别较大）质量 m 相比无限大。圆锥曲线的形式，无论是圆、椭圆、抛物线或是双曲线，都取决于偏心率 ε 的值，总能量见表3.2。

总能量 E 为动能和重力势能的总和。如果物体从较远距离开始，动能较大，势能为零，则总能量是正数，由此产生的运动将是双曲线。但是，如果它接近原点，并且在某种程度上失去了足够的动能而使得 E 为负数，那么它将在一个椭圆轨道运动，如图3.9所示。

开普勒第二行星运动定律，即恒定面积速度的定律，实际上不仅适用于如万有引力的平方反比关系，而且适用于任何向心力，也就是说，力总是朝着中心点的方向。事实上，这是角动量守恒的状态，必须指明为向心力，因为它在运动体上不产生任何力矩。角动量守恒定律可以表示如下：

$$mr^2\omega = L = \text{const} \tag{3.10}$$

从图3.8可以看出，$r^2\omega/2$ 实际上只是一个比率，即半径矢量 r 扫掠区面积与轨道上点的比值，并且由于质量 m 恒定，所以遵循第二定律。

表 3.2　圆锥曲线粒子能量的函数

ε	圆锥曲线	总能量 E
0	圆	$-\dfrac{mk^2}{2L^2}$
1	抛物线	0
<1	椭圆	$0 > E > -\dfrac{mk^2}{2L^2}$

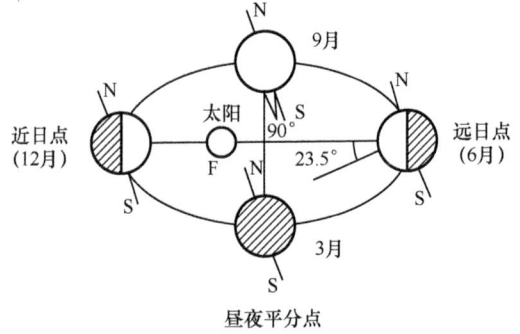

图 3.9　地球的椭圆形轨道及轨道面倾角

对于椭圆形的轨道，开普勒第三定律较为复杂，所以感兴趣的读者可以参考关于经典力学的教科书。当然，对于圆轨道，则简单一些，我们已经证明，它与重力呈平方反比关系。

参考文献

1. M.S. John, A Brief Introduction to Astronomy in the Middle East （Publ. Saqi, Beirut, 2008）

2. O. Neugebauer, The Exact Sciences in Antiquity （Dover Publications, New York, NY, 1969）

3. G.0. Abell, Realm of the Universe, 5th edn. （Saunders Publications, Philadelphia, MD, 1994）

4. O. Neugebauer, The Exact Sciences in Antiquity （Dover Publications, New York, NY, 1969）, p. 146

5. M.S. John, A Brief Introduction to Astronomy in the Middle East （Publ. Saqi, Beirut, 2008）, p. 131

6. O. Neugebauer, The Exact Sciences in Antiquity （Dover Publications, New York, NY, 1969）, p. 197

第4章 现代天文学的要素

4.1 行星地球

地球围绕太阳公转轨道的偏心率很小，大约为 0.017。这意味着在远近点，即距离太阳的最远点和最近点，仅相差约 3.4%；该量对地球表面季节性气候变化的影响可以忽略不计。而季节是由地球的公转轨道的平面倾斜于赤道面引起的，该倾斜角称为黄赤交角，约为 23.5°，图 3.9 对其有所说明。旋转轴的方向在空间几乎保持固定，除了会有小扰动导致缓慢的岁差，旋转轴扫掠形成一个圆锥形，就像一个旋转的陀螺。轴的倾角造成的结果就在于，在地球轨道的不同部分，例如北半球，将倾向于朝向太阳，延长白天的时间，而南半球则正好相反。恰巧旋转轴的方向也是这样，因而北半球在近日点远离太阳。在轨道长轴上的点最接近太阳，根据开普勒第二定律，这时地球的轨道速度最高；在相反的极点，远日点上，轨道速度最小。轨道上地球旋转轴方向垂直于半径的点，也就是太阳通过赤道的点，称为平分点，因为昼夜等长。

由于很多原因，将地球看作真空中自由旋转的均匀刚性球体模型并不现实：首先，它不是一个完美的球体，地形表面结构复杂，水域面积大，且内部结构熔融。赤道隆起，由北向南略不对称，因此它是一个不完美的扁椭球[1]。由于地球不是一个均匀球体，因此月球可以施加力矩，从而使月球的轴方向垂直于月球的轨道。力矩会引起回旋运动，而不是简单地使轴沿力的方向转动，从而使地轴慢慢进动，扫出一个锥形，很像在重力下旋转的倾倒陀螺。这种情况造成了地球春分点的岁差，也就是赤道和黄道交点的移动（这些术语在下一节将有所介绍），这导致了一年当中不同时间的四季变化。进动速率非常缓慢，大约一个周期需要 26000 年。

月球也是海洋潮汐形成的主要原因。全球海洋的潮汐作用涉及水的大规模运动，从而影响地球的自转。水的黏度，也就是其内部流动的阻力，会导致地球旋转运动的动能慢慢消散，不可逆地以热的形式散发出去。潮汐作用的主要原因是月球引力的梯度和来自太阳的轻微作用。人们很早就意识到了月球与潮汐的关系，因为月球小潮和大潮与月相关联。潮水的流动不是如一些人天真的认为，简单地由于月球对海洋的引力造成；其解释则更为微妙。这是由于较小的月球引力变化引起地球较强的变化，以及较大的太阳引力引起的较弱的变化。如果考虑海水体积的动态平衡，太阳和月球在地球表面产生的引力提供其保持在轨道上运动的向心力。例如，当月亮是新月时，它在地球和太阳的连线上，造成横跨地球引力场的梯度加重。但是地球的轨道半径由靠近地球中心的重力场决定，而不是地球表面，且海水仅限随地球运动，所以，在地球的月球侧上，引力大于离心力，而在地球的另一侧，离心力大于引力。结果是，在地球的另一侧，海水好像被拉长并出现高（春）潮。

地球的自转对海面风和洋流有显著的影响，主要通过所谓的科里奥利力。这是一个描述旋转参考系运动时的假想力；在相对旋转参考系静止的情况下，它降低了离心力。因为离心力使静止的铅垂线发生偏转，所以它与地球的半径不完全一致。然而，相对于重力，该力十分小，所以偏转角就非常小。事实上，从定义而言，铅垂线是垂直的，所以没有校正。然而实际上，重力加速度 g 的值在地球表面是变化的。在运动的情况下，例如洋流和风，科里奥利力的作用在垂直于其速度的任意点上。在北半球，角速度矢量一般指向北，科里奥利力总是导致流的方向向右偏转。南半球则正好相反。科里奥利效应一个典型的示范是傅科摆，曾经在华盛顿的一家博物馆荣誉展出。它由一个约 900kg 的巨大金属球组成，一根长 60m 的线绕过钟面将其悬挂，摆动的弧线会绕其旋转。

自古以来，地球的大小和形状一直是猜测和研究的课题。正如前面章节所述，地球作为一个球体，其周长的测量由古时的埃拉托色尼完成。他测得圆周为 39000km，如果假定他所使用的长度单位是当时埃及常用的斯塔德，则与现在的测量相差 2%。到 1 世纪，人们普遍认为地球是一个球体，但中世纪偶尔存在一些奇谈怪论。

至少在过去的 350 年中，所有伟大的数学家都致力于研究地球形状的理论，如牛顿、欧拉、拉普拉斯、勒让德、高斯、雅可比、黎曼和庞加莱，以及更多广为人知的名字。牛顿第一个假定地球不可能是球形，并提出一个先进的论点，说明地球一定是一个扁椭球，是绕其短轴产生的旋转椭圆。他设想过地球中心有两个假想轴，一个为短轴，一个为长轴，均充满水。他解释道，因为水在赤道轴具有引力，离心力的存在使得引力减小，如果水在地球的中心处于平衡状态，它一定比正常的轴要长。因此他认为，地球必须是一个扁球体的形状，他还计算出了扁平率，即 $(a-b)/a=1/230$，a 和 b 分别表示椭圆的长轴和短轴。然而，直到 18 世纪初，地球形状的问题才通过实验解决。从根本上而言，地球表面几何形状确定所用的观测方法与埃拉托色尼使用的方法相似。若要测量该距离，人们必须沿着子午线观察特定纬度上的改变，如 1°。子午线弧导致了地球表面曲率的产生，因为它是通过天文学方法确定的、相对于空间中某个固定方向（比如北极星）的方位有所变化的度量。挑战在于如何确定地球表面上分隔较远的点之间的准确距离，并且测量曲率。1684—1718 年间，皮卡德和卡西尼利用三角测量的测地线法对法国进行了调查，确定了英吉利海峡的敦刻尔克（51.02°N，220°E）和地中海沿岸的科利尤尔（42.5°N，3.08°E）之间的距离，选择的地点与巴黎在同一子午线上。不幸的是，两个位置测量的曲率结果并不确定，似乎偏向于说明它是一个扁长的椭圆形。这符合哲学家勒内·笛卡尔的预期，所以，法国学院成员、牛顿理论的支持者德莫佩屠斯，说服了路易十五允许其远征至赤道附近的秘鲁以及北极圈附近的拉普兰地区。德莫佩屠斯报告称，拉普兰地区的 1° 子午线是 57437.9 突阿斯（旧单位，1 突阿斯=1.949m），而在巴黎附近，小于 57060 突阿斯，证实了牛顿扁椭球的预测。加之通过远征秘鲁发现，沿着巴黎子午线，赤道附近和北极圈附近的距离计算为 5130762 突阿斯。1791 年，法国大革命后不久，这个距离变成了新标准，相当于 10000000m。注意，当时米的定义是基于时间标准单位的，而原子秒则通过光速的恒定性得到：米是光在 1/299792458s 的时间内所通过的距离。

再回到地球的形状，克莱洛于 1743 年给出了关于地球形状的明确数学描述，给出了在旋转椭球体表面任何一点重力加速度 g 的通用表达式，如下：

46

$$g = g_0 \left[1 + \left(\frac{5}{2}m - f\right)\sin^2\lambda\right] \tag{4.1}$$

其中，g_0 是赤道上的加速度，λ 是纬度，m 是赤道上离心力与重力之比，$f = (a-b)/a$，a 和 b 分别是椭球体的长半轴和短半轴[1]。原则上，通过准确测量不同纬度上的 g，即可利用这个结果确定地球的形状，例如，通过适当设计的单摆。我们知道，地球的表面不是一个光滑的椭圆形，而是很不规则的形状，比如有山脉、峡谷和海洋。很多领域都很关注地球表面的不同地形和梯度重力加速度，如矿产勘探；如今，星基全球定位系统备受关注。在历史上，研究重力梯度最杰出的人物是匈牙利人罗兰，他在 1896 年发表了以他名字命名的重力梯度仪。设计并完成了引力质量是否等于惯性质量这一最敏感的测试。加速梯度的单位为厄特沃什，值是 10^{-9}s^{-2}。重力梯度仪最近研究的发展远远超出了扭力天平和砝码悬。在最近的发展中，最引人注目的是超导重力梯度仪和量子光学重力梯度仪。前者采用的是超导检测质量，通过使用传感线圈和一个超灵敏的检测器（SQUID，超导量子干涉器件）可以检测到微小的运动。量子重力梯度仪采用了更为先进的量子光学系统，使用单个原子作为检测质量，在光量子态干涉仪使用所谓的拉曼跃迁。这些转变涉及原子量子能态及运动状态的同步变化。由于原子干扰不仅涉及地球引力场的准确测绘，而且包括原子陀螺仪的结构，所以在后面的章节将详细讨论相关问题。

4.2 月球和行星

由于肯尼迪总统于 1961 年发起了对月亮（卫星）的阿波罗计划，因而人类已经实现了月球行走、拍照，并研究了其表面特征甚至地下组成，这些或许已如地球的任何部分一样被人们熟知。但是月球不仅仅只是一个卫星，与其相关的文化悠久，更不用说其代表的浪漫意义了。

由于月球相对靠近地球，距离只有 384000km，所以与任何其他天体相比，它在天空中似乎运动更快，当然太阳除外。它是天空中太阳旁边最明亮的天体，然而，它的反射亮度不到太阳亮度的 2.5×10^{-6} 倍，因为它的反射率大约只有 0.07。传统上，把月亮分为 8 相，对应绕地球轨道上的 8 个位置，分别为新月、峨眉月、上弦月、残月、满月、残月、下弦月、再回到新月。月相如图 4.1 所示。

阿波罗计划使人们可以高精度跟踪月球轨道。发射于 1969 年的著名的阿波罗 11 号首次将人类送上月球，在其面板上安装了 100 个角立方反射器阵列，每个 3.8cm。其实质是三个相互垂直的反射平面形成一个凹面角反射镜。通过这些反射镜，任意角度入射的平行光束都可以被精确地反射到各个方向，因此，它们被称为反光镜。随后这种面板也被安装在阿波罗 14 和 15 号上。1973 年，苏联除了在机器人月球探测车 2 号上配备其他观察设备，还配置了激光角反射镜阵列，作为月神计划的一部分。在人造卫星上利用强脉冲激光作为角反射器进行测距和跟踪的技术，最初出现于 1965 年，由 H·普洛特金在戈达德太空飞行中心使用。直到阿波罗 11 号将角反射器放在月球上，月球测距才得以实验证明。其技术原理与雷达相同，实际上，它已成熟发展成为一种广泛使用技术——

激光雷达[2]。其本质上是一种脉冲回波技术，激光辐射的高能量窄脉冲在合适的光学系统的辅助下作为平行波束指向目标，被目标反射或散射，并由与发射器相同的光学器件接收。这项技术存在一个固有的实际问题，强辐射脉冲要充分接近辐射探测器，以使其灵敏度尽可能的高。发送脉冲和接收脉冲经过的时间是到该物体的距离的两倍。在这种情况下，必须利用大口径反射望远镜发出窄脉冲（大约 1ns）强激光指向月亮。1969—1985 年，得克萨斯州的麦克唐纳天文台了使用 107 英寸的史密斯望远镜，通过时间测量进行了月球距离测试。1985 年，该天文台使用了一个 30 英寸的专用望远镜。使用大型望远镜可确保衍射角保持较小，从而光束发散相对较小；然而，由于距离月球太远，因此到达月球时光束直径约为 7km，反射的光束到达地球光束的直径约为 20km。而且回波信号太弱，因此检测需要很长的积分时间。时间分辨率对应的距离误差小于 $1/10^{10}$，这个分辨率水平可精确测绘月球表明地形。1964—1967 年，测距器、勘测探测器以及月球轨道飞行器拍摄了月球表面壮观的照片。1966 年，苏联月神 9 号月球探测器在月球率先取得软着陆，传送回地球月球的近距离照片。月球表面呈现所谓的玛利亚（拉丁语意为海洋）特征。

太阳系的行星由轨道半径小于地球的内行星水星、金星和在地球轨道外的外行星火星、木星、土星、天王星、海王星构成。之前最外层的行星冥王星于 2006 年被重新分类，不再归为行星。哥白尼正确推导出了行星轨道的顺序以及它们的相对尺寸，并且引入了伸长率概念。在行星和太阳的背景下，行星的伸长率是地球观测行星的方向与观测太阳的夹角。对于内行星，有两个可能时间点，行星与太阳在同一条直线上且伸长率为零。这些被称为行星和太阳的结合点，很容易地通过拉伸来验证，因为内行星的伸长率不能超过 90°（图 4.2）。外行星的伸长率在 0°（结合点）到 180°（对立点）之间。连续相对或上合的时间间隔称为会合周期。

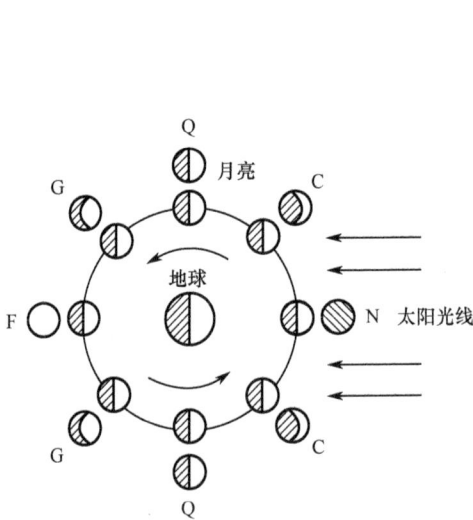

图 4.1　月相

N—新月；C—娥眉月；Q—弦月；G—残月；F—满月。

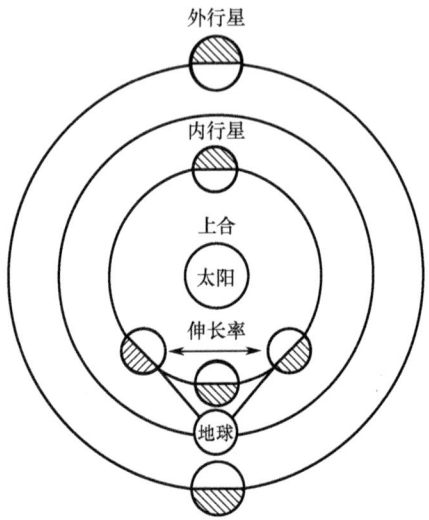

图 4.2　伸长率

（a）内行星；（b）外行星。

4.3　内行星

内行星中，水星最小且离太阳最近，由于太阳光过于刺眼，所以肉眼很难看到，只有在黄昏时它非常明亮，才可看到。它的轨道偏离中心，与黄道成 7° 倾斜角，绕轨道运行一周需要 88 天，与太阳的会合周期为 116 天，这意味着，一年当中大约有三次几乎与太阳会合。因此，有时看到的是"早晨之星"，有时是"黄昏之星"。水星绕相对恒星固定的轴线完成旋转大约需要 59 个地球日；与绕太阳旋转的周期是简单的 2∶3 的关系，这就表示，由于太阳的引力，潮汐的作用影响了旋转。早在 1974 年，美国航空航天局向水星发射了"水手 10 号"，其次是 2004 年发射并于 2011 年 3 月成功进入轨道运行的"信使"，对水星表面进行了完整的拍摄和分析。从水星表面温度测量的结果记录来看，白天和日落之后的温度变化相当惊人。中午温度可以达到 427℃，日落之后暴跌至−123℃，午夜继续走低。白天的高温意味着，任何水星表面上气体分子的热运动速度都远远超过引力逃逸速度，因此，预计水星上没有实质性的大气。

水星的惊人特性并不限于其温度范围，它在科学史上意义非凡。原因在于在椭圆轨道最接近于太阳的点，即近日点，似乎有异常进动（旋转）。换句话说，人们已经观察到它的轨道图以 5600arcs/C 的速率绕太阳缓慢变化！这个转动固然不是很大，但这对于历史上的天文学家无疑是一份荣誉，正是因为他们不懈地观察，并保留了记录，才能够发现如此微小的变化。然而，适用于太阳的牛顿万有引力定律却不能解释该现象。牛顿定律明确地预测这样一个系统应该具有一个固定的椭圆。其他星球可能引起的干扰，特别是临近星球，需要数学成熟到一个新的高度才可处理所谓的三体问题。拉格朗日和拉普拉斯等许多著名数学家已经开始尝试解决这一问题；然而，只有当摄动理论有了进展，能够计算参数微小变化的影响，问题才可以解决。完成了这些后，由于定义了参考框架，因为地球平分点岁差的影响，仍有每世纪43arcs 的变化需要解释。

对造成这种差异的可能性解释产生了大量争论。法国杰出的天文学家勒威耶提出轨道中有一个小行星非常接近于太阳，并且在一段时间内人们应该可以观察到它。但后来的观测并未证实这点。由于未能找到基于牛顿反平方定律的解释，有一些人开始认为也许牛顿的理论只是一个近似值，这是一个逆幂律，代替$1/r^2$，指数并不正好为 2，而是$2+\varepsilon$，其中ε是一个很小的数值。事实上，霍尔也证实如果$\varepsilon=0.00000016$，理论上可以得出准确的进动速率。然而，这并不为人所接受，因为它牵扯到更为广泛的基本理论。还有很多此类解释出现，但是它们不仅需要正确预测水星的岁差，更需要预测其他许多情况的岁差，如金星、地球和小行星。1915 年，爱因斯坦提出了一致的一般理论，从而给出了合理的解释。他对水星岁差大小的正确预测也为他的广义相对论提供了强有力的物理证明。

在夜空中，金星尤为明亮，引人注目，在它最亮的时候，白天甚至都可以看到。像水星一样，它也是一个内行星，按照自己的会合周期从太阳的一侧到另一侧来回运动。它一般被看作是一个"晨星"和"昏星"，质量略小于地球，是水星的 15 倍，半径是水星的 2.5 倍，由此可知它们的平均密度大致相同。金星的极近圆形轨道，是水星的 2 倍，偏心率只有 0.007，公转周期为 224.7 天。它的轨道平面相对于地球（黄道）的倾斜角是 3°24′，水星是 7°。金星最为奇异的事情在于，它绕其轴的旋转方向与大多数的行星相反，即从东至西，自转周期为 243 天。旋转较慢造成的结果就是形状非常接近于球形，而不是像地球一样有一个明显的扁平率。

金星凌日[5]，即金星从前方通过日环，会出现类似于月球日食的现象，表现为一个小黑点移动穿过日环。该现象约每 113 年发生两次，两次凌日的间隔是 8 年。一次凌日发生在 2004 年，随后的一次发生在 2012 年。该现象的观测在天文学史上意义非凡。英国天文学家埃德蒙·哈雷（有一个彗星以他命名）提出了利用金星凌日测量从地球到太阳的距离，用这一距离定义天文学的基本单位——天文单位（AU）。不幸的是，在下一次的金星凌日即将到来之前，他去世了。天文学家对能够测量基本距离的前景产生了极大的兴趣，他们组织了国际探险队到地球偏远地区去观察并测量凌日点。哈雷提出的方法基于视差现象[6]。这只是观察角度不同时，相对方向的明显差异，因为两个遥远物体的侧向位置不同。坐高速行驶的火车看风景时可以明显的感觉到这种效应，即近处的对象似乎在扫远处的物体。这个方法需要地球上至少有两个观察者，他们所在的纬度相距越远越好，最好是在同一条经线上，这样就能尽可能多的观察到凌日现象。两个观察者必须准确测定其穿过日环的时间。由于视差位移，他们看到通过太阳时的线路不同，所以对于两个观察者来说，通过的时间也是不同的。通过的时间差用来计算视差。从这个视差位移可以推导出金星的距离。然后，天文单位（AU）的值——地球到太阳的距离，即可利用开普勒第三定律推导出来。当然据推测，两个观察者得出的距离可以精确到米。总之，金星凌日主要提供了一个确定地球和金星之间距离的精确方法。对于固定恒星，视差测量不太准确。有一历史趣闻，1769 年，伟大的航海家和探险家詹姆斯·库克在他的第一次发现之旅中，被委以在新发现的塔希提岛上观察金星凌日的任务。在这次旅程中，他碰巧环行了新西兰，从而绘制了一个非常准确的地图！

金星的大气层密度太高，不宜居住。海拔达到 50km 时，其主要成分是二氧化碳，占 85%，剩下的部分是氮气和其他气体。而大气层上层由难闻的气体组成，如硫酸和其他腐蚀性气体。1989 年发射、1990 年投入运行的太空飞船"麦哲伦号"，环绕金星的近极地轨道完成了金星表面的探索和地形特征的综合绘图。由于大气对可见光不透明，成像大多是用合成孔径雷达完成，分辨率下降到 100m。多数表面被火山流覆盖，平均温度大约是 500℃，也就是说，与水星相比，它更接近于太阳。这一事实促使外界认为，这是温室效应造成的严重后果。不妨回顾一下，其实许多气体都可造成这种影响，如最典型的二氧化碳，容易允许阳光通过它们传输，但会强烈地吸收红外线（热）辐射。在实际温室中，一定程度上，使用的玻璃也可允许阳光进入并吸收红外线辐射，两者属性并无二异。

与金星相关的其他太空任务还包括 2006 年投入在轨运行的欧洲"金星快车号"，以及在 2010 年发射的日本"拂晓（黎明）号"。它们都是利用多波长成像，旨在研究金星上下大气层与气候变化。不幸的是，日本发射飞船入轨失败，飞过了天体。按照计划，将来还会继续发射。

4.4 外行星

火星，也称"红色星球"，是最易观察也是与地球关系最为密切的星球，尽管火星表面的大气层由二氧化碳组成，使其不适合人类居住。人们努力在火星上寻找水源，因为水很有可能以冰的形式存在。在火星的极地区域，下雪时，雪花会以固态二氧化碳"干冰"的形式落下。火星直径约为地球的一半，但是质量只有其约十分之一，因此平均密度略小于地球。它与地球的自转速率基本相同，周期也是 24h37m，绕着一个更扁的椭圆轨道公转，周期 687 天，半长轴约是地球的 1.5 倍。它的赤道与轨道平面的倾斜角约为24°，比地球的 23°27′稍大，因此应与地球四季特征相同，只是持续时间为其 5 倍。与金星不同，火星的表面云层稀薄，表面容易观察。火星有两颗卫星，火卫一和火卫二，直径分别只有 25km 和 13km。1877 年，美国海军天文台自学成才的天文学家阿萨夫·霍尔首次观察到了它们。1971 年，美国宇航局发射的火星轨道器——水手 9 号拍摄的照片显示，火星表面坑坑洼洼，分布着很多不规则的轨道岩石。同年，苏联在火星轨道任务上取得了成功。多年来，美国航空航天局推出了一系列轨道器/着陆器，包括 1975 年的火星全球勘探者、海盗 2 号以及 1996 年的火星探路者。到 2007 年继续执行发射探测任务，包括 2005 年发射的著名火星勘测轨道飞行器，它利用雷达探测地下水，用分析设备识别表面矿物质，探寻火星大气层灰尘及水的传输过程。2007 年，凤凰号火星着陆器发射成功。火星赤道表面的温度最高可达 30℃，晚上可降至−75℃。火星南极地区，温度可降至−150℃。望远镜观测火星表面发现了深浅不一的橙色和红色景观；有趣的是（如今看来并非如此），1877 年，意大利天文学家夏帕瑞丽首次指出上面有所谓的运河。美国天文学家珀西瓦尔·洛厄尔对这位意大利天文学家口中的这些运河进行了综合绘图，认为它们组织有序，不像是自然形成。"水手号"终结了对这些运河的猜测：它们是不存在的。

迄今最大的行星是木星，自古以罗马众神之王闻名于世。木星的特殊之处在于，它是 1610 年伽利略最早使用望远镜研究的第一个行星，并发现其周围有卫星环绕。他观察到了其中四颗最大的卫星，分别命名为木卫一、木卫二、木卫三、木卫四。其中两个最大卫星的直径是月球的 1.5 倍。另外，1979 年美国宇航局"旅行者号"还发现有 9 个小的卫星。木星的半径大约是地球的 11 倍，但是质量是其 318 倍。它的半长轴偏心轨道（$\varepsilon = 0.048$）大约是地球的 5 倍，公转周期大约是 12 年。与地球 23.5°倾角相比，它的赤道与轨道平面的倾斜角只有 3.1°，自转周期只有大约 10h。

木星表面五彩斑斓的条纹与暗带形成了光区，人们认为这源于其上层大气中强烈的东西风。自 19 世纪起，人们就已注意到一个被称为大红斑的表面特征，并认为是大气中的气旋风暴。其大气外层组成由氢和氦组成，与太阳相似。这种轻的分子之所以可以保持在行星表面，是因为木星引力强。据推测，在大气深层，温度和压力条件有利于氢凝结成固体，并且在更深处，它可以转换成固体金属态。在中心处，可能有一个地球大小的硬核。由于木星的旋转速度很快，因此会产生比地球上更强大的磁场，于是便出现显著的磁层，离子和电子以等离子的形式被困其中。

1995—2003 年间，美国航天局通过"伽利略号"获得了大量有关木星大气层和磁层的数据。他们还记录了较为完整的卫星系统图像，并且第一次记录了行星周围的光环。2011 年，"朱诺号"的任务计划进一步研究了木星的极地轨道。

土星是太阳系的第二大行星，它独特的环使其成为夜空中独特的行星。它是望远镜出现之前已知的最远行星。1610 年，伽利略利用原始的望远镜发现了土星周围的环，但是未能解析它们的结构。这一问题留给了惠更斯，1655 年，他用一个较为先进的望远镜看到了它的真实形态。土星有三个明显的主环，还有一个现在被称为 D-环微弱的环。现在这三个环被称为 C-环，B-环，A-环。它是在卡西尼环缝外的另一个明显的环。

土星周围至少有 23 个不同宽度和亮度的窄环。最外层环的直径超过了土星直径的两倍。环厚度很薄，可能不超过 1km；从侧面看几乎都看不到它们。人们认为它们是由数十亿小颗粒组成，尽管有些雷达数据表明，一些颗粒的直径超过了 1m。人们也认为它们是小行星或彗星解体形成的不同大小的片段。土星的赤道平面不变，即，垂直于自旋轴平面，与轨道平面倾斜形成 28° 角。由于土星绕太阳旋转，对于地球上的观察者就意味着，有时候可以看见土星环的边缘，其他时候则可能是另一种倾斜方式。土星的直径比木星稍小，体积大约为地球的 1000 倍，但它的质量只有地球质量的 95 倍，因此它很独特，是平均密度比水还小的星球（0.7g/cm^3）。它的轨道半长轴大约是 9.5 个天文单位，偏心率 $\varepsilon = 0.056$，自转周期为 10h，公转周期是 29.5 年。这意味着，它的位置相对于恒星变化缓慢，因此对天文导航很有帮助。它表面的逃逸速度，也就是天体表面上物体摆脱该天体万有引力的束缚飞向宇宙空间所需的最小速度，高到足以使它保持较轻的气体，氢和氦。在给定温度下，对于气体来说，分子越轻，平均速度越大。

美国航天局喷气推进实验室的行星任务，如"旅行者 1 号"（1980 年）和"旅行者 2 号"（1981 年），对我们认识行星的结构和周围情况很有帮助，特别是土星，图 4.3 所示为旅行者 2 号拍摄的土星环。

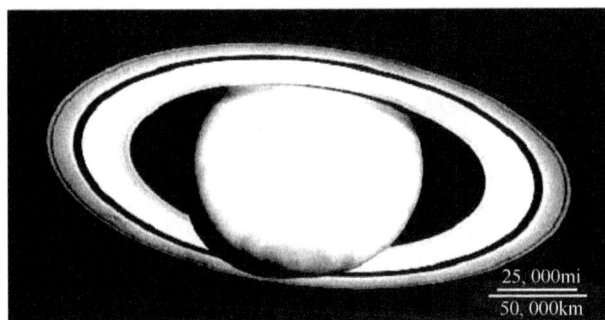

图 4.3 旅行者 2 号拍摄的土星环

土星的外层很像木星，主要由不同形态的氢气以及氦气组成，包括其他微量气体。1997 年，"卡西尼号"的发射旨在研究土星环系统和它的卫星；2005 年，欧洲的惠更斯探测器以降落伞的形式下降到土星最大的卫星——土卫六表面。这是首次探测器登陆外太阳系，获得了有关土卫六大气层的详细信息。

土星以外的行星有天王星、海王星以及最近发现的冥王星。18 世纪前，人们并不知道天王星的存在，毫无疑问，如果用肉眼观察，它与其他遥远的恒星并无二异，只是一个不起眼的光点。1781 年，天文学家威廉·赫歇尔用望远镜发现了天王星。这位出生于德国的英国人，是乔治三世的皇家天文学家、德语研究员，毫不夸张地讲，他还是有史以来最多产的观测天文学家。经历了早期的音乐生涯后，他对天文学产生了浓厚的兴趣，并且成为了一名光学望远镜的专业制造者。他很擅长制作优质的合金反射镜，并最终制造了一个望远镜，孔径可达 1.2m，该记录保持了 50 年。用他的望远镜，他开始了系统观测夜空的事业。他的第一个重大发现是猎户座大星云，但更贴近我们主题的是他发现的新行星，他希望将其命名为乔治王，但为了与其他行星一致，使用希腊诸神的名字，因此命名为天王星。接着，他将 2500 多个对象，包括星云和星团编入了星表。

天王星体积约为地球的 3.7 倍，质量几乎是地球的 14.5 倍，因此它的平均密度比地球小 3.5 倍。它的椭圆轨道半长轴大约是 19 个天文单位，偏心率几乎是地球的 3 倍。它的一个特点就是赤道平面相对于轨道平面的倾斜角是 82°。也就是说，在轨道平面上，旋转轴不超过 8°。这意味着，在它沿着轨道运行的某些时刻，地球上的观察者可能看到它的极区。它的旋转也很奇特：除了金星以外，它与所有其他行星旋转方向相反。其公转周期为 84 年，绕其轴线自转大约是 11h。周围被氢气、氦气以及一些甲烷气体包围。通过望远镜观察到它的色彩为蓝绿色，是因为频谱的红色被甲烷吸收了。尽管它的密度（$1.6g/cm^3$）大约是土星（$0.7g/cm^3$）的 2 倍，但是其内部结构与土星大致类似。

太阳系中的另一颗行星——海王星，最了不起，因为它代表了理论天文学[7]的一大胜利。它是在牛顿理论的基础上用数学方法预测出来的。在试图从理论上解释观测到的天王星不规则的轨道的过程中，由于已知临近行星——木星和土星的引力，摄动理论并不能给出一个令人满意的答案。因此，1843 年左右，英国一位年轻天文学家约翰·亚当斯以及数学家奥本勒威耶独立开始分析天王星不规则的运动，并且探讨了是否存在其他的未知星球，从而导致了这种不规则运动。他们的计算表明，的确存在一个比天王星更遥远的星球，这就可以解释观察到的现象。1845 年，亚当斯将假定行星的坐标预测提交给了皇家天文学家艾里，估计误差只有 2°。次年，在对亚当斯的结果并不知情的情况下，勒威耶发表了他的结果，艾里发现他的结果与亚当斯一致，而且误差只有 1°。这说服了艾里，于是，他建议剑桥天台研究天空的特定区域。不幸的是，剑桥大学天文台使用的恒星图表不够完整，因此在水瓶座区域，也就是行星的预测位置区域，并没有从这些星星中辨别出这颗行星。同时，勒威耶也请求柏林天文台寻找这颗行星，在连续观察之后终于有了进展，结果显示在这颗行星的位置有明显的运动。在同天晚上，柏林天文台搜索到了行星，结果小于勒威耶的预测 1°。

海王星距离地球十分遥远，以至其弧度只有 2arc s，直径约为地球的 4 倍，质量约为地球的 17 倍。它的自转周期约为 16h，绕一个接近于圆形的轨道运行（$\varepsilon = 0.0086$），半长轴约是 30 个天文单位，因此它成为了最遥远的气态巨行星。它的轨道平面与黄道面倾角是 1.8°，与赤道平面夹角是 28°，而地球是 23.5°。它的公转周期为 164.8 年，这意味着，自被发现以来，它才运行了一圈。由于它的自转轴相对于轨道平面倾斜，因此预计海王星的季节与地球相似，但是由于接近于圆形轨道，它们的持续时间在长度上几乎是相等的。海王星也有一个磁场，强度比地球稍弱一点，赤道上的磁场大约是 $1.5 \times 10^{-5}T$，但是奇怪的是，磁极所在的轴相对主轴有大约 47°的夹角。"旅行者 2 号"

——唯一研究海王星的探测器，通过高频率的周期性与磁场相关联的信号，确定了海王星的自转周期为16h。

与其他气态巨行星一样，海王星的大气层由约75%氢气、25%氦气以及少量甲烷组成。甲烷可以吸收光谱中的红色，使星球看上去为蓝绿色。大气的温度随着高度的变化而变化，当大气压为10^4Pa时，最低气温为$-223°$。当大气压高达10^5Pa时，平均温度为$-199℃$。低于这一高度时，气温迅速上升，可达天文数字般的高温。与其他星球一样，沿着纬度线，海王星上也有大风局限的区域，即风在星球上循环。星球的图像也显示，受强风驱动，风暴中心有大黑斑。由此推测，海王星内部的主要成分是冷冻结晶或冰和岩石组成的无定形化合物。

根据"旅行者2号"的探测，现在已知海王星有13颗卫星和6个环。最大的卫星是海卫一，因其运动方向与母星相反，人们对其格外感兴趣。与月亮—地球系一样，海卫一的旋转保持与其轨道运动同步，因此，它总是出现在海王星的同侧。海卫一被大气包围，主要是氮气，表面覆盖着一层薄薄的固体氮。除了表面温度（$-235℃$）以及表面组成以外，"旅行者2号"还发现海王星表面存在火山活动。

冥王星曾经被列为太阳系第九大行星，2006年，被重新分类为矮行星。它的发现可以说是一次幸运的巧合。由于帕西瓦尔罗威尔等天文学家痴迷于研究海王星轨道预测的偏差，于是他们开始试图用第九颗行星的可能存在来解释该偏离，却没有意识到多数情况下，这些偏差可能是错误的观察所致。当罗威尔开始研究这一点时，人们并没有长期观察海王星，也没有准确了解它的轨道扰动，所以他的计算主要涉及天王星。计算表明有两个扰乱行星可能存在的坐标，最有可能的是双子星座。可惜罗威尔浪费了自己的余生去寻找它。其过程比"大海捞针"还难。要在数以百万计的相同光点中找一个星状物体，是一件何等困难之事！后来，由于发明了所谓的闪烁照相机，这项任务才具有了可操作性。通过它，观察者的视野可以在不同时间同一星星区域之间自动切换，任一点光的变化都可看到。1930年，罗威尔去世后14年，克莱德·汤博发现了一个星星，与罗威尔的预测不超过6°。具有讽刺意味的是，18世纪罗威尔观察到且担心的残差却是天王星的位置，观察到的误差是如此之大，以致于使"残差"变得无关紧要。罗威尔能够成功地预测的一颗行星纯属偶然。

冥王星的半径大约为地球的1/5，质量为地球的1/500。它在旋转方向相反的轨道每隔6.5天自转一周，轨道运行周期为248年。偏心率$\varepsilon = 0.25$，半长轴是39.5个天文单位。轨道平面与赤道平面的倾角是$-58°$（逆转）。表面温度在$-233℃$~$223℃$之间变化。

在冥王星外，距太阳55个天文单位的广阔的区域内还有数以十万计的星体，甚至有的和冥王星一样大，冥王星之外的带状区域被称为柯伊伯带。自1992年发现第一个物体距离太阳42个天文单位以来，已经发现了1300个柯伊伯带天体。2005年，发现了一个巨大的柯伊伯带天体，实际大于冥王星。但问题是，这个名为阋神星的新对象是否应该被列为第十大行星，或者将冥王星与阋神星重新分类为另一类别。2006年，有了矮行星的分类，冥王星和阋神星成为了其第一批成员。此后，2009年又新增了四个矮行星。

4.5　恒星

在我们的太阳系之外，有无数"固定"的恒星分布在整个天球中，有的发光，有的不发光，它们互相组成不同的图案和组合（星座）。古往今来，图案和分组（星座）已被赋予名称便于记忆。当然，组成一个星座的星星排列在一起像山羊（摩羯座）或公羊（白羊座），纯粹是地球上观察者的想象。它们仅仅像地球上观察者看到的那样排列在一起，其实并无任何相关之处。

所有的恒星距离我们的太阳系都如此之远，即使用倍数最大的光学望远镜也看不清它们的形状。但是，根据斐索在 1868 年提出的光干涉理论，或许能分辨一些恒星的直径。1920 年，A·A·迈克尔逊成功地进行了著名的"迈克尔逊—莫雷实验"，证实了不存在"以太漂移"。它是一种无需实际磨削较大的反射镜就能使望远镜有效孔径变大的方法。迈克尔逊的原创实验中使用的是四个彼此分离的平面反射镜，固定安装在望远镜的前方，如图 4.4 所示。

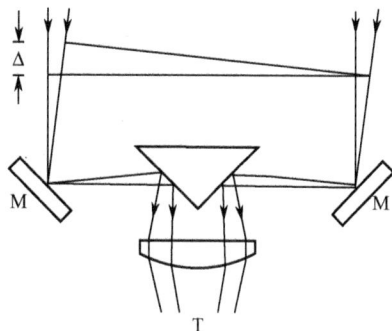

图 4.4　迈克尔逊恒星干涉仪

迈克尔逊恒星干涉仪的原理是，观察星光通过两个反射镜进入望远镜的波干涉所形成最明最暗亮度间隔，间距可变。如果到达望远镜的星光由来自某个点光源的平行光组成，并且镜面分离扫描缓慢，由于两面镜子截获的光之间干涉，所以在目镜中可以看见明暗 100%相间。但是，如果恒星的直径有限，光线射入镜子有一方向范围，那么目镜上的每个方向都有一个最大或最小亮度的分隔。如果分隔为从恒星的一侧产生最大的光，从另一侧产生最小的光，那么最大值与最小值之间的差异将不存在。这一过程在于改变两个平面镜之间的距离，直到亮度调制消失为止。根据该装置的几何结构和光的波长，可以计算恒星的角度大小。更不用说，实验成功的关键还在于保持镜子极低的机械振动。此外，由于恒星发出连续的光谱，就需要彩色滤光器才能选择窄带波段。在迈克尔逊证明了光干涉实验之后，此技术进展甚微。然而，20 世纪 70 年代，A·拉贝里和 C·H·汤斯等人改变了工作方向，利用独立的望远镜干涉方法。最近，在地面已经实现了更高分辨率的多镜阵列合成，毫无疑问，将来会在空间有所应用。

太阳系与其最近的恒星之间的距离都非常远，以至用光年作为单位更为合适，这是一种距离单位，只用简单的数字便可计量天文距离。它被定义为光在一年之内走过的距离。光在真空中的速度大约是 $3×10^8$ m/s，所以一光年大约 $9.4×10^{12}$ km。距离星座如此之远也就意味着，以人类的时间尺度衡量，星座的位置几乎没有变化；自从古巴比伦时代，它们就没有明显变化。然而相对太阳，恒星却在高速运动，但是因为距离遥远，在人类的眼中却是极其细微的。相对于地球的运动，恒星的运动可从其径向速度和固有运动进行说明。径向速度，顾名思义，就是沿着视线的速度，接近于背向或者朝向太阳的方向。它由接收到的恒星光频率（颜色）的变化决定，由于多普勒效应，即发射源和观察者之间的相对运动，引起光波和声波的观察频率的变化。相对运动导致光频谱有变化，如果观察者和发射源做相向运动，则变成蓝色，如果做相对运动，则变成红色。这一效应由奥地利基督徒多普勒提出，拜斯巴落特在声学上证明了这一点，法国物理学家阿尔芒H·L·菲佐独立地用实验验证了更难以验证的一点，即这一效应在光波上的存在。在法国，它有时被称为多普勒斐索效应。如果能够接收到足够的辐射以分析频谱，利用多普勒频移，就能确定任何恒星相对速度的径向分量。当然，这可能不是总的速度矢量；有可能是使恒星方向发生改变的一个垂直分量。这种现象的发生速率以每年弧秒数表示，被称为固有运动。在这种情况下，测量精度主要取决于观察的恒星相对于邻近背景恒星的分辨率。角位移通常通过比较高分辨率照片确定，这些天空中指定区域的相关照片有时可能已经间隔了至少 10 年之久。当然，根据定义，固有运动没有给出实际的横向速度，这还需要知道它的距离。与径向速度矢量组合，便可得到总的空间速度。

地球的轨道运动从几方面影响着恒星观测的精度。首先要考虑的是像差。该术语最常用于光学器件中，但在这里指的是由于观察者自己的移动，会在其方向上有明显的改变，从而引起瞄准恒星时产生的误差。为了说明像差现象，举个类似的例子：人们在垂直落下的雨中奔跑，会弄湿身体的前面。其原因就在于运动是相对的，以人做参考系时，雨的下落速度分量与人的速度大小相等，方向相反。在恒星观测中，由于地球在其轨道上的平均速度为 30km/s，对应的偏差角（rad）$v/c = 30/3×10^5 = 10^{-4}$，或者大约 20.5s/rad。像差及全年变化的检测证据确凿表明，地球相对于恒星是运动的。这一影响太小，超出了早期设备的检测能力，这也就解释了早期的天文学家不愿意接受日心说模型的原因。

另一个影响恒星观测的现象是视差。这指的是由于观察者位置的变化，在相对方向上远距离事物中的明显变化。这种现象提供了一种可以确定较近恒星的距离的方法，通过测定恒星相对于已知更远恒星的视在角位移来测量距离。由于地球沿着几近于圆轨运动，一般情况下，相对于远处的恒星，近处的恒星似乎在围绕一个小的椭圆作相对移动，该椭圆也叫视差椭圆。近处的恒星刚好出现在垂直于地球轨道的方向上，呈现出与地球同样的形状。另外，如果恒星是在地球的轨道平面上，它会沿着一条直线简谐振荡。视差椭圆的半长轴也可简称为恒星视差。由于到恒星的距离一般用天文单位表示，定义为从地球到太阳的平均距离，恒星视差等于与恒星成直角方向 1 个天文单位测量恒星距离对应的角度。另一个恒星距离的单位是秒差距（pc），指一个假想的恒星 1 弧秒的视差。1 秒差距光走 3.26 光年，也就是 1pc = 3.26 光年。例如在北半球，最近和最亮的恒星是天狼星，距离为 2.6pc 或 8 光年，也就是，天狼星上的光到达地球需要 8 年，相当于光从太阳到地球的 8min 距离。

最后介绍大气的折射。大气主要由氧气和氮气组成，环绕整个地球。庆幸的是，在地球表面的温度范围之内，这些气体分子的热运动速度恰好低于引力逃逸速度。但是氢气却不是这样的。当光倾斜地通过具有不同光密度的两层空气时，光线发生折射，或改变方向。这是因为根据惠更斯理论，光在密度较大的介质中传播速度减小。表示光线弯曲程度的定律称为斯涅尔定律，其中规定，

$$n_1 \sin\theta_1 = n_2 \sin\theta_2 \tag{4.2}$$

其中，θ_1 和 θ_2 是指两个介质之间，相对垂直于界面的光线的入射角和折射角；$n = c/v$ 为折射率，v 和 c 分别表示光在介质中和真空中的速度。它遵循以下规律，如果光通过由

不同折射率 n 的平面平行层组成的透明介质，则总折射只取决于顶层和底层的 n 和 θ 值，而不是中间的部分。大气折射现象指靠近地球表面，大气平均密度的增加导致恒星发出的光朝着垂直的方向倾斜射入。如果将大气建模为由平面平行层组成的折射介质，则恒星的像差角 R 就很容易计算，事实上，通过下式即可得出：

$$R = (n_0 - 1)\cot(A) \tag{4.3}$$

其中，A 为恒星的高度，n_0 为地球表面大气的折射率。更切合实际的模型当然应包括同心球层的大气，但是在这种情况下，计算会过于复杂。天顶附近的像差可以忽略不计，但是在空中，像差会越来越低，如图 4.5 所示。因此，类似日落等现象就会受到很大的影响，这也就解释了观察到的下落日环扁平扭曲的现象。

恒星的亮度由星等标大小规定，起源可以追溯到公元前 2 世纪，当时喜帕恰斯凭经验设计了一个亮度尺度，从最亮延伸到几乎看不见，编号为 1～6。

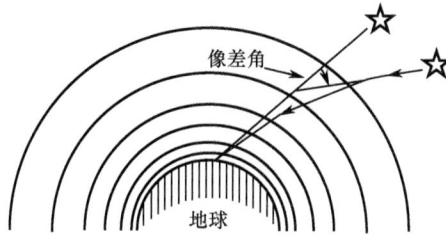

图 4.5 大气像差

1856 年，NR 波格森基于费希纳生物定律提出了一个更加定量的尺度，其中大致说明，眼睛对刺激的响应与刺激的对数成比例。注意到，旧尺度上星等标 6 大概是星等标 1 的亮度的 1/100 倍，他提议将此尺度定义为对数尺度，尺度增加一个单位，代表亮度乘以系数 2.512（$=100^{1/5}$）。因此，例如，星标 11 在数值上比 1 大 10 级，因此，(2.512^{-10}) 等于星等标 1 的 1/10000。近代，发光强度可以用光度法测量，使尺度更为客观。在地球上观测到的天体相对亮度不能确定天体的实际亮度。根据平方反比定律，到恒星的距离相比恒星的大小更大，则光强度会变弱，这适用于所有向四面均等扩散物体的几何结果。因此，例如，距离 100pc 远的 11 星标的恒星将比它距离 10pc 远亮 100 倍，由于 $(2.512)^5 = 100$，它会是 (11 − 5) = 6 星标的恒星。为了比较天体的实际亮度，定义了绝对大小，即离地球有标准的 10pc 远的恒星亮度的大小。

在总量的完整规格和恒星辐射的光谱分布中，应当考虑通过大气吸收的波长依赖性，以及所用检测方法的灵敏性，无论是利用肉眼、照相机或者是光电倍增管。基于恒星发射的整个光谱范围的星等尺度称为热星等，并且在 10pc 距离的值是绝对热星等。它的单位是每秒尔格，也可称恒星的光度。对于太阳，大气外面单位面积（$1m^2$）的辐射能量大约是 $1.37 \times 10^6 W$。此量被称为太阳常数。如果用光谱仪对从太阳接收的光谱进行分析，比如，基于一个玻璃棱镜或衍射光栅，可观察到一个惊人的现象，正如著名的太阳"黑点"一样令人吃惊。常见明亮的彩虹由几个明显的黑色谱线叠加而成。沃拉斯顿首次发现了它们，但是由约瑟夫·冯·弗劳恩霍夫对其进行了系统研究，1814 年，他就列出了 500 条线，到 1823 年，在恒星连续的光谱上也观察到了这些谱线。为了纪念他，人们将这些谱线命名为弗劳恩霍夫线。这些谱线源于恒星外的大气层中离子或原子对特定波长的选择性吸收。大气中存在一些原子核，它们会重新捕获电子形成约束系统，即离子或原子，同时会导致原子核吸收特定波长，引起能级之间量子跃迁，从而频谱中会失去这些波长。在大气条件中，一定是：量子吸收后，离子不会再次辐射光子，但是通过与其他离子碰撞会失去能量。这些暗色谱线的存在与否以及它们在谱线中的位置，将会产生恒星的温度和大气组成等宝贵信息。不同的恒星有不同的光谱，为了区分杂乱无章的光谱，将其分为七个频谱类，并分别使用七个指定的字母 O、B、A、F、G、K、M 表示，大致对应于大气逐渐增加的温度，通过存在或者不存在的特定原子或离子进行表示。例如，O 类包括了最高的温度（超过 25000°K），其中不存在中性原子，但是存在部分离子，因为它们需要极高的温度以除去所有的电子。在另一端，最低的温度等级 M，其中可能存在中性原子和分子。

在某种程度上，恒星可以近似为球形黑体，一个完美的吸收/发射器。根据斯蒂芬－玻耳兹曼定律，光度可以与温度相关联。

$$L = 4\pi r^2 \sigma T^4 \tag{4.4}$$

其中，L 是光度，r 是半径，σ 是斯蒂芬－玻耳兹曼常数，T 是绝对温度。绝对星标与光谱（温度）类别曲线称为赫罗图，如图 4.6 所示。如果恒星的类别数量足够，则这些点可近似为 S 形曲线，不同的恒星会在不同的区域呈现曲线。属于 S 曲线的恒星被称为主序星。

1989 年，欧洲航天局（ESA）启动了依巴谷空间天体测量任务，对所有低于星标 11 的恒星做了全面的调查，精确地确定了它们的位置，并编写了参考星表。在三年半的时间里，它不断地传回数据，产生了前所未有的高精确的恒星数据，依巴谷总星表中共有 118218 颗恒星。辅助恒星图提供了其他恒星精确的信息。

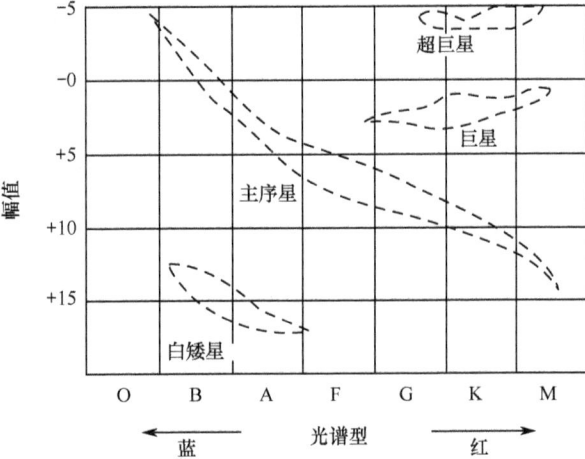

图 4.6　赫罗图

第谷星表收录了 10^6 多颗恒星，2000 年，第谷星表 II 完成了对 2500000 颗恒星的编目。大约 99% 恒星的亮度超过了星标 11。通过分析围绕太阳系恒星的固有运动和速度，整体了解太阳与周围恒星运动的关系，包括在银河系中，相对恒星整体的运动。根据依巴谷星表中百万恒星的样本，透过银河系，对太阳运动的最近计算结果表明，银河系的星宿都以恒定的速度围绕银河系的中心运转。此外，据银河系模型，在过去的 5×10^8 年中，太阳已经不止一次经过了它的旋臂。更为神奇的是，地质研究似乎表明，随着太阳的周期运动，地球经历了长时间的异常低温时期。

4.6　星座

1930 年，尤金德尔波特把整个天球划分为由星座组成的连续区域，所以，天球上的每一个点都属于某个星座。1922 年，国际天文学联合会对公认的 88 个星座进行了标准化命名，这些名字都为大家熟知，如猎户座、狮子座、处女座、天鹅座和双子座等。天文学家亨利•比如拉塞尔——著名原子理论耦合方面物理学家拉塞尔−桑德斯的学生，设计了以星座的名字三个字母缩写命名的系统，并被国际天文学联合会采纳。星座内恒星的名称各式各样，以适应越来越多的可观察到的恒星。1603 年，翰•拜耳提出了早期普遍使用的方法。根据此法，首先依据恒星在星座中相对亮度的大小，分别按照希腊字母的顺序命名，然后加上星座的拉丁语（属格）名称。例如，半人马（公牛）座中最亮的恒星是 α 半人马座。β 双子星属于一个例外情况，它是双子座中最亮的星，而 α 双子星实际上是第二亮的。难题是，随着发现微弱恒星的能力的不断增强，恒星数量会超过希腊字母表中的字母数。表 4.1 列出了一些比较熟知的星座和它们当中最亮的恒星。回顾一下，赤经对应于"经度"，是沿天球赤道从春分点到恒星小时圈的角度，而偏角相当于纬度，是沿小时圈从天球赤道到给定恒星的角度。表 4.1 列出了星等＜1最亮的恒星[8]。

表 4.1　最亮的恒星，星等＜1

恒星	星座	视星等	距离/光年	颜色
天狼星	α−大犬座	−1.46	8.6	蓝
老人星	α−船底座	−0.72	74	蓝白
大角星	α−牧夫座	−0.04	34	蓝
南门二	α−半人马座	−0.01	4.3	白黄
织女星	α−天琴座	+0.03	25.3	蓝
五车二	α−御夫座	+0.08	41	白黄
参宿七	β−猎户座	+0.12	815	蓝
南河三	α−小犬星座	+0.38	11.4	白黄
水委一	α−波江座	+0.46	69	蓝
参宿四	α−猎户座	+0.5	650	红
马腹	β−半人马座	+0.61	320	
牛郎星	α−天鹰座	+0.77	16.8	蓝
毕宿五	α−金牛座	+0.85	60	桔红
角宿	α−处女座	+0.98	220	蓝

参考文献

1. H. Jeffreys，The Earth，its Origin，History and Constitution，2nd edn.（Harvard University Press，1962）

2. G.0. Abell，Realmof the Universe，5th edn.（Saunders College，Philadelphia，PA，1994）

第 5 章　海洋导航

5.1　地理坐标

除了全球海洋或卫星导航等高精度应用以外，地球可被假设为一个球体。因此，需要坐标系来定义地球表面上的位置，其中最合适的坐标系就是所谓的几何球面极坐标。其自传轴为极轴，垂直于极轴并且穿过球体中心的平面为赤道平面。球体表面上任一点位置，可以由指定一组正交的纬度和经度确定。经度线，或者说子午线，是通过两极的大圆，由通过轴的平面与球面相交而成。等纬度线由顶点在球心的圆锥球面与球面的相交面组成。锥角的顶点角度为余纬角，即 90°减去纬度，这样如果锥的顶角角度是 90°，对应于地理赤道，纬度为 0°。为了区分北半球和南半球，纬度必须指定为 N（北）或 S（南）。由于经度没有定义开始测量的零点，因此可以选择任意起始点，1884 年颁布的国际公约定义了起始点，即经过英格兰格林威治天文台的子午线为起始线。这条子午线称为本初子午线，通过此子午线和轴线的平面将地球分为两个半球：东半球（E）和西半球（W），地理坐标如图 5.1 所示。

将地球表示为一个球体，这在海图制图及保存导航信息应用中是不合适的。这些应用还需要一个平面度量表示法。不幸的是，就拓扑结构而言，球体与平面并不相容，所以不可能将球面投影到平面上而不失真。不过，人们设计了许多有用的投影，当然这些投影各有优缺点。对于导航来说，最重要的是墨卡托投影，它是 1569 年左右由一位名为福西厄斯·墨卡托的佛兰德地图制造商设计的。其显著特点在于经度表现为等距平行线，纬度线也是平行线，而且与经度成直角，但其缺点在于纬度越高，间距越宽。墨卡托投影只是通过半径相同，且与其轴线平行的圆柱体将球形地球限制在内而形成，如图 5.2 所示。通过定义子午线的轴线的平面将与圆柱体以等距平行线的形式相交；而顶角等量增加的圆锥会与圆柱以平行圆的形式相交，其间距并不是常数，而是随着向两极移动而迅速增加。而圆柱体当然可以不失真地展开，得出所需的平面展示图。

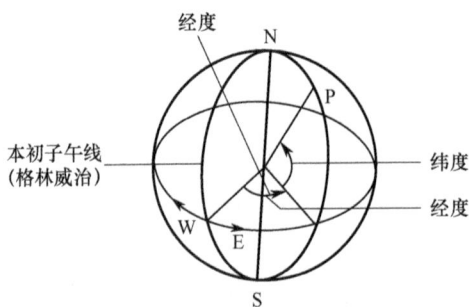

图 5.1　地理坐标系：纬度和经度

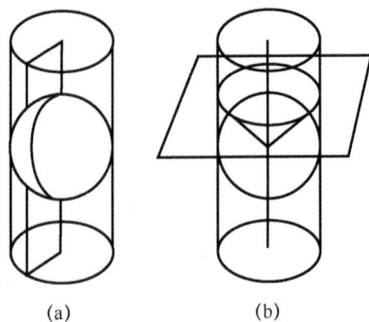

图 5.2　墨卡托投影

60

如上所述，墨卡托投影并非保形，它不保留地球表面上的轮廓形状。这点可以通过极区投影看出，在极区，沿纬度平行线的距离在极点收敛至零，而投影却间距恒定。为了减少这种失真，沿着子午线向着极地方向的尺度必须相应地增加，这可通过数学的方法解决。结果是，海岸线等极区特征被放大，但至少其形状几乎可以保持不变，即基本保形。墨卡托投影之所以被广泛应用于海洋图表，就在于它的一个优点，即航海家仅通过一条简单的直线便可绘制固定方位航线。然而这个航线并不是球体两点之间的最短距离。球体上的曲线——恒向线可以投影成一条直线，如果继续延伸这个曲线，则曲线将会到达两极之一。球体上两点之间的最短路径是连接这两点的大圆，称为测地线，指通过这两点的平面与地球中心的交线。墨卡托投影地图展示了绝大部分地球表面，但在高纬度地区，会出现严重的失真，且测地线投影为具有一定曲率的线条，曲率随着距离的增加迅速增加。尽管如此，对于地球表面的相对较小面积，延伸几百英里时，它仍是迄今为止最为常用的投影。当然也可利用其他圆柱体投影，使圆柱体与地轴成不同角度，例如，直角投影，可以更真实地表示极区，但在一般用途中很少用到。

有一种类型的球面投影被称为球心投影。它是通过从球心辐射的直线投影到接触球面上的某个选定点的平面简单构成。有三个可供选择的接触点：①赤道，称为暑指针；②极点，称为极切；③球上的任意点，称为斜切。这种类型的投影性质非常有趣，即测地线（大圆）的投影为直线，而恒向线为曲线。因此，大圆路线可以绘制为直线，且坐标也可以根据之后在墨卡托投影地图中绘制的路线读出。

5.2　天文坐标系

为了建立一个参考系用以描述天体并解释它们的运动，首先从天球的概念入手，这是一个以地球为中心，半径无限长的球体，古人认为这个球体是真实存在的，在这个球体上恒星似乎是固定的，对于地球上的观察者，恒星似乎绕着某个点转动，即极点，在此点上，地球自转轴与球体相交。与地球旋转轴垂直并通过地球中心的平面称为赤道平面。相应的天球赤道是天球赤道平面与天球相交的圆圈。黄道指的是地球轨道平面与天球相交形成的大圆。黄道与赤道之间的相交点称为二分点，因为在这些点上，地球的轴线垂直于地球轨道的短轴，而且昼夜时间相等。与地球上纬度线一样，穿过天极并与赤道成直角相交的大圆称为时圈。

除了自转轴非常缓慢地移动以外，空间中，赤道和轨道平面几乎是固定的。由于地球绕太阳在它的轨道上运动，所以对于地球上的观察者，太阳似乎沿轨道以相反的方向运动，在二分点上从北到南交替穿越赤道。在北半球的夏至日（最长的一天），6月22日前后，中午时分太阳出现在北纬23.5°。因此，在地球上23.5°N的点，中午时分太阳通过天顶，即垂直通过天顶。这个纬度，地球上称为北回归线，南半球的南回归线的定义类似。回想一下，埃拉托色尼曾在埃及的某个位置观察到了中午太阳到达天顶，他用这一事实测量了地球的半径。

由于地球的运动近似为均匀观察的旋转面，描述观测到的天体位置时需建立一个合适的坐标系，从而简单地描述其视运动。其中有两个系统最为常用：简称为地平坐标系和天球坐标系。天文学家也使用银河坐标系，但这并不是我们目前关注的问题。不同的坐标系反映天体系统的不同方面。上面提到的三个坐标系基本上都是坐标几何中熟悉的球面极坐标系，在这种坐标系中，通过参照球体，定义了 Z 轴、角坐标 θ、余纬角、方位（经度）角 Φ。

地平坐标系定义如下：它是一个球面极坐标系，坐标中的 Z 轴是铅垂线决定的垂直方向，或者垂直于观察者所在位置的自由面。垂直线穿过上述球面的点称为天顶，另一端上的点称为天底。假设地球是一个均匀球体，则垂直线会通过它的中心。天球和垂直于纵轴并穿过地球中心的平面的交线称为天球地平线。穿过垂直轴和天极的平面与天球相交形成的交线称为地方天球子午圈或者子午线。经度线与地平线的相交点称为南北分点。为了指定天体在这个系统的位置，需要方位角和地平维度。（真实）方位角是从北极点到通过天体和两极的圆的地平线的交叉点顺时针测量得到的角度（0°～360°），如图 5.3 所示。地平维度指沿穿过天球体的垂直圆测量得到的地平线以上的角度。该系统的显著特点在于，它可以指出特定观察者的位置。

天体坐标系根据天球赤道所定义，天球赤道是天球与垂直于地球自转轴的平面，也就是地球的赤道平面相交形成的圆。大圆与垂直于此赤道的两极相交形成时圈。经过观察者天顶的时圈，正如前文所述，称为子午线；换句话说，子午线经过天极和观察者的天顶。在此系统中，天体的坐标是时角和赤纬。时角是沿着赤道从三种可能的参照子午线之一到时圈向西测量所得的角度。三个参照子午线分别是：子午线，经过固定在天球上称为白羊座的点，称为恒星时角（SHA）；格林威治子午线（GHA）；或观察者的子午线，称为地方时角（LHA）。表示时角的单位可以是角度单位度、分角和秒角，或时间单位小时、分钟、秒。指定恒星时角时不依赖于观察者，并且从春分向西开始测量，春分称为春分点，因为在古代，春分实际上就是在那个星座的位置；然而，现在的春分位于星座双鱼座（鱼）上。春分点位置的变化是地球自转轴的缓慢进动引起的。在人类时间尺度里，恒星的恒星时角变化很小。此系统中的另一坐标是赤纬，指沿天体时圈从赤道到天体的角度。它根据天体位于赤道的北部或南部，指定为北或南（或正/负），如图 5.4 所示。

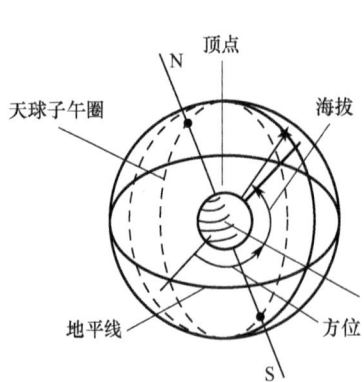

图 5.3　地平坐标系　　　　　图 5.4　天体坐标系

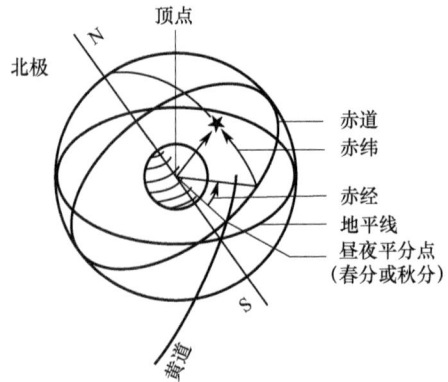

最后还有银河系，它利用银河系的平均平面而非赤道平面作为主平面，且使用银河

系中心方向而不是春分点方向作为参照。在此，我们不再深入介绍银河系；读者可就此话题参阅更专业的书籍。多年来，这些特定恒星的坐标基本上保持恒定。

5.3 时间系统

在天文学领域，时间的角色如同管弦乐队中演奏者的作用。其隐喻含义为：时间协调着大量天体的相对位置及运动。由于观察者在地球这个旋转平台上，那么时间就是定义天体位置坐标不可分割的一部分。天文学家对于时间的使用，与地球的周期性运动下角度的概念密不可分，事实上，子午线的角位置或引用角度单位或引用时间单位。许多定义的周期性变量会生成不同的时间尺度，最重要的是国际原子时（TAI）、恒星时（ST）、世界时（UT）、协调世界时（UTC）。国际原子时代表对使用天体运动确定时间尺度传统的一项重大突破。原子时间单位的定义基于全世界各地重要实验室的一系列铯原子钟的平均值。基本时间单位（原子）——秒，指 9129631770 个辐射循环的持续时间，与铯-133 电基态的两个超精细能级之间量子跃迁相对应。原子钟在卫星导航系统中作用重大，后面章节中对此将会详细讨论。

由于地球每天自转，恒星时的单位定义为在同一子午线上空间某个固定点之间的平均间隔，此固定点即春分点。世界时基于平均太阳日，即在整个地球轨道上太阳日的平均时长。因为根据开普勒第二定律，地球围绕太阳公转的速度变化而变化，所以，全年视太阳 24-h 日的实际持续时间会发生变化。因此，平均太阳日的定义需参照全年以恒定速度运动的虚构平均太阳。必须使用所谓的时间方程式对视太阳时进行修正，以获得世界时[1]。如前所述，由于地球轨道的偏心率和地球轴的倾角，修正（视太阳时—平太阳时）在全年中一直变化。修正示意图如图 5.5 所示，1%以内的修正可根据以下公式计算，即

$$\Delta = 9.87\sin 2\theta \, 7.67\sin(\theta + 78.7) \tag{5.1}$$

式中，Δ 为时差，单位为 min，$\theta = 360(n-81)/365$，n 是当年的第 n 天，也就是说，对于 1 月 1、2、3 日，n=1、2、3，…

显然，本初子午线（格林威治）上的世界时被称为格林威治标准时间（GT）。协调世界时与原子时在闰秒（"飞跃"）数量上有所不同，引入闰秒是为了使世界时（UT1）与原子时的修正值得保持在 0.9s 内。

注意，根据春分点的凌日，或者更准确的说是固定的恒星，且基于平均太阳日和恒星日的时间有一个重要的区别。因为地球绕太阳以近似圆轨道公转，同时绕着中心轴自转，所以太阳下特定子午线的连续凌日之间的时间与无轨道运动时不同。注意，如果地球没有自转，而地球每绕太阳完成一次旋转，太阳仍然会与给定的子午线交叉，这点就相当明了了。如果我们假设地球的轨道是一个圆，太阳日和恒星日之间的长度差不难算出。由于地球的自转方向（顺时针或逆时针）与公转方向相同，如图 5.6 所示，并且地球绕太阳公转，太阳日比恒星日长，时间长度为地球转过太阳方向所旋转角度所需的时间。

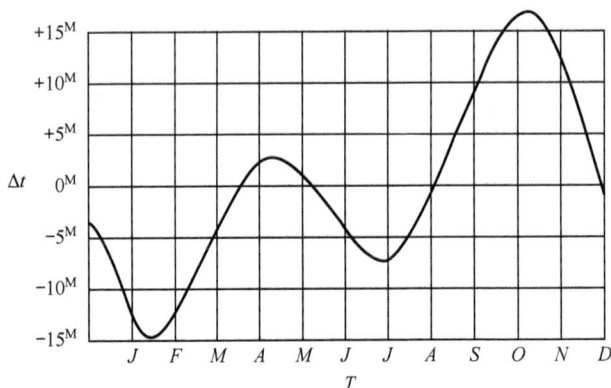

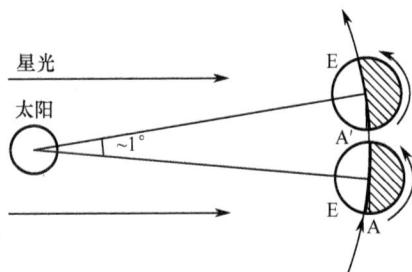

图 5.5　时间方程　　　　　　　　　　　图 5.6　太阳日和恒星日的差别

由于地球的轨道运动，太阳的方向每天变化 360/365.25=0.985°，地球的自转速度是每分钟 360/(24×60)=0.25°，所以 2 天的差大约为 3.95（恒星）min。

由于本地时间设置要参照地方子午线，而它随着位置不同而有所变化，为了解决这一实际问题，有必要将全球分为多个时区，例如，使地方正午刚好出现在大约当地时间 12 点。如果将时区划分为 360/24=15° 宽，对应 1h 的增量，那就很方便了，但事实上由于非天文的原因它们被摈弃。当我们环游世界时时间变化的另一个影响是当我们进行环球旅行时，通过国际日期变更线要进行"分割"。日期是增加还是减少则取决于方向是向西或是向东。

5.4　导航三角形

天文导航的根本目的在于依据在给定时间系统中已知天体的位置找到地球表面上观察者的坐标。为实现这一目的，首先需要了解所选择参考体在天体坐标系的位置信息；其次，要知道物体在观察者自己的坐标系中的位置。如果从天极画两个大圆，第一个通过观察者的天顶，第二个经过参考体，两个大圆形成球面三角形的两面。第三面是通过观察者的天顶和参考体的垂直圆圈。自然而然，为了确定极点上两个大圆之间的角度，需要了解观察者和参考体之间的准确时角。天文导航的难题就在于找到如图 5.7 所示的天体三角，因此，这个问题可简化为球面三角学问题[2]。

球面三角学显然比平面学更具挑战性，其求解十分复杂，以至于历史上有多个求解方法。感兴趣的读者可以参考相关标准参考文献，如美国一名海军司令达顿所著的《导航和航海天文学》，首次出版于 1926 年。然而，在实际应用中，一般常采用算法逼近。

第一步，首先将天体三角与地面坐标相关联，以便定义观察者在地球表面上的位置。可通过构造导航三角形来完成。天体的位置实际上是以径向的方式投影到地球表面上，其位置也称参考体的地理位置（GP）。每一个天体，包括太阳、月亮和恒星，都可由地球表面的一个 GP 点表示。参考天体的 GP 作为导航三角形的一个顶点，而观察者的地理位置则作为另一个顶点。当然，后者在导航难题中是未知的，通常称为假定位置（AP）。导航三角形的第三个顶点对应观察者半球的极点，称为天极，根据观察者是在北半球还是南半球，可以指定为 P_N 或 P_S。

导航三角形的三面分别称为余纬角、天顶距和极距。前两个角的英文单词前缀之所以为 co-,就是因为这两个角是互补角,即 90°减去此角度。因此,余纬角的"长度"是 90°减去 AP 的纬度,而天顶距是 90°减去天体的高度。极距是从极点到物体 GP 的角度,等于 90±GP 的偏差。导航三角形如图 5.8 所示。

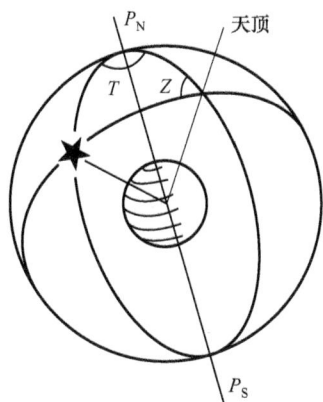

图 5.7 天体三角形   图 5.8 导航三角形

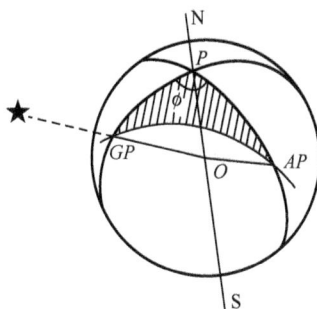

根据通过观察者的子午线,余纬角和天顶距之间的角度,在图 5.8 中用 ϕ 表示,称为恒星的方位角,在 0°和 180° E 或 W 之间。这不是真正的方位,真正方位角范围是顺时针绕极点 0°~360°。极距和余纬角的夹角称为子午线角;类似于经度,其范围是 0°~180°(E)东部或西部(W)。

5.5 截距法[3]

对于地球表面上的任意观察者,通过求解导航三角形便可得到任何天体的高度。这需要从特定时间内航海天文历中获取天体赤纬和格林尼治时角(GHA)。但是,只有地平维度并不能确定地球表面上的唯一点,事实上,中心点在天体正下方的圆上的所有点,即其地理位置(GP)都具有相同的地平纬度。高度为恒量时点的轨迹称为等高线,如图 5.9 所示。原则上,如果观察者为另一天体确定等高圆,它们相交点就是他所在的位置。在实际操作中,可通过其他的导航方法,如航位推测法,单独估计其位置,解决两个交叉点模糊度的问题。不幸的是,要达到足够精度,需要得到一个实际中无法绘制的大比例圆。这样,海拔低于 80°将对应一个地球表面上半径大于 600 英里的圆。

通过截距法确定天体位置线(LOP)时,不需绘制整个等高大圆。观察者的起始点就是一个"假设位置"(AP)。当然,AP 与观察者的实际位置越接近越好,但也可以发现,AP 的选择对结果实际并无重大影响。AP 位置可由观测时间内导航体的高度和方位得知,即星历表,此表格将在后文进行介绍。表示假设位置的等高轨迹——近似直线的圆形短弧可在图上绘出,从而与 GP 的方位线直角相交。然后,即可得到该位置的实际高度,接着画出与第一条线平行的第二条等高线。第二条线是更加靠近还是远离 GP,具体由观察到的高度是大于或小于假设位置的值(见图 5.10)决定。

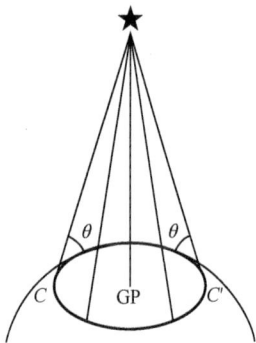

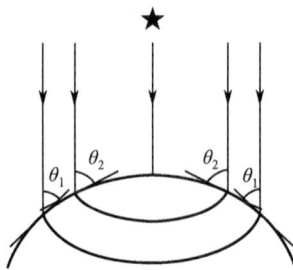

图 5.9　等高圆　　　　　　　　图 5.10　等星高度圆

总之，天体 LOP 是垂直于真方位线的一条直线，线上某点的偏移由计算高度与观察高度之间的差值确定。如果观察高度比计算高度大，则 LOP 向接近于 GP 移动。偏移的大小称为截距差。

实际上，通过假设观察者的大概位置和计算参考体的真方位，观察者可以画出非常短而且接近线性的部分等高圆圈。由于构建的位置线是高度等于实际观察值的点的轨迹，所以，观察者的位置一定位于这条线上。

为了确定观察者的实际位置，这也是我们的根本目的，必须采用相同的步骤对另外一个参考体进行处理。观察者的位置显然在两条位置线的交叉点上。为了能够准确找到交叉点，参考体必须选取使 LOP 相交成实际角的两个参考体。

5.6　导航三角形的表格解[4]

如前所述，寻找天体 LOP 的截距法始于根据航位推测法（DR）得出假设航行体的近似位置，并依据假设位置计算选择参考体的高度和真正方位。而在实际的航行体中计算则比较简单，不会有时间（也不会去）利用球面三角学求解。在计算机出现之前，一般是使用一个以固定的时间间隔记录事先计算出的天体坐标的综合表，即星历表。但是航海历和航空历十分复杂，只有经过专业培训才能使用。使用这些星历表时，先获取格林尼治时角（GHA）和赤纬，然后得到观察时间时的导航体的 GP。将这些坐标以及假定的观察者位置一起输入到星历表中，即可得出导航三角形的解，以及截距法和绘制位置线所需的高度和真正方位值。现代的航海家并不依靠印制的表格，而是从航行程序自动调取信息。

美国海军天文台每年都会公布美国航海历，可以从美国政府印刷办公室获得。这是一个赤纬表格，包含格林威治标准时间和日期，或者是恒星时角（对于恒星而言），或者导航相关的天体（包括太阳、月亮及四大行星）。格林威治标准时间每小时共有 57 颗导航恒星按字母顺序排列于表中。实际使用航空历时，需要将观察时间转换为格林威治标准时间，反之，从航海历读取的 GHA 值必须转换为 LHA。表中的条目是按照有限增量（1h）排列的；这意味着需要（线性）插值来提高时间分辨率。对于恒星这是合理的，因为它们的 GHA 和赤纬不会随着时间突然改变。例如，如果白羊座的 GHA 在 12 月 17 日 17:00 为 340°54.4′，在 18:00 是 355°56.9′，则在 17:22，GHA 约为 340°54.4′+（22/60）

（355°56.9′-340°54.4′）。在除了恒星以外的其他天体中，简单的线性插值可能不够准确，因为它们靠得更近，并且运动也更快。在行星一栏的最底部记录着修正值，可将该修正值应用于 GHA 读数中以修正运动中的干扰。在历书的增量修正表中单独给出了这些修正值。

如前所述，从航海历的所选天体的赤纬和当地时角构成导航三角形的两个面和夹角，然后再假定观察者位置角度求解，确定天体的高度和方位角。再次说明，在实际应用中，需要通过查找详细的综合表得到预备解。此纲要分为 6 卷，海洋导航星历表是第 229 号。它是计算航行体的高度 Hc 和方位角的依据。这些表包括当地时角的度数，观察者的假定纬度以及天体的赤纬。高度值和天顶角值是使用度数增量表以插值计算而得。

5.7 月球距离法

截止目前，天文导航均假定观察点以及本初子午线（格林威治）上的精确时间是已知的。但在 18 世纪之前，在海上不可能保持足够精确的时间。日晷和沙漏等可用的常见计时器很难保持一天的精确时间，更不用说格林威治时间了。可靠的航海天文钟（第 6 章的主题），直到 18 世纪晚期才被发明。

然而，在机械计时器发明的一百年前，航海家就使用一种月球距离法的方法来确定他们的经度。他们通过天文方法观测月球相对于固定恒星的位置而推断出格林威治时间。这个想法产生于 16 世纪早期，它可以在很久以前，缺乏精确星历表的情况下确定天体的位置。1753 年，一位名为梅尔的德国天文学家出版了准确的月球表，并证明了该方法的有效性。后来英国皇家天文学家马斯基林将这些表加入到英国水手的指南册中，后来马斯基林卷入关于海上确定经度奖项的角逐争议中。第 6 章将重点介绍经度问题。

17 世纪，在英国天文学家的说服下，国王查尔斯二世在格林威治建立了皇家天文台。到 18 世纪，已经出现了关于月亮行星及一些明亮恒星的星历表，包括月亮的 27.3 天（恒星日）的轨道周期，月球与某一恒星的距离，这主要归功于梅尔的努力。从此以后，航海家便可通过六分仪测量出恒星和月亮沿其路径之间的角距离，同时确定观察地的当地时间。通过公布的月球距离表，可以得知量测距离对应的格林威治标准时间。根据格林威治时间和本地时间差可直接得出经度。为了确定当地时间，只需要一个时钟在一天内保持准确，而不需要在整个旅行持续时间都保持精确。这个方法是可行的，因为事实上月球绕恒星以 $\frac{1}{2}\text{arc}\frac{\min}{\min}$ 的较快速度运动。

此方法的原理也极其简单。在补偿了由月亮和恒星之间的距离差引起的视差后，月球与沿其路线某个指定明亮恒星之间的角距离与从地球上任何观察点得到的角距离相同。因此，方法的准确性取决于球体上视差的明显变化程度。尽管如此，由于月亮和恒星距离观察者距离较远，视差校正虽然很重要，但只需近似即可。若要准确确定，则需要了解观察者的位置，而观察者的位置却是未知的。除了校正视差外，大气折射的预测也不准确，这对地球上不同位置的观测结果会产生重大影响。

像其他探险家一样，哥伦布在其未知之旅中，始终携带所有可用的图表及主要恒星和月球的星历表便不足为奇了。哥伦布携带的其中一个广为人用的星历表，由拉丁语名为雷乔蒙塔努斯（1436—1476）的德国天文学家/占星家所著。在哥伦布的第四次也是最后一次冒险途中，他在牙买加经历了悲惨的遭遇[5]。在发现中美洲海岸的时候，因为木虫的侵袭，他不得不舍弃两只船，最后于 1503 年 6 月，被迫将帆船停在牙买加的岛上。起初，当地人还算友好，他和他的船员能够获得食物和水。然而随着时间的推移，他们的关系恶化，因此他感觉有必要采取一些措施。接下来所发生的事情都值得被拍成好莱坞电影。在他研读雷乔蒙塔努斯的星历表时，预测不久后即 1504 年 2 月 29 日会出现月全食。这让他想到一个主意，他可以使用月食向当地人证明他有魔力。他知道星历表是给德国的纽伦堡准备的，但决定使用星历表来愚弄那些无知的当地居民，以赢得他们的尊敬。所以在预测月食发生的前一天，哥伦布让当地人知道他很生气，而且如果当地居民不改变对待他们的方式，他将施展魔力，将月亮变暗！起初当地人并不以为然，反而告诉他"使出你最厉害的招数吧！"在月食那天，当计算的时间将要接近时，他紧张地看着月亮。很快，大家都看到了，地球的影子落在月球上，发生了月全食。这把当地人吓坏了，并恳求哥伦布把月球带回来。哥伦布回到他的住处并使用他的计时器，直到月食进行了一半时宣布，如果他们表现好的话他会大发慈悲，让月亮回到昔日的荣耀，当然这也实现了。从那时起，当地人开始对哥伦布刮目相看。通过测量月食在当地的时间，哥伦布本来可以估计出他的经度，至少是相对于纽伦堡的经度，但当时哥伦布忙于其他事情。

5.8　六分仪

海洋六分仪是一种掌上仪器，用于测量两个远距离物体方向之间的角度，它是上几个世纪中，相同功能现代化设备发展的巅峰。它是一个天文导航现代化的标志，主要用于测量天体在地平线上的高度。它的名字来源于拉丁语"六分之一"角的量度单位，称为弧（arc），大约是六分之一圆的大小。六分仪的原理是使用平面镜子通过望远镜接收来自两个来源的平行光，通过旋转镜子使其中一路为入射光，另一路为反射光，并且对齐，测量其夹角，从而确定两个来源之间的角度。

图 5.11 展示了海洋六分仪的几何光学。在三角形 M_SNM_H 中，$\angle d + \angle j = \angle i$，在三角形 M_SMHT 中，$\angle 2i = \angle x + \angle 2j$。将第一个方程乘以 2，减去另一个方程，我们就会很容易地发现，$\angle d = \angle x/2$。例如，为了确定太阳在地平线上的高度，同时在望远镜中观察到太阳边缘的方向和地平线，就要求将两个镜子的相对角度旋转到太阳和地平线之间角度的 1/2。由于弧度为 60°，因此仪器能够测量的物体之间的角度可高达 120°。

图 5.12 为由塞莱斯泰尔公司制造的现代六分仪 Astra III 的照片。这是一个精密仪器，金属架构，带手柄，暂且将该金属架称为支架。支架上安装有两面镜子、圆弧标尺和望远镜。望远镜的下方为活动臂，用于精确测量两个镜子间的角度。它由一个 60° 的精密蜗轮弧构成，与这个蜗轮弧对应的是一个测微鼓；测微鼓旋转一周对应活动臂增加 1°。在标度尺上的刻度和测微鼓间隔实际上为半度，但为了直接给出观察对象之间的角度，将其标记成完整的度数。安装的指标杆用于确保枢轴精确地沿着弧中心旋转。图 5.11 中，平面镜 M_S 与弧平面相互垂直，并紧固于旋转臂的顶部。水平镜 H 下半部分是镜子，上

半部分是透明的玻璃。如此安装便可使得在零读数时弧面和镜子平行。望远镜 T 插在支架中的项圈上，使得视线垂直于水平镜。为了说明六分仪的原理，假设需要测量太阳在地平线以上的高度。当望远镜指向地平线时，光通过水平镜的透明部分，并且在望远镜焦平面上形成一个图像。六分仪现在绕着望远镜的轴旋转，直到它垂直，且地平线的图像在望远镜的区域呈水平状态。小心地旋转旋转臂，直到通过水平镜的镜像部分看到的焦平面中的太阳图像（通过滤波器调暗）接触到通过水平镜透明部分看到的地平线。这样，指臂卡扣到位，然后用测微鼓和游标作最后调整。若要观察月亮或恒星的高度，还需要一些必要的步骤来获取它们的图像。其中一种方法就是事先了解观察时的大致方位和高度。如果做不到这一点，六分仪可设置为零角度并且一直旋转，直到通过望远镜看到恒星，然后松开指臂，随着六分仪向下折转慢慢上旋，使恒星保持在视野内。

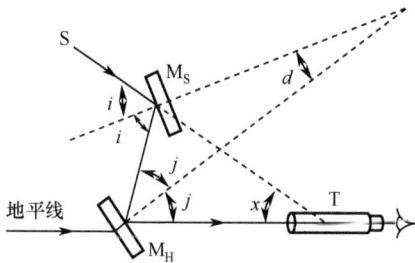

图 5.11　六分仪的光学原理

图 5.12　六分仪装置

作为精密光学仪器，随着时间的推移，振动和其他环境因素难免会对其造成影响，从而"偏离"合理设置，因此，有必要做一些关键的调整。使用调整不当的仪器进行测量时，可能导致错误，因此建议通过复杂的步骤来调整六分仪。其中一个至关重要的调整是必须减小指示误差。当六分仪的读数为 0° 0.0′时，指标镜与水平镜平面不完全平行，这可通过观察水平镜中地平线的连续性进行检查。

5.9　磁罗盘

磁罗盘是一种至今仍在沿用的测向仪，第 2 章已对其悠久历史有所提及。它使用简单，特别对于非磁性环境（当然除了地球磁场），也很常用，至少可作为备用仪器。在现代，大型船只和飞机上，磁罗盘已经被机械回转罗盘所取代，甚至最近开始使用激光陀螺仪，这些将在以后章节中介绍。

如果在磁性材料存在的环境中使用指南针，如现代船舶上的钢结构中，那么指南针一般不会指向当地磁子午线，而会有一定的偏离角度，这个偏角被称为指南针偏差。海洋指南针当然必须通过补偿磁性元素来消除磁场偏差，也称罗经校正，对于钢铁船，这显然是至关重要的。自从钢铁船第一次使用以来，经过多年的发展，已经设计出了精确程序来消除磁场罗盘扰动。罗经校正的目的在于简单地消除船上所有钢的磁场效应，以至于使罗盘读数与在非磁性船上一样，不发生偏移。通常情况下，使用定位磁性元件作为指南针外壳（罗盘箱）的一部分来抑制干扰场。在解决这个问题时，我们必须认识到两种类型的磁性材料的本质区别，这两种材料都可能存在于指南针中，即所谓的永磁材料和软磁性材料。永磁材料，如硬钢（高碳），有很大的抗磁力，也就是说，需要一个非常强的磁场才可改变它们的磁化；而地球磁场相对较弱，因此地球磁场效应几乎可以忽略不计。相比之下，所谓的软磁性材料，如铁或低碳钢，在弱磁场下就会改变磁化，如在地球磁场条件下。因此不同于硬钢，软磁性材料的磁化由地球的磁场决定，且如果船在地球磁场中运动，指南针周围的场分布也会随之改变。这里首先介绍容易理解的硬磁性材料。磁场对指南针的影响可以分为三个互相垂直的分量，分别沿三个固定在船上的坐标轴：沿垂直方向为 z 轴，沿首尾线方向为 x 轴，横向为 y 轴。由于罗盘针布置在甲板（x-y）平面上，扰动场的垂直分量倾向于使指针向 z 方向倾斜。假设船采用刚性结构，则扰动场的分量不会随着船的运动而改变。然而，如果船为 N-S 方位，那么作用在罗盘的磁场有两个分量：沿着 x 轴的地球磁场和扰动场的 z 分量，但只要船能够保持平稳，后者对罗盘针便没有影响。然而，如果船浮动，则扰动场在 y 方向上还会有一个分量会导致指针偏离正北。随着船来回摆动，指针也会发生振荡。如果船舶航向为东西向，且发生颠簸，那么就会发生振荡。由于船身平稳时，航向偏航或者摆动，扰动场的 x 和 y 分量会产生不同的偏差。图 5.13 显示了沿船的三个轴方向永久磁场分量的影响。

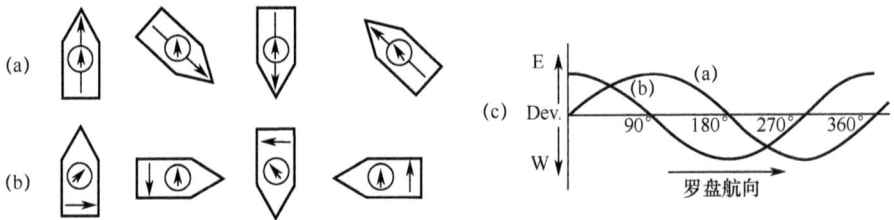

图 5.13　船只永久磁化导致的航用罗经偏差

（a）前后方向；（b）正横方向；（c）偏差与罗盘航向的函数关系图。

在感应磁场中，它不仅会产生一个扰动磁场，而且该磁场相对船本身的方向将取决于船的航向和横摇以及磁纬度。因为大多数船只（航空母舰除外）都是首尾对称的，在平稳情况下，感应的磁场在垂直方向不会随颠簸方向变化，这会导致类似垂直磁化的偏差。软铁绕前后线对称，并呈 x-y 水平分布，将会造成罗盘偏差，使四个坐标点上出现反向，产生一条曲线，因为在四个象限里分别不同，所以称为四分圆。如果水平感应磁化不对称，则可获取另一个象限曲线，但是会偏移 45°。除了上面提到的偏差来源外，船的横摇运动，以及垂直和水平软磁化的存在也会导致偏差。

消除罗盘误差是一种尝试，通过设计一组永磁铁和软铁，将其合理放置在罗盘周围不同点，使其尽可能单独地修正误差。否则，调整一个参数也会导致其他参数改变，这样就永远不可能达到满意的设置。鉴于永久磁场和感应磁性大多是独立的，可分别处理，所以这简化了此任务。因此常用来纠正罗盘偏差的标准器件包括使用一些永磁铁来消除由硬磁性材料产生的磁场，以及使用软铁元件来消除船舶的感应磁场。图 5.14 展示了一个罗盘箱的轮廓，图中给出了不同修正器的位置。以下列出一些典型的修正器：

（1）校正倾斜磁铁管内的垂直永久磁铁，安装在罗盘的下方。

（2）固定在托盘的首尾方向的永久磁铁。

（3）横向固定在托盘上的永久磁铁。

（4）固定在外部管的垂直软铁圆柱体（弗林特棒）。

（5）两个空心软铁球，罗盘两侧各一个。

不仅要仔细调整由船舶结构产生的罗盘偏差，而且还要对地球自身磁场与和磁性 N-S 轴排成一行的偶极子场的假设理论模式的偏差进行修正。在过去，用于展示磁罗盘相对正北方向形成的等磁差变化（也称为罗盘的赤纬）的精确轮廓地图对导航员来说是十分重要的；然而，随着后来陀螺仪的发展，特别是现在全球卫星导航系统的出现，磁罗盘已然过时。图 5.15 是一个近似的世界地图，图中显示了一些等磁差曲线，也称等磁偏线，尤其是零偏差对应的等磁偏线，也称无偏线。

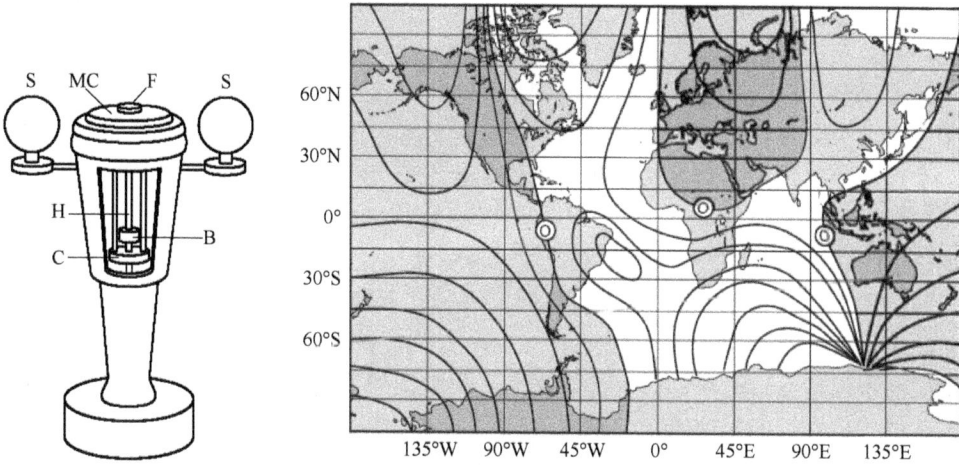

图 5.14　罗盘的框架结构　　图 5.15　展示等磁偏角线的世界地图示意图，阴影区域为正偏角（E）

地球磁场的实际分布不仅随空间变化，也随时间变化。有很多因素可能影响地球表面的磁场向量，其中一些已在第 2 章有所提及。因为本书并不是海上导航手册或其简史介绍，这里我们将省略那些已经发展到可修正钢制船上磁罗盘读数的复杂程序。

参考文献

1. R.R. Hobbs，Marine Navigation，vol. 318，3rd edn.（Naval Institute，Annapolis，MD，1990）

2. B. Dutton，Navigation and Nautical Astronomy（United States Naval Institute，Annapolis，MD，1957）. Rev. ed

3. R.R. Hobbs，op. cit. p. 306

4. B. Dutton，op. cit. p. 373

5. B. Landstrom，Columbus，vol. 180（McMillan，New York，1966）

第6章 经度问题

6.1 早期时钟

在第 5 章对天文导航的介绍中，在观察时有一个重要参数经常被忽略，即精确时间。对于全球导航，直到现在使用的还是参照天体的位置来推断地球上的各个位置。后面的章节将讨论现代全球导航卫星系统。就人类范围而言，我们不能仅仅通过航位推测法或某种形式的大地三角形跨越全球，必须依靠天体观测。如果我们不是在一个旋转的地球上观测，并且天体以恒定速度旋转，情况就不会如此糟糕。由于观察者相对地球旋转轴的角度位置是经度，而本质上，确定经度是及时精确跟踪地球自转。讽刺的是，正是前人用于授时的太阳和星星的周期性运动要求我们转换时间，实现导航；换句话说，我们需要一个精确的时钟。如果地球表面的任何其他点可以如稳定时钟一般测得地球上某一基准点（如格林威治）的本地时间，那么根据该点当地时间即可直接确定此点的经度。由于地球 24 小时旋转 360°，因此，本地时间每小时对应 15° 的经度差。

时间的测量方法可以追溯到古文明时代。举一个简单例子，在公元前 2000 年的古埃及工艺品中，人们发现了计时用的水钟。它是一个装满水的石头容器，通过底部的一个小孔慢慢滴水以达到计时目的。水钟后来演变为圆锥形状，大概如此一来，水流速度更加均匀。要确保水流的匀速流动并不简单，因为它取决于底部开口的大小和形状。开口的静水压力会随着水位的下降而减小，但压力如何影响水流速度，只能随着经验的积累改变容器的形状慢慢得到。在之后的发展中，人们不再尝试改变容器的形状，因为通过连续的供水可以在出口维持恒定的压力，并且有一个溢水出口来保持固定的水位。集水位驱动的机械装置可以用来显示时间。水钟的原理大致如此，如图 6.1 所示，即漏壶，此发明得益于大约在公元前 250 年[1]亚历山大时期的一个名为克特西比乌斯的希腊人。

克特西比乌斯的成就包括其他液压发明，如水泵。古典时代，漏壶极其常用。据记载，在辩论中，这些水钟被用来分配各位辩论者的时间，当水流完的时候辩论者便应该停止说话。有趣的是，直到 17 世纪，伽利略才在他的重力实验中也使用了计时器，该计时器与漏壶的原理相同。他通过在罐子里收集水来测量总时间。

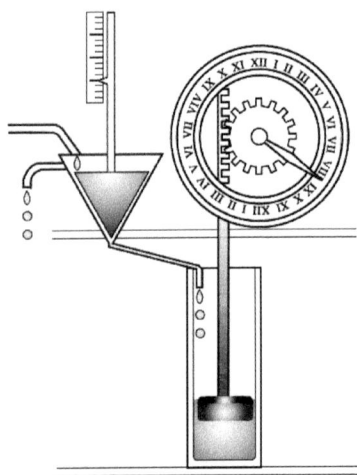

图 6.1 古希腊水钟

早在 6 世纪，中国就发明了一种不同的水钟，其机械设计更为精密。它们是非常大的水轮，而其旋转速度由水流分立控制。在水轮的边缘通常均匀地放有桶，通过一个复杂的机械运动驱动水轮转动，直到每个桶集满定量的水，否则水轮不会停止转动，此时，水轮转向下一个桶，直到下一个空桶装满。

第 2 章介绍的滴漏，或者沙漏，毫无疑问是漏壶的固态模拟，与漏壶的工作原理相同。然而，固体颗粒的流动特性与液体流动有很大的不同。一个显著的区别是，与液体不同，填充容器的固体颗粒，在其表面之下，压力并不随深度线性增加[2]。直到 19 世纪，沙漏仍在船上作计时之用。但是，由于范围有限且不准确，其实用性只限于此。直到 18 世纪，人们发明了一个较为满意的机械航海计时器。

6.2 机械钟

历史上有很多关于机械时钟和时钟制造的记载，证明了该主题永恒的魅力。以下将仅从符合现代设计标准的约翰·哈里森的海洋计时器出发，对时钟的机械设计进行简要回顾。

评价一个时钟设计的优点，需要将机械装置分为三个功能部分：首先，一个固定的能量来源，或是落锤或为螺旋弹簧；其次，具有固定频率的稳定运动周期的机械元件，作为时间调节器；最后，以合适的单位显示时间，可通过一个合适的齿轮和表盘来实现。其中最重要，而且是最具有挑战性的为调节器；时钟制造的进步历史就是调节器的发展历史。

设计调节器有两个主要要求，第一，振荡系统的振荡时间（周期）恒定，对操作和环境条件的影响不敏感；第二，机械设计必须允许调节器能够控制能量从源头到时钟机构的传递，同时实现调节器反应对周期影响程度最小。矛盾的是，调节器的某些反应对于保持周期运动是必不可少的，这种影响相对调节器的振荡能量必须较小。对于任何机械系统，总会存在摩擦力，在调节器缺乏足够的激励源的情况下，这会导致调节器趋向于静止状态。如果设计不合理，调节器上的反应就会扰乱其自由振荡，破坏其作为调节器的功能。理想情况下，调节器应自由振荡不受干扰，除了在其振荡中的适当相位阶段出现短暂的"反冲"。

为实现这些看似矛盾的条件，首先需要调节器必须具有极低的固有摩擦（用电气工程师的行话，称为高 Q），以实现极弱的周期脉冲，维持其振荡。其次，它必须以"触发"的方式实现控制，也就是说，调节器的短周期的弱作用力必须控制远大于从能源传输到轮系的力，从而驱动发条。实现这种方式的机械手段称为擒纵机构。

14 世纪，早期设计的擒纵机构广泛用于公共广场的大厦时钟、教堂等，在以后的至少三个世纪也得到了持续使用，被称为立轴和平衡摆[3]。图 6.2 展示了其基本形式。平衡摆是一个平衡的水平横梁，左右对称悬挂，其末端为相等质量的平衡块。立轴是一个垂直轴，在悬挂点与平衡摆形成直角。沿着立轴的长度连着两个平行于立轴的扁平叶片，称为托盘，其投影与立轴成直角，且互相垂直。托盘直径两端接合水平齿轮，固定在垂直轮上，又称擒纵轮或冠状齿轮。托盘的平面与立轴平行，两者呈 90°。这个平衡的边缘和平衡摆系统能够绕垂直轴做简单的自由周期性振荡，悬架上的扭力提供恢复力，其周期可以随着悬挂在平衡摆末端上的平衡块的不同而进行调节。随着后者来回旋转，冠状齿轮交替被一个个托盘阻塞。因为电源驱动齿轮旋转，所以其旋转速率由平衡摆的振荡进行调节。托盘和冠状齿轮接触期间，对平衡摆的作用力要相对较强，且只要平衡摆质量足够大，就可以保持时钟频率稳定，且对环境条件不敏感。因此，塔钟有两大主要缺陷：首先在于其擒纵机构的设计，也就是说，

图 6.2　立轴和平衡摆

托盘上的反应力太大，在周期中占空比大；再者，平衡摆摇摆角较大，这使得周期严重依赖于摆动宽度。只有具有较小的悬架扭转角时才能使得运动是简谐运动，使其周期与振幅无关。

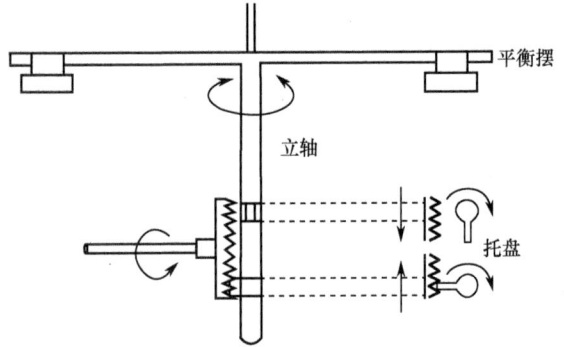

下面简要介绍计时的经典例子——钟摆。这种钟表仍以长盒老爷钟造型为典型。钟摆是具有等时性的，即不管摆动范围多大都可以在相同时间内完成一个振荡，这一发现可追溯到 1583 年，并且归功于来自比萨的伽利略。人们经常引用这样一个故事，伽利略曾在比萨大教堂观察吊灯的摆动，这个故事或许是真的，但不清楚的是，他是否在想用钟摆来调节时钟。作为一个医学系学生，他更感兴趣的是测量一个人的心跳速度[4]。然而，据记载，在 1642 年，伽利略去世的前几个月，他的确提出了这种应用，因为当时由于视力问题搁浅了此事，他决定将设计交给他的儿子文森特，他儿子绘制了图纸，但从未真正建立可行的模型。

首次将钟摆作为机械钟的调节器使用的人应是[5]惠更斯，14 年后，他却因其波动理论而更为世人所知。他的声明很快受到了同胞伽利略的挑战，尽管后者并没有建立可行的模型。惠更斯使用了传统的立轴式擒纵机构，但在理论上分析了振荡运动之后，他意识到很有必要限制旋转的角度，于是他通过在立轴和钟摆之间引入齿轮，实现了这个想法。时钟的速度可以通过调整钟摆的长度进行调节。1673 年，惠更斯以沿着曲面灵活摆动的钟摆为基础制作了摆钟，钟摆末端扫掠的曲线称为摆线，曲线摆动的等时性要求摆动角恒定。然而在应用中发现，这增加了设计的复杂性，却没有改善性能。

任何物理学科学生都对钟摆的特性很熟知，因为钟摆的运动是常见的动态运动的代表。基本的钟摆都是可旋转或悬挂的，因而其可自由摆动。它的基本特点正如伽利略所指出的，对于小振荡，完成一次摆动的时间不取决于摆动的幅度。这与直觉相反，因为我们很自然的认为摆动幅度更大，时间越长。等时性也适用于扭转摆，这种振荡运动绕一个垂直轴旋转，同样也限制于小振荡。两种振荡器之间的本质区别在于，扭转摆的周期取决于悬架的弹性性质，而钟摆周期仅取决于它的长度和重力加速度。钟摆会因温度变化影响而引起长度膨胀，这点可通过以下几种方法减小：首先是选择热膨胀系数极小的材料，此类合金—埃殷钢由查尔斯·纪尧姆发现，他也因此在 1920 年获得了诺贝尔奖。埃殷钢是一种镍钢合金，之所以可作为理想的材料，原因是它不仅膨胀系数极小，而且没有磁性并且防锈。在发现埃殷钢之前，克服热膨胀的一项技术是使用两种不同的膨胀系数金属的组合，一种可以补偿另一种的膨胀。影响振荡周期的其他因素还有大气压力

和湿度。振荡周期取决于大气压力，原因在于它对运动具有阻尼效应。最大的缺点是在用作调节海洋时钟时，由于它对惯性力极其敏感，因此任何一个自由摆动的钟摆都难以抵制船的左右及上下摇摆。另一个缺点是它对重力加速度的依赖。事实上，摆钟过去曾用于地球重力强度勘测，以此来确定地球的确切形状。然而，原则上，等重力线图可以用来修正地球上不同点的船用摆钟。这里不再赘述如何修正磁罗盘的读数。事实上，惠更斯的确做了一个在海上测试的摆钟，因为它不足以抵制船的运动影响，所以未能达到精度要求。

回到时钟设计的关键部分，即擒纵机构，在 1670—1715 年间，它有了重大的进步。首先出现的是锚式擒纵机构，之后是格雷厄姆无差拍式锚[6]。锚式擒纵机构的基本设计如图 6.3 所示。

锚式擒纵机构的核心部分是形状特殊的径向齿擒纵轮，这些径向齿与托盘振荡锚接合，从而进行调节擒纵轮的转动。较为古老的立轴—平衡摆设计需要几个重要的改进：首先并且最重要的是，通过接触擒纵轮，锚托盘移动与擒纵轮运动形成直角。这意味着，锚和齿之间的交互力对锚产生最小的扭矩。其次是锚与擒纵轮旋转的角度需要更小。因为相对小振幅振荡，振荡的周期更为稳定，所以这对于机械振荡是一个优势。最后，锚与擒纵轮只在一小部分振荡周期时间内接触，这样就进一步将周期确定功能与颤动机构隔离开来。

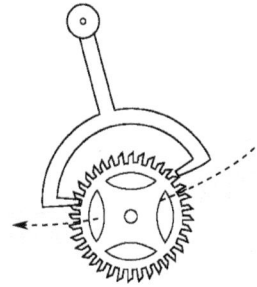

图 6.3　锚式擒纵机构

6.3　弹簧平衡轮钟

18 世纪，摆钟在固定装置上的使用已经较为普遍，如在天文台、教堂和其他公共场所。然而，因为它可能会受惯性力影响，所以其在移动装置上的应用仍然受限。正如惠更斯发现的那样，也包括与我们息息相关的船上的应用。此外，任何对摆动幅度减少的尝试都会引起许多其他方面的困难：空气阻力、摩擦力、钟摆转动的曲率等的增加。此外，还有地球上重力加速度的可变性，尽管如上所述，这比磁罗盘的变化更容易接受。

我们面临的挑战在于设计一种时钟，既不受外界引起的惯性力影响，也不受温度、气压和湿度等环境的影响。许多物理学家和表匠都曾想到，金属弹簧的振荡可能会是设计这类时钟的基础。毕竟，弹簧的大幅度振荡是物理简谐振荡最常见的例子。罗伯特·胡克有这种想法并不奇怪，他最出名的"胡克定律"揭示了物质的弹性形变，认为某种形式的弹簧振荡可以作为时钟调节器，然而，简单的螺旋线圈的振荡周期只有在线圈的形变量极小时才是恒定的。关键在于，大尺寸线圈必须使用非常薄的弹性金属。这类线圈的端部，无论是盘旋形或螺旋形，任何线圈长度的微小变形都会导致长距离移动。满足此要求的最紧凑的线圈只能是扁平螺旋线圈。胡克显然考虑了螺旋线圈以及许多其他形式并进行了创新，但是只有在惠更斯宣布成功使用螺旋弹簧作为调节器后，他才匆忙地使用某种形式的弹簧做成手表模型，但结果却不尽人意。据推测，胡克有志于利用此想法成为一个企业家（在科学家中并不少见），所以为了创业，他忙于集资而暂时搁浅了对发明的完善。用专利代理人的话来说，他从来没有成功地将他的理念付诸于实践。

因此，惠更斯 1675 年将螺旋线圈平衡轮引入了时钟制造行业。他捷足先登的做法立即引起了胡克的强烈质疑。每当科学或技术出现突破时，人们往往会认定一个人是唯一的创新之人，而现实情况却是，在这表面之下一直有一些先进的观点气泡不时出现，直到其中一个气泡突然爆破。我们知道，总有其他的思想家和发明家为前进奠定基础。在一封给罗伯特·胡克的信中，牛顿说"若要说我比别人看得更远，那是因为我站在了巨人的肩膀上"。当争议双方为两位杰出科学家时，无论争议能否解决，都会随着国籍不同而消失；因此，对于英国人来说，螺旋线圈平衡轮是英国人发明的，而对于荷兰人来说，它则是荷兰人发明的。

1675 年，惠更斯进一步设计了第一个实验性航海天文钟，并交予一位法国著名钟表匠制造。不幸的是，在海上试航中，证明了该实验模型很难不受海上的波涛汹涌及大气温度和湿度波动的影响。很明显它还需要很多改进。

17 世纪末 18 世纪初，沿海国家致力于寻找海上经度测量的准确且实用的方式。当然欧洲国家，尤以英国、法国、西班牙和荷兰为主，它们都在竞相寻求解决方案。事实上，只有两种竞争方案：一是天文月球距离法，这种方法得到一些天文学家，包括牛顿的青睐，只是因为他们不相信还可以制造出与之媲美，且精度足够的钟表。二是在海上使用精确时钟确定海上经度，人们普遍认为该方法是 1530 年左右佛兰德数学家和制图师赫马·弗里修斯提出的。当然，当时只是猜想；那时候的时钟过于粗糙，人们很难认真对待这种想法。然而，在接下来的 150 年里，随着钟表学的发展，这种想法不仅可行，而且有望用以实现海上经度的确定。

英国人对这一目标的需求最为迫切，他们有理由对自己强大的海上实力感到自豪。对这种紧迫感的一个有力证明就是前文提到的国王查尔斯二世，他在自己位于格林威治的公园中建立了天文台，用于解决"经度问题"。至此，1675 年，格林威治皇家天文台应运而生。月球距离法，这个最初的设想仍然得到了许多天文学家的青睐。天文台会提供实现此法所需的天文年历。在 1714 年的国会法案上，英国政府设置了一个 20000 英镑的奖项（在当时，该金额为巨额奖项），以此来奖励任何在西印度群岛的海洋航行中，将经度测量误差控制在半度之内的人。为管理和评定此奖项，还专门成立了经度委员会。

对于各地钟表匠，通过时间测量经度的直接性和简单性都是一个无法抗拒的挑战。英国政府提供的 20000 英镑的奖金以及法国与其他国家所提供的高含金奖项无疑更加激起了他们完善钟表的热情。在致力于精确计时器发展的人中，最杰出的莫过于皮埃尔·勒罗伊，他曾被尊称为圣保罗的钟表匠，或御用钟表匠，曾供职于巴黎的学术科学院。他是第一位经度奖得主，于 1769 年由法国科学院授予。尽管约翰·哈里森技艺超群并且故事鼓舞人心，但也可以说，实际上在航海天文钟的现代发展史上，勒罗伊才最具影响力。

在英格兰，上文提到的林肯郡的木雕艺人约翰·哈里森[1]接受了该挑战。1693 年，他出生在约克郡，年幼时，全家就搬至林肯郡。他子承父业，也成为了一名木匠（可与皮埃尔·勒罗伊进行比较，他亦子承父业，成为了一名钟表匠）。但是，并不能简单地称哈里森为木匠，他不仅是一名木匠，而且还具有非凡的创新动力和机械能力实现他的想法。1713 年，年仅 20 岁的他制作了平生首台全木长盒时钟（老式）。他一丝不苟制作复杂木制时钟，技艺精湛。18 世纪 20 年代，在他的弟弟詹姆斯的帮助下，约翰·哈里森设计并制造了一系列的长盒时钟，并不断精益求精，提高时钟性能。其中较为著名的是铁网钟摆[7]，它减少了由于钟摆膨胀/收缩而引起钟表对环境温度的敏感度。我们可以回想一下，钟摆的周期取决于它的回转半径，如果受热膨胀它的半径就会增加。哈里森兄弟的解决方案简单而有效，他们使用了铜、铁膨胀系数不同的两种金属，其中铜的膨胀系数较大。图 6.4 用一个简化的设计说明了这个原理。假设温度上升，则三个平行铁棒膨胀，下横桥降下，而上横桥则可适当升起以保持悬挂物的位置不变。当然，由于铁棒的总长增加，因此，对于摆锤它们的质量可以忽略不计。由此可见，事实上，棒必须由硬质线组成。由于铁和铜的膨胀系数差异较小，哈里森必须构想出同样的方法，使用更多的平行线达到预期效果。事实证明，该方法不适用于高精度时钟，并最终由汞补偿钟摆取代。此类钟摆大多用汞柱代替传统钟摆。汞的膨胀系数相对较大，因此如果温度上升，则汞平面上升，汞的重心也随之上升，这就弥补了悬架的增加长度，使回转半径保持不变。

起初，哈里森使用轮廓精确的齿轮来制造长盒子时钟，但是，他使用了金属的擒纵轮和锚式擒纵机构，这在木制时钟年代是一个常见的例外。他对惠更斯的钟摆设计很熟悉，并融合了惠更斯的摆线等时性思想。在为林肯郡的布罗克莱斯比公园设计塔钟时，因为这个时钟需要暴露在外，所以他面临着一个严重的问题，那就是如何避免污垢和腐蚀的累积对擒纵机构表面造成摩擦，从而影响精确度。他的解决方案原本只源于锚式擒纵机构原理，但最终发展成为包括铰接式托盘臂和擒纵轮的一个复杂系统。其复杂运动很容易让人想起运动中的蚱蜢，毫无疑问，它的跳跃十分美妙；尽管它的运动较为复杂，但是却非常精妙。它避免了托盘和擒纵轮齿触点之间的滑动摩擦，因此不需要对机构进行定期清洁和润滑。其原理如图 6.5 所示。

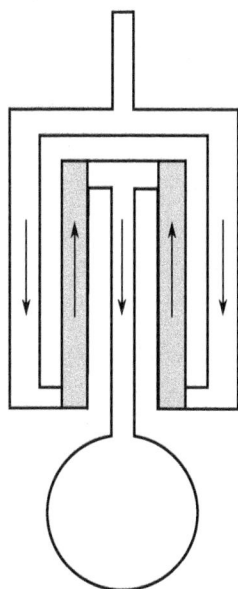

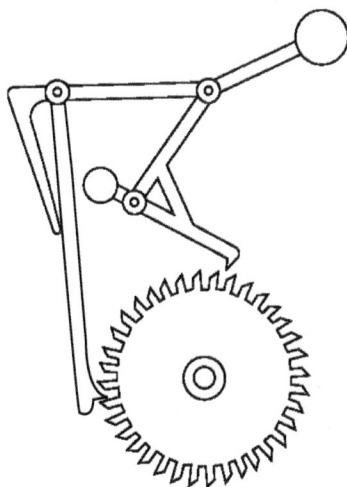

图 6.4　网格铁摆　　　　　　　图 6.5　哈里森的蚱蜢擒纵机构

77

然而，此想法在当时并没有盛行开来，可能是因为极少有人拥有哈里森的机械才能，使其真正实现；尽管如此，它仍然代表了一个革命性的想法，也是哈里森发明天才的见证。

哈里森第一次尝试构建航海天文钟以满足经度委员会的要求开始于1730年，并于1736年提出。他设计的后称为H1的时钟，是一个高大、沉重、复杂的仪器，他对木制时钟做了许多特别改进，以满足新环境条件。兰德斯[8]认为，这是一个"奇妙的装置"，它运动复杂，但却节奏规律而安静。它由弹簧驱动，即使运动一天也没有回卷现象。尤为有趣的是，该装置对空间和方向均不敏感，受到惯性力量的影响更小，这点在摇摆的船上尤为重要。这是通过设计一个调节器来完成的，其中两个反向旋转平衡块耦合，一个平衡块的振荡的任何变化都可以由另一个来补偿。还有其他特点，如近无摩擦的蚱蜢式擒纵机构，实际用来调整长度以及游丝发条周期的温度补偿控制，以及由发条提供恒扭矩的均力圆锥轮（英文发音为"foozay"）。最后一个设备，fusee（源于拉丁语的法语，意为主轴，顾名思义指其形状），它大概是一个锥形（实际上为双曲面）带螺旋凹槽的皮带轮，其主发条鼓连接一条弦或链。由于主发条为绕线，连接链开始沿均力圆锥轮大的一端绕动，随着发条绕发条链进动，均力圆锥轮的半径也越来越小。这是一种获得连续可变传动比的有效方式。适当设计扭矩，主发条的扭矩向下绕，从而使得均力圆锥轮的轴扭矩保持不变。很明显，他尝试了所有自己能够想象到的设计方式，以便使得他的钟表最终不受船波动的影响。

1735年，哈里森在伦敦公开展出了他的作品[8]，在钟表匠界和公众中均引起了巨大的轰动，他无疑将钟表制造变成了一种动态艺术形式。H1比法国的动态艺术家珍·廷利的作品领先了200多年！1736年，H1在百夫长船去往里斯本和返回牛津的路上进行了测试。时钟的性能良好；然而，哈里森还是认为他的仪器还有很多需要完善之处，而不应该忙于利用H1拿奖，他向经度委员会申请了资金支持，以便继续他的研发工作。

在之后的3年（1737—1740年）里，哈里森在H2上注入了大量心血，H2同样是一个重型钟表，与H1设计大致相同，但有一些创新。在两个反向旋转杆平衡的革命性试验中，他已竭尽全力仍未能达到预期性能；他的设计并没有使船上时钟的频率摆脱惯性力量的影响。为了继续他的工作，需要更多的资金，所以他决定向经度委员会额外申请资金。1740年，他开始了H3的工作，第三次尝试达到了委员会的严格要求。然而，远在H3完成之前，他就明白，要达到这些要求，就需要一个全新的方法。他将两种全新设备融入H3，以此提高温度稳定性、降低摩擦。为了达到温度稳定性目的，他使用双金属片从而防止了摆轮温度出现变化。双金属片是由两个相粘的平行金属条组成，且它们膨胀系数不同。双金属片具有随着温度变化而弯曲的特性，这个机械响应使它们在温度控制设备中被广泛用作温度传感器。或许正是哈里森最大程度地减少摩擦的决心促使他发明了笼式滚柱轴承[8]。自古以来，人们都知道滚动摩擦远小于滑动摩擦，而且古埃及人很早就懂得通过滚动移动重物。然而，使用滚动木头的轴承设计，在圆形运动中旋转而互不触碰却是由哈里森提出的。关键在于滚轴不能互相接触，否则在线接触中，各个辊之间会出现滑动摩擦，从而使整个想法功亏一篑。

尽管哈里森做了很多创新，多年来他也不断完善产品，但后来他还是意识到他需要重新开始。在研发H3时，1753年，哈里森委托了一位名为约翰·杰弗瑞的伦敦钟表匠来制作自己设计的个人用便携式钟表。凭借设计大型塔钟的背景，在精致手表的领域外，哈里森能够看到一种创新设计的新变化，可将小型怀表转化成天文时钟。事实上，在1757年，他就见识了委托杰弗瑞制作的手表的优越性能。同年，哈里森又向经度委员会申请了额外资金来继续 H3 的工作，但这些资金主要投资于两种便携式手表的开发工作，一个是怀表，另一个略大一些，大概注定会成为船的天文钟。此后，他开始了第四次 H4 的尝试。

H4 是便携式计时器，装于直径约 15cm，质量约 1.5kg 的双银盒中，看起来很像一个超大怀表。H4 的三个显著特点是：①哈里森称为发条轮；②补偿控制器；③摆锤均衡装置。前文已经简介过这个部件，它有一个花哨的法国名称，即均力圆锥轮；这是哈里森众多"发条轮"创新之一，也就是说它是一种发条轮，在保持发条回绕的同时能够维持时钟工作。广义来说，这是安装在发条轮本体底座上的一个机构，它包括一个在主发条的张力条件下仍保持稳态的辅助短弹簧，这样，当时钟在重绕，且发条不再驱使时钟工作时，辅助弹簧将无间断持续运动。尽管棘轮由于反向运动而停止，也即钟表商们所谓的滴答声，但是辅助弹簧仍会动作。如果读者有意进一步了解发条轮和滴答声，可以查阅更多相关书籍，本章末尾列出一二以供参考。

前文已经提到，补偿控制可作为一个温度补偿装置应用于平衡弹簧。摆锤均衡键（源于法语 remonter，指上发条）只是一个小型辅助扭矩源，用于驱动调节器组件；主发条可定期重绕它。至于关键的擒纵机构，此次，他显然不能利用他的蚱蜢式擒纵机构；因此，他利用珠宝托盘完善了高精度托盘式擒纵机构。显然，引入摆锤均衡键意在新设计中实现最稳定状态，以抵抗发条的任何变化。哈里森再次证明了无论任务多么艰巨，他都坚持追求完美与试图解决机械问题的决心，并且因他的精益求精与高超技艺而获得了同行的高度认可。

1761 年 11 月 18 日，哈里森委托他的儿子威廉携带 H4 登上德特福德船，启航开往西印度群岛。1762 年 1 月 19 日，他们抵达牙买加，有一事值得庆祝：在 2 个月的路途中，该手表仅仅慢了 5.1s。在船上，该偏航概率仅为 $1/10^6$。但经度委员会对此仍不满意，认为该表需要进一步试验。同年 8 月 17 日，委员会问哈里森是否愿意将 H4 转移到格林尼治天文台，在皇家天文学家的监督下进行进一步测试，但是哈里森没有同意。一如既往，他一定对自己的创造成果产生了情感，远胜于拥有一件机械品。除此之外，还有巨额金钱利诱，但他不想就此放弃他的创造。最后，他们达成了第二次试验协议：这次威廉将携带 H4 搭辙靼船到巴巴多斯，并于 1764 年 3 月 28 日启程。在船上观察 H4 日常性能的还有内维尔·马斯基林，次年，他便成为一位皇家天文学家。这个旅途耗时 47 天，这段时间中，时钟误差共计 39.2s，远差于此前的旅行，但仍比委员会最初设置 20000 英镑奖项要求的精度高 3 倍。

哈里森受到的经度委员会不公平待遇，简直无法用言语描述。经度委员会表示 H4 的性能可能纯属偶然，而且并不能确定未来它是否依然能用。委员会还勉强地提出只要他将所有的图纸和机构上交给皇家天文学家，就付给他一半奖金，也就是 10000 英镑，而剩下的一半奖金将会给那些完成其他相同时钟设计和测试的人。显然，哈里森没有得到任何有权有势之人的支持，所以他几乎没有资格与委员会争执。只有马斯基林偏向支持天文学方法，他可能处理一个根深蒂固的问题，官员中对钟表制造的知识，也只有吉尔伯特和萨利少将对斜边平方的了解。哈里森犹豫了好几周，但最终还是屈服了。1765年8月，哈里森会见了代表委员会的6位专家，这些专家检查了H4和所有相关的图纸。在之后的1周时间中，专家们对这个复杂的设计不断地苦思冥想，他们对全部的展示感到很满意，并签署了一份证书。委员会仍然坚持要求他将其全部四个时钟移交，以做进一步检查。另外还需满足一个条件：按照设计图精确制作的H4复本误差要与H4严格相同。委员会问哈里森是否可以举荐一人完成此艰巨任务。他推荐了过去协助过他的钟表匠拉克姆·肯德尔。付过400英镑定金之后，肯德尔同意制作部件的精确复本并且进行组装，但不以任何形式对最终产品性能负责。最终，委员会同意了，于是哈里森只获得了一半奖金。

1766年5月5日，皇家天文学家——内维尔·马斯基林从海军大臣手中接过H4管理权，从而对其进行一系列测试，直到1767年3月4日，共耗时10个月。测试印证了其在西印度群岛航行表现出的优良性能。特别是，当环境温度不是极端条件时，它可以保持恒定时间。不幸的是，当室温允许降至26°F时（即低于冰点6°F），其变化率与预期相反，没有明显变化。博学的天文学家们认为这是一个缺陷，因为哈里森曾预测极端温度下它的变化率可能会改变。当然，这证明了哈里森温度补偿的巨大效用。马斯基林认为，"在航行的6周内，不能依靠H4来保持经度在1°内，或在14天后，不能依靠H4来保持经度误差在半度内，然后只有冰点以上几度才能保持温度等"。他接着说，"不过，除了对于观测月亮从太阳和固定恒星的距离，这是项很有用的发明，它还会为导航带来相当大的优势"。我们应该注意到，6周有1°的误差相当于$3.6×10^6$s中240s的误差，这是H4第一次旅程漂移的66倍。

为了使另一半奖金实至名归，委员会要求哈里森单独制作两个H4复本以进行进一步测试，同时将原H4保存在天文台。这只不过是为哈里森细致工艺锦上添花，这样，他的设计才得以准确地保存下来，而且他可以重造一个复杂机器，其益处前人无缘享受。那时他已是古稀之人，年老体衰，无缘享受现代医疗，但他和他的儿子威廉仍战斗在一线，正因为此，后来的H5才得以问世。肯德尔的手表现在称K1，完成于1769年，并于1970年初提交给委员会。在完成H5时，哈里森恳请委员会允许他提交H5和K1作为其要求的H4的两份复本。但回答很明确，任何元件都必须由哈里森亲自制作。现年79岁的约翰·哈里森决定亲自恳求国王乔治三世。之前他受国王之托为其制作手表。他在自己的里士满私人天文台测试过该手表，证明其稳定性很强，这足以打动国王。他给国王写了一封恳请书，并将之交给了国王的御用天文学家 Stephen Demainbray。在回信中，国王要求在为威廉辩护前见他一面。听到威廉描述委员会的行为后，据说国王这样说[8]：

……这些无辜的人是被冤枉的……哈里森，我将以上帝的名义为您平反。

同年，国王亲自下令并资助测试H5，其性能符合所有期望。然而，经度委员会显然仍然相信自己的正确判断，拒绝承认御用天文学家的评估。至于为什么委员会成员没有被判叛国罪，这并没有相关记载。正如国王所说，哈里森始终无所畏惧，并请求议会"平反"。根据1773年通过的一项国会法案，哈里森终于获得了8750英镑。或许应得的预付款已从一半奖金中减去。对于约翰·哈里森，更重要的是他一直以来努力寻求的经度问题得到了认可。即便委员会特别是天文学家马斯基林有不同意见，但至少代表人民的议会成员投票认可了他。

顺便提一句，有趣的是，作为 H4 的简化版，拉克姆·肯德尔的时钟 K1 于 1772 年完成，恰好赶上了库克船长在南太平洋进行第二次航行探险。库克还带了由另一位英国钟表匠约翰·阿诺德制作的其他三个钟表。在三年惊险刺激的探险中，肯德尔的精密计时表性能非常好，从热带水域到极地海域，并且两次穿越南极圈，妄图寻找一些人认为"必定"存在的"南方大陆"。早在 1606 年，一位欧洲人就发现了澳大利亚次大陆，荷兰探险家威勒姆·扬松认为这就等同于假想的澳大利斯因科格尼塔地，很显然，这并不足以抹平人们的错误信仰，即北半球也应有"相应"的大片陆地。毫无疑问，肯德尔 K1 手表的成功表明，一块制作精良的手表（如哈里森设计的手表）可以在海上长时间航行，并且在极端气候条件下确定经度。

6.4　现代精密计时表

我们不可避免地需要介绍约翰·哈里森和他儿子的故事，当然，还有很多其他工作在英国和欧洲大陆上，为精确计时最终发展做出突出贡献的钟表匠们。从文化而言，18 世纪是机械装置掌控的时代。因此，当时被称为太阳系仪的行星绕太阳转动的模型，或者用一个复杂的音乐盒来装饰客厅，甚至自动装置都出现在了莫扎特和奥芬巴赫的歌剧场。费城的富兰克林学院就有一个引人注目的古董自动机，由法国人亨利·梅拉德特制造。通过设定好程序可使它拥有类似人类的复杂功能，例如，坐在桌子边写英语和法语诗。所以这就是那个时代的精神，人们愿意殚精竭虑地完善钟表。

哈里森之后，在继续为钟表发展做出贡献的著名的钟表匠中，有必要介绍一下约翰·阿诺德和托马斯·恩萧，他们发明了分离的棘爪擒纵机构（英语通常意为棘爪），该结构大多使用在海洋计时表中。在这种结构中，擒纵轮脉冲之前，平衡轮可以不止一次地进行自由振荡。它有一个特殊优势，即不需要定期清洁和润滑：关键部件不受温度波动的影响，并由平衡环驱动，因此它也不受物体运动的影响。

托马斯·玛吉发明的擒纵机构，后来由亚伯拉罕·路易·宝玑完善，有一种高档手表名与此相同（价格也一样），后来它成为了瑞士的杠杆式擒纵机构。大多数现代手表中还用到了这种机构。宝玑在钟表学历史上是一个非常有名的人物，创造力极强，委婉来讲，他也经历过艰难时期。他出生在瑞士，但在巴黎创办了一个手表制造厂，在那里创建了一个高品质豪华手表品牌，并以自己的名字命名。当血腥的法国大革命爆发时，他回到祖国瑞士避难。他在贸易领域非常受人尊敬，是英国人约翰·阿诺德的密友。他因许多创新而获得人们的认可；其中包括自动绕线、改进的杠杆式擒纵机构、防冲装置、以其姓名命名的螺簧螺旋游丝、双擒纵轮精密计时器等。他公司的海洋计时表是行业标杆，它们的基本设计受到美国、德国和日本海军的效仿。在第二次世界大战爆发时，由于此前美国海军过于依赖从瑞士和德国进口的航海天文钟，所以他们急迫地要建立一个国内供应厂。因此，在 1939—1940 年间，美国海军天文台提出建立大量海洋计时表，以严控军事规范。这意味着要大规模生产这些精密仪器：这绝非易事。在宾夕法尼亚州的兰开斯特，一家名为汉密尔顿的制表业公司对此感兴趣，但他们需要一个现存的精密计时表来研究其设计，并且判断他们是否有能力进行大规模生产。美国海军天文台同意提供这样的精密计时表，这很可能是宝玑的一个部件。经过几个月的研究，汉密尔顿解决了大规模生产精密仪器的问题，直到那时，熟练工匠的产品和生产线设置方式才得以形成，最终汉密尔顿签订了合同。大约在签署合同一年后，汉密尔顿将两个原型交付给海军天文台进行评估。结果非常理想，每个人都松了一大口气。对于大规模生产，这样的精度史无前例，战争结束之前，汉密尔顿交付了成千上万的部件，堪称成就辉煌。

第二次世界大战标志着机械精密计时表作为计时表的结束，以及石英晶体控制时钟和无线电传输时间的兴起。无线电广播出现在石英革命之前，但是战争促进了微波和无线电频率的发展。第 7 章将详细介绍石英晶体振荡器，目前，它们对频率/时间测量非常重要。

参考文献

1. L. Sprague de Camp，The Ancient Engineers（Balantyne Books，New York，NY，1990），p. 142

2. A.A. Mills，S. Day，S. Parkes，Eur. J. Phys. 17，97（1996）

3. A.V. Roup et al.，in Proceedings of the American Control Conference，Arlington，VA，2001，p. 3245

4. G. Galilei，Dialogue Concerning the Two Chief World Systems（University of California Press，Berkeley，CA，1967），p. 230

5. D.S. Landes，Revolution in Time（Harvard University Press，Cambridge，MA，1983），p. 116

6. W.J. Gazeley，Clock and Watch Escapements（Robert Hale，London，1992）

7. D.S. Landes，Revolution in Time（Harvard University Press，Cambridge，MA，1983），p. 146

8. D.S. Landes，Revolution in Time（Harvard University Press，Cambridge，MA，1983），p. 156

第7章　石英革命

7.1　历史背景

人们一直努力提高时钟性能，从而也使得时钟经历了由大型笨重的长振荡周期机械时钟到不断小型化、且频率更高的时钟的发展历程。18、19 世纪，游丝摆轮钟得到了发展，这种情况下，任何更为细微的改进往往只会增加其复杂度。较低的频率基准振荡器具有一定的精度极限；从某种意义上，振荡周期的分割也有一定的精度限制。因此，20 世纪 50 年代，随着以晶体管和小型化电源发展为主要标志的电子革命的到来，一款频率更高的电子手表——宝路华牌电子手表应运而生。这款手表使用音叉作为基准振荡器，之所以这样命名并不是因为它像叉（虽然它确实有两个叉齿），而是由于它是一个双叉装置，击打时可以发出纯净的可听音。这种装置作为音频或者乐音标准已久。电子手表中的音叉声频振荡频率为 360Hz，所以该手表呈现蜂鸣声而不是嘀嗒作响。最明显的区别是它的秒针连续转动，而不是间断进行。1960 年，一位名为马克斯·黑泽尔[1]的电气工程师主要发明了这一设计。最初的测试显示：新款手表比经典摆轮手表的稳定度至少高一个数量级。但是，测试也发现初期的音叉设计使手表对空间方向更为敏感，每天约有±5s 的偏差。尽管这一误差已经低于精密计时表等级的要求极限，但仍然需要修改设计以减少这一影响。欧米茄表和天梭手表等其他高品质手表制造商也获得了音叉机芯的授权许可。这些由皮亚杰设计的精确计时表是当时最棒的机械钟表；阿波罗号宇航员曾将其带入太空。

然而，音叉手表好景并不长。正如前文所述，晶体管发明于 20 世纪 50 年代的电子革命期，其不仅促进了音叉手表的诞生，还促进了更为先进的石英控制手表的诞生。在 70 年代随之而来的微电子革命中，集成电路板代替了独立元件电路，彻底改变了电子产品的面貌。手表的石英机芯非常普通，以至于人们忘记了它所代表的革命性的技术进步：它使得廉价石英手表几乎能达到等同于最精确的机械计时表的精度水平！

石英晶体振荡在电子设备中的使用可以追溯到 20 世纪初无线电通信发展时，无线电通信需要在相对较窄的频带内产生、发射和检测无线电波。石英晶体可以稳定无线电发射电波的基准频率。通过限制发射的频带，可使大量独立的无线电发射机同时工作，并且不会产生相互干扰。限制频带宽度更重要的一个原因在于考虑信噪比。任何电气系统都存在一种随机电气波动，即噪声。从频域方面分析时，噪声频谱很宽，这正是电气系统的一大特色。因此，系统发射/接收无线电波的频带越宽，信号中伴随的噪声越大。噪声可分为两类：幅度噪声和频率（或相位）噪声。在无线电信号中，幅度噪声通常比相位噪声更严重；因此，无线电波调幅（AM）信号比调频（FM）信号更易受噪声干扰影响。鉴于上述原因，无论哪种类型的调制方式，广播的基准频率必须非常稳定。无线电频谱中广播频率的分配和发射机要求的频率稳定度属国际无线电咨询委员会（CCIR）的管理范畴。

从历史的观点看，第一次世界大战中的潜艇战也促进了石英振荡器和探测器的发展。当时急需高灵敏度的声波探测器以跟踪水下敌方潜艇，也急需发展强大的超声源和探测器以便使用回声定位方法探测潜艇，即声纳和雷达的雏形。为了在水下通过声波传输和接收来实现方位测量，水下声波波长不得超过 1m；否则，声波会四处散开，失去方向性。水下波长 10cm 大致相当于 15kHz。如果空气中的频率超过人类听觉范围的频率，那么此种振动为超声波，大多数人的听觉范围可延伸到约 15kHz。俄罗斯人康斯坦丁·切利诺斯基和法国著名物理学家保罗·朗之万[2]将声纳想法付诸实践，并且后者在磁学上卓有成就。起初他们尝试用振动电容器作为水下超声波源。他们最初所用的振荡蓄电器就是现在的电容器。振动电容器由两个平行的金属板组成，向金属板之间施加交流电压产生周期性的应力，使其产生振动。反之，如果金属板周边介质的声波引起金属板振动，那么金属板之间的电压将在电路中产生交变电流在整个电路中流动来提供电压。这就是声探测器（称为电容式传声器）的原理。电容式传声器就是基于这样的物理原理：电容两极板间有一个电压 V，而在周围介质压力波作用下电容 $C(t)$ 是时变的，电容极板上的电荷 $\pm Q(t)$，由 $Q(t) = C(t)V$ 得出。随着两极板间电流的流动，电荷也时刻变化，且遵循电荷守恒定律。若要测量电流，将已知阻值的电阻器连接在电路中，极间电压作为电压源；该电阻器上的电压是电容式传声器的输出电压。最终超声源和接收器中的纯石英晶体取代了这种水下探测设备。截至 1917 年，石英型声纳的作用距离已达 6km。

回到无线电广播的频率稳定性问题，我们所需要的是一个在所需频率范围内能够对射频电磁场敏感谐振响应的装置。系统谐振的灵敏度由所谓的 Q 品质因数表示。定义 Q 值有很多不同的方法：一是从对周期性驱动力谐振响应的灵敏度方面（在一定频率范围内），定义 $Q = \omega_0 / \gamma$，其中 ω_0 是中心频率，γ 是谐振曲线的频带宽度。如果振荡元件受到耗散力影响，如内部摩擦将振动能转化为热能，那么它的谐振将会变宽，其 Q 值变小。在特定的几类晶体中，石英具有优良的弹性性能，即内部摩擦非常小，振动时只有极少量的能量转换成热能。因此，它具有极高的固有 Q 值。石英晶体另外一个同样重要的特性是只有特定的对称类晶体才具有压电特性，即出现压电现象。这意味着，如果沿着相对晶轴的某一特定方向施加压力，晶体将会产生电极化，如同晶体处在电场中一样。这一特性能够使石英晶体在受超声波压力时输出高频电流，以起到探测器的作用。反之，如果沿晶体石英片施加电压，就会沿电场方向产生机械应力，如同对晶体施加压力或张力一样。这种效应通过晶体的相对面金属电极施加交变电压，提供了一种产生晶体激励振动的方式。1880 年，雅克和皮埃尔·居里（居里夫人的丈夫）发表了关于压电效应以及对称类晶体约束条件的详细研究报告。虽然人们公认压电晶体可以作为超声波潜在产生源和探测器，但直到 1906 年才发明了真空三极管放大器，这使得使用石英传感器成为可能。

人们总是忽视一些有重要意义的发明，真空管便是如此。1904 年，受爱迪生效应的启发，供职于英国马可尼公司的约翰·弗莱明发明了真空二极管整流器。爱迪生在为白炽灯寻找合适的灯丝材料时发现了这一效应。他发现，玻璃管中一个可测量的电流可从受热灯丝流到玻璃管中的其他导电表面。弗莱明的二极管专利在马可尼公司应用的前两年内，李·德·弗雷斯特在美国推出了一个类似于该管的管子，但是它在阴极附有第三个开放的线电极，用以提高其作为无线探测器的性能，因此被称为三极管。由于李·德·弗雷斯特声称他的装置与弗莱明二极管并无任何关系（显然三极管出自于二极管），因此马可尼公司和李·德·弗雷斯特的专利侵权诉讼已不可避免，且持续了多年。李·德·弗雷斯特的三极管没有通过抽真空达到高度真空，相反，李·德·弗雷斯特认为，保留一些空气有助于其正常运行。他没有意识到，通过抽真空管提高真空度，第三个电极（后来被称为栅极）可以更有效地控制电流使三极管成为放大器。李·德·弗雷斯特可能只不过是对已有发明——二极管，进行了更加精密的改进，然而，他的工作最终促进了美国通用电气公司等其他公司研发三极管，并最终促成了连续射频振荡的产生和放大。在此之前，甚至在第一次世界大战期间，无线电发射机使用高压火花产生无线电波，与海因里希·赫兹在德国验证麦克斯韦理论的原始测试试验并没有区别。

随着真空三极管的发展，之后不久振荡器便出现了，并通过电感电容（LC）"振荡"电路以一定频率产生连续射频输出。第一次世界大战又一次促成了利用压电晶体振荡器控制无线电发射机频率的研究实验。第一次世界大战和第二次世界大战除了带来战争屠杀，还促使了一些新事物的诞生。供职于贝尔电话实验室的亚历山大·尼科尔森一直致力于探索压电晶体在电子技术中的应用，包括麦克风、扬声器和留声机唱片。由于在电子振荡器中混了罗谢尔盐晶体，他成为1918年首个被授予专利的人。卫斯理公会大学的沃尔特·卡迪在该领域也很活跃，那个时期他研究了电子振荡器中石英晶体的谐振。最初，卡迪的兴趣在于通过测量晶体振荡的谐振频率研究晶体谐振。直到1921战争结束，他才意识到可以通过晶体振动谐振控制振荡器频率。他发现了振荡器一个出人意料的反应：晶体振荡器的谐振频率趋向于锁定其机械谐振频率。卡迪向尼科尔森发起挑战，后者曾宣称观察到这一相同现象；同样，不可避免地，知识产权律师们又一次忙碌了起来。与此同时，乔治·华盛顿·皮尔斯发展了其广泛使用的可控晶体振荡电路设计方法，且一直沿用至今。

7.2　石英晶体

石英晶体具有弹性性能（应力和应变形变）出色、内部摩擦极小、高抗拉强度及低热膨胀系数等优良特性。熔凝的石英纤维与同直径的钢丝具有同等抗裂强度，但扭力刚性模量较小，所以它一直用于扭力平衡悬架。较小的扭力刚性模量对一个灵敏的扭力天平至关重要。然而，其最重要的特性是它近乎完美的弹性，即形变时无论完成什么工作，能量将会作为弹性势能毫无损失地储存，而且在压力解除时能量将会完全恢复。固有弹性能量损耗率较低意味着，当受到与其自然振动模式一致的振荡力时，它会随着频率而发生急剧变化，即它的 Q 值极高。这对于谐振器件非常重要，因为这意味着可以最低限度地耦合到放大器，并且受后者的噪声以及增益不稳定性的影响较小。晶体的激发功率水平必须保持在一个较低值，以确保良好的频率稳定性。振荡器的频率稳定度最终将由系统中的电气噪声决定。长期不稳定性会导致晶体中频率漂移，即晶体"老化"，这可以在中期确定且考虑。本章后面将对石英振荡器的稳定性展开更详细的讨论。

除了其优越的弹性性能外，石英对于温度和湿度等环境条件远不如其他固体敏感，而且热膨胀系数非常小。这就解释了其在极端热应力下出色的韧性；例如，可以将石英棒加热到红热状态，插入冰水而不发生开裂。当然，任何材料的品质必须参考其具体应用进行判断。事实上，与其他材料相比，石英最重要的特性是其较大的改进空间：热膨胀和弹性性能的长期稳定性。

石英的化学成分是二氧化硅（SiO_2），也称硅，与砂的主要成分一样丰富，也是各种不同类型玻璃不可或缺的组成部分。其结晶形式是化学家所谓的共价键三维晶格的结合。每个 Si 原子周围有四个氧原子，形成正四面体的四个顶点，每个氧原子与两个 Si 原子结合。化学键本质上是电性的；然而，经典的静电学并不能预测稳定的电荷配置结构；必须利用量子理论解释它们的存在。莱纳斯·鲍林对这一理论做出了重大贡献，并因此荣获了 1954 年度诺贝尔奖。我们主要区分两种类型的化学键：离子键和刚才提到的共价键。对于离子键，原子的外层价（化合价）电子转移到其他原子形成负离子，离开原来的原子后，原子成为净正电荷的正离子。其他常见的键是共价键，两原子的价电子是"共享"关系。在石英晶体中，我们面对的是共价键，并不像其化学式 SiO_2 仅仅是三个原子的稳定结合，而是全体原子的集合。这意味着，石英不能简单地分成称为分子的小原子团；这种化合物可以复合成晶体的晶格形式，也可以成为处于非晶玻璃态的熔融石英。而且后一种形式最常见，如紫外透射光学窗口、透镜和光纤。我们可将 SiO_2 与 CO_2 进行比较，后者作为气体正常情况下由独立的 CO_2 分子组成。这里不适合过多的介绍分子结构理论，然而，为了描述用于控制振荡器的各种石英的晶体取向，有必要简单介绍石英晶体的晶体学特性。

Si 原子的四个价电子在四个方向的相同角度形成四个共价键，整体构成对称四面体，如图 7.1 所示。

氧原子有两个不饱和共价键（称为轨道），其中一个与一个 Si 原子的单键连接，另一个与另一个 Si 原子连接。这种环环相扣的三维晶格连接模式遍布整个石英晶体。三维晶格中原子之间的键十分强健，这使其熔点高达 1710℃。在 CO_2 中，C 原子的四个共价键与两个 O 原子的双键两两结合，从而每个独立的 CO_2 分子都满足所有的价关系，因此 CO_2 成为正常温度下的气体。

由于晶体原子之间的化学键一般都有特定的相对取向和空间对称性，这些在晶体宏观表面都可以体现出来。18 世纪晚期，法国晶体学家勒内·茹斯特·阿羽依发现了解理面的结晶性能；晶体容易沿着某些平面断裂，因为垂直于它们的原子键相对较弱。此外，他发现晶体可以继续沿着这些平面细分，进而产生越来越小的晶体，并且仍然保持平面之间的相对角度。由此他设想晶体是通过堆叠相同的结构单元（他称为分子）形成的。但是他担心晶体内平面相交的边缘即便在显微镜下也不会如期望那样呈现阶梯状。如今我们已知，这是由于当时显微镜分辨率的限制。晶体中确实有晶胞，将其沿着平行线平移时就会生成整个晶体结构；然而，决定晶体易断裂方向的解理面，可能并不是茹斯特所认为的晶胞。

与所有晶体一样，石英也具有一定的对称性。Si-O 键的四面体排列表明晶体具有三重对称轴，即如果晶体绕沿 Si-O 键方向的轴旋转，它通过的三个位置点与起始点没有区别。在没有物理模型的情况下，很难看到另一种对称方式，即垂直于三重轴的三个双重对称轴，因为后者的三重对称性，三双重轴之间必须间隔 120°。通常将三重轴视为坐标系的 Z 轴，一个双重轴为 X 轴，Y 轴定义为垂直于 X–Z 平面，从而形成一个正交坐标系。图 7.2 显示了石英晶体的一个典型解理面以及坐标轴的分布。

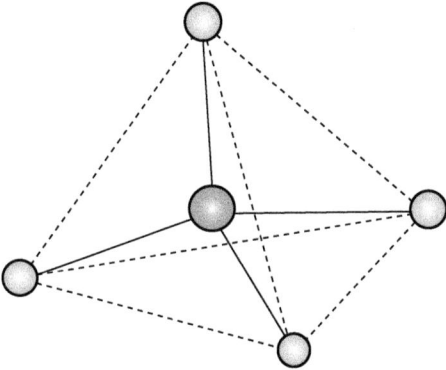

图 7.1　二氧化硅的对称四面体化学键结构　　图 7.2　石英晶轴

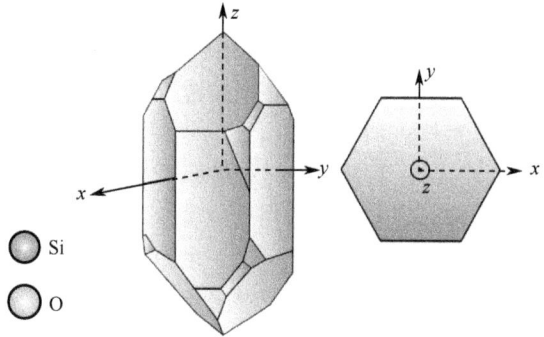

特定对称类型的缺失对晶体的压电效应至关重要，对于石英，这个缺失的对称类型就是对称中心。晶体中对称中心存在的条件是：当每个原子相对于晶体中任意固定中心点移动到正好相反的位置时，移动后的位置与初始位置没有区别。确切地说，这是将晶体中所有原子的坐标符号反转操作下的对称性。反转所有坐标符号的操作就相当于绕某个轴旋转 180°，然后通过垂直该轴的平面进行反射。普通物体很少有对称中心，但也有例外，例如积木或足球；然而，这一特性在晶体中却很常见。

确定某些类型晶体特性时，晶体的对称性至关重要，比如压电效应。这种效应需要有压力作用于晶体以引起电荷分离，称为电极化。整个晶体一直保持中性；然而，由于外层电子相对内核的位移，原子的电荷平衡被破坏，造成电性相反的电荷聚集在晶体相反的两面。现在假设晶体进行了上述的反向变换，即改变了系统中所有坐标的符号，如果晶体具有对称中心（与之前反转变换的中心相同），在同等压力下，它会反转极化矢量方向。但只有当极化矢量为零时，这才有可能实现。从而得出以下结论：如果晶体具有压电效应，它就不能有对称中心。这种晶体的另一个极为重要的应用方向是非线性光学，如产生光二次谐波。这种情况下，晶体的极化需要展现对光场 E^2 功率的依赖性，像压力一样，光场功率不随坐标系的反转变化。第一个成功产生光二次谐波的实验是可通过在石英晶体上聚焦氦氖激光束实现的。

7.3　X 射线晶体学

结晶介质的基本特性是各向异性。因此，相对于一些外部参考（例如其表面几何形状），了解晶格取向是其应用的前提条件。针对这一问题，过去的晶体学家们基于自然解理面和其物理、光学特性的各向异性之间的角度，发展了新的技术。但二十世纪初以来，最强大的技术是对 X 射线的应用。这是由威廉·康拉德·伦琴发现的，他之所以如此命名是因为当时他觉得 X 射线的产生完全是一个谜。因为这是他在做实验时偶然发现的。

当时置于实验室橱柜顶部的一个高压气体放电管正在工作，伦琴发现储存在橱柜里位于放电管正下方的照相底片变得模糊。虽然并没有记录下来这一令他惊异的现象的详细发现过程，但我们可以想象得到伦琴当时惊奇的表情。现在我们知道，如无线电波、光波一样，X 射线属于电磁波；唯一的根本区别是它的波长更短；X 射线的波长约为光波的1/3500，因此光子能量也大 3500 倍。所以它们当然能够通过对可见光完全不透明的材料。

1912 年，在马克斯·冯·劳厄的建议下，他的两个年轻助手进行了一个实验，这个实验类似于人们所熟知的光栅衍射实验。这里的光栅是一种光滑的透射或者反射表面，上面紧密排列着平行的开孔。单色光照射在光栅上时，由于相邻开槽的衍射光场强度同相叠加（即它们之间光程相差整数个波长），透射或者反射方向的光会在某些方向得到极大值。将同样的技术应用于 X 射线则不切实际，因为它需要将光栅凹槽间距按比例缩小到 X 射线波长。马克斯·冯·劳厄想到，晶体中规则排列的原子可以作为一个三维的"光栅"，那么 X 射线在晶体内部也会发生类似的衍射现象。事实确是如此，也正是受此启发，很快一种用于晶体结构分析的有力工具应运而生。威廉·亨利·布拉格和威廉·劳伦斯·布拉格父子对此做出了巨大贡献，他们将 X 射线衍射发展成为晶体结构分析的有力工具。

这一分析 X 射线衍射图案的有力方法应归功于威廉·亨利·布拉格。将晶体中的所有原子分配到一组平行平面，称为原子面。晶体中原子的规则几何层次确保了这种分配成为可能，如图 7.3 所示。

设想一个单色（单波长）X 射线波斜射到晶格原子面上，每个原子辐射出二次散射波，并且散射波与入射波相位相干。从一个原子面散射的二次波将与从相邻原子平面散射的二次波存在相位差。该相位差取决于原子平面间的垂直距离、X 射线的波长以及相对于原子平面的方向。如果只有一个原子平面，则只要它们遵循光学第一定律（即入射角等于反射角），所有的二次散射波都将同相。但事实上，X 射线可以穿透并深入到许多层平行平面，因此形

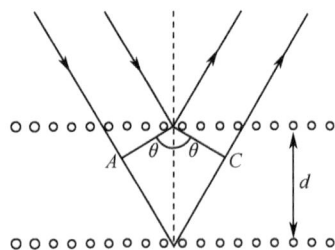

图 7.3　原子平面对 X 射线的布拉格反射

成最大"反射"波强度对应入射角的值需要满足额外的附加条件。这一布拉格反射条件可以写为

$$2d\sin\theta = n\lambda \tag{7.1}$$

式中：d 是连续相邻原子平面之间的垂直距离，θ 是入射 X 射线和原子平面之间的夹角，n 是整数，λ 是 X 射线的波长。

正如前面提到的冯·劳厄，或者更准确地说，他的助手弗雷德里希和克尼平，于 1912年在慕尼黑大学首次成功观察到 X 射线的衍射。当时，X 射线源由高电压放电管组成，用以产生轰击冷却金属靶的"阴极射线"（电子）。弗雷德里希还有另一个 X 射线产生装置，在克尼平的帮助下，弗雷德里希很快验证了冯·劳厄关于利用晶体作为三维衍射光栅的设想。有趣的是，这一切发生在冯·劳厄刚从埃瓦尔德那里学习晶体晶格结构之后很短的时间内。现在我们觉得当时的实验很简单：通过孔径校准 X 射线束，在其传输路径放置晶体，围绕晶体周边放置照相底片。事实上，当时的 X 射线源需要曝光几个小时，

以消除杂散辐射的影响。起初，他们尝试后向散射，即把感光板与射线源放在晶体同一侧，但实验失败了。后来，他们又尝试了前向散射，曝光几个小时后，得到了一个比较模糊的光斑图案，围绕射线入射点以同心圆环排列在底片上。X 射线管可能有铜或镍靶，因此发射的 X 射线谱在较宽的韧致辐射（靶中电子束突然减速产生）基谱上会有几个较强的谱线。由于晶体中的原子可以按照入射 X 射线束的不同方向分为不同取向的平行原子平面，因此那些符合布拉格条件的射线将会如同被平面镜反射一样产生反射射线。这样，在圆柱形（晶体为中心轴）的照相底片上记录的结果将会是一个对称的点阵图案，即原子平面反射产生的劳厄图案。这个图案揭示了晶体的取向和对称性。测定原子面间绝对距离需要了解 X 射线波长；然而，也可通过测量反射角求解相对距离，从而确定绝对距离。这就需要量角器，它主要由一个位于环形刻度盘（标注角度）中心的可旋转晶体和一个位于旋转臂上的辐射探测器组成，旋转臂相对 X 射线束入射方向的角度可精确测量。通常，在没有一些先验知识或假设前提下，我们不可能获知一个未知晶体的详细结构；而 X 射线衍射可以验证假设的正确性。

在石英晶体作为控制频率标准的谐振器中，X 射线是一种非常重要的晶体诊断工具；通过它可以看到晶体内振动幅度的分布。这种能力源于 X 射线反射强度对平面间隔的依赖性；即使一个很小的间隔变化也会导致其偏离布拉格条件，并可观察到反射强度的变化。因为实验可以测试特殊轮廓对其振动模式的影响，所以这对高 Q 值石英谐振器的发展至关重要。

7.4　人造石英晶体

石英晶体普遍存在于自然界中，和其他很多晶体一样，它也是高温高压条件下矿物质（如二氧化硅）水溶液的结晶沉淀物。为了研究自然界中石英晶体的形成条件，1845年，C·E·沙夫特尔首次尝试人工制造石英晶体。在压强和温度的剧烈变化下，微小的晶体成功从二氧化硅的碱性溶液中生长。随着石英晶体在无线电发射机频率和时间标准等中的应用，石英晶体的需求量增大，唯有人工制造才能满足这些需求。一些主要工业国家都投入到大规模生产人造石英晶体当中，特别是日本。

目前使用的工业方法是尝试效仿其自然形成过程。A·C·沃克和 E·C·比赫勒系统地研究了晶体的生长过程，并最终以每天 2.2mm 的生长速率制造了 100~300g 的晶体，备受人们的赞誉。人们称此过程为热液作用[3]，即水溶液和高温的共同作用。将二氧化硅的碱性溶液置于一个称作釜的密闭容器中，并处于高温高压环境下。高压釜的上半部分保持在一个低于底部的温度水平，过饱和材料由底部进入顶部，晶种上的结晶会悬浮在上面。就工业规模而言，已建成了可以连续工作 200 多天、每天生长 5mm 的高压釜。

作为谐振器，人们对石英晶体进行了更加广泛、深入的研究[4]，以改进其品质因数（Q 值）。针对不同石英样品固有 Q 值对温度依赖性的大量研究显示，在−223℃时，其振动能量损耗达到强峰值，并导致 Q 值降低。这一现象可归因于晶格中的钠离子杂质，可通过在熔融二氧化硅的两电极之间施加电压电解将其去除。作为生产过程中质量控制的一部分，红外吸收光谱已被有效地应用于晶体杂质检测。认识到杂质离子会导致振动能量损耗，并且对提高晶体纯度以及石英谐振器 Q 值有重要的作用。

7.5 石英谐振器

鉴于石英片的晶体性质，其所呈现的压电效应很大程度上取决于机械应力和/或电极化相对于晶轴的方向。例如，一个沿我们之前规定的 X 轴方向的电场会耦合一个相同方向的纵向应变，还有一个与之大小相等但符号相反沿 Y 轴的应变。应变符号改变意味着压力变成张力，反之亦然。石英片可能会表现出几种类型的应变，图 7.4 展示了其中的四种类型。

扭力（扭转）、挠力（弯曲）、剪切力、纵向力等其他类型的应变都包括压力和张力两个方向。不同模式用于涵盖不同频谱范围。因此，重晶石的挠力模式在频谱的较低端，最高为 100kHz，而其张力模式可扩展到 300kHz。表面切变模式涵盖 300kHz～1MHz，厚切变模式可达到 30MHz。对于较高频率，最好使用谐波而不是极其薄脆易碎晶片的基频模式。最精密的晶片一般以厚切变模式的五倍频即 5MHz 振动。

石英片切割位置的选择非常重要，因为这决定了选用的振动模式的激励效率，更重要的是它也决定了谐振频率的温度敏感度。由于振子的电耦合是通过一对平行平面电极实现的，所以通常是在相对晶轴望的方向上从晶体上切割下圆形或矩形的晶片。图 7.5 显示了最常见的三个方向：X 方向切割和两个偏转的 Y 方向切割。

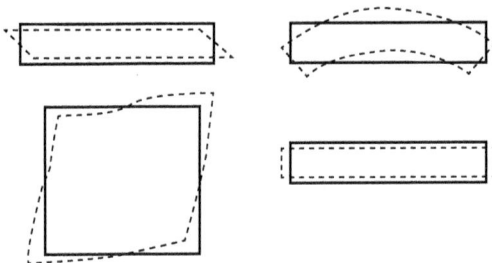

图 7.4 石英晶片应变模式

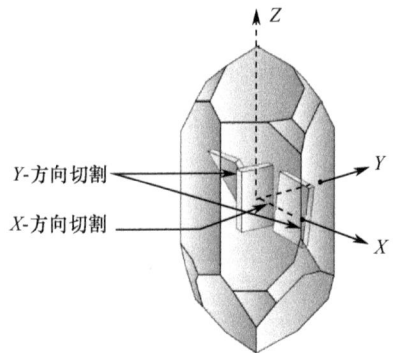

图 7.5 石英晶片常见切割

X 方向切割面垂直于 X 轴，电极平行于晶面，因此电场沿着 X 轴。电场在相同方向上产生应变；从而产生了一个沿 X 轴方向的驻波。有两种切割方式指定为 Y 方向切割，它们的切割面在围绕 X 轴旋转方向相反方向的两个平面内，且与石英晶片垂直，在 Y-Z 平面内电场与 Z 轴的夹角分别为 $-59°$ 和 $+31°$。这些方向是纯剪切波模式方向，但不能理想的激励其他模式。

讨论石英振荡器的频率稳定性时，我们要区分短期稳定度（相位噪声）和长期稳定度（漂移）。首先我们考虑长期稳定度，也叫老化。石英振荡器的谐振频率通常表现出长期平滑漂移，这种特性可以测量，并可以较高的置信度进行外推，至少在中期的几个月（如果不是几年的话）可行。通过改进生产和安装方法，高频厚切变模式谐振器的老化率已降低到比较满意的水平。频率漂移的因素包括晶体的晶格缺陷、生产或安装过程导致的热力或机械应力变化以及表面气体的吸附和沉积。焊接密封金属包晶的老化率为每月百万分之几，冷焊金属包晶的老化率可降低到前两年内的百万分之几。

石英晶片的安装对实现高 Q 值十分重要。对于高性能的频率标准，晶体谐振器需要打磨，并抛光成一个平凸盘，并随轮圈振动。由于轮圈将其固定，因而其品质因数不会降低。出于同种原因，必须抽掉晶体炉真空，以消除空气的阻尼作用；抽真空同时也能减缓老化。晶体表面气体的吸附和沉积影响显著，因此我们可以认为晶体表面有一个不超过单个分子厚度的气体层。这也正说明了石英谐振频率具有极高的稳定性。根据半个世纪以来不断发展的真空理论，我们知道所有材料表面，特别是金属，在真空中将会"脱气"。即使将系统置于真空烘烤，提高金属部件的温度到赤热状态，它们仍将继续缓慢脱气，使内部深层分子扩散到金属表面。在电子管行业，维持密封管真空的首选方法是使用吸气剂。通常它包括一个银白色的金属钡表面，这是管外线圈的感应热使少量金属钡蒸汽沉积形成的。除惰性气体氦、氖等外，钡剂与所有物质都可发生化学反应，产生具有低蒸汽压的非挥发性化合物。

温度是影响石英谐振器频率最重要的物理参数[5]。归根结底，这是由于晶体具有热膨胀特性，它与晶体中其他物理特性各向异性一样，是一个相对晶轴切割方向的函数。通过正确选择方向，工作温度下频率对温度的依赖性可降到最低。图 7.6 展示了石英晶体几种常见切割情况下，频率变化率 $\Delta v/v$ 随温度变化的函数。我们注意到，所有曲线在正常工作温度 20℃时呈现出一种稳态行为；AT 和 GT 两个切割方

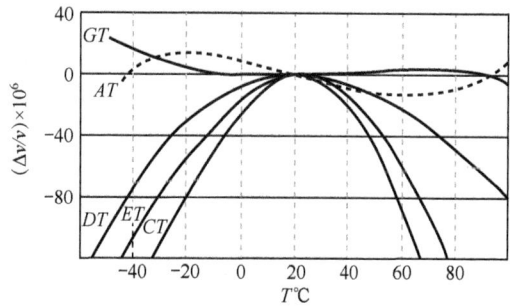

图 7.6　石英不同切割方式对温度的依赖性[5]

向在这个温度有拐点，这意味着它们二阶平稳，因此对温度变化不敏感。

即使已将工作温度设置为曲线上的稳态点，仍然可将石英置于恒温烤箱中以进一步改进其频率稳定性。使用"烤箱"一词可能表示需要高温，但事实上，它只需要在略高于室温条件下工作即可，从而在烤箱内温度上升时能够通过接触外部环境对其进行冷却。为了稳定烤箱温度，使用比例控制，传递到烤箱的热能增加率与温度误差（实际温度和设定温度之差）成比例。此种类型的伺服控制比使用水银开关或双金属片的开关控制需要使用更多先进的电子设备。

频率不稳定的另一个潜在原因在于激励晶体的电场强度以及与之相关的电路。在频率标准要求的稳定度水平下，由于电路谐振器的"拉伸"效应或将石英过度激励至非线性区域，实际输出频率可能会偏离其自然谐振频率。经验表明，与传统振荡器一样，石英晶体谐振器的激励应该维持恒定低功率。为了实现此目标，需要一种类似于早期收音机中的自动增益控制（AGC）电路。这是一个负反馈控制回路，称为伺服回路。其中，通过检测晶体中的电振荡振幅并与参考电压相比而得到误差信号；误差信号放大后送到积分器（稳定），在晶体电路中控制电振荡的幅度，直至误差为零。

7.6 石英谐振器作为电路元件

机械振荡系统和电气振荡系统较为相似，它们都涉及势能和动能的振荡，其变量均遵循相似的二阶微分方程。为了分析石英振荡器运转及其与驱动电子电路的相互作用，将石英晶体建模为基本电子电路来简化分析。这种电模型称为等效电路，由电子电路的基本元件组成，即电阻、电感和电容。石英片的基本等效电路如图7.7所示。

由图7.7可知，电感L和电容C_2代表了决定晶体谐振频率的惯性和弹性常数。电容C_1表示晶体与金属电极之间的电容。电阻R表示晶体及其基座中的能量损耗。对于石英晶体，R非常小，$C_1 \gg C_2$，L非常大。如果L是一个实际的电感线圈，那么它相当于一个直径1m的几千圈的绕组。图中展示的电路为一个四端网络，但晶体单元本身只有两个，另外两个为共地点。如同机械时钟，晶体接入电子电路形成振荡器，电源中频率确定元件最小反应标准在此也同样适用。施加电容$C_1 \gg C_2$就可满足这一要求。Q值越高（达到10^6的并不少见），放大器在工作条件下的误差容限越大。因此，放大器任何小的相移误差都可通过振荡频率的微小偏移在高Q值晶体中抵消。

为了获得晶体组件的频率响应曲线，假设将一个可变频率的正弦电压施加在晶体的一个电极和接地点间，测量另一个电极上的电压和相对相位。我们会发现，在晶体谐振频率附近，相对相位会从-90°跳变到中心的0°，再到另一侧的+90°，如图7.8所示。

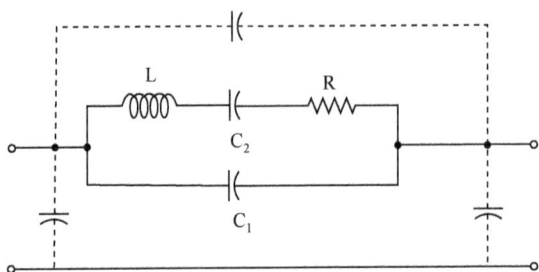

图7.7 石英片的等效电路

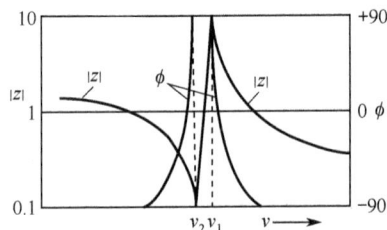

图7.8 石英晶体谐振附近响应

谐振频率的半振幅宽度由Q值确定；因此，当$Q = 10^6$时，1MHz时的频谱宽度只有1Hz。

7.7 振荡器稳定性

测定振荡器稳定性的前提是假定存在一个绝对稳定的参考振荡器。这就提出了关于频率标准的更深层次的问题：稳定性的评价必须基于大量振荡器形成的一致协议。我们甚至可以进一步认为并坚信，不同物理设计的振荡器也可以具有相同的漂移方式。所有的频率/时间标准的输出频率都在不同程度上变化，并随着时间推移，它们必然会产生漂移。这就要求厂商和用户共同商定一种确定频率不稳定的方法。由于一部分不稳定性较为随机，因此需要一种假定平稳性的统计分析方法。这意味着即使测量时刻发生改变，作为时间函数的频率（或相位）也不会变化。但是从我们对各种方法的描述中可以看出，如石英晶体，或许会随时间变化，即平稳性与实际系统的真实行为并不相符。解决这一问题的方法是将系统运作分为随机波动和确定性变化，或漂移。当然，如果持续时间足够长，"长期漂移"也可能发生逆转，表现出更多可能，换句话说，也许它们的区别只在于时间尺度，但是在实践中，这种区分很有用。在频率稳定性的理论探讨中，假设排除确定性的贡献，随机部分可使用统计方法进行分析。

有两种互补的方法可确定振荡器输出频率或相位的随机波动。第一种是时域描述法，定期测量（部分）频率相对频率标准的偏差，通常以 τ 表示时间序列间隔。现在，不稳定测量通常采取艾伦方差[6]，这种双样本方差能够解决闪烁噪声、随机游走等噪声类型下的收敛性问题，关于这点后续会详细介绍。定义如下：

$$\sigma^2 y(\tau) = \frac{1}{2}\left\langle (y_{i+1} - y_i)^2 \right\rangle \tag{7.2}$$

其中，<>平均数是一组在相同时间间隔 t 内测量的相对频率波动 y_i 的平均值。

在一定的时间间隔（如 $1\sim10^4$s）内需要测量大量频率，以进行充分地分析。为了放大未知振荡器频率的相对偏差，需要选择一个频率近似相同的频率标准以及一个用于获取低差频信号的晶体混频器。将频率标准作为时间基准，并利用频率计数器测量偏差。通过定期记录统计数据，得到一组频率偏差的数值，即可计算艾伦方差。

时域法不适用于研究短期不稳定性[7]，这需要使用频域描述法，其根本依据是频率的相对变化（傅立叶）谱。

除了常见的人工噪声源，由于物质的原子属性和电荷，一般的电子设备都受到两种基本类型的噪声干扰。即导体中电子与晶格离子的热振动产生的尼奎斯特—约翰逊噪声以及由电荷载体——电子的离散粒子性质引起的散弹噪声，后者由肖特基于 1918 年命名。在简化模型中，我们将导体看作由正离子组成，并且排列嵌入在电子海洋的晶格中。然而，或许不应该将电子想象成微小的传统振动粒子：严格来讲，金属中电子的行为属于量子力学问题。在所有高于绝对零度（-273℃）温度下，离子处于热运动状态中。1928 年，以传输线中电气振荡模式模型为依据，尼奎斯特公开了他对热噪声的处理理论[8]。他发现，低频时能量子 $h\nu$ 远小于热能 kT，频率间隔 $\Delta\nu$ 在电阻 R 上的均方根电压 $\left\langle \Delta V^2 \right\rangle$ 可表示为

$$\left\langle \Delta V^2 \right\rangle = 4RkT\Delta\nu \tag{7.3}$$

结果表明，由 $4RkT$ 可以得出热噪声谱密度，与频率无关，即所谓的白噪声。不同于散弹噪声，这种热噪声非常普遍，适用于所有导体，式（7.3）仅适用于给定的物理条件。事实上，热噪声无处不在，因此放大器灵敏度的品质因数就是噪声温度。另外，只有在传导中涉及独立电荷载流子时才会产生散弹噪声，如低温工作下的真空二极管阴极，或隧道结等元件，这些环境下，电子的传输随机而又独立。这种情况表明，其谱密度不受频率影响，简单来讲，它只与平均电流 I 成比例。如果电子的运动完全不相关，那么散弹噪声则呈现最大值 $2eI$，其中 e 是电子电荷。大金属导体中的情况则不同，电子与晶格振动相互作用；这种情况下，观察不到散弹噪声。

电子设备中的另一种明显噪声是闪烁噪声。"闪烁"一词起源于电子真空管时代的闪烁效应，它描述了热阴极电子发射变化引起的管电流涨落。这种频率噪声的特点在于，其与谱线密度有 $1/\nu$ 的依赖关系。因此，它通常被称为 $1/f$ 噪声（f 为频率）。肖特基二极

管也会发生这种噪声。此种噪声类型对振荡器影响很大，它会使振荡器在低频时产生严重偏移。这意味着，随着观测时间的增加，涨落也会无限制地增长。这点目前看来前景渺茫：这似乎表明我们始终不能建立一个不受限制、没有漂移的时钟！庆幸的是，事实证明，从某种意义上，散粒噪声和热噪声才是基本的噪声类型，而闪烁噪声则不是；事实上，通过适当的设计和工艺显著减少电子管中存在的闪烁噪声。

还有一种类型截然不同的统计噪声称为随机游走噪声[9]，这也是仪器效应的结果。这个词经常出现在统计学经典问题论述著作中，历史上很多著名的数学家给出了解决方案。这个问题很容易说明，但也很重要，因此，我们在此处大致了解一下。假设一个封闭暗箱里有 p 个白色物体和 q 个黑色物体，那么 N 次抽取实验中拿出 n 个白色物体的概率到底是多少？如果 N 的数值很大，那么抽取白色和黑色的平均比例应该是 p/q。当然对于每一次实验（完成抽取 N 次），这个比例可能多于或少于 p/q。相比平均值偏移的度量称作标准差，记为 σ，定义为相对平均值偏差的均方根。在此，我们不证明此问题的标准差：$\sigma^2 = Nr(1-r)$，其中 $r = p/q$。将这个模型应用于随机游走问题，假设一个人（通常假设为一个醉汉）沿着一条直线行走，平均步长 L，每步可能前进的方向为两个等概率的相反方向。问题：N 步之后，此人能走多远。假设其中有 m 步是向正方向前进，行进了 mL 距离，向相反方向后退 $(N-m)L$，那么他前进的净距离为

$$\Delta L = mL - (N-m)L = 2(m - N/2)L \tag{7.4}$$

这意味着 $\langle \Delta L^2 \rangle = 4(m - N/2)^2 L^2$。但是，在这个实验中 $r = 1/2$，因此 $\langle m - N/2 \rangle^2 = \sigma^2 = N/4$。所以，得

$$\langle \Delta L^2 \rangle = NL^2 \tag{7.5}$$

幸运的是，振荡器中常见的不同频率涨落源呈现会产生一个简单的幂律特征傅立叶谱。因此，应用二维对数坐标轴绘制噪声谱，不同频带显然表现出不同类型的噪声。因此，如果谱线是一条水平线，那么称之为白噪声，必定由散粒噪声或热噪声引入，而闪烁噪声的谱线则呈现负斜率特性。图 7.9 展示了振荡器中几种可分辨噪声的艾伦方差[10]。

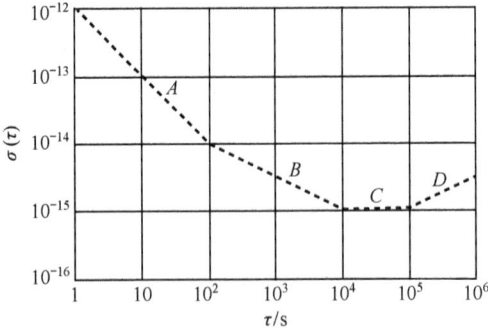

图 7.9 频率涨落的艾伦方差

A—白噪声和闪烁噪声；B—白噪声和热噪声；

C—闪烁频率噪声；D—随机游走噪声。

参考文献

1. D.S. Landes, Revolution in Time (Harvard University Press, Cambridge, MA, 1983), p. 344

2. Christopher McGahey, PhD Thesis, A History of Piezoelectric Quartz Crystal Tech. Community, Georgia Institute of Technology, 2009

3. A.C. Walker, J. Am. Ceram. Soc. 36, 250 (1953)

4. A.W. Warner, Bell Syst. Tech. J. 39, 1193 (1960)

5. E.A. Gerber, R.A. Sykes, Proc. IEEE 54, 103 (1966)

6. D.W. Allen, J.A. Barnes, in Proceedings of the 35th Annual Frequency Control Symposium, Ft. Monmouth, NJ May (1981)

7. CCIR Characterization of Freq. and Phase Noise, Report 580, p. 142 (1986)

8. H. Nyquist, Phys. Rev. 32, 110 (1928)

9. R.M. Mazo, Phys. Rev. A34, 2364 (1986)

10. C. Audoin, B. Guinot, The Measurement of Time (Cambridge University Press, Cambridge, UK, (2001)

第 8 章　经典原子钟

8.1　量子力学术语

描述原子钟如何运转时，我们必将用到各种量子力学术语，诸如量子态、量子跃迁、量子简并等各种术语。幸运的是，我们仅需要关注原子的运动和辐射特性即可得到想要的结果，而无需理解现代量子理论中的各种严格公式。实际上，量子力学早期发展也经历了由经典力学和电磁学理论到某一量子理论的转变过程。

20 世纪初普朗克提出量子能量概念（即他所谓的"能包"）之前，关于辐射与物质相互作用的理论占主导地位的是洛伦兹的"电子理论"[1]。这一理论中关于原子振荡的描述，将原子对电磁波（光）的响应描述为通过电磁波电分量的驱动，使电子通过弹性的方式约束于原子。洛伦兹认为，如果电子在振荡过程中受到碰撞引发振荡相位随机变化，原子就会通过辐射持续吸收能量。反之，如果弹性约束的电子依靠热激发重复碰撞而振荡，那么就会产生包含基频和谐波成分的辐射。不幸的是，经典理论无法解释现实现象：原子确实在某个包含离散频率的频谱内辐射，但并不具备经典理论所要求的谐波。

第一次世界大战爆发前的 10 年中，出现了关于各种物质光谱线波长的许多实验数据，并且那时普遍都假设其与一些复杂结构在正常振荡模式下的频率一致。问题在于究竟这一物质是什么？光谱线频率之间的非谐波关系（1：2：3：…）一直是一个谜。尽管如此，1908 年与爱因斯坦同时代的瑞士科学家沃尔特·里兹还是发表了频率公式，即里兹并合定则[2]。该定则指出，任一光谱线的频率 $v_{n,m}$ 可由两个整数 n 和 m 表示为以下公式：

$$v_{n,m} = \frac{a}{m^2} - \frac{a}{n^2} (m,n = 1,2,3\cdots) \tag{8.1}$$

19 世纪末，另一个谜题——黑体辐射困扰着研究上述问题的人们。这是系统在某种温度下的热平衡辐射，即系统持续吸收辐射同时通过周围物体再次辐射出去。自相矛盾的是，太阳光其实类似于"黑体"辐射。这一辐射可用连续谱表征，即频率 v 的一个函数，强度连续，但更重要的是，它并不取决于物体的化学特性，而仅取决于温度。通过辐射源分析光谱一般使用带有一个小观察孔的高温烤炉，温度适中时此小孔为黑色，因为所有从外界进入的辐射不会被再次辐射出去。一些著名的物理学家试图利用经典理论解释热辐射强度与波长变化关系，但他们都失败了，当时所谓的瑞利琼斯公式认为热辐射强度随 v^2 无限度增长。但这是一个彻头彻尾的错误，实际上，谱密度经历了从最大值到光谱蓝光趋向于为零的过程。然而，1896 年威廉·维恩所得到的理论结果 $v \to \infty$，即"维恩辐射定律"，事实上已经得出了正确的渐进形式。

黑体辐射的最终解答成为了物理史以及我们认识物理世界的一个转折点。在推导谱的一个经典公式中，假设在辐射和物体间有一种可以进行有限增量能量交换的数学工具，再进行有限连续交换。1901 年，马克思·普朗克证实，如果保持离散增量辐射正比于辐射频率而非着眼于连续交换限制，即可得到与实验一致的结果。他将这一增量称为"量子"，其中能量由 $E = h\nu$ 得出，h 为通用常量，国际单位制的值大致为 6.6261×10^{-34} J s。

阿尔伯特·爱因斯坦极大地推进了人们对物质辐射发射和吸收过程的认识，他假定，本质上，电磁波辐射可以看作由光子的粒子组成，每个光子的辐射能量为 $h\nu$。基于这一理论，爱因斯坦详细阐述了光电效应，并因此获得了诺贝尔物理学奖。光电效应是量子解释激发电子能量与照射光强度依存关系的另一佐证，即在光照射下（真空中），金属表面激发出电子。根据经典理论，增加光波束强度意味着增加电磁场幅度，从而会激发更高能量的电荷。然而事实并非如此，它仅仅增加了激发电子的数量。爱因斯坦另一个同样重要的贡献是，利用光子解释黑体辐射谱问题，他发现仅仅用吸收和自发辐射解释不够充分，应该用诱导激发，即激发率依赖已有的光子数量，这一发现后来成为了激光运用的核心。

另外，第一次世界大战爆发前，一个剑桥大学研究组在厄内斯特爵士卢瑟福·纳尔逊的带领下，对物质原子结构的研究做出了重大贡献[3]。卢瑟福出生于新西兰南部的纳尔逊小镇，当时恰好是粒子加速器和威尔逊云室即将面世的核物理时代，人们正在通过气体或金属箔观察天然放射性源，从而探索原子结构。当时通过荧光屏闪烁计数的方式来探测高速粒子，这就要求研究人员具有超乎寻常的周边视觉。当时，科学家们已知晓原子由正离子和电子构成，但是这些离子在原子中如何排列，他们仍停留在假想阶段。更令当时的人们困惑不解的是，这些电荷如何能够组成一个稳定的实体，因为按照当时普适的经典电磁理论，仅仅依靠电动力无法使电荷处于稳定分布状态。卢瑟福认为，要理解原子中的电子分布，最好的方法就是撞击粒子核，然后看到底会发生什么。他选择了放射性钍自然激发的 α 离子（氦核），通过金箔观察，并利用前面提及的荧光屏闪烁计数的方式测量散射角。他惊讶地发现，部分离子偏离到不可思议的程度，而预想是正负电荷分布于整个原子核内。他利用经典力学中库仑反相平方定律，并根据靶原子带电核和弹射离子之间的力计算出了散射粒子角分布，这一带电核由大量上述散射角组合而成。实验证实了卢瑟福的计算，进而原子核的模型诞生了：原子包含一个阳性核，且其周围充满负电荷粒子云。撇开卢瑟福的成就不谈，必须指出至少两大偶然加速了他的成功：首先，原子核居然如同他的假设，小到可以看做一个点电荷；其次，当时唯一可用以计算电荷间力的库仑定律居然与量子表征不谋而合！

1913 年前后，基于卢瑟福的原子核模型，玻尔·尼尔斯搜集了当时的相关知识，提出了最简单的原子——氢原子的模型。他在行星模型中引入了与卢瑟福一致的量子概念，即质量集中于一个阳性核中，周围由负电荷环绕。他提出了两个全新假设：第一个假设，也是最有新意的假设，解决了以往电荷系统不稳定的难题。他假定电子围绕核构成行星系统，同时存在一个固定的轨道使电子旋转无需辐射能量，从而不同于经典理论中的电子在环绕过程中需要辐射能量直至旋转进入核。他称这一轨道为固定轨道，是在经典理论可能允许的所有轨道中角动量符合量子条件的轨道，即固定轨道：

$$L = \frac{nh}{2\pi} \tag{8.2}$$

其中，n 为整数，h 为用于定义量子能量 $h\nu$ 的普朗克常数。

对于半径为 r 的简单圆轨道，角动量为

$$L = mVr \tag{8.3}$$

其中，V 为绕轨道旋转的速度，m 为电子的质量。

波尔进一步假设，原子的辐射频率并非经典理论所描述的电子绕轨道旋转频率，而是电子从一个轨道跃迁到另一个轨道所辐射的量子能量 $h\upsilon$，即

$$h\upsilon = E_2 - E_1 \tag{8.4}$$

10 年后，德布罗意·路易斯发表的论文使得玻尔的定态理论更具说服力。德布罗意在论文中讨论了自杨氏干涉实验以来人们猜测已久的光的波粒二象性问题，指出波粒二象性也是粒子物质的性质。玻尔理论成功地预测了氢光谱线的波长，鉴于当时对自然界的认识仅局限于特定的振动模式，因而电子具有波动性似乎是最好的解释。在与爱因斯坦狭义相对论相一致的"波动力学"理论中，德布罗意结合了事物的"微粒性"和波动性。按照德布罗意理论，质量为 m 以 V 运动的粒子，产生波长为 λ 的波，现称该波长为德布罗意波长：

$$\lambda = \frac{h}{mV} \tag{8.5}$$

其中，h 为普朗克常数。

将这一公式应用到玻尔固定轨道中，可以发现

$$2\pi r = n\lambda \tag{8.6}$$

一个熟悉的共振条件，它表明周长一定是波长总和。随后的几年，各种实验证实了物质具有波动性，诸如德维生—革末的电子衍射实验。索末菲详细阐述了波尔和德布罗意的理论，如今该理论被称为"前期量子理论"，且仅涉及定态问题，态跃迁以及碰撞等其他问题仍有待研究。

德布罗意的想法促进了假设理论的进一步持续发展。由于玻尔固定轨道理论与波现象共振模态密不可分，物理学家们不可避免地需要寻找与声波和电磁波公式类似的波动公式。1925 年，薛定谔发表了这一公式。基于德布罗意的想法，薛定谔发现了坐标函数公式——波函数，空间任一点的幅度由粒子出现在该位置的概率密度表征，并借用希腊字母 ψ 表示。这一演绎要求该函数在整体空间上的积分收敛于某一固定值，以便对空间粒子进行归一化处理。这个类似于经典波动方程的二阶差分方程称为薛定谔方程[5]，它取代了经典力学中的粒子运动方程，粒子运动由波函数而不是空间的时间函数表征。薛定谔方程并不适用于求解所有物理问题，仅适用于某种特定的数学条件。可接受的解算也称特征函数——本征函数的德语表述。进一步讨论量子理论会使我们偏离主题，有兴趣的读者可以自行参阅大量相关出版物。熟悉量子力学，尤其是量子态、量子跃迁、量子数等概念有助于我们更好理解和讨论原子钟。

8.2 薛定谔方程

以限制在两堵墙之间的粒子的一维理想化为例阐述这些概念（对数学概念不感兴趣的读者可以跳过这一部分，这并不会影响整体理解）。可以用波函数即薛定谔方程的正解描述粒子运动：

$$\frac{\mathrm{d}^2\psi}{\mathrm{d}x^2} + \frac{8\pi^2 mE}{h^2}\psi = 0 \tag{8.7}$$

这一公式的形式与简谐运动相同，并且解的形式也为人熟知：

$$\psi = A\sin(kx) \tag{8.8}$$

其中，A 为任意常量，k 满足下列公式，即

$$k^2 = \frac{8\pi^2 mE}{h^2} \tag{8.9}$$

其中，m 为粒子质量，E 为粒子能量。假设边界条件即在 $x=0$ 和 $x=D$ 处，$\psi(x)=0$，因此为保证 ψ 在 $x=D$ 处为 0，k 必须受限于以下离散值：

$$k_n = \frac{n\pi}{D} \tag{8.10}$$

其中，n 为任意整数。因此，能量谱由从下式得出的离散值组成：

$$E_n = n^2 \frac{h^2}{8D^2 m} \tag{8.11}$$

进而问题的特征函数可表述如下：

$$\psi_n = A\sin(k_n x) \tag{8.12}$$

其中，常量 A 的取值必须保证 Ψ_n 可以归一化处理，即总约束空间内粒子总概率为 1。通过简单积分可知 $A = \sqrt{2/D}$。

从原子物理学角度而言，一个更有趣的例子是粒子在中心力影响下运动，即粒子朝某一点径向运动，正如氢原子中单电子在质子库仑电场中的运动。此时三个独立坐标三维问题的解将涉及三个量子数。

由于该问题具有球对称性，通常使用球极坐标 (r,θ,φ) 求解，其中 r 为径向距离，θ 为余纬角，φ 为方位角。在指定本征态和量子数情况下，可通过分离变量法求解薛定谔方程，通过三个函数的幂形式即可求解此方程，每个函数仅涉及变量 r、θ、φ 中的一个。结果涉及量子数函数原始分离常数，即通常这些常数就是所谓的 n、l、m：

$$\psi = R_{n,l}(r)\Theta_{l,m}(\theta)\phi_m(\varphi) \tag{8.13}$$

量子数的值 n、l、m 仅限于以下整数：

$n=1$，2，3…且 $l \leqslant (n-1)$，$m=-l,-(l-1),-(l-2),\cdots,+(l-2),+(l-1),+l$

径向函数 $R_{n,l}(r)$ 具有 $(n-l-1)$ 个零点（节点），而余纬角函数 $\Theta_{l,m}(\theta)$ 有 $(l-m)$ 个零点。图 8.1 描述了 $n=3$，$l=1$，$m=0$ 时的量子氢概率函数。

依照光谱学家的常规表达，将原子中 $l=1$、2、3、…的电子分别称为 s-, p-, d-, f-…电子。波函数角度部分的量子数 l 是轨道角动量的量化表达式，而 m 是沿任意给定的 z 轴方向的分量；绕 z 轴方位角 φ 的函数，即 $\phi_m(\varphi)$ 是单值，φ 函数受到沿 z 动量的分量 m 量子化的限制。这与无此限制的经典力学彻底背离，说明角动量仅可看作是给定轴的固定离散方向。这就是

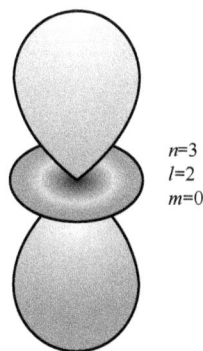

$n=3$
$l=2$
$m=0$

图 8.1　$n=3$，$l=1$，$m=0$ 状态下的电子概率分布

空间量子化，这对磁场中原子能级影响理论意义重大：即塞曼效应。电子的轨道运动产生了与外加磁场的磁相互作用，通常认为外加磁场定义了 z 轴方向。相互作用的能量取决于角动量沿磁场以及 z 轴的分量，因此称 m 为磁量子数。事实上，依据量子理论，归一化的量子数 l 具有 $[l(l+1)]^{1/2}$ 的角动量分量（单位为 $h/2\pi$），且沿 z 轴的最大投影为 l。角动量分量为矢量且具有任意方向性，严格来讲，这即是量子效应。

氢原子束缚态能量的"许可"负特征值（或其他合适值）可由 $R_{n,l}(r)$ 得到：

$$E_n = -\frac{1}{n^2}\frac{1}{(4\pi\varepsilon_0)^2}\frac{2\pi^2\mu e^4}{h^2} = -\frac{R}{n^2} \tag{8.14}$$

其中，R 为单位能量下的里德伯常量。对于正能量，允许所有值连续，且物理对应于中心电荷正能量电子散射，与卢瑟福通过经典方法得到与量子意义一致的结果，它们本质相同。一个幸运的巧合使人们不能再忽视波尔的推论，即束缚能量的表达公式碰巧与其利用行星模型推导出的公式一致。更重要的是，经典薛定谔方程预测的能量并不取决于量子数 l 和 m，这种情况即是所谓的量子简并。

电子具有轨道角动量 $lh/2\pi$（传统上认为其源于电子绕质子的运动）所带来的结果是电子拥有磁力矩，即它像一个小磁铁一样拥有磁场。因此，在沿 z 轴外部磁场的作用下，电子具有此磁力矩 z 分量决定的磁势能，且与量子数 m 成比例。这反映在原子能级结构中，涉及这些能级的跃迁，所以光线谱将出现谱线分裂，即塞曼效应。塞曼效应的实验研究对原子和初等粒子物理学具有深远的意义。通过分析强磁场下原子的发射谱，1925年乌伦贝克和古德斯米特发现除轨道角动量外，电子应具有内在的 $\frac{1}{2}(h/2\pi)$ 角动量，即泡利所谓的"自旋"，进而解释了复杂的原子线光谱现象。量子角动量的一半与轨道运动相关，自旋被假定为是电子另一种与静止质量和电荷相同的属性。这种新现象可通过观察异常的塞曼谱模态显现出来，当时的解释是电子具有不同的磁矩与角动量比，即 g-因子，电子自旋具有 $\frac{1}{2}(h/2\pi)$ 角动量以及相同的轨道角动量磁矩 $h/2\pi$，因此电子 g-因子具有"异常"值 2。能量对量子数 l 和 s 的依赖导致谱线分裂，即精细结构。保罗·埃卓恩·莫里斯·狄拉克推导出了与相对论逻辑一致的此异常电子 g-因子的结果。然而，对于氢原子，狄拉克的相对论性量子论（与索末菲的波尔理论的相对论版本出奇的一致）预测了相同 j 值下的退化态，其中 $j = l + s$。拉姆和雷瑟福通过实验测得的拉姆位移大约为 1.057GHz，证实了其与实验结果并不一致，这使问题变得更为复杂。现代高精度电子存储实验测得的 g-因子为 2(1.001159…)，这也与狄拉克理论有细微偏差。

8.3　原子结构

多电子原子的量子描述是基于中心场近似得到的，即假设每个电子在原子核与所有其他电子形成的球对称平均电位场 $V(r)$ 下运动。由于外部电子决定光谱，而原子核的电荷是其周围单个电子的 Z 倍，其中 Z 为原子数，实际上，内部电子以球面云的方式环绕原子核，因此，上述的中心场近似合理。从某种程度上而言，原子特征函数的角分量与氢一样以静电场为中心，在无磁场情况下 m 态能量相同，即简并。然而，对于波动函数的径向分量,势能不具备库伦——$1/r$ 的依赖性,且轨道量子数 l 不同的态会有不同能量。氢原子对 n、L、m_L 值的限制依然适用,电子自旋 $s = \frac{1}{2}$(单位 $h/2\pi$)仅具有沿两个给定轴的方向:平行或不平行,从而需要另外一个量数 $m_s = \pm 1/2$ 以指定其方向。如果一个电子在中心电场中进行轨道运动,那么 l 不等于 0,进而存在自旋—轨道相互作用,这也就造成了 l 和 s 的耦合。这意味着,电子的量子态必须用总角动量$(l+s)$ 表示,通常其量子数用 j 表示。符号 l,s,j 代表幅值 $[l(l+1)]^{1/2}$ 的角动量量子矢量(单位 $h/2\pi$)等。这就引发了另一个问题:在多电子原子中如何进行角动量加减运算。

严格来讲,角动量的量子力学理论已超出了本书的讨论范围。所幸,依据所谓的矢量模型,在假定某些量子条件下,我们可以将其看作经典矢量,通过矢量模型即可得到有效结果。传统意义上,根据两个矢量 $\boldsymbol{J}_1$ 和 $\boldsymbol{J}_2$ 之间不同的夹角,二者相加会得到 $\boldsymbol{J}_1 + \boldsymbol{J}_2$ 和 $\boldsymbol{J}_1 - \boldsymbol{J}_2$ 之间的任何矢量。然而,根据矢量模型,量子理论中只能合成离散矢量的集合,从 $\boldsymbol{J}_1 - \boldsymbol{J}_2$ 单位递增到 $\boldsymbol{J}_1 + \boldsymbol{J}_2$。$J_1 = 2$、$J_2 = 3$ 的情况如图 8.2 所示。

对称概念在量子力学理论中至关重要,比如即将用到的波动函数对称性,它代表一组电子,此文中也称为费米子。正如泡利首次提出的,任意两个电子空间和自旋坐标系变换,表征一组电子的波动函数一定呈反对称,即泡利不相容原理。这一原理揭示了在表征多电子的波动函数中,没有电子拥有相同态,即拥有相同的量子数集。当某个电子拥有某一态时,即将之称为"满"。这一原理对原子理论影响深远,如不满足这一原理,原子将不复存在。按照这一原理,我们不仅可以建立元素周期表,同样可以理解化合价或"化合力"。我们来枚举出质子数不断增加的原子核的所有电子态,将它们归类并称为"壳"组,每个态对应一个主量子数 n 的特定值,壳中的态数目可以为 $2n^2$。通过分配电子于态,获得最低总能量,从而获取原子最低态或基态。

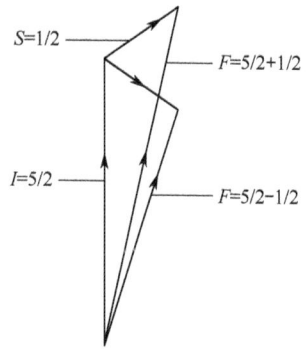

图 8.2 量子矢量的和

以硅原子为例(Si),它具有 $+14e$ 的核电荷,因此中性原子在其所有壳层中共有 14 个电子,分布如下:2 个在 $n=1$ 壳层,8 个在 $n=2$ 壳层,4 个在 $n=3$ 壳层。我们注意到,$n=3$ 壳层可以容纳 18 个电子,因此该壳层电子未排满。对于惰性气体氩,它具有 $+18e$ 的核电荷,意味着 $n=3$ 壳层中将有 8 个电子,该层电子已排满,正是这一闭合外壳结构使得氩呈现化学惰性。活性碱金属元素锂、钠、钾、铷和铯最外层仅有一个电子,而碱土金属镁、钙、锶和钡在闭合壳层外有两个电子。然而在原子最低基态中,下一壳层充满前,并不需要填满所有对应不同 l 值的子壳层。基态壳层和子壳层中的电子分布通过要求的总能量最小值确定,因此便产生了跃迁元素,即与前一个壳层相比,跃迁元素可以使能量较低的壳层跃迁至更高壳层。

8.4 原子光谱

原子常态是最低能态,即基态,它们可以在极高温度的热扰动下,或具有能量的电子和光子的相互作用下激发至更高能态。高激发能态下的原子会自发发射一个光子（少数情况为两个光子）或与其他原子碰撞回至基态，发射光子的频率取决于波尔条件。由于自由原子能级的离散性，发射光子由一系列谱线组成。将原子跃迁到低能态前，停留在激发态的平均时间称为辐射寿命，此辐射寿命一般取决于激发态的量子数 J、L、S，以及根据某些量子的选择规则存在允许跃迁的合适低能态。最可能和最常见的跃迁类型为电偶极跃迁，其选择规则如下：

$$\Delta J = 0, \pm 1; \Delta L \pm 1; \Delta S = 0 \tag{8.15}$$

其中，符号 Δ 代表初始态和最终态之间的量子数差，由于两个以上电子的跃迁较为罕见，此处不予考虑。

轨道角动量 l_i 与自旋角动量 s_i 之间的电子耦合方式对分析多电子原子发射的光谱至关重要。比如罗素—桑德斯耦合中，轨道动量 l_i 初次耦合得到 L，自旋动量 s_i 初次耦合得到 S，总角动量 J 为 $J+L+S$，且沿特定轴上的分量为 $m_J = m_L + m_S$。另一关于角动量的主要耦合机制是 $j-j$ 耦合，其中 l_i 与 s_i 首先相加得到 j_i，并进行最终组合，得到总角动量。

远在量子力学出现之前，光谱学家就已经提出了描述光谱的术语，因此，对于外封闭壳层只有一个电子的原子，即碱金属元素，注意到，谱线归于系列组，其中谱线以向某个限值连续递减间距接近高频端的方式进行排列。结果发现，系列频率符合根据频率尺度修正的氢元素公式：

$$\nu = \nu_\infty - \frac{R}{n^{*2}} \tag{8.16}$$

其中，ν_∞ 为系限，n^* 为有效主量子数，R 为里德伯常数（采用频率单位）。系列的有效数 n^* 采用运行整数加修正系数的形式，此形式取决于轨道量子数 l，因而，每个 l 值对应不同系列。从历史观点上来看，$L=0,1,2,3,4$ 时对应标记为 S-、P-、D-、F-、G-系列。不同 L 值对应的系列代替频率范围也就不足为奇，因为低角动量态延展性更强，且更深入至封闭内壳层。当电子自旋包含自旋—轨道耦合时，产生微细结构，态标记一定可以反映出这一点，所使用的格式即光谱学符号。比如仅有一个电子时（如氢或碱金属元素），电子自旋分裂为双重线；例如 $L=1$ 时 P-态分裂为 $J=1/2$ 或 $3/2$，标记为 $^2P_{1/2}$ 或 $^2P_{3/2}$。$L=0$ 时，S-态不存在超精细结构。对于氦原子和镁、钙、锶等碱土金属元素，两个外层电子耦合形成两个总自旋 $S=0$ 和 $S=1$，对于这一情况，由于电偶极跃迁（仅此类与我们有关）禁止不同 S 态间的跃迁，接着会出现好像不同原子一样的量子等级集，并且两个完全独立。这一现象的原型是氦原子，即正氦和仲氦，分别对应 $S=1$ 和 $S=0$。$L=1$ 和 $S=1$ 的正氦通过自旋—轨道耦合分裂为三联体，分别对应 $J=0$，1，2，而 $S=0$ 的仲氦则保持单体状态。指定这些等级（或用光谱学术语）为 $^3P_0$、$^3P_1$、$^3P_2$ 和 $^1P_0$。

8.5 超精细相互作用

在最高可能允许分辨率条件下，分析单条谱线时，大量谱线间非常接近，其特性即为超精细结构。沃尔夫冈·泡利首次指出，这一现象并非由电子额外自由度引起，而是由原子核间的相互作用引起。原子核对于光谱的作用表现在两个方面：一是天然存在的稳定同位素；二是原子核具有磁矩和自旋。

同位素具有相同的核电荷和外部电子结构，由于中子数不同，所以核质量也不同。尽管核质量比电子大上千倍，但仍然不可忽视核相对核—电子结构中心的运动。事实上，1932 年，尤里和他的同事发现，在氢谱中每一条谱线都对应有质量数为 2 的同位素，即氢有同位素，现在称之为氘。尤里并不知道这一发现会成为未来研制氢弹的基础。他发现氘所占的比例是氢的五千分之一。对于较重的元素，同位素移动并非归因为质量，原子核内的核半径和电荷分布可以区分不同同位素。

原子核由质子和中子组成，它们都具有半积分自旋和伴随磁矩。最简单的质子核质量是电子质量的 1836 倍，但其自旋角动量与电子相同，为 $\frac{1}{2}(h/2\pi)$。事实上，中子属于电中性粒子，且有磁矩，因此不能称其为基本粒子（如电子那样），这或许是因它具有某种内部结构。原子核的自旋可定量，并表示为 $I(h/2\pi)$，其中 I 为量子数，且可进行积分和半积分，这取决于原子核的内部结构。同样，原子核具有所谓的核磁矩 $\mu N = eh/4\pi mp$，其中 mp 为质子质量。我们回想一下，正是类似于电子质量替换了质子质量的表达式，才定义了波尔磁子。质子和中子的磁矩通常用适合的 g-因子来表示，比如中子的磁矩为 $\mu_n = (1/2) g_n \mu_N$。

对于核结构，很难获得特定原子核自旋和磁矩的稳定值，因此许多不同完善的模型可以解释核的稳定性，包括壳层模型。幸运的是，我们无需拘泥于此，可以假设特定的核数据值。鉴于核磁矩比电子磁矩小几个数量级，不同的核自旋方向将会导致极窄范围内电子态分裂。鉴于此，人们将核与其外部电子间的磁相互作用称为超精细相互作用，正是这一作用导致原子钟核心上出现了超精细光谱和极窄的微波跃迁。这一超精细相互作用是 $L=0$ 时，电子 S 态下核磁矩与电子磁矩之间的最强相互作用。实际上，S 态在原子核的中心非零，即使波尔理论认为零角动量的轨道直接通过原点。鉴于原子核尺寸的有限性，这意味着其内分布的电子概率也有限：一个特别非经典的状态。或许可以认为原子核最终会俘获电子，事实上原子核确实俘获过电子，但大部分情况下，电子分布在原子的最内层，即 K-层。在 S-态情况下，电子围绕核分布呈现球对称性，因此，它们间的相互作用并非是并排的两个磁极，而是其中的一个。原子核嵌入在一个球对称磁化介质中，而电子分布则如图 8.3 所示。

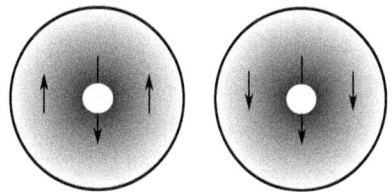

图 8.3 核磁矩与电子云的相互作用

下列公式由费米发表于新量子力学早期[6]，表述 S 态电子与自旋 I、磁矩 μ_n 的无结构原子核之间的能量相互作用：

$$\begin{cases} E\left(\dfrac{I+1}{2}\right) = \dfrac{2}{3}\mu_e \mu_n |\psi(0)|^2 I \\ E\left(\dfrac{I-1}{2}\right) = \dfrac{2}{3}\mu_e \mu_n |\psi(0)|^2 (I+1) \end{cases} \tag{8.17}$$

其中，$|\psi(0)|^2$ 代表核的电子密度。这一结果忽略了原子核结构和其他电子的存在，且可以基于基本电磁定律进一步合理化，在此，我们为有兴趣的读者进行简要地描述，无兴

趣的读者可以忽略此部分。这一公式推导源于磁介质中的磁场描述 $\mathbf{B}=(2/3)\mathbf{M}$，其中 $\mathbf{B}$ 为磁场强度，$\mathbf{M}$ 为磁化强度，即单位体积内的磁偶极矩，$\mathbf{M}$ 可从下式得出：

$$\mathbf{M}=g_e\mu_B\left|\psi(0)\right|^2 s \tag{8.18}$$

其中，μ_B 为玻尔磁子，$\left|\psi\right|^2$ 为电子概率密度，$s=1/2$。

电子视为依照该密度函数分布于原子核周围的连续磁化介质。依据经典理论，原子核所受的磁场为：

$$\mathbf{B}=\left(\frac{2}{3}\right)g_e\mu_B\left|\psi(0)\right|^2 s \tag{8.19}$$

核磁偶极在磁场 $\mathbf{B}$ 中的能量为：

$$E=-g_e\mu_N IB\cos\theta \tag{8.20}$$

鉴于总角动量为矢量和 $\mathbf{F}=\mathbf{I}+\mathbf{s}$，可得出 $\cos\theta=(F^2-I^2-S^2)/2IS$。这与量子结果并不完全一致，但是揭示了经典物理学中的超精细分裂起源，它给出了一个具体但难以证实的解释。用量子理论分析较重的原子（即使对于最简单的氢原子）时，结果不会非常确切，应用量子电动力学才会得到更精确的结果。氢原子的超精细频率测量精度非常高，于是引发了大量对更高阶修正计算的理论研究，以测试该理论的局限性，下章将对此作详细介绍。截至本书完成之时，氢原子的超精细频率无疑是最精确的物理测量，已经到 12 位有效数字。

8.6 铷标准

在原子频率/时间标准中（将之称为"时钟"则不能体现其技术突出性，更毋论其价值），铷标准最为耐用、紧凑，因此也最为轻便，其加固版本已应用于舰船、导弹等军事领域。

它是基于自由铷原子在电—核超精细相互作用下，分离量子态间跃迁时微波的谐振吸收。微波照射自由铷原子时，如果其频率使得其量子能量完全等于原子中两个量子态能量差时，铷原子将强烈吸收该照射，这就是所谓的谐振响应。对于铷标准应用中的同位素 Rb^{87}，其谐振频率为 6.83468…GHz，众所周知，这个数字有 10 位以上的有效数字。为了观察最大谐振，即最高的频谱分辨率，在响应探测微波场时，原子应尽可能自由，并且尽可能保持长时间照射。如果将铷原子限定在高真空玻壳中，那么铷原子将会以较高的速度弹跳，并在极短时间内与微波场产生谐振。这将会扩宽谐振频谱，又因系统中始终存在电气噪声，固定谐振中心的不确定度将会增加。因此需要一种方法以增加原子运动至壳壁的时间，同时也不影响原子量子态之间跃迁。20 世纪 50 年代早期，汉斯·德梅尔特首先发现，原子在惰性气体（比如氩）中扩散较慢，且不会扩宽其谐振。事实上，延长了时间的铷原子和微波间的无干扰相互作用使得谐振更加灵敏。这显然是合理的，因为惰性气体具有封闭壳层结构（这也是将其称为惰性气体的原因），因而不存在未成对电子的自旋，即不存在与铷原子电子间的磁相互作用，进而可以假定，铷原子的超精细相互作用不会受碰撞影响。尽管采用惰性气体填充的铷原子吸收池使其十分致密而耐用，可惜的是它同样有两个弊端：一是相互碰撞造成谐振频率的压致移动；二是光学手段检测谐振跃迁伴随的光致频移。上述缺点使其无法作为绝对标准，尽管如此，铷原子仍广泛应用于极其稳定的时钟。

铷原子有两种天然的同位素，即相同的质子数和外部电子结构，但原子核具有不同的中子数。天然铷由72%稳定、质量数为85的同位素（自旋 I 为 5/2）和28%极弱放射性（使用寿命 4.8×10^{10} 年）、质量数为87的同位素（自旋 I 为 3/2）组成。依据量子矢量叠加规则，在加入 $I=3/2$ 核自旋后，Rb^{87}（$L=0$，$S=1/2$）（表示为 $^2S_{1/2}$）基态的总角分量为 $F=3/2+1/2=2$ 或 $F=3/2-1/2=1$。前两种激发 P-态（$L=1$）形成所谓的精细结构偶极，通过将 $L=1$ 轨道动量与电子自旋 $\frac{1}{2}$ 合成得到 $J=1+\frac{1}{2}$ 和 $J=1-\frac{1}{2}$。相反，当加入 $I=3/2$ 核自旋时，产生两种可能态：一个为 $F=0$、$F=3$；另一个为 $F=1$、$F=1$。类似参数适用于另一个质量数为85的同位素。很快，量子能级方案变得有点复杂，如图8.4所示，图中同时展示了它们对外界磁场的依赖度。

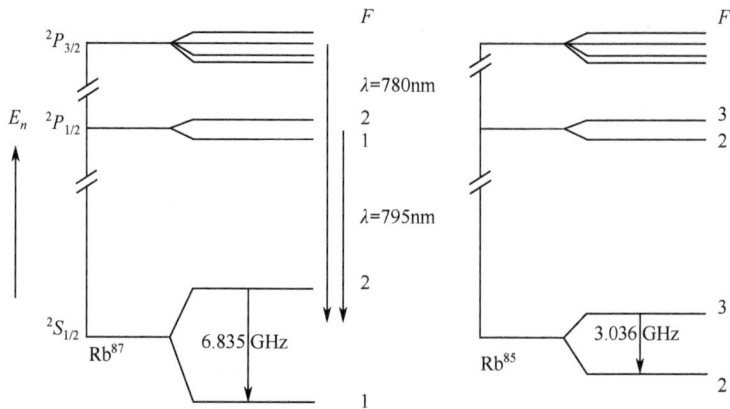

图 8.4　铷原子同位素质量数 85 和 87 基态的超精细结构

鉴于标准频率由一对超精细能态间跃迁引起的微波能量谐振吸收决定，所以很明显，这些能级特别依赖周围磁场。外部磁场毫无疑问是存在的，我们处于地磁场中，周围是来自钢结构等的人造磁场。因此，必须检查磁场可能取代所选跃迁频率的程度，以及如何将其最小化。碰巧，有一对态，它们之间微波跃迁频率远不如所有其他频率对外部磁场的敏感性。将不同超精细态的能量与外部磁场强度的函数关系绘制成图形可以了解此点。Rb^{87} 最适合作为标准，因而我们将特别关注 Rb^{87}，在 $^2S_{1/2}$ 基态（$F=1$ 和 $F=2$）下，有两种超精细分量。在磁场中，各种 m_F 值的态沿磁场方向分量 F 有不同能量，这与将罗盘指针转到不同角度，使其偏离磁北角度所需的能量一样。

在零磁场中，$F=1$ 和 $F=2$ 的超精细态能量随超精细相互作用的强度变化而变化，具体请参阅上一节中的介绍。通过普朗克公式 $E_2-E_1=h\nu$ 计算的结果，对应上述作为铷标准中参考源的能量频率值。当外部磁场强度增加到略大于0时，不同 m_F 值的态，即沿磁场方向上的分量，将分裂为与 m_F 及磁场强度成比例的不同能量，此时的图表为直线，斜率取决于 m_F 值。在磁场不太强，耦合至各核和电子自旋的能量相当于超精细耦合时，从 (F,m_F) 角度描述的总角动量有效，这在图中可通过磁场强度增加引起的变化加以说明。

在磁场大值极限中，图表将分为两组，分别代表相对于磁场电子自旋的两个方向，每一组核自旋都有不同的独立方向。

在当前系统中，外磁场函数所有 m_F 态能量问题的解都可由布赖特—拉比公式得出[7]。它适用于 $I=3/2$ 和 $S=1/2$ 的情况，并且取决于二者标量积 $\mathbf{I.S}$ 的相互作用。如果 E_{hf} 代表超精细相互作用能量，对于（$F=2$，$m_F=0$）和（$F=1$，$m_F=0$）之间的跃迁频率，即所谓的（0-0）跃迁，得出以下公式：

$$h\nu = E_{hs}\sqrt{1+x^2} \qquad\qquad (8.21)$$

$$x = \frac{(g_s\mu_B - g_I\mu_N)B}{E_{hf}} \qquad\qquad (8.22)$$

从上式可得，该频率仅取决于磁场中自由电子—核频率与超精细频率比率中的二阶矩。这表示如果磁场可以保持低于约 2.5×10^{-7}T，磁修正将大约为 1×10^{12}。而且，系统可以修正允许 m_F 在 ±1 间变化的磁场。频率的微弱磁场依赖性对修正随时间推移产生的小漂移非常有用，只需要调整铷气泡周围磁场线圈中的电流。

但是，在预激光铷标准设计中，我们还需要解决一个关键问题：如何准确检测围绕此标准的跃迁？我们采用光学超精细泵浦的方法，其中，采用一个从 S 基态到首次激发 P 态跃迁谐振光束，以检测内部量子态的布居，并判断它们之间的跃迁。我们知道，原子与辐射的相互作用有三个基本过程：吸收、自发辐射和受激辐射，并伴随任意波段光子，包括微波。然而电偶极跃迁和磁偶极跃迁迥然不同。光谱可见区跃迁主要是能量远高于常温下原子普通热能的能态强电偶极跃迁，因此在热平衡情况下，高能态原子数量保持较低水平，在荧光和吸收中容易观察到跃迁。相反，微波频率标准使用具有极低自发辐射率特点的跃迁磁偶极类型。由于微波能量的吸收概率完全等同于受激辐射概率，如果高、低能态平等布居，则它们之间的跃迁不会产生显著影响。必须强调，与热能量相比，超精细态之间的能量差极小，常温下的热平衡中，高能态中的原子数量几乎等于低能态中的原子数量；因此，谐振微波引起的跃迁对原子和微波均不会有显著影响。为了检测谐振跃迁，我们需要寻找一种方法可以在两种超精细态中区分布居，同时能够监测微波频率扫过共振时的差异。

这点可以通过使用原子产生光谐振、光吸收实现，同时采用 20 世纪 50 年代早期法国光谱学家艾尔弗雷德·卡斯特勒在研究自由原子中的磁谐振时提出的方法。他采用偏振共振光的吸收以产生原子自旋方向，即磁 m 亚态布居差异。对于铷标准，需要超精细态之间的布居差异。如果采用类似的光学泵浦方法，则要求一个超精细次能级中的原子选择性吸收光源，而不是另一个。1958 年，本德尔、比才和希共同首次证明了铷标准，十年以后，激光出现。当时采用了由经典铷蒸气灯组成的预激光光源，并使用周围无线电频率线圈，以激励存有少量铷和惰性气体的玻壳。为确保一个超精细，而不是另一个选择性吸收光，他们注意到两种铷同位素 Rb[85] 和 Rb[87] 光学超精细光谱的偶发波长相匹配。对于各个同位素，在由基态跃迁至前两个激发 P 态时，有两条强谐振线，在光学光谱的红色部分 λ=780nm 和 λ=795nm（1nm=10^{-9}m）处形成了超精细偶极。图 8.5 展示了 λ=780nm 处的谐振线超精细结构，由于其比 S 基态小很多，所以此处忽略了 P 高能态的超精细分裂。

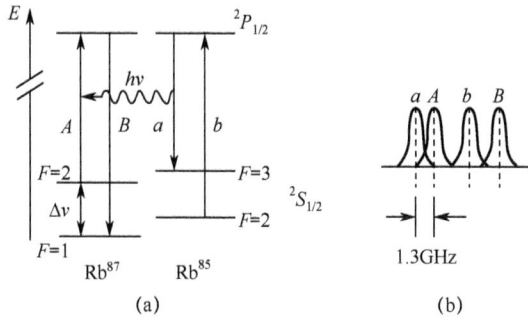

图 8.5

(a) 光学泵浦；(b) 铷同位素中 $\lambda=780\text{nm}$ 谱线的超精细结构。

由图可知，普通铷蒸气灯产生的光谱包含 4 条同位素基态高精细分裂产生的分明谱线。更为重要的是，仅在波长较长处存在明显重叠。这一现象使得美国国家标准技术研究所的研究人员想到，如果有铷的浓缩同位素，可以选择 Rb^{87} 作为光吸收池中的标准"作用物质"，并通过独立的 Rb^{85} 滤波器输出浓缩的 Rb^{87} 灯，产生仅与一条超精细线谐振的光。这会耗尽此谐振基态次能级布居，原因是每次激发到 P 高能态后，原子需要重新辐射回基态次能级，在反复吸收和发射后，一个超精细次能级中的 Rb^{87} 原子将由泵送至另一个超精细次能级。这一过程与卡斯特勒的磁场次能级光学泵浦法十分相似。

这一光学泵浦法的好处在于，可以监测次能级布居进而检测出跃迁。因此，由于原子从一个超精细次能级被抽运至另一个超精细次能级，剩余吸收泵浦光的原子很少，因此，玻壳中的 Rb^{87} 蒸汽变得越来越透明。为了显示微波谐振，只要使用微波照射铷吸收池，微波的频率和能量 $h\nu$ 就可以扫过基态超精细分裂的共振点。微波产生的跃迁会平衡超精细态布居，进而使泵浦光传输强度下降。然后，在扫掠微波频率时，光电池与放大器用于测量传输光强度并显示谐振曲线。简要铷标准设计的简化框图如图 8.6 所示。

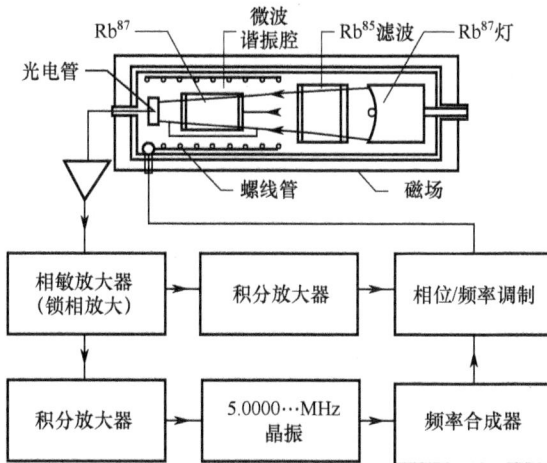

图 8.6 铷频率标准的经典设计

铷吸收池作为频率标准的核心，人们对它进行了广泛研究，尤其在长期稳定度方面。最致命的长期漂移或许源于玻璃池壁对气体的解吸作用。另一个影响稳定的因素是温度

107

波动；但是，这一问题可通过正确混合气体解决，例如 12%氖气与 88%氩气混合可有效降低频率对温度的灵敏度。缓冲气体除了可以有效延长原子与微波场的相互作用时间外，还可以减小通过迪克效应的多普勒宽度，来缩小谐振频宽，相关介绍请参见 8.7 节。

原子频率标准精度和稳定度的核心问题在于光谱谐振曲线的宽度和形状，该曲线中心构成了此标准的基准。任何不对称性和噪声扰动都会使标准产生误差普遍存在于系统中的噪声，决定了谐振越尖锐，越能准确地确定中心频率。光谱中谱线增宽经常通过多普勒效应完成，无论该源与接收器之间是否存在相对运动，我们可以回顾一下某个源频率中观察到的偏移。多普勒效应对于那些想要设置频谱分辨率限制，即区分出密集谱线能力的光谱学家们是再熟悉不过的。对于气体中原子的光谱线，原子碰撞之间原子路径的平均距离远远大于辐射波长时，通过波峰波谷，基于吸收器运动即可计算得到多普勒偏移：波峰交叉时的速率。因此频率取决于观察者的速度，从而可得到多普勒频率偏移的经典公式。热平衡态下气体中的粒子速度根据麦克斯韦定律分布，此速度分布定律通过多普勒效应转换为频率分布。这里仅介绍其相关背景。

如果将一阶多普勒公式，

$$v = \left(1 \pm \frac{V}{c}\right)v_0 \tag{8.23}$$

用于缓冲气体以平均 10^4m/s 速度扩散的铷原子时，可发现铷超精细频率中的多普勒偏移大约为 230kHz，超出实际观测的谐振宽度 1000 倍。显然，光谱微波波段中与光学波段的情况迥然不同：原子不会继续超出辐射波长几倍而长距离前进，一般距离会很短。1953 年，罗伯特·迪克提出了重要区别和结果[8]。为便于理解如何改进多普勒效应理论，我们来考虑一个最简单的情况：限制单个原子沿直线往返作简谐运动，然后假设使用某个一定频率（v_0）的微波进行照射。由于多普勒效应，原子"看到"调频（FM）的微波，此类调频辐射的光谱分析因在无线广播中得到应用而被人们熟知，除了其幅值外，有三个量要求指定调频振荡：中心频率，频率偏置，调制频率。此处我们不再过多涉及频率调制内容，最显著的结果是：其频谱由独立谱线组成，其中心频率和边带频率与逐步衰减至无穷振幅的间距相等。强调一点，频率并不经过中间值而是从一个极值到另一个极值。另外，还发现一个不同于直觉的现象，除了其振荡端部上频率"瞬时"值外，边带不为 0。调制指数（m）定义如下：

$$m = \frac{\Delta v}{v_m} \tag{8.24}$$

其中，Δv 为最大偏置，v_m 为调制频率。

如果偏置小于调制频率，即 $m \ll 1$，边带频率很快会衰减至 0，中心频率将占据主导地位；如果将其应用至振荡中的原子，使用多普勒公式，我们可得到最大偏置：

$$\Delta v = \frac{V_m}{c}v_0 \tag{8.25}$$

其中，V_m 为原子最大速度，v_0 为辐射频率；但是，$V_m=2\pi a v_m$，其中 a 为振荡幅度，因此，代回式（8.25）并简化，最终可得出：

$$m = \frac{2\pi a}{\lambda} \tag{8.26}$$

这表明，如果原子的运动受限于小于波长的距离，调制指数就很小，且边带会迅速衰减；因此，看到的频谱远小于自由运动原子的全多普勒偏移。迪克完成了这些条件下效应和理论谱线形状的全量子推导。对于简谐质点运动，诸如在离子振荡陷阱频谱等方面，迪克效应意义重大。对于铷标准，缓冲气体中的铷原子平均运动路径仅为几毫米，相比而言，其谐振微波的 44mm 波长则很长，此时观测的谱线宽度与迪克理论一致。

20 世纪 80 年代早期，固态激光出现前传统射频激发光谱灯和超精细泵浦一直应用于铷标准中，我们会在后续章节继续介绍激光铷设计标准在星载平台，尤其在 GPS 中的应用。

8.7 铯标准

铯标准在定义单位时间上发挥着独一无二的作用，其特殊地位已从描述地球和天体运动上升到不同寻常的调节、甚至定义时间概念等高度。1967 年，国际计量大会采用了新的国际时间单位定义：即 1s 等于铯 133 原子基态的两个超精细能级之间跃迁所对应辐射的 9192631770 个周期。当然，这意味着，人们已经理解了所有影响铯谱频率的因素，考虑到所有偏差，在标准的所有实施例中即可得到相同的恒定频率。有趣的是，与此定义相比，千克依然与人造物质相关。千克是一种纯铂铱圆柱体的质量，该圆柱体与其他六件完全相同的原型一起被存放在法国国际计量局中。其本质区别在于一个是利用基本层面的原子处理，另一个涉及复杂宏观层次。秒的定义依然选择十位数，以便原子秒与既有星历秒对应。天文秒的主要缺点，它只在稳定时钟中介中可用。显然，随着原子钟的发展，它很快就成为非官方标准，并用于评估天文数据。

铯标准采用与铷标准相同的量子能级跃迁方式，其本质区别仅在于实现原子与谐振微波场之间长时间、自由相互作用方式的差异。据我们所知，铷标准尝试采取惰性气体扩散方法，而对于铯标准，光束中准直的原子在高真空中自由飞行。这两种组态说明了能态之间不同谐振跃迁的检测方法。在铷吸收池中，采用超精细光泵浦，在长光束设备中，则很难利用传统（非激光）光源实现此类光泵浦；相比而言，在经典铯标准中，原子通过磁性能态分离器和分析器。当然，铯蒸汽不能利用光泵，或铷原子不能采用磁态选择，原则上并不能解释原因。事实上，激光泵源能够在超精细频谱中调节谱线，与铷标准不同，它已不再依赖同位素偶发谱匹配，同时，光泵铯装置也已研发成功。然而，除了所有其他类型的标准，建立光束标准的特点在于，当它们跃迁时，原子处于近乎无碰撞环境中。也就是说，与铷标准和后面将要提到的氢微波激射器不同的是，光束中的原子不受扰动影响，这类扰动对谐振频率的影响不可预测。鉴于铯长期以来一直被作为原子频率标准进行研究，原则上，与铷原子相比，它精度更高、长期稳定度更好，因而选择其定义新的国际秒标准。

原子/分子束的形成利用了 20 世纪早期开发的技术，当时天文学家一直致力于尝试通过减小多普勒效应所带来的频谱展宽尽可能获取最尖锐的谱线。这有利于直角观察光谱观测的原子平行流，以消除一阶多普勒效应。当时面临的主要技术难题在于，如何在实验仪器中创造一个高度真空环境，大气压强要求至少降低到可维持与所需波束一样长的原子自由程。高度真空技术当时尚处于早期发展阶段，1911 年，自从迪努瓦耶验证钠原子束形成自玻璃真空系统中以来，人们一直在研发水银扩散泵。而关于原子束磁偏转的早期重要实验归功于奥托·斯特恩和瓦尔特·盖拉赫，1923 年，他们做了物理学上的一个关键实验，向人们展示了自然界如何运转的新世界观，毫无疑问，这证实了量子理论的要求：存在空间量子化，并且原子确实具有方向性和离散角。为了验证基本量子现象，他们使一束准直的银原子在强大磁极间获得波束场强的最陡梯度。银原子有一个基态和一个未成对电子；由于沿磁场可能有两个电子磁矩的投影，即 $1/2g_e\mu_B$，因此，量子理论要求将此光束分裂为两个。玻璃板接收光束，经过长时间曝光，可以清晰看到两个点与经典的预期相背离。

铯与铷都属于重碱金属元素，外封闭壳层基态有一个 s 电子。其原子数为 55，且仅有一个稳定的同位素，质量数 133，核自旋为 I=7/2。与铷一样，核的核矩 I 与 s 电子的电子自旋 s=1/2 的核矩相耦合，使超精细分裂成两个能级，量子数分别为 F=4 和 F=3。在真空外磁场中，这些次能级间的能量分离可由国际第二次定义的频率得出。在弱外部磁场 B 中，即满足下式：

$$\upsilon_{hfs} \gg (Sg_e\mu_B - Ig_n\mu_N)B \qquad (8.27)$$

其中，S 和 I 分别为电子和核自旋，μ_B 和 μ_N 分别为玻尔磁子和核磁子，g_e 和 g_N 为其 g-因子。F=4 和 F=3 能态中的原子行为近似场向分量遵循空间量子化规则的磁棒。对于 F=4，磁场方向的投影由 m_F=-4，-3，-2，-1，0，+1，+2，+3，+4 得出；对于 F=3，由 m_F=-3，-2，-1，0，+1，+2，+3 得出。在强外磁场中，核和自旋矩去耦并以 m_F=-3/2，-1/2，+1/2，+3/2 进行量化，其中 m_s=+1/2；以及 m_F=-3/2，-1/2，+1/2，+3/2 进行量化，其中 m_s=-1/2。图 8.5 给出了能态能量与外加磁场强度的函数关系图。鉴于电子磁矩远大于核磁矩，第一组四个磁次能级（m_s=+1/2）形成的图表趋向于与正斜率平行，而 m_s=-1/2 的那组趋向于与负斜率平行（见图 8.7）。

因此，在足以解耦 I 和 S 的外部强磁场中，要求在（m_s，m_I）表达式中描述能态，由于负电荷的作用，有 m_s 正值的原子指向磁场相反方向，从而正势能随场强增加。其原因在于，当其方向与磁场方向相反时，磁偶极势能为正（其转至与磁场方向一致时可工作）。重点在于，准直波束中的铯原子以最陡梯度通过强磁场，进而将光束偏转到强度较低方向。正如斯特恩－革拉赫实验一样，与 m_s 符号能态相反的原子偏离相反方向。

经典铯标准采用拉比及其同事们提出的方法，他们将斯特恩－革拉赫实验扩展为 2 个磁极在其间产生匀强场，利用高频场诱发量子跃迁。斯特恩－革拉赫实验采用非聚焦双磁极磁体，磁极分别为矩形槽和楔形形状，最终产生大孔径的恒定梯度场。铯原子态选择磁极如图 8.8 所示。

在能态选择磁极间的量子跃迁区中，磁场应尽可能保持匀强和弱强度（非零）。磁场之所以须保持弱，是因为这样就可以利用一阶磁场，而不依赖（0-0）超精细跃迁频率。当多个超精细能态（F，m_F）之间，能量差表示为磁场 B 中的幂级数时，m_F=0 能态级数中对应的第一项为平方项，可简化为以下形式[7]：

110

$$\Delta E_{0-0} = \frac{(g_e\mu_B - g_n\mu_N)^2}{h\nu_0}B^2 \qquad (8.28)$$

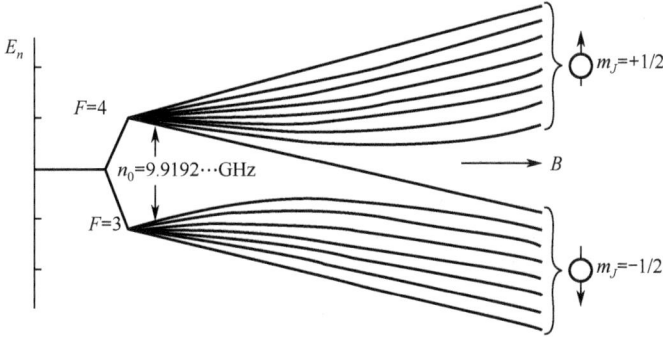

图 8.7 铯[133] 中磁次能级能力与外磁场函数关系图

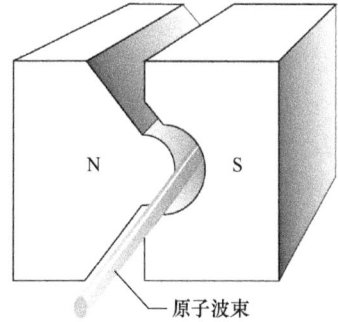

图 8.8 恒定梯度磁极

其中，μ_B 和 μ_N 分别为玻尔磁子和核磁子，一般 B 大约为 10^{-5}T（0.1G）。鉴于能级带宽有限，为避免重叠，场强应尽可能强。通过观测频率进行磁场校正，可推导出超精细频率值。有一种测量场校正的方法，即观测一些场相关跃迁，例如，（$F=3, m_F=3$）$\rightarrow$（$F=4, m_F=4$），但是要诱发 $\Delta m_F=\pm1$ 跃迁，微波场的磁场分量应该垂直而非平行于静态场。有些跃迁发生在 $\Delta F=\pm1$，$\Delta m_F=0$。通过布莱特—拉比公式[7]可计算出所有理论频率相对外部磁场强度的函数表达式，进而推导出磁场校正值。无需多说，磁场应尽可能避免外界环境影响，为达到这一目的，跃迁区域采用多层高磁导率合金屏蔽磁。对于高品质铯标准，磁场还需要引入伺服反馈装置，以确保其恒定值。

为了使广泛分布于波束中的原子获得尖锐的谐振信号，应找到一个降低多普勒效应的方法。迪克对原子与辐射场相互作用过程中多普勒效应对原子波长数的依赖性做出了论证。在原子束上观察谐振，有一个明显问题是：相互作用时间应尽可能长，而原子穿越的波长尽可能短。1949 年，诺曼·拉姆齐[9]给出了完美解决方法：在过渡区末端采用两个分离的、较短的、相位相关的跃迁区域，对于微波频域，需要设计特别腔体，即我们今天所说的拉姆齐腔体，它是一个包含一段矩形截面波导的微波模拟回波室，其末端 90° 弯曲，且其孔径可以使铯波束通过微波场。微波功率通过波导中心对称馈入。微波磁场的极化方式，即磁场矢量方向，必须平行于外部均匀磁场以诱发（$F=4$，$m_F=0$）和（$F=3$，$m_F=0$）之间的跃迁。拉姆腔体如图 8.9 所示，它是传统磁偏转铯束频率标准的一部分。

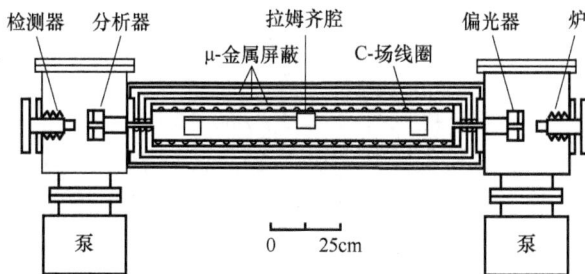

图 8.9 磁偏置铯波束频率标准元件

铯束源是一个名为炉的恒温壳体，它配有一个精心设计的喷管，即通常的多通道口注射针束，用于产生平行光束的铯原子。炉中的金属铯电荷经电加热至 100℃，该温度下的蒸气密度使铯原子很少与喷管碰撞。假设，原子在炉中一个狭窄且平行于喷管的锥中运动，并以近似平行波束的直线继续运动。当然事情绝非如此简单，需要充分关注优化炉中原子率，且避免通道堵塞；要使铯标准达到长时稳定度的要求，需要采用循环炉；炉中产生的原子经过波束成形止块，进入强非线性 A-磁极进行 I 和 S 的去耦，进而不同电子自旋方向的原子在陡场强梯度作用下偏离至不同方向。原子进入波束止块，以移除 m_s=1/2 态的原子，继而在降场强作用下进入（F, m_F）耦合态，并最终进入均匀场强 C-场区和拉姆齐腔体。如果 C-区微波处于偏共振状态，且未诱发跃迁，则铯波束将会被 B-磁极与 A-磁极相同的方向偏置，偏离设备中心轴两倍而偏离检测器。另外，如果微波频率谐振于所需的（0-0）超高精跃迁，原子跃迁至 F=3 高精细态，并通过 B-磁极再次去耦，从而拥有 s=-1/2 态，继而在反方向偏置至检测器，即所谓的"跳跃"方式。

在铯光束机作为频率标准的发展中，噪声足够低的铯原子检测器早期起重要作用。检测器基于表面电离现象：当铯原子接触到某种金属表面（比如铷和铌），金属表面由于加热，表面气体吸附层去除，因此金属丢失了表面电子。由于这些金属对电子的束缚能量（称功函数）大于铯原子外部电子的束缚能量，从而产生了上述现象。此过程之所以特别，不是因为电子要通过之前不允许的势垒，而是因其发生的高频率。但其主要缺点在于，其他类型的杂质离子也会伴随热金属辐射，因此这种方法需要一个质量分析器。

铯光线标准中决定谱灵敏度的主要因素，即决定所需频率精度的是拉姆齐腔体中的运动时间和有效作用的铯原子数。对于热平衡状态下具有速度分布特征的原子通过长度为 L 的拉姆齐腔体，有限观测时间内的谐振频谱计算如图 8.10 所示。

拉姆齐在公式[9]Δv=2α/L 中，其中 α 为沿轴的平均热速度，所体现的谱分辨率的测量是通过分离两边最小值，进而获取中心峰值宽度。人们将 $\Delta v_{1/2}\Delta T$=1 公认为是通用的，其中 T 为观测时间，对于最尖锐谐振，波束应该尽可能长。当然实际情况中，其取决于仪器所能达到的长度。最根本的是，随着仪器长度的增加，偏置磁极的非聚焦性会导致波束强度下降。强度损失掩盖了窄分辨率的优点。此外，重力作用使波束以抛物线形式运动，进一步

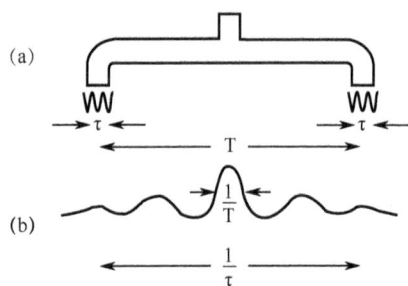

图 8.10　拉姆齐腔体观测到的谐振频谱

增加了仪器设计的复杂度。第 9 章将介绍如何利用重力实现原子基础标准。

另外一个决定谐振曲线中心精度的因素是原子束的强度和稳定性，即每秒通过检测器铯原子数和数字的稳定度。同样，由于原子到达检测器的随意性和不相关性，最终噪声会产生影响，而由于粒子本身特性所引发的噪声被称为"散粒噪声"。最初肖特基在低阴极运行温度下测量电子二极管电流时发现了电子噪声。由参考文献[10]可知，如果定义每秒到达检测器的平均原子速率为（dn/dt)$_0$，且假定到达检测器的原子满足位置分布条件，则其相对平均值的标准偏差（量测噪声）为

$$\sigma^2 = \left(\frac{\mathrm{d}n}{\mathrm{d}t}\right)_0 \tau \tag{8.29}$$

其中，τ 为原子技术的时间长度，鉴于信号与（dn/dt）$_0$ 的一次幂成比例，假定系统很稳定（说明精心设计铯炉中喷管的重要性），增加波束中的原子流动即可提高信噪比。

作为标准，铯波束经历了非常严格的审查，以检验与观测频率有关的任何系统误差。不同国家和不同实验室，尤其是标准实验室，均对其进行了定期测试和比对。除前面所述的磁场问题以外，尚有非常多系统误差源亟待考虑，如二阶多普勒效应、环境热辐射、铯原子间碰撞导致频率自旋交换变化。另外，还有仪器误差，以及一个重要的问题，即拉姆齐腔体中微波相位以及波束中原子速度分布问题。此外，还有很多系统误差源，无法在此一一列举，尤其是原子基础标准取代频率偏置标准等问题，详见第 9 章。

参考文献

1. H.A. Lorentz, The Theory of Electrons, 2nd edn. （Dover, New York, NY, 1952）

2. G. Herzberg, Atomic Spectra and Atomic Structure, 2nd edn. （Dover, New York, NY, 2010）

3. M.S. Longair, Theoretical Concepts in Physics （Cambridge University Press, Cambridge, 1984）, p. 32

4. Louis de Broglie, Matter and Light, Dover English edition 1939

5. R.P. Feynman, R.B. Leighton, M. Sands, Lectures on Physics, vol. III （Addison-Wesley, Reading, MA, 1965）

6. N.F. Ramsey, Molecular Beams （Oxford University Press, Oxford, 1990）. new edn References 179

7. N.F. Ramsey, loc cit. p. 86

8. R.H. Dicke, The Effect of Collisions Upon the Doppler Width. Phys. Rev. 89, 472–73 （1953）

9. N.F. Ramsey, op. cit

10. H. Margenau, G.M. Murphy, The Mathematics of Physics and Chemistry, 2nd edn. （Young Press, 2009）

第9章　原子和分子振荡器

9.1　氨微波激射器

第二次世界大战开始应用的新发明技术——雷达，使研究辐射微波段频谱成为了可能。美国各大学也相继成立了各种辐射实验室，尤其是麻省理工学院及其他学校。大战之前，人们发明了所谓的磁控管微波发电机，之后演变成强谐振腔磁控管，一种战时广泛应用于雷达上的微波振荡器。时至今日，在工业社会的每个家庭中，磁电管随处可见，它们促使微波炉运转。1939 年，战争前夕的欧洲，瓦里安兄弟在斯坦福大学发明了被称为速调管的微波管，并实现了覆盖毫米到厘米级波长的微波稳定输出。同时他们还开发了溅射离子泵，这使得大范围内的超高真空成为了现实，广泛应用于诸如 NASA 的航天模拟，或大型粒子加速器。

微波源和检测器的出现极大地拓宽了光谱学的应用空间，提高了分子光谱检测吸收线谱的灵敏度，因为分子内原子的转动运动显示在微波频段的频谱上。由于缺乏放大微弱微波信号的途径，真空管放大器仅仅可用于超高频（UHF）频段。哥伦比亚大学的戈登、柴格尔和汤斯于 1954 年首次提出使用分子转换概念，尤其是通过受激发射放大微波辐射，并由列别捷夫物理研究所的巴索夫和普罗霍罗夫单独提出，并将其命名为 MASER（microwave amplification by stimulated emission of radiation，微波激射器）。人们确信这一装置可以作为高分辨光谱仪或稳定的微波振荡器使用，该技术综合了微波吸收频谱学和分子束偏转技术，最初用氨（NH_3）光谱测试该想法，鉴于谱线在微波波段的强度和丰富性，氨分子在微波光谱学发展中发挥了重要作用。在微波激射器发明之前，里昂和他的同事们就应用了氨的光谱吸收线，并被美国国家标准局用于稳定石英晶体振荡器频率，这也是最早利用量子跃迁提高时钟稳定度的实例。

汤斯[1]首次描述了微波激射器原理，这也是迄今为止微波激射器原理的最佳阐述。气压降到了 100Pa 左右后，氨气（沸点-33℃）充满了整个源室，通过几个小洞进入足够高的真空区域形成波束。此时需要采用高速泵，以确保气体背景气压足够低，否则光束就无任何存在意义。由于较容易达到氨气的凝固点（-78℃），冷阱可以降低对真空泵速度的要求。成型的波束通过四极电场，该电场用作态选择器，类似于铯束标准中的 A-磁铁。此时氨分子的电偶极矩处于平行电压杆形成的电场中，如图 9.1 所示的简易四极。当分子处于高能量态时，其能量随电场强度的增加而呈正增长，此时态选择器会使分子

F.G. Major. Quo Vadis: Evolution of Modern Navigation:

The Rise of Quantum Techniques, DOI 10.1007/978-1-4614-8672-5_9,

©Springer Science+Business Media New York 2014

聚焦于该轴线；当分子处于低能态时，其能量随电场强度的增加而呈负增长，此时态选择器会偏离轴线。接下来，经过态选择的主要包含高能量态的波束进入微波谐振腔，该腔体调谐高低能态间的跃迁频率。当弱微波信号进入腔体时，由于高能态分子受激需要释放能量并跃迁至低能态，如果信号频率与分子跃迁频率谐振，那么微波信号功率电平将快速增长。扫频信号进入腔体时，它会与更多跃迁频率谐振，从而产生频谱。

聚焦静电场可能是分布在带有正负交变电压的偶数个平行圆柱体表面上的多极场，其最简单形式是 4 个导体产生的电场，称为四极电场，其分量如下：

$$E_x = -\frac{V_0}{r_0^2}x, E_y = +\frac{V_0}{r_0^2}y, E_z = 0 \tag{9.1}$$

该电场的静电势函数为

$$\phi = \frac{V_0}{2r_0^2}(x^2 - y^2) \tag{9.2}$$

其等电势表面为平行于 z 轴的平板，为双曲线剖面，实际上，这些表面可以用圆形截面的圆柱体来近似。相对的两层电势符号相反。鉴于 $E^2 = E_x^2 + E_y^2 = E_0^2(x^2 + y^2) = E_0^2 r^2$，电场为径向轴对称且轴线上其值为 0，该电场收敛或发散的聚焦特性取决于分子量子态随电场的变化情况，能量随场强增加而增大的态会偏向场强较小的轴。相反能量减少的情况也如此。

如前所述，实验首次采用氨分子，并凭借其不同于经典模拟的振荡模式获得其频谱特性。为了更好地理解这一现象，我们首先分析氨分子（NH_3）的分子结构，其原子几何排列如图 9.2 所示。

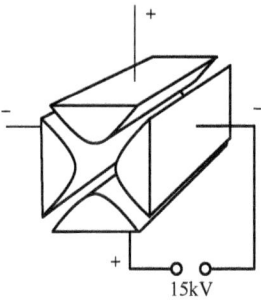

图 9.1　电四极氨态选择器　　　　　　　　图 9.2　氨分子结构

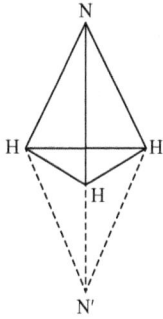

N-H 化学键位于三棱锥边缘，三个 H 原子位于等边三角形的顶点，一个 N 原子位于锥顶点的对称轴上。设想化学键类似于弹性带，我们可以将 N 原子沿轴拉至 H 平面中心后到达其镜像的另一个顶点，即可以翻转其分子结构，保持其特性不变。对称性也应该引入到量子描述中，以确保我们可以依据此理论不预测区分这些对称态。当 N-原子在任意方向轻微偏离 H-平面时，系统能量最小。这说明 N-原子分子能量是相对于轴向位置的函数，有两个最小值位置，与 H-平面的两个顶点镜像对称，以及局部最大值在中心位置。如此描述分子动态时，主要考虑电子运动而忽略核运动，当电子以较高速度运动时，这近似合理。假定电子能够决定低速运动的 N 核和 H 核，由于其对称性，N-原子最小势能时的解不代表静止状态，即不能永远处于该状态。事实上，在量子理论中，分子波动

函数是同时代表两个位置上的 N 原子波函数的对称组合。我们要说的是：设想 N 原子在两个位置振荡的分子结构中，此运动的频谱被称为"反转频谱"，氨的反转频谱为 23.9GHz。

为了将氨微波激射器转化为自保持振荡器，只需确保腔体内的激发微波功率超过腔体的通电损耗以及其他各种损耗。当满足这一条件时，由于受激辐射与已经存在的任意辐射同相，所以此时系统进入振荡状态。总而言之，产生振荡需要三个重要条件：每秒经过态选择后进入腔体的高能态分子数必须大于低能态分子数；腔体内的场模式应持续（无逆向转换）时间尽可能长，以延长与波束相互作用的时间；应尽量降低腔体内的损耗，即具有高 Q 值。汤斯从定量角度给出振荡阈值条件如下：

$$N_2 - N_1 \geqslant \frac{3hV\Delta\nu}{16\pi^2 Q\mu^2} \tag{9.3}$$

其中，N_2 和 N_1 分别为处于高能态和低能态的分子数，$\Delta\nu$ 为分子谐振带宽，μ 为决定分子跃迁概率的偶极矩阵元，Q 和 V 分别为品质因数和腔体体积。为了加深对物理参数量级的理解，这里我们引用早期结果：对于 Q 值为 12000 的腔体，最小态选择器开始振荡的电压为 11kV，源压力为 800Pa。

9.2　铷微波激射器

1966 年，巴黎师范大学的哈特曼、哥伦比亚大学的达维多维茨和诺威克宣称他们以微波激射振荡器的方式实现了铷标准。随后，拉瓦勒大学的贾可尼尔对铷微波激射器进行了详尽的实验研究。铷标准与微波激射器的本质区别在于，微波激射器是将铷蒸汽玻壳置于高 Q 值微波腔体中。原子通过光泵浦进入高超精细能态，之后通过受激辐射返回低能态。当原子总辐射干扰率高于腔体损耗时，保持超精细跃迁频率下的振荡。这一方式与氨微波激射器的不同仅仅在于粒子布居数反转并非来自电场对波束分子的作用，而是像铷频标那样来自于光泵浦。

然而，氨微波激射器和铷微波激射器在量子跃迁性质上本质不同。氨分子利用振荡电偶极释放和吸收辐射，而铷跃迁则是利用相对较弱的磁偶极跃迁。这极大提高了振荡阈值，比如要求高 Q 值微波腔体的优化设计、铷吸收池以及光泵浦源。高 Q 值的腔体通常都是直圆柱体，在有电磁场分布的称作 TE$_{011}$ 模式下运转，如图 9.3 所示。微波场在放置铷蒸汽玻壳的腔体中心周围保持相位恒定。独立空载腔体的品质因子取决于腔体内表面功率损耗以及玻壳材质带来的一定程度损耗等，鉴于微波穿透导体的深度较浅，可以在内表面放置良导体（例如银）来提高品质因子。

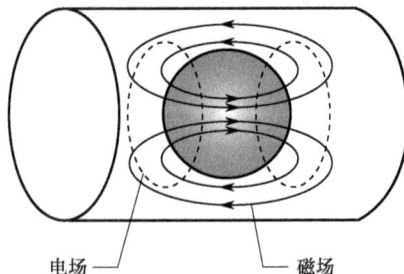

电场　　　　磁场

图 9.3　TE011 谐振模式下的圆柱腔体电磁场

在早期的实验设计中，仅仅在强光泵浦源和吸收池蒸气密度相对较高的情况下才能满足振荡条件。这两个要求又产生了两个关于光泵浦标准的问题：光致频移与之前尚未提到的自旋交换频移。自旋交换的碰撞过程可描述为 $A(\uparrow) + B(\downarrow) \to A(\downarrow) + B(\uparrow)$，其中，$A$ 和 B 为两个铷原子，箭头代表外电子相对于给定坐标轴自旋的两个不同方向。这一过程引起超精细频率的移动，且其影响程度随着原子间碰撞频率和蒸气密度的增加而增加。这一过程只能用量子力学的概念解释：当原子 A 和 B 碰撞时，二者合并为一个瞬时"分子"，表示其自旋态的波动函数必须按如下方式合理"对称"：

$$\uparrow\downarrow = \frac{1}{2}(\uparrow\downarrow + \downarrow\uparrow) + \frac{1}{2}(\uparrow\downarrow - \downarrow\uparrow) \tag{9.4}$$

等号右侧第一项为对称项，第二项为电子交换形成的反对称项。但是，根据泡利不相容原理，空间和自旋分量相乘得到的总电子波函数必须是反对称的，因此决定散射特性的空间因数与坐标变化后形成的自旋因数是反对称的。当两个碱金属原子发生碰撞时，二者自旋态（对称）的散射振幅是不同的，从而导致原子呈现交换自旋特性。简而言之，假设碰撞后的原子呈现如下自旋态：

$$\frac{a}{2}(\uparrow\downarrow + \downarrow\uparrow) + \frac{b}{2}(\uparrow\downarrow - \downarrow\uparrow) \tag{9.5}$$

然后，如果重新组合这些项，则得

$$\frac{a+b}{2}(\uparrow\downarrow) + \frac{a-b}{2}(\downarrow\uparrow) \tag{9.6}$$

$(a-b)/2$ 即为出现的自旋翻转振幅。尽管以上的论述并没有解释为什么碰撞会引起超精细频率偏移，但至少可以看出碰撞确实影响了电子自旋，而超精细结构则主要取决于电子自旋与核矩的相互作用。

对于光致频移，可以利用已知某些壁涂层的特性进行实验，比如长链烃四十烷可以减少管壁的碰撞进而减小对铷原子磁超精细结构的影响。这允许使用通过管道连接的双玻壳，光泵浦在其中一个玻壳中完成，而大部分高能态原子通过另一个玻壳扩散进入腔体。不幸的是，蜡涂层管中铷原子的碰撞仍然会导致超精细频移，这一频移很大程度上取决于涂层条件及其长期稳定性，但是较高的信噪比和输出窄谱使其短期稳定。

我们会在后面章节继续讨论铷标准的最新进展，包括应用激光源技术。

9.3 氢微波激射器

从概念上讲，氢微波激射器是人们通过延长原子和探测微波场相互作用时间，以提高原子束谐振信号频谱灵敏度的自然产物。其理论基础可追溯至海森堡不确定性原理，即跃迁频率的不确定度与观测时间成反比。在超精细能级所涉及的量子跃迁类型中，自发辐射产生以前磁偶极跃迁的平均寿命相当长，通常以年为单位计算。因此并不是高能态的自然生命周期，而是测量的有限时间长度决定谐振的频谱宽度。这与频谱光波段中的电偶极跃迁相反，由于其辐射寿命非常短以至于通常会决定谱线宽度。有三种方法可以提高相互作用时间：一是降低原子运动速度，这样会降低原子通量进而降低信噪比。而且通过实质性因素降低速度要使氢原子保持在极低温度条件下，从而增加了装置设计的复杂度；二是延长拉姆齐腔体，但是，一方面受限于工程实现能力，另一方面过长的腔体会增加原子受重力影响的曲率路径；三是将原子限制于惰性壁中，从而增加其与共

117

振场的相互作用，惰性壁仅改变其运动而不影响其内部能态，这也是哈佛大学拉姆齐实验室所推崇的方法。通过对大量不同玻壳结构和内壁涂层的探索，最终发现一种称为聚四氟乙烯的氟聚合物能够大幅度延长无扰动约束时间。事实上，对于氢超精细态而言，聚四氟乙烯是一种惰性非常高的物质，之前有人预测过此物质，能够长时间将氢原子无扰地存储于有限容积内，同时超精细态之间出现粒子反转，说明尽管辐射场的磁耦合弱很多，但是可以实现类似于氨微波激射器的微波激射振荡器。

我们将在第 10 章描述有关氢原子量子态的术语。氢无疑是最简单的原子，它仅由一个被单电子绕引的质子组成。氢有一个稳定的同位素：原子核中多了一个中子的叫重氢，以及一个与本书内容无关的放射性同位素：氚。氢在自然界中多以双原子分子的形式存在，因此要实现微波激射源首先要将其分解为单个原子。不同于其他重元素，氢原子可以利用量子理论精确求解。然而，如上一章所提到的，拉姆和卢瑟福的实验表明狄拉克理论无法解释 $n=2$ 的两态（$j=1/2$）：一态（$l=0$）与另一态（$l=1$）之间的拉姆频移。这种差异的频率量约为 1.057GHz，大部分情况下，可以用狄拉克理论后续的量子电动力学来解释。氢光谱包括超精细结构已经经过严格的理论推导，甚至可以说已经趋于完善。

前面我们已经对此类氢系统进行了量子描述，即中心场带有单电子。电子基态为 $^2S_{1/2}$，质子核 $I=1/2$，因此电子和质子磁矩之间的耦合需要用矢量 $\boldsymbol{F}$ 表述，其中 $F=I+S$，电子基态下的超精细结构态可表示为（$F=1$，$m_F=+1$，0，-1）和（$F=0$，$m_F=0$）。$F=1$ 和 $F=0$ 之间的超精细能量差接近 1420GHz，波长约 21cm，射电天文学家已非常熟悉波长辐射。如图 9.4 所示，相比铯原子而言，超精细态的能量与外磁场的函数关系图简单许多，但其用途一致。

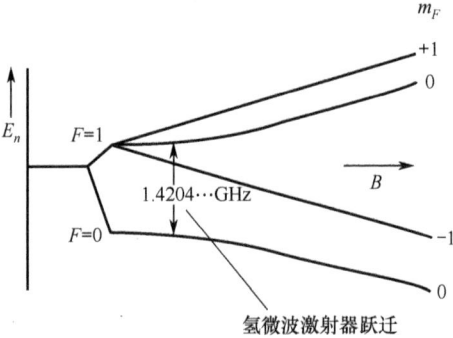

图 9.4　氢原子态能量与外加磁场的函数曲线

对于铯，我们注意到，（$F=0$，$m_F=0$）和（$F=1$，$m_F=0$）的曲线自 $B=0$ 处水平起始，随着磁场强度的增加朝相反的方向形成曲线。这意味着，能态变换相对于磁场强度变化的最低阶数为二阶，极大程度地减少了磁偏移或拓宽了所谓的（0-0）能态跃迁。当磁场强度非常强的情况下，四条曲线分裂为两组曲线，一组对应于 $m_s=+1/2$，另一组对应于 $m_s=-1/2$。在正斜率的曲线中，能量随磁场增强而增加，在负斜率的曲线中，能量随磁场增强而减小。由此可以得出结论，在非匀强场激励下，具有组态的原子会受到不同方向的力。

氢微波激射器主要由原子氢源、量子态选择器、氢存储玻壳和微波腔体四大部分组成，如图 9.5 所示。

如前所述，自然情况下，氢气为双原子分子，因此必须有效分离出单个氢原子。对每个分子而言，至少需要 4 电子伏的能量才能断开两个原子之间的化学键。这一问题可通过两种方法解决：与高能电子碰撞或者高温下的自碰撞。热分离法仅仅是将氢气加热到尽可能高的温度（容器材质允许情况下）。钨具有最高的熔点温度（3370℃），即使在这一温度下，氢分子的平均动能仅为 0.5 电子伏。然而依据麦克斯韦方程，由于平均动

118

能符合统计分布规律，此时仍有大量氢分子分离。从拉姆和卢瑟福的实验结果来看，采用钨为容器，在2200℃下，分离率约为64%。从其在微波激射器的应用看，这一方法的缺点主要在于高速形成原子，进而会降低聚焦状态选择器的立体接收角。高温源性能可预测且很稳定，但目前其应用只是在某些传统氢原子研究中。在微波激射器早期研发期间，研究者们开始了各种有关此类源的研究，诸如电火花等。随着研究的推进，人们发现电火花容易老化，而且有时莫名不能形成氢原子。此后，人们开始着手研究可靠性高的电火花源。

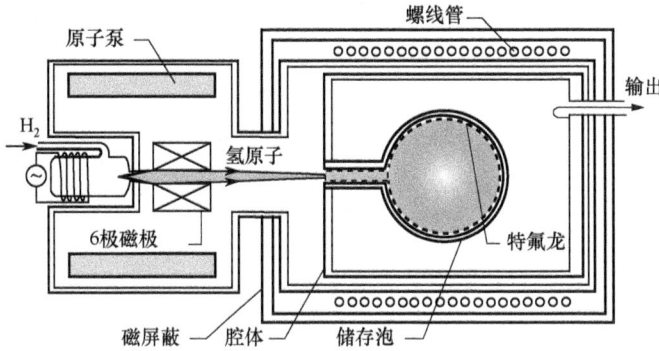

图9.5　氢微波激射器

20世纪20年代，伍德首次利用电火花产生氢原子，用于这一目的的放电管一度被称为"伍德管"。它包含一个充满氢气的低压（通常为100Pa）长玻璃管，两端放置内电极。在电极之间施加高直流电压时，会像霓虹灯一样产生辉光放电现象。除了阴极附近的小块区域，管中充满了称为"正柱"的辉光柱，由负离子、电子和中性粒子组成。它们之间在远程库仑力作用下，电子和负离子的运动发生耦合，进而像流体一样流动，因此称为等离子体。尽管负离子温度略高于中性气体，电子具有较高的动能而不断使中性气体电离，以弥补管壁的中和数，来维持放电过程。电子通过与中性气体的碰撞而跃迁至较高的量子能级，进而通过光辐射再跃迁至低能级，从而产生"辉光"。一些高动能的电子能够将原子从分子结构中分离出来，如下式所述：

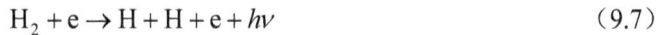

$$H_2 + e \rightarrow H + H + e + h\nu \tag{9.7}$$

产生大量氢原子时，辉光呈现清粉色。如果氢原子在运动过程中接触固体表面，尤其是金属表面，那么它会重新组合分子结构。自由空间接触的两个氢原子由于存在负能量无法结合成分子，必须有第三方才能满足守恒定律，换句话说，当单个氢原子撞击金属表面时，有可能通过吸附金属表面的原子而形成分子。

现代的伍兹管是耐温玻壳中效率更高、更紧凑的无极高频放电管，直径通常为2.5cm，它被释放到高真空继而通过钯—银缝充满纯净氢气。钯—银缝由钯—银栅组成，加热时，仅允许氢通过。它可以是薄壁管也可以是多孔基底，一端封闭另一端连接至玻璃管形成源室，源玻壳中的氢在无极放电作用下（100～200MHz功率振荡器激励谐振线圈产生高频场）分离。氢原子源的关键部件是波束成型准直器，原子在真空环境下通过准直器形成原子波束。准直器没有铯源中碰到的毛细效应物质附着管壁问题，但是氢原子有可能在管壁处重新组合成分子。新生原子波束扩展角大于后续聚焦磁极的接受角，从而氢原子的利用率低至 0.01%左右。因此，需要大容量真空泵以满足足够低的背景气压条件进而使波束散射最小化。幸运的是，背景气体以氢分子为主，因此不会参与腔体吸收—激发过程，然而，这有可能造成微波激射器频率偏移。离子泵（氢原子效率很高）可以实现快速差动泵浦的要求，然而其大功率磁极有可能产生屏蔽问题。

高能态（F=1，m_F=0）到低能态（F=0，m_F=0）的粒子数通过六级聚焦永磁体反转，该永磁体由 W.保罗[2]于 1951 年提出并用于磁共振研究，其场聚焦于轴向，从而使得具有负磁能的原子偏离轴线。最终的结果是：为了持续振荡，进入微波腔体的高能态粒子多于低能态粒子。由于没有电流存在，六极磁场具有三轴对称特性，可由磁调和势函数推导得到：

$$\phi(r) = \phi_0 \left(\frac{r}{r_0} \right)^3 \cos(3\theta) \tag{9.8}$$

在理想状况下，决定极片形状的恒电位面是双曲截面的平行柱，如图 9.6 所示。在工程应用中，必须设计为极尖，使其能聚焦磁场。

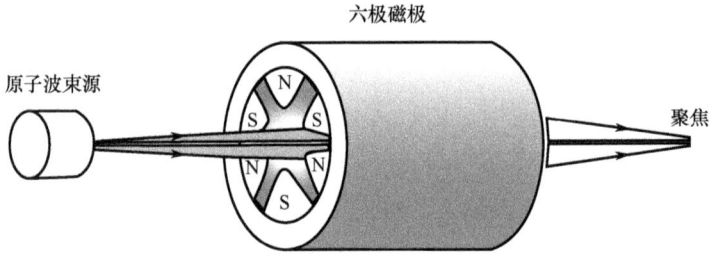

图 9.6　六极聚焦磁场

我们可以从势函数得到磁场分量的表达式：

$$B_r = 3 \frac{\phi_0}{r_0^3} r^2 \cos(3\theta); B_\theta = 3 \frac{\phi_0}{r_0^3} r^2 \sin(3\theta) \tag{9.9}$$

该公式表明极限场强下的原子能量可近似

$$E = 3 \frac{\phi_0}{r_0^3} \mu_{\text{eff}} r^2 \tag{9.10}$$

高能态原子（$\mu_{\text{eff}} > 0$）的磁势能会随着半径的增加而增加，并在恢复力的作用下逐步收敛于轴线，而低能态原子（$\mu_{\text{eff}} < 0$）会偏离轴线。鉴于磁场中的简谐振动，会聚原子的轨迹是直线。考虑到原子的热能量，只有那些横向动能低于磁极最大势能的原子会产生聚焦波束。磁体最大接收立体角可表述为[3]

$$\frac{\Omega}{4\pi} = \frac{1}{4} \frac{r_0^2}{L^2 + \left(\frac{V}{\omega} \right)^2} \tag{9.11}$$

其中，L 为源到磁极的距离，V 为原子平均热速度，r_0 为磁极的孔径，ω 定义为

$$\omega^2 = \left(\frac{2\mu_{\text{eff}} B_0}{M r_0^2} \right) \tag{9.12}$$

早期关于磁极形状的研究[3]，如根据磁极长度改变孔径 r_0，以便充分利用磁偏转及

增加接收角，但其实用性尚未得到实际工程应用证实。

原子波束通过存储玻壳的小入口孔径进入微波腔体。在腔体占据的空间内，外部磁场在 10^{-7}T（1mG）内应该足够小并尽可能匀强。原子要穿越态选择器强磁场与腔体弱匀强场之间的空间，因此磁场要能够连续过渡，而不通过零点或者发生突变。这适用于任意拉比型磁共振波束机器，它避免了自旋通过上述场条件时可能产生的马约拉纳跃迁。微波腔体由同轴高磁导率磁屏蔽材质层环绕，由于点焊和成型，这些材质可能存在硬质点，因此需要退火。与腔体同轴的螺线管产生匀强场，以确保微波场正确极化以诱发(0-0)跃迁。

玻壳通常采用熔凝石英，其超低的热散逸功率损耗可以降低腔体 Q 值。通常采用直径为 15cm 左右的球形玻壳，且带有与氢原子源类似的准直器，以确保波束进入，同时减少原子逃逸。如上所述，内壁涂层为聚合物，即杜邦公司指定的商标名聚四氟乙烯。与其说保持涂层均匀一致是科学问题，倒不如说是艺术问题，其基本过程主要包括彻底清理内表面、用聚四氟乙烯液悬浮液润湿表面、彻底烘干，最终还要在 360～380℃下烘烤，以便将聚四氟乙烯颗粒聚成一个均匀涂层，同时循环通过空气或氧气使其氧化并去除杂质。从上述关于涂层的描述可以看出，显然无法对其进行明确的物理定义或描述，这也是微波激射器不能作为绝对标准的一个重要原因。

将存储有反转粒子数原子的玻壳置于圆柱形微波腔体中心，其振荡的 TE_{011} 驻波模式与氢频率 1.420GHz 谐振，为防止频谱拓宽，作用于腔体中原子的微波必须保持相位恒定。为适应存储玻壳的形状，圆柱形腔体应具备相同直径和长度，分别大约为 27.6cm。轴对称的 TE_{011} 模式磁场模式如图 9.3 所示。孤立空载腔体的品质因数由腔体内壁热阻的功率损耗决定，上述镀银腔体的理论品质因数大约为 87000，存在于石英玻壳时，可适当减小这一参数，但会造成腔体失谐从而降低其谐振频率。装在腔体中一个端板上夹发夹环的平面垂直于该点的磁场分量，它用于电源连接至 50Ω 阻抗的电缆。

当然，关键的实际问题在于：进入微波腔体的粒子布居数反转氢原子，最小率为多少才能够满足自激振荡条件？换句话说，原子通量的阈限值是多少？这一阈限主要取决于：受腔体中微波场激发出的原子率至少应足够大以补偿腔体损耗。后一个物理量可由其品质因数 Q 来指定，因此，对于给定进入腔体内的原子通量，品质因数应足够大以确保振荡。总耗散功率与品质因数的关系如下：

$$P = \omega \frac{U}{Q} \tag{9.13}$$

其中，ω 为（角）频率，总能量 U 必须由腔体中微波场的磁场分量表示，使用国际单位制（SI），即

$$U = \frac{1}{2\mu_0} \left\langle B^2 \right\rangle_c V_c \tag{9.14}$$

其中，$\left\langle B^2 \right\rangle_c$ 为通过腔体（体积为 V_c）上平均微波磁场的均方根幅度。辐射功率 P 来自高能态中进入玻壳的 I 原子在超精细频率上的原子通量，其中平均相干时间为 $1/\gamma$，可得出以下结果：

$$P = \frac{1}{2} I h v \frac{x^2}{r^2 + x^2} \tag{9.15}$$

其中，$x = 2_H B_z / h$。由于腔体穿过玻壳的是非匀强磁场，所以有必要将其近似为玻壳体积内的平均值，可写成 $\langle x^2 \rangle = (2\pi\mu_0)^2 \langle B_z \rangle_B^2$，有兴趣的读者可参考克莱普纳等人的论文[4]。

为了找出阈限条件，需要建立原子功率与腔体损耗率之间的关联，即辐射率确定的量 $\langle B_z \rangle_B^2$ 和与腔体 Q 因数有关的量 $\langle B_z^2 \rangle_C$ 之间的关联。二者的比率称为填充系数 η。假如给定腔体微波模式可以计算填充系数，国际标准单位中的阈限条件即可表述为[4]

$$I_{th} = \frac{h V_c \gamma^2}{2\pi\mu_0 \mu_H^2 Q \eta} \tag{9.16}$$

至此，为避免由于氢原子松弛碰撞影响辐射过程而使问题复杂化，我们假定现象相干时间 $1/\gamma$。我们知道，微波跃迁发生在两个磁态间，同时，一个方向上跃迁的固有概率与另一方向相同。因此，净发射要求高能态原子多于低能态原子。在描述与微波振荡场对应的氢原子磁矩运动时，可以简单地认为原子是微波磁场分量作用下的磁矩。两个特征时间可描述影响磁矩与微波场作用的随机过程：T_1，原子作为整体达到热平衡所需的平均时间，能态也同样填充；T_2，微波振荡场作用下原子相位相干衰减的平均时间。在不均匀磁场情况下，不同原子对应不同的跃迁频率，这可能丢失此类相干时间。在计算跃迁概率时加入这些弛豫过程，得到改进后的结果，以 $(T_1 T_2)^{-1}$ 替代 γ^2，有：

$$\begin{cases} 1/T_1 = 1/T_x + 1/T_b, \\ 1/T_2 = 1/(2T_x) + 1/T_b \end{cases} \tag{9.17}$$

其中，下标 x 和 b 分别表示自旋交换（导致相干损失）和逃逸（导致玻壳内辐射原子损失）。

在讨论铷微波激射器时，我们已经遇到自旋交换碰撞过程。对氢原子而言，其碰撞过程也类似，即谐振频率拓宽同时中心频率偏移。原子高低能态跃迁频谱的拓宽降低了诱发辐射的概率，进而增加了激发振荡的阈限。事实上，当考虑自旋交换和原子通过输入孔口逃逸时，辐射功率 P 由下式得出[5]：

$$\frac{2P/hv}{I_{th}} = \frac{I}{I_{th}} - \left[1 + 3q \frac{I}{I_{th}} + 2q^2 \left(\frac{I}{I_{th}} \right)^2 \right] \tag{9.18}$$

其中，参数 q 为：

$$q = \frac{\sigma V_r h V_c}{2\mu_0 \mu_H^2 \eta V_b Q} \left(\frac{I_{tol}}{I} \right) \tag{9.19}$$

有趣的是，当且仅当 $q < (3 - 2\sqrt{2})$ 时，方程 $P=0$ 才有解。参数 q 与原子波束通量成比例，即每秒进入腔体的原子数，进而产生一个令人困惑的结论：当过多原子进入腔体时不会引发振荡！图 9.8 给出了不同参数 q 情况下微波输出功率与原子通量函数关系图。我们注意到，随着 q 增加并达到极限值（0.171）时，发生振荡的通量范围趋近于 0（见图 9.7）。

122

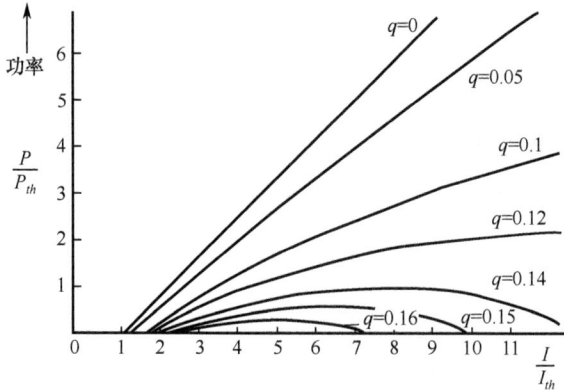

图 9.7　不同参数 q 情况下氢微波激射器输出功率与原子通量函数关系图

9.4　相关电子

　　微波激射器的运行需要低频电子控制腔体的温度、磁场和原子源。频率为 1.42GHz 时的微波激射器输出大约为 10^{-13}W，由于功率太弱而无法直接使用。此外，获得便于使用的频率值必须从相干的角度出发，如 5MHz。挑战在于解决问题的同时要确保不影响微波激射器的自由振荡，类似于机械钟表中擒纵机构问题。微波激射器腔体输出端的任何连接都会引起失调或产生额外的噪声，精心选择运转时 1.42 GHz 的低噪声固态前置放大器（具有最好的噪声因数）以隔离微波激射器和后续电路，超稳定的石英晶体振荡器与频率合成技术（比如锁相环技术）产生所需的相位相干频率信号（通常为 5MHz）。这一电路的设计随参数要求的不同而有不同的形式。

　　通过 20 世纪 60 年代彼得斯为 NASA 跟踪站设计的系统，我们简要描述其通用原理，其系统基本功能组成框图如图 9.8 所示。稳定的石英晶体振荡器输出的 5MHz 信号通过 288 倍频变化至 1440MHz，并与微波激射器前置放大器输出的信号混合得到 20405kHz 差频信号，并经过差频放大器放大后，分别送至两路差频信号（405kHz 和 5kHz）。5kHz 信号放大后连接鉴相器（比测器），参考频率来自通过频率合成器的晶振，后者频率分辨率高达 0.0001Hz 以保持石英晶体的稳定，其参数设置取决于磁场校正和壁移校正。相位比较器的输出构成误差信号，滤波确保控制伺服回路的稳定性后，最终连接至石英振荡器的频率控制元件。

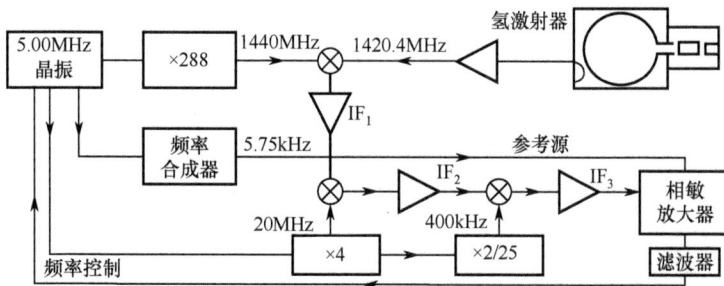

图 9.8　氢微波激射器基本电路原理框图

9.5 氢微波激射器的性能

时间/频率基准的性能至少有两个重要方面：绝对精度/可重现性和稳定度。首先我们来看精度性能，毫无疑问，任何地方的氢原子都应该一样，然而观测超精细频率方式的差异会影响结果。当采用氢原子作为标准频率源时，我们考虑几种主要观测超精细频率方式所带来的不确定性：壁致频偏，自旋交换偏移，腔频引，磁致频偏，以及二阶多普勒频移。接下来将按顺序一一介绍。

特氟龙氢微波激射器实现成为可能，其出色特性就是偏移氢原子运动时不会导致其磁量子态之间出现跃迁。不幸的是，与铷微波激射器中原子与周围气体碰撞一样，由于碰撞中的残余形变，依然会产生微弱超精细频率偏移，即壁致频偏。我们已经看到铷标准，由于铷原子和缓冲气体原子之间的碰撞，因此也会发生相似的频率偏移。在氢微波激射器中，原子在涂覆球形玻壳中随机跳跃直至它们进入入口孔径，或与另一原子在壁表面结合形成分子结构。为了弄清壁致频偏与玻壳尺寸的关系，需要估算在壁碰撞时原子自由运动的平均长度。对于半径为 R 的玻壳而言，其平均距离为 $4R/3$，因此平均自由时间为 $4R/3V_{ave}$，当氢原子接近特氟龙表面时，可以确信其中一个碰撞类型是：电子被势阱俘获而在表面停留一定时间。势阱源于电子接近壁表面时二者原子结构重叠产生强烈排斥而引发的初始吸引。原子的停留时间长度取决于势阱深度和原子热能量（温度）。如果原子与其他原子或其表面杂质形成化学键，原子将会从辐射集合中消退，对弛豫时间 T_1 和 T_2 造成相同限制。如果没有俘获电子，在其表面强电场的作用下，其核周围的电子分布会变化而改变密度，进而影响超精细间隔（微波激射器频率）。众所周知，原子接近壁表面时会受到范德华力的影响，在运动轨迹这部分，频率会下降。另外，随后的排斥场迫使原子弹回，这使频率上升，形成取决于表面碰撞细节的净频移。与微波场周期相比，碰撞持续时间非常短，且取决于温度和原子在壁上的能量损失。其对氢原子态的扰动为尖脉冲的形式，这可能造成非辐射性跃迁，导致 T_1 缩短；或者更为严重的是，造成相位跃迁，缩短相干时间 T_2 而导致频移。为了说明壁致频偏与玻壳直径的关系，我们定义壁碰撞平均自由时间，$\langle T_c \rangle = 4R/3V_{ave}$。假定每次碰撞的平均相位增量 $\langle \Delta\phi \rangle$，则平均频率变换为 $\langle \Delta v \rangle = (1/2\pi)\langle \Delta\phi \rangle 3V_{ave}/4R$，实验结果已经证实了其正确性。对于特殊的特氟龙（杜邦公司产品 FEP120），我们在实验中发现温度为 40℃ 时物理量 $2R\langle \Delta v \rangle$ 大约为 -0.4Hz·cm，负号说明其频偏为下移。这对于直径 15cm 的玻壳来说是十分微小的移动：-1.88×10^{-11}，但对于现代的频率源而言这并不可忽略。

我们已经在铷微波激射器中介绍过自旋交换引起的超精细观测频率偏移。碰撞电子的自旋方向交换需要从量子层面解释，以便用对称波函数对碰撞过程中两个电子交换进行更清晰的描述。碰撞过程中，两个氢原子可等效为瞬态的 H_2 分子，如果碰撞原子具有相反自旋性，可从量子力学角度将其视为合适的对称波函数叠加。我们知道，具有自旋函数↑↓的系统可以视为"单体"自旋函数 $1/2(↑↓-↓↑)$ 和"三体"自旋函数 $1/2(↑↓+↓↑)$ 的叠加。根据泡利不相容原理，前一自旋函数必须与对称空间函数相关联，而后者必须与反对称空间函数相关联。上述对称函数不仅决定了散射幅度（自旋方向交换），而且决定了散射波函数的相对相位，从而导致相干脱散和平均超精细频率偏移。克兰普顿[6]和本德首次确认了自旋交换导致的频率偏移，频偏的理论结果由两个瞬态氢分子（$^1\Sigma$ 和 $^3\Sigma$）的相位偏移 Φ 表述。近似自旋交换导致的频率偏移可表述为[7]：

$$\frac{\Delta\omega_{se}}{\omega_0} = \frac{1}{8Q} f(\Phi)\lambda \qquad (9.20)$$

其中，$Q_1=\omega_0/2\gamma$ 为超精细谐振的品质因数，λ（标准单位制下）由下式定义：

$$\lambda = \frac{V_c}{V_b}\frac{h}{\mu_0\mu_H^2}\frac{V_{HH}\sigma_{HH}}{\eta}\frac{1}{Q_1} \qquad (9.21)$$

原子跃迁与空腔谐振器的耦合会造成微波激射器振荡频率的"拉升"，因此，空腔谐振器要具有高 Q 值以确保振荡，这是任何两个耦合振荡系统中都存在的现象。频率的腔体拉升量近似结果如下：

$$\frac{\Delta\omega_{cp}}{\omega_0} = \frac{(\omega_c - \omega_0)}{\omega_0}\frac{Q_c}{Q_1} \qquad (9.22)$$

由于存在上述频偏，微波激射器设计中的一个重要部分就是自动腔调谐器。上述公式结果对自动腔调谐器设计起着重要作用，即所有频率偏移均与原子谐振 Q_1（频率带宽）成反比，该带宽取决于原子碰撞率，因而可通过改变进入玻壳体的原子通量对其进行控制。此外，任何方向都能产生腔频引：正向或负向，因此，改变原子通量同时调节腔体，最终使原子通量变化不影响微波激射器频率。此时，自旋交换导致的频移补偿了腔体引起的频率拉升。在实际操作中，需要精心操作以免影响其他参数，例如，改变激发源或氢压力会影响原子速度分布。或许最"清洁"调制光束的方式是某种类型的机械快门，采用此方法的主要困难在于需要一个足够稳定的辅助频率源来监测微波激射器频率的变化，早期研究用另外一个氢微波激射器作为频率参考。然而，近年来，基于超稳定石英晶体频率源，人们研究出了大量有效的调制方式。皮特[8]在不降低微波激射器稳定性的情况下，采用特别的脉冲数字逻辑电路处理了标准晶振的误差信号。他提出的另一种方法是利用原子相干时间 T_2 大于腔体相关时间的特点，由于腔体调制可能相对较快而原子系统要维持其振荡，因而在腔体失调情况下会使腔体振荡幅值被调制到相同频率，这就形成了误差信号，使用伺服反馈回路以保持腔体稳定。奥杜瓦纳[9]提出的另一种方法涉及到向腔体注入频率切换时间间隔相同的调频信号（方波调制），并通过将调制频率设置为调制深度偶约数来抑制载波频率，其依据同样是腔体相干时间 T_2 小于辐射原子相干时间。

接下来我们考虑微波激射器频率对外磁场强度的敏感度。正如其他标准一样，氢微波激射器跃迁态的选择基于以下事实：其频率不具有外部磁场一阶（线性）依赖性。然而二阶频移要求精确量测磁场强度，通常通过频率线性依赖于外部场的两态微波跃迁（$m_F=\pm1$）实现。磁致频移可由含有电子自旋 1/2 与核自旋耦合 I（磁场 $\boldsymbol{B}$ 作用下）系统的布赖特—拉比能级解算获得。对于氢原子而言，（$F=1$，$m_F=0$）与（$F=0$，$m_F=0$）之间的能量差 ΔE 随磁场变化规律为

$$\Delta E = \Delta E_0\sqrt{1+x^2} \qquad (9.23)$$

其中，x 定义为：$x = \dfrac{\left(-\mu_e/S + \mu_p/I\right)B}{hv_0}$，代数值

$$\Delta v_0 = 2.75 \times 10^{11} B^2 - 2.68 \times 10^{13} B^4 \tag{9.24}$$

其中，磁场强度 B 单位为特斯拉。对于典型的 10^{-7}T 磁场，其频偏大约为 $2/10^{12}$。如果玻壳周围磁场匀强有 1% 误差，那么微弱场约拓宽 10^{-14}。

最后，我们通过玻壳中的原子运动来考虑多普勒效应对频率的影响。由于不存在原子的平均运动且其运动限制在远小于微波波长的空间内，根据迪克线性理论（参见第 8 章），可以忽略一阶（线性）多普勒效应，因此主要考虑下述形式的二阶多普勒效应：

$$\frac{\Delta \omega_0}{\omega_0} = \frac{3}{2} \frac{kT}{mc^2} \tag{9.25}$$

其中，m 为氢原子质量，T 为绝对温度。

根本上，作为标准源的氢微波激射器的精度必须通过一点来判断，即无需其他任何校准设备提供独立恒定频率，只有当这一频率是氢原子超精细态的实际跃迁频率时精度才能达到。微波激射器的不确定度主要来源于壁致频偏，如前所述的 5×10^{-12} 的误差。然而，为了客观看待问题，氢的超精细频率依然是物理精确度最高的常量之一。国际时间局定义的国际原子时标中，$v_H = 1420405751.778 \pm 0.003$Hz 的超精细频率。

最终是频率中长期稳定度问题，中期大约为 3 个月，而长期则是以年为单位。与我们前面讨论过的石英标准稳定度一样，人们一致接受用阿伦方差来描述振荡器稳定度，其描述如下：

$$\sigma_y^2(\tau) = \xi \left\langle (y_{i+1} - y_i)^2 \right\rangle \tag{9.26}$$

其中，平均 $\langle \ \rangle$ 取自以相同时间间隔 τ 量测的相对频率波动 y_i 的大样本集。正如讨论所指出的，不同源的统计涨落（即噪声）可通过艾伦方差确定采样时间 τ 的函数依赖性，通过 σ 和 τ 的双对数坐标图，σ 相对于 τ 的幂律关系十分明了且其对应的物理过程也很明确。三种情况（室温下的氢微波激射器、无源铷标准、低温冷微波激射器）下的频率阿伦方差对比图如图 9.9 所示。

可以看出，对于 1h 的采样周期而言，经典氢微波激射器频率的均方差可低至大约 10^{-15}；对于微波激射器腔体在液氦温度下运转，其均方差低了大约 100 倍。同时我们可以看出，对于像少于 20min 这种时间较短的情况，其斜率约为 $-1/2$，这表示"白"热频率噪声，即频率波动的频谱与频率无关。另一方面，对于像多于 3h 这种时间较长的情况，曲线连续梯度为 $+1/2$，这表示频率随机游走。

最近[10]，国际标准与技术研究所（NIST）的时间和频率小组以铯喷泉标准作为参考，对六个氢微波激射器进行了中长期频率稳定性试验。图 9.10 转载了其中四个微波激射器 8 年以上的测试结果。有趣的是，图中给出了结果与作为时间度量的修正儒略日（MJD）的关系，也许是为了建立更广泛的时间范围，以便追踪若干年后的微波激射器。结果清晰地表明了微波激射器频率的长时平稳变化，而其中一些微波激射器的漂移比其余的波动大。

126

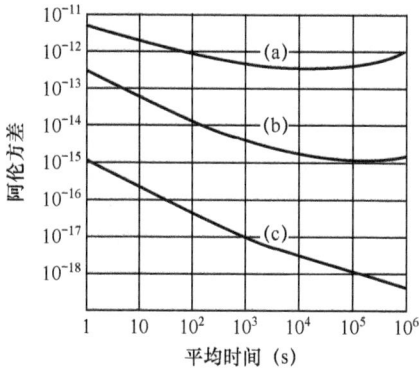

图 9.9 相对于采样时间的阿伦方差图

（a）无源铷标准；（b）室温下的氢微波激射器；

（c）液氦温度下的理论热噪声极限氢微波激射器。

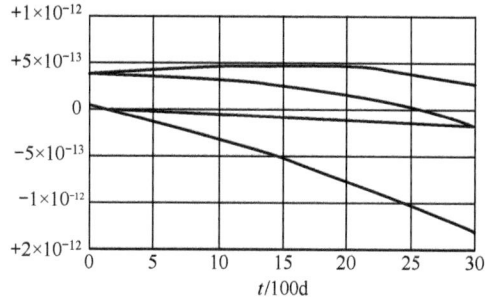

图 9.10 以主铯原子喷泉标准为参考的
四个 NIST 氢微波激射器的长时稳定度

参考文献

1. H. Friedburg, W. Paul, Naturwissenschaften 38, 159 (1951)

2. R.L. Christensen, D.R. Hamilton, Rev. Sci. Instrum. 30, 356 (1959)

3. A. Lemonick, F.M. Pipkin, D.R. Hamilton, Rev. Sci. Instrum. 26, 1112 (1955)

4. D. Kleppner, H.M. Goldenberg, N.F. Ramsey, Phys. Rev. 126, 603 (1962)

5. D. Kleppner et al., Phys. Re. 138, A972 (1965)

6. S.B. Crampton, Phys Re. 15, 57 (1967)

7. N.F. Ramsey, Metrologia 1, 7 (1965)

8. H.E. Peters et al, in Proceedings of the 23rd Annual Frequency Control Symposium, Atlantic City, 1969

9. C. Audoin, Rev. Phys Appl. (Paris) 16, 125 (1981)

10. P.F. Kuhnle, 11th Annual PTTI, Nov 1979

11. T.E. Parker, S.R. Jefferts, T.P. Heavener, Frequency Control Symposium, IEEE International, New Port Beach, CA, June 2010

第 10 章　离子场约束

10.1　引言

正如之前所强调的，实际上原子系统中磁偶极跃迁的谱线宽度是由无扰动可观测时间而非高能态自然寿命决定，这一重要结论促进了惰性气体中扩散装置（铷标准）以及带有惰性内壁涂层的真空管密闭装置（氢原子激射器）的发展。氢微波激射器短期稳定度一直很好，至今任何设备都无法超越，但它有两个严重的缺点：第一，也是最严重的，由于与容器壁碰撞出现频移，从而使其无法作为绝对标准；其次，腔体尺寸及其磁屏蔽条件导致其便携性较差。克服这些局限性的实验研究方法有两个不同的演变方向：首先，使用垂直束延长原子束观测时间，即原子喷泉标准；其次是使用带电原子，即电磁场囚禁的离子。本章我们主要阐述场离子约束问题，原子喷泉技术将在我们介绍激光之后的章节中探讨。

本章只讨论常温下较低频（亚光）电磁场对带电粒子的激光约束问题，之后我们将了解如何利用激光辐射将中性原子的热运动减慢到微卡尔文温度范围，通常称此形成过程为"光学粘团"。常温下，电磁场不能使中性原子运动充分偏转以约束它们，然而母原子失去一个外层电子形成带电离子后，带电离子会在适当电场和/或磁场的作用下产生偏转，这一过程从根本上区别于原子与管壁涂层的相互作用，它本质上也带电，对用以约束离子的电场和磁场可以进行控制和精确测量。问题是如何在三个维度实现同步约束，我们将面临静电学中的一个理论难题——恩绍定理，其中规定：电场力单独作用下，置于静场中的带电体不能保持稳定的平衡状态[1]，这是自由电荷空间中静电场方程的基本性质，试验电荷的静电势能无法在空间中的任一孤立点达到最低值。也就是说场中不存在这样的一个点，该点向场中任何方向的偏移都会增加其势能。多数情况下，如果有一个方向的电位增加，其他方向必定减小，因此空间上等电势面的形状可能永远不会是碗状，而更像一个马鞍。从俘获离子的角度看这似乎令人很沮丧，但我们可以不限于静电场，例如可以探寻时变场或者电场和磁场的混合场。

10.2　潘宁阱

由于静电场和均匀磁场的组合场与真空计的组合场非常相似，因此称为潘宁阱，本节将从此开始介绍。1936 年潘宁首次提出了这种真空计，它将工作范围（量程）扩展到远高于真空计实际使用的真空度。这些电离真空计的工作原理是高能电子束通过气体产生的离子数与气体压力（或密度）成比例，潘宁的设计通过强磁体与高压电极的结合，在超出"熄灭"（顾名思义，气体中的放电不再发光时的真空度）点时仍然放电，扩展了真空计量程。磁场使放电电子作紧螺旋运动，从而延长它们到达管壁的路径长度，增加原子进一步电离的概率，以持续放电。

1954 年，贝尔电话实验室的约翰·罗宾森·皮尔斯首次描述了纯四极电场的几何形态，以及置于其中带电粒子的运动[2]，它与均匀轴向磁场结合，已广泛应用于各种微型形式，用于电子和离子约束，因此通常称它为潘宁阱，如图 10.1 所示。

对于中心正离子的约束，沙漏形筒必须带负电位，两端盖相对于中心的正电位相等。当然对负离子的约束问题，反之亦然。圆柱坐标 (r, z) 中静电势场 V 具有以下形式：

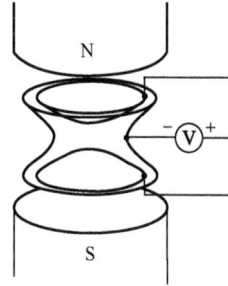

图 10.1 潘宁阱：均匀轴向磁场中的电四极矩

$$V = \frac{V_0}{2r_0^2}(2z^2 - r^2) \tag{10.1}$$

值为 $\pm V_0/2$ 的等电位面可由下式得出：

$$\pm r_0^2 = 2z^2 - r^2 \tag{10.2}$$

上式代表了两个围绕 Z 轴旋转的双曲面，分别对应 $+V_0/2$ 和 $-V_0/2$ 的等电位面，电极导电片正好与这些等势面贴合。注意：设置电极电位在于使电场相对于原点（电位零点）对称。我们注意到，电势从原点起沿 z 轴的任一方向增加 z^2，其中能量 $E < qV_0/2$ 的带电粒子将作简谐运动。因此，如果已知粒子的电荷 e、质量 M，则 Z 坐标中的运动方程如下：

$$\frac{\mathrm{d}^2 z}{\mathrm{d}t^2} = -\omega_z^2 z; \qquad \omega_z^2 = 2\left(\frac{e}{M}\right)\frac{V_0}{r_0^2} \tag{10.3}$$

轴向磁场的存在（均匀且平行于 z 轴），并不会影响轴向粒子的运动，粒子运动仍如上文所述。

然而，由于交叉电场和磁场，粒子在平行于 x–y 平面上的运动相当复杂，但从笛卡尔坐标系 x–y 的角度描述则更简单。假设磁场 $B_z = 0$；粒子沿 x 轴的运动将是：

$$\frac{\mathrm{d}^2 x}{\mathrm{d}t^2} = +\left(\frac{e}{M}\right)\frac{V_0}{r_0^2}x(B_z = 0) \tag{10.4}$$

因为方程右侧为加号，所以方程的解将是一个按正指数递增的时间函数，同样 y 坐标也适用此结论。因此，无磁场情况下粒子运动不受约束，并且在这种场中会加速向圆柱筒运动。轴向磁场对径向运动离子的影响是导致运动路径在垂直于场的平面上发生偏转，形成一种圆滚线形的路径。我们知道，圆滚线是圆上一点随另一个圆滚动的运动轨迹，这是托勒密及其周转圆中最经典的数学课题，这种情况下，一个圆周运动的中心轨迹描述了另一个绕磁场轴的圆。如果磁场作用远大于静电场，绕中心旋转的速度会非常快，而绕场轴旋转的速度则慢很多，快速旋转频率可由下式得出：

$$v_C = \frac{1}{2\pi}\frac{eB_z}{M} \tag{10.5}$$

快速旋转频率也可称为回旋频率，是带电粒子绕均匀磁场转动的频率，该名称来源于欧内斯特·劳伦斯发明的回旋粒子加速器，该频率独立于粒子能量（至少对非相对论能量），使加速器成为了可能。可以发现，围绕系统轴线回旋运动的中心漂移速率对应作用于粒子上的洛伦兹力与静电场力的平衡速度。我们知道通过磁场时带电粒子受力方向垂直于磁场方向和粒子运动速度的方向，这个力的命名是为了纪念 19 世纪那位杰出的物理学家。由于四极径向电场力与粒子的径向距离成比例，因此平衡洛仑兹力要以相同速率增加粒子速度，结果得到恒定的绕轴角速度，即磁控管频率。

正如上一章所提到的，磁控管是在雷达发射机和微波炉中广泛使用的高功率微波发生器。与潘宁阱不同，磁控管有一个沿轴向的圆柱形电子发射阴极，由一圈同轴铜质圆柱围绕形成阳极，在阳极施加正电位使阴极和阳极筒之间产生径向电场，阳极内表面由一系列间隔相同的微波腔体加工而成。铝镍钴永磁体提供轴向磁场，使阴极发射的电子围绕阳极腔体偏转，激发微波频率振荡，这与吹玻璃管口时发出哨音相似。注意，磁控管中粒子运动并不取决于粒子质量和电荷大小，只与电场和磁场强度有关。

潘宁阱中径向运动方程的一般解可得出以下两个特征频率：

$$v^{\pm} = \frac{v_C}{2} \pm \sqrt{\left(\frac{v_C}{2}\right)^2 - v_E^2} \qquad (10.6)$$

其中，v_E 是静电势函数，v_C 为磁场函数，可由下式得出：

$$v_E^2 = \frac{eV_0}{4\pi^2 Mr_0^2} \quad v_C = \frac{eB}{2\pi M} \qquad (10.7)$$

如果 $v_C \gg v_E$，两频率可简写为：

$$v^+ = v_C - \frac{v_E^2}{v_C}; v^- = \frac{v_E^2}{v_C} \qquad (10.8)$$

我们注意到，这两个频率的总和恰好就是回旋频率，事实上这一结论已用于多电离原子 g 因子的高精度测量中。

读者可能会问这一切与导航有什么关系？事实上，单离子存储技术已经应用于多种领域，例如量子计算，甚至现在使用小型离子阱囚禁和激光泵浦的单离子微陀螺仪，在不久的将来也会成为现实。

10.3 保罗阱

然而潘宁阱并不适用于囚禁参考离子（其磁超精细结构可用作频率标准），原因在于磁场对其频谱结构的巨大影响，而电场会对此处的超精细磁跃迁产生次生效应。有一种不依赖任何磁场的离子阱，它通过时变电场解决了恩绍定理的难题，这种离子阱就是保罗阱，以沃尔夫冈·保罗命名。1955 年，他与其在德国波恩的同事们发表了对这一离子阱前身的说明，即射频离子束滤质器，它由四个平行金属杆构成，在金属杆之间施加射频电场。保罗等已证明如果电场振幅和频率选择恰当，那么一定质量的离子将会被带入到某个焦点，而其余的则会发散并脱离离子束直至消失。保罗很快意识到，射频电场对离子的这种径向汇聚作用可以推广到三维，即在三个维度中约束选定的离子，保罗将其命名为四极离子阱，意为离子笼[3]。电极几何形状与潘宁阱基本相同，但有一个本质区别：在电极之间施加的不再是与离子符号匹配的直流电压，而是以射频进行极性切换，因此与离子带电符号毫无关联。离子在这种交变力下从汇聚到发散的运动行为，关键取决于电场振荡幅度的空间依赖性。如果将一个点与点之间幅度恒定的振荡电场施于某个离子，那么离子运动将仅仅是在不变初始运动上叠加的一个振荡。然而，在四极场情况下径向和轴向场振幅都呈线性增加，在这种情况下虽然离子在振荡，但在合适的条件下它会非对称地进行趋于返向势阱的中心运动，这是对所谓强聚焦原理的一个很好的例子。该原理在光学应用中的一个更为简单的示例是一系列交替排列的汇聚和发散透镜的平均聚焦特性，图 10.2 展示了保罗及其同事们最初在波恩大学使用的电极几何形状。

保罗阱中的离子运动可以进行精确分析，设圆筒和端盖之间施加电势的形式如下：

$$V = \frac{(U_0 - V_0 \cos \Omega t)}{r_0^2}\left(z^2 - \frac{r^2}{2}\right)$$（10.9）

那么运动方程有以下形式：

$$M\frac{\mathrm{d}^2 z}{\mathrm{d}t^2} = -2\frac{e(U_0 - V_0 \cos \Omega t)}{r_0^2}z; M\frac{\mathrm{d}^2 r}{\mathrm{d}t^2} = \frac{e(U_0 - V_0 \cos \Omega t)}{r_0^2}r$$（10.10）

这些方程是以一位法国数学家命名的马蒂厄方程，他结合椭圆膜振动问题研究了这些方程组，事实上这些方程在许多物理应用中出现，如参量振荡，通常写为以下标准形式：

$$
\begin{aligned}
&\frac{\mathrm{d}^2 u}{\mathrm{d}\theta^2} + (a - 2q\cos(2\theta))u = 0, \\
&u = r, z; \theta = \frac{\Omega t}{2}; a_z = \frac{-8eU_0}{M\Omega^2 r_0^2}; q_z = \frac{4eV_0}{M\Omega^2 r_0^2}
\end{aligned}
$$（10.11）

其中，$a_r = -a_z/2$，$q_r = q_z/2$。

在马蒂厄方程解中，我们关注的最重要特性是 a 和 q 值决定了系统是否保持稳定，换言之依据系数 a 和 q，势阱中粒子的坐标可能是有界振荡，也可能是无界振荡。当然，对于粒子的三维约束问题，我们要求该方程解同时在 r 和 z 坐标有上边界。为了确定稳定解对物理量电压幅值 V_0 和频率 Ω 的条件，一个非常有效的方法就是画出区分稳定解与非稳定解的 a-q 面区域边界，如图 10.3 所示。

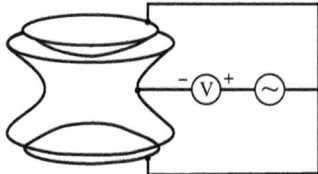

图 10.2　保罗射频四极离子阱原型　　　图 10.3　马蒂厄方程的 a-q 稳定性图解

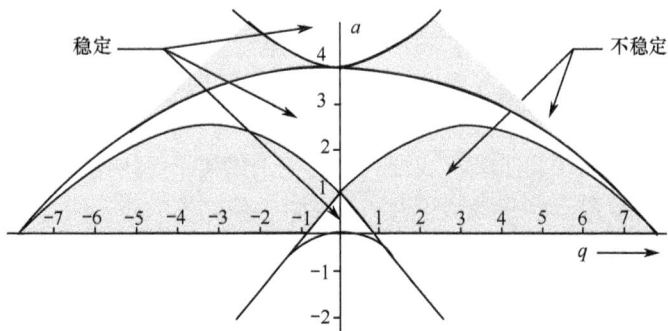

为了选择特定电压和频率，以实现三维中的稳定约束，显然径向和轴向运动的 a 和 q 值必须同时处在 a-q 面的稳定区域。为了帮助找出实验参数，保罗等人绘制了 $U_0 \sim V_0$ 复合曲线图，图中给出了它们在同一轴系 r、z 坐标上的稳定性边界（考虑了两个坐标中 a、q 参数标度和符号的差异性）。几乎所有保罗阱都在具有最小 a、q 值的第一稳定区，该区域的复合曲线图如图10.4所示。

举一个具体的例子，假设将汞离子（质量数199）因禁于势阱中，$r_0=1$cm，工作频率为500kHz，那么在 a-q 稳定性图上可以选择工作点 $a_z=0.01$、$q_z=0.6$，通过这些值可以计算对应的 U_0 和 V_0。

基于稳定区域中 a 和 q 值的马蒂厄微分方程一般解，离子运动具有离散振荡频谱，其幅度是 a、q 的函数，频率如下：

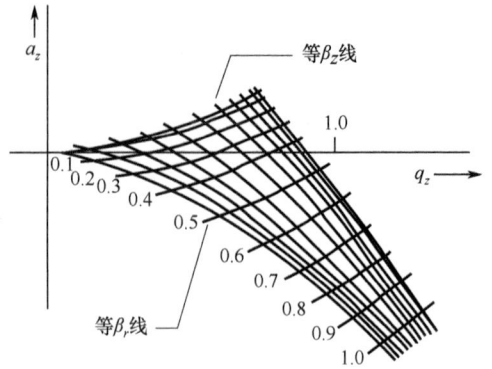

图10.4　r、z 方向上运动同步稳定性保罗图解

$$\omega_n = \left(\pm n + \frac{\beta}{2} \right) \Omega \qquad (10.12)$$

其中，n 是整数，常数 β 是 a、q 的函数。如果 a，$q \ll 1$，那么可以写为：

$$r(t) = A \left(1 + \frac{q_r}{2} \cos \Omega t \right) \cos \frac{\beta_r \Omega}{2}; \beta^2 = \left(a + \frac{q^2}{2} \right) \qquad (10.13)$$

且可将离子运动看作较低本征频率 $\beta \Omega / 2$（对应 $n=0$）振荡，且在因禁频率 Ω 下伴随有小幅高频抖动。本征频率对直流电压的依赖性提供了一种方便的探测扫掠离子频率的方法。

本征振动与场频振荡存在着本质区别。当碰撞趋于使运动热化时，只有本征振动会受到影响，而受场驱动的场频运动不会被热化。值得注意的是，在 $q \ll 1$ 的限制下，高频和本征振动构成的合动能为常数，能量只是周期性地在低频本征运动和高频抖动之间振荡，抖动幅度随中心距离增加而增加，同时本征运动减慢。正因为此将这种运动称为绝热运动，因为这与外界环境没有能量交换。与这种运动相关的比较熟悉的例子是，由于回旋运动能量增加，平行于逐渐增强的磁场运动的带电粒子速度会减慢——这就是磁瓶装置的基础。

设计保罗离子阱必须解决的主要现实问题有阱中原始离子形成、因禁离子检测、可容纳的最大离子数以及陷阱时长。

陷阱中离子的形成通常采用电子束离子化阱中的原子，也有例外情况，如使用紫外光光解碘分子形成离子对[4]。不同于静电场的潘宁阱，它的离子能量仅是其在电场位置的函数（磁场不产生能量），而保罗阱用高频电场因禁离子，依赖于离子在阱中产生的或者从外部入射时的场相位。然而，在特定场相位下可从其初始位置和速度两方面来预测离子运动的最大振幅。保罗等人已经证明在离子形成时场的特定相位下，在给定运动振幅上限时对应的离子速度和位置值会形成一个椭圆形图表，这个椭圆的参数取决于离子形成时场的振荡相位。因为电子碰撞产生的离子速度相对较小，计算电极边界内离子产生率比较简单直接，它仅在 x 轴上的一个窄带区域内。

作为质谱仪，利用保罗阱进行囚禁离子的定量探测问题已受到广泛关注，其关键在于确定形成信号的离子数量的精度。最简单的离子检测方法是保罗等人最初采用的方法，即在阱两端盖间施加较弱的高频电位，以激发离子在本征频率的共振运动。这种方法是在端盖之间连接高 Q 值线圈，在低本征频率 ω_0 范围内形成一个 LC 并联谐振电路，线圈在高频 Ω 和零频（直流）时的阻抗可以忽略不计。激发离子运动后，离子吸收能量导致线圈的 Q 值和电压幅值降低，该原理在核磁共振检测中也适用。我们知道本征频率为 $\omega_0 = \beta\Omega/2$，其中 β 是参数 a、q 的函数，因此为了实现调谐线圈的高 Q 值，可以采用前面讲过的 a-q 复合图中的等 β 线，如图 10.4 所示。

检测囚禁离子时，信噪比最终取决于两种基本噪声，即散粒噪声和热噪声，或约翰逊噪声。为了使探测器输入端的散粒噪声超过约翰逊噪声，需要 $2e\langle i\rangle\triangle v$（$4kT/R$）$\Delta v$，即 $R\langle i\gg 2kT/e$，这说明谐振时频率检测电路的电阻值要尽量大，因此高 Q 值线圈要具有高电感和低绕组间电容。保罗实验室的同事们通过优化检测系统，并分析离子信号幅度的泊松分布，观测到产生信号的离子离散特性，这要求检测系统能够识别单个离子的离子数增量。今天，随着激光器在观察和冷凝离子方面的应用，实现长时间单离子控制和探测已很常见，后续章节将会详细论述相关内容。

作为质谱仪，潘宁阱和保罗阱的离子存储功能及其显示囚禁离子质谱的能力已得到深入发展。之后离子检测方法的改进主要在于提高共振锐度和质量分辨率，这其中包括很多不同的离子计数方法，实现方法是通过共振激励使离子运动到约束极限范围附近，此后从阱中快速提取离子并使其加速，然后用粒子计数器计数。

在任何离子阱设计中，可容纳的最大离子数量取决于离子的空间电荷场以及高频场产生的势阱深度。但是这一数值可通过将势阱填充到最大值获得，这会导致离子间的动能传播及其运动频谱的多普勒展宽，因此在信噪比、频率偏差和离子运动频谱展宽之间需要折衷权衡。在离子囚禁技术发展初期，有一种方法是提高囚禁时间并减少离子能量扩散，即使用较高的多极场，例如考虑一个由 $2N$ 个沿 z 轴的平行金属条（在 x-y 平面等角度 $n\pi/N$ 间隔，其中 $n=1$，2，3……$2N$）产生的线性多极场，假设电势 $\pm V_0 \cos(\Omega t)$ 交替施加于金属条，那么可以发现，电势的边界值问题可用谐波函数求解，得到：

$$\Phi = V_0\left(\frac{r}{r_0}\right)^N \cos(N\phi)\cos(\Omega t) \tag{10.14}$$

最简单的对应 $N=2$，其中有 4 个金属杆在径向方向上提供简谐约束控制。为了实现轴向约束有两种常用方法：一种方法是将一对极性相反的杆分段，仅在段间携带直流电势差，以产生恢复直流场，从而囚禁离子；另外一种方法，将环形电极共轴安装在杆上携带直流电势差。后者设计示例如图 10.5 所示，美国国家标准技术研究所研究小组[5]已将其用于单个离子量子态相干的研究。

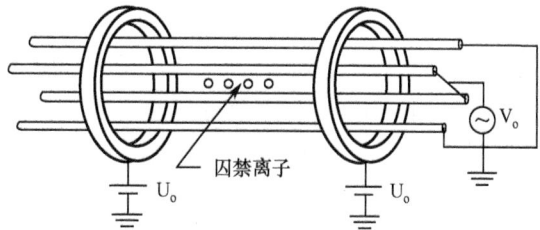

图 10.5 美国国家标准技术研究所线性射频离子阱

10.4　囚禁离子频谱学

1969 年，在戈达德空间飞行中心作者首次建议将保罗阱的离子囚禁作用技术用于空间应用的新式便携原子频标基础，并在 1972 年与 G.沃斯合作[6]完成了该设想。这一新概念没有用磁场和原子束观测中性原子的超精细频谱，而是建议使用保罗阱中与光束相互作用的原子粒子。这种方案具有出色的频率稳定性和精确度，并且适用于轻型紧凑移动设备，这也在激光技术开拓新的技术前沿之前很好地实现了单个囚禁离子的观测。保罗阱在射频频谱领域的应用已在氦离子[7]和氢分子离子[8]中得到验证，这些实验纯粹由人们对科学的极大兴趣所驱动，在此我们将其作为离子阱在频谱领域应用的成功案例呈现，而不是仅仅局限于起初应用的质谱仪领域。氦离子实验利用离子与自旋极化铯原子之间自旋相关的碰撞作用，而氢分子离子则受离子极化紫外辐射的影响。1965 年，作者最早在耶鲁大学试图对锶离子进行囚禁离子的光泵浦实验，该实验将铷光谱的次谐振频率作为泵浦源，这在当时并不可行，因为需要开发新的泵浦光源，但是结合光泵浦技术和电磁势阱中的离子约束，最终它成为了一种非常有效的方法。

将汞 199 离子基态超精细频率作为航天器时钟的可行性已被充分证明。在封闭壳体结构外，该离子有一个电子 $S=1/2$，核自旋 $I=1/2$，其约 40.5GHz 的超精细频率趋近于微波频段的上端，这意味着对于给定寿命周期的频谱展宽，频率的不确定性会尽可能减小。此外，囚禁离子无扰动寿命一般为几秒，这意味着微波频谱谐振线 Q 值接近 10^{11}，并且作为重离子其二阶多普勒频移相对较小。最后，相比氢的 21cm 波长，其 7.4mm 的波长较小，因此对应的微波元件尺寸较小，这对于便携式频率标准是一个重要考量。但是在合适的激光系统面世之前，有一个关键的特性是汞有两个稳定的同位素：质量 199 和质量 202，如此一来其中一个同位素产生的超精细谱线就可以用来泵浦另外一个能态，如同铷标准，两个超精细能态之间的跃迁频率可通过汞离子谱线中同位素的偏移光学数据进行粗略概算。经过戈达德空间飞行中心长期的探索，终于观测到约 40.5GHz 时的微波谐振具有明显线宽，这一线宽显然是由微波源而不是离子共振本身导致。直到十年后，关于汞离子标准的重要研究进展才公开发表，特别是喷气推进实验室研究团队借鉴戈达德空间飞行中心的研究成果。

汞离子在进一步发展便携式离子频标中发挥了重要作用，在此概述一下其原子特性。汞原子，原子序数 80，有许多同位素，其中八种都很稳定，质量 199，同位素自然丰度为 16.9%，核自旋 $I=1/2$，核磁矩 $+0.506\mu_n$。单电荷离子核外有 79 个电子，最外层 $n=6$ 只有一个电子，能态 6s，轨道角动量为零，类似于碱金属原子——铯，其第一个谐振波长在紫外光谱区 194.2nm 处。由于该离子基态是 S 态，电子将会与核磁矩产生接触超精细相互作用，如同中性铯原子。结果是在较弱磁场中，电子与核磁矩耦合，且必须用总角动量 F 描述，其值可取 $F=(I+1/2)$ 或 $F=(I-1/2)$。事实上，核自旋仅为 $1/2$，且可与外层电子产生很强的超精细相互作用，这是汞同位素的另外一个优点，因为这会形成一个简单的量子能级结构，在试图把离子置于所需的跃迁高能态时，其他能态很少参与竞争。在外部磁场 B 作用下，不同能态（$F.m_F$）的能量如图 10.6 所示，这与氢原子基本类似，当然除了具有更大的超精细分裂。

如同其他微波频率标准，与磁场无关的跃迁（F=1，m_F=0）→（F=0，m_F=0）可作为频率基准，因此必须在这两个态的布居数上制造差异。正如前文所提到的，激光面世以前利用光泵浦可以实现超精细能态布居数差异，这基于同位素 202 第一共振线只与同位素 199 吸收光谱两个超精细组分中的其中一个相近这一科学发现，从而充满汞同位素 202（I=0）的灯提供泵浦辐射，因此没有超精细结构，光泵浦循环的原理与铷相同，图 10.7 中显示了质量 199 和 202 的汞同位素离子的相关量子态。

图 10.7 显示了使用高分辨率频谱分析仪观测同位素富集汞灯在 194.2nm 谐振辐射线的超精细分量，从中可发现同位素 202 的谱线恰巧与同位素 199 谱线中的一条重迭。光谱学家将这种重叠称为同位素偏移，这是由两种同位素核结构差异造成的，这一解释的最初证据是从莫洛索斯基[10]对汞同位素位移的高分辨率频谱分析中而得。从相同光谱数据中可以间接计算出质量 199 谱线的超精细分裂约为 40.5GHz，平均能量约 2.5eV 的因禁离子的多普勒频谱展宽约为 6 GHz，远低于预期的超精细分裂。事实上，多普勒展宽会提高质量 202 同位素谱线与 199 相邻谱线的重叠效果。

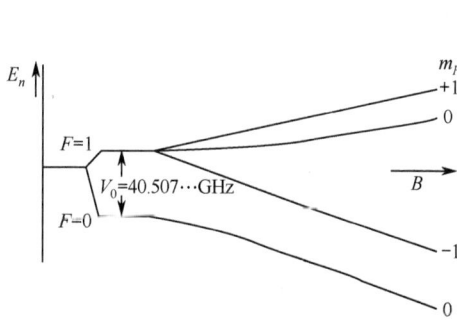

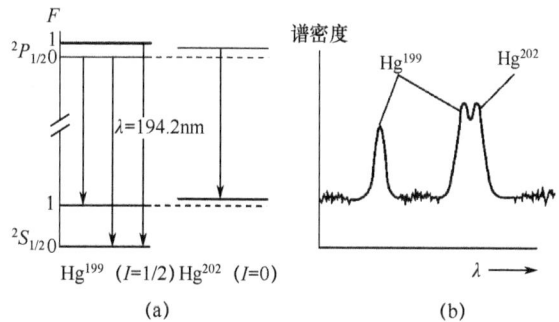

图 10.6　汞 199 基态超精细能级与　　　　图 10.7　（a）199Hg$^+$与 202Hg$^+$量子基态；
磁场的函数关系　　　　　　　　　　　　　　（b）199Hg$^+$与 202Hg$^+$观测谱。

这里的量子态布居数光泵浦原理与第 7 章描述的铷原子相同。然而，与铷频率标准不同之处在于，与信号有关的汞离子数量太少，因此有必要通过离子荧光变化观察所需的微波跃迁，这意味着离子必须由准直泵浦光束照射，而离子辐射的荧光必须用广角光学器件接收，并聚焦在光电倍增管的阴极。由于辐射频段在紫外光谱区，因此可以用"日盲"光电倍增管在极低暗电流下检测荧光，这是选择汞离子的一个关键优势。具体实现这一频标需要克服两大障碍：一是滤除超出由紫外光谱数据得出的近似值的超精细频率；二是实现汞离子 194.2nm 紫外波长第一谐振线强辐射放电灯的发展，普通汞蒸气灯主要中性汞发出的 253.7nm 谱线。在信噪比方面，使用激光光源比传统放电管有绝对优势，事实上已有人提出将波长为 582.6nm 的三次谐波作为激光光源。然而，放电管具有紧凑坚固的优点，正好具备便携式装置需要的基本特性，毫无疑问未来紧凑型激光源将发展迅速。要了解放电管中所需输出光通量以及泵浦辐射的吸收率和二次辐射率，可以做一个原子系统辐射的共振散射效果假设，给定谐振频率的光子流密度为 j_0（每秒单位面积穿过的光子数）被固有线宽为 Δv_n、谐振线宽 Δv_i 的因禁离子散射，那么以下近似方程成立：

$$P = \frac{\lambda^2}{4}\left(\frac{\Delta v_n}{\Delta v_i}\right)j_v \qquad (10.15)$$

其中，P 为单个离子每秒光子的吸收概率。由以上方程可知，$\lambda^2/4$ 是原子（或离子）呈向共振辐射光束的横截面，该截面积约为 $9\times10^{-11}\text{cm}^2$，应该注意到这比典型的原子散射截面大 5 个数量级。

然而，在关于谱线宽度的合理假设基础上有一点可以明确，即需要一个非常明亮的经典光源以及特殊的光学系统，以尽量减少设备不同部分的光散射。但正如前文提到的，不幸的是普通高频放电灯管的缺点是，它的发射光谱中中性原子的 $\lambda=253.7\text{nm}$ 谱线占据绝大部分能量，而光谱中的荧光辐射将成为未来家用的主要照明灯具。为了进一步提高在紫外区域的辐射，有必要提高放电中电子的平均能量，其中一个方法就是在真空中触发汞蒸气高频放电，这种方法通常用来减缓电子速度，并增加其向管壁的扩散时间。这种高频真空电弧工作模式确实增强了所需波长的辐射，但其缺点是不易启动，并且石英灯泡的褪色会缩短放电灯的寿命。因此在实践中使用一些缓冲气体如氩气，通过滤波以及使用对其不敏感的光电倍增管检测器以滤除不需要的辐射频率。

传统放电灯与激光光源形成了鲜明对比，其根本缺陷是其有限的固有亮度，即光是从一个相对较大的表面输出，而任何一个光学系统将光聚焦到一个较小的区域，都必然会增大光束的发散角度，这是一个普遍的事实，本书称之为亮度定理，它限制了我们将放电灯的输出聚焦于离子的能力，从而限制了可到达检测器的杂散光，并掩盖了来自离子的弱荧光。在通常的泵浦光束和探测器配置条件下，光束穿过圆柱形电极孔，圆柱电极直径方向终端连接伍德喇叭，这是一种喇叭状锥形弯曲管，其内表面涂覆吸波材料，可完全吸收光束。必须要注意到，圆筒孔径边缘要在微观尺度上避免近离子对泵浦光产生散射。离子的二次散射以及杂散背景光的强度很低，因此需要光电倍增管用于光子计数。"日盲"光电倍增管通常是 2 英寸带铯—碲终端对接半透明阴极管，垂直于泵浦光束，并且沿阱轴安装在真空封装外。日盲型光电倍增管有一个巨大的实验优势，它不仅对电子源辐射不敏感，能滤除放电灯的 253.7nm 辐射，更关键的是还具有极低的暗电流及噪声。为了进一步阻止 253.7nm 光以及其他可见光到达光电倍增管阴极，可使用中心频率为 194.2nm 的窄带干涉滤波片。NASA 最初的汞 199 离子实验的总体布局如图 10.8 所示。

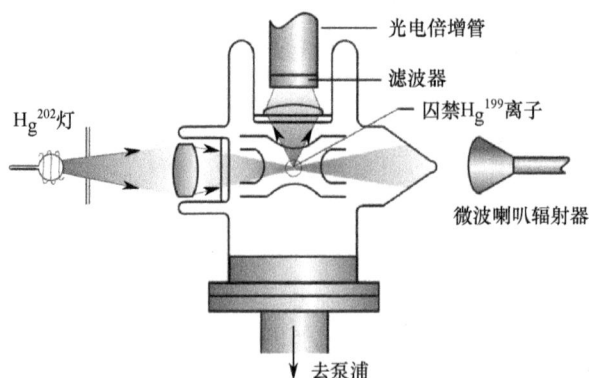

图 10.8　原 NASA 汞 199 离子实验方案示意图

在本设计中，固态四极电极的内表面加工成符合 $r_0=1.13\text{cm}$、$r_0/z_0=\sqrt{2}$ 的双曲线几何形状。从实现超高真空的角度而言，将薄钼片制成适当的双曲线是一个很好的选择，这需要将金属部件彻底脱气，通常采用感应加热方式。下一章将讨论当今的设计——微型离子阱，可囚禁少数离子甚至单个离子，通常采用小金属环或带有小圆孔的金属片。

为观察汞离子预期频谱分辨率精细程度的微波谐振，需要一个与频谱纯度匹配的微波功率源。从降低频谱纯度的角度，可以通过如石英振荡器等直接获得高阶倍频，这显然需要先进的频率合成技术，或许可从耿氏二极管等微波谐振腔入手。耿氏二极管是一个基于所谓耿氏效应的固态装置，当施加于均匀掺杂 n 型砷化镓晶体的电压超过一定阈值时，它会产生一个快速脉冲电流，脉冲的傅立叶频谱延伸到微波频段。与高 Q 值的空腔配合使用，可以提供一个相对低噪声的微波源，以观察汞的谐振。

不同于 NASA 十多年以后的实验，激光源面世后，射频放电汞灯亮度低意味着荧光信号极其微弱，淹没在背景辐射之中，甚至后来需用极端措施来避免这种现象。囚禁离子的数量随时间衰减，且连续电子束脉冲产生的离子数量是波动的。由于长期漂移效应的作用，泵浦光的强度也有波动，理想状态下光子计数及其减少的方式应使其欲产生的谐振频率与离子数量或泵浦光的强度无关。将产生谐振频率的频率合成器设定在略高于和低于中心频率的两个频点之间的频率步进，最终通过伺服控制锁定在离子共振频率，理想情况下这两个频点应该设置在共振曲线两侧光子计数最敏感的频率值上。对于理想的洛伦兹线形，例如由于寿命展宽产生的情况，频率一般设在 $\nu = \nu_0 \pm \sqrt{2/3}\gamma$，其中 γ 是半谐振宽度，理想状态下只要这两个频点相对共振曲线最大值对称，则两侧的光子数应该相同。将一个计数减去另一个计数，然后在多个周期进行平均，随着微波频率扫掠并经过离子共振频率，可得到一个由负经零到正的值，这恰恰是共振锁频所需的误差信号，因为误差为零时频率正确，并区别过高或过低的频率值。但事情并非如此简单，离子阱中的离子数量除了周期波动以外，临近波动周期的离子数还将不断缓慢下降。由于每个周期持续时间只是陷阱中平均离子寿命的一小部分，可以假设离子数以恒定速率变化，并由光子计数的二阶差分得到适当修正。这就要求将频率切换回完整周期的初始值，因此设 S 为一个周期内光子的减少数，$n_1(v_1)$、$n_2(v_2)$、$n_3(v_3)$ 为光子计数，

$$S = [n_1(v_1) - n_2(v_2)] - [n_2(v_2) - n_3(v_3)] \tag{10.16}$$

假设计数是在相等时间间隔内进行累积，这种情况下离子数或光强度的任何线性变化，甚至光电倍增管任何老化（虽然这不太可能）产生的影响都可相互抵消。现在有一个更加优化的数据差分方案[11]，也由一系列 S 参量（包含三个计数）构成，但交替使用符号。为详细说明，设 n_1、n_2、$n_3\cdots$ 为共振频率两侧连续交替的光子计数，则信号计算形成下式：

$$+(n_1 - 2n_2 + n_3), -(n_2 - 2n_3 + n_4), +(n_3 - 2n_4 + n_5), -\cdots \tag{10.17}$$

当完成足够数量的周期，达到光子计数波动与总光子数的所需比率（即信噪比）时，中心频率将以小增量变化并扫过共振曲线。转换为模拟量后，光子计数便作为误差信号用于低噪声微波源反馈伺服控制。为提高伺服系统的稳定性，误差信号必须通过积分器产生一个正或负斜率的斜坡电压，这取决于误差信号的正或负，该积分器的输出应用于微波源频率控制元件中。

任何频率标准都有两个最重要的性能指标，即谱线宽度和输出信噪比。在汞离子频率标准中，真空离子的辐射过程不受碰撞时间限制，因此不存在因寿命周期内产生的频谱展宽。但是还有另外两个影响线宽的基本因素[1]，即多普勒效应：由于离子被囚禁于近似辐射波长尺度的空间（所谓的迪克效应）内，而且它们相对微波的平均速度为零，因此一阶多普勒展宽为零。而另一方面，二阶多普勒效应将导致频谱偏移，得到下式：

$$\Delta v_D = \frac{1}{2} \frac{V^2}{c^2} v_0 \tag{10.18}$$

在早期保罗阱中，离子通常处在一个约 2.5V 深度的势阱中。由于离子群能量分布范围的上限为该值，因此多普勒频移将会导致约 $1.4 \times 10^{-11} v_0$ 的频谱展宽。离子的动能分布连续，多普勒展宽线型也将取决于这一分布。新的离子激光冷却技术的发展已从根本上减少了多普勒展宽，实现了最初观察静止的单个原子离子的设想。事实上除了频率标准，粒子囚禁和激光冷却技术的结合同样在量子计算方面得到了进一步发展。激光场约束离子的频谱已将谱线宽度降低至前所未有的水平，第 11 和 18 章将详细论述该部分内容。

谱线展宽的另一基本来源是周围磁场产生的频率偏移，可采取超导屏蔽等极端措施屏蔽离子频率标准和地球磁场。然而均匀的弱磁场也是必需的，它可通过平行于微波磁场的专用线圈建立，这一磁场对汞离子超精细频谱产生的偏移为：

$$v = v_0 + 9.7 \times 10^9 B^2 \tag{10.19}$$

其中，B 是磁场强度，单位特斯拉。因此，任何阱空间磁场的不均匀性都会导致频谱展宽。

最后，我们考虑通过荧光光子计数可获得的信噪比。当不存在任何系统性涨落时，例如在灯输出中，谐振时光子计数的信号与纯散粒噪声的比值可由 $(N_r - N_0)/(N_r + N_0)^{1/2}$ 得出，其中 N_r 和 N_0 分别为谐振和非谐振时的光子计数。均方根艾伦方差 $\sigma(\tau)$ 会随 $\tau^{-1/2}$ 变化，因此：

$$\sigma_y(\tau) = \frac{1}{2\pi} \frac{1}{Q_A (S/N)^{1/2}} \tau^{-1/2} \tag{10.20}$$

其中，Q_A 是离子共振品质因数，S/N 为信噪比，τ 是取样时间。在文献[12]中，卡特勒等人给出了他们的试验频率标准 $\sigma_y(\tau) = 1.2 \times 10^{-12} \tau^{-1/2}$，对磁场和二阶多普勒频移引起的超精细频率偏移给出的一个预先校正值为 40507347996.9±0.3Hz。

10.5 近期进展：囚禁单个离子

如同其他领域，激光（下一章将详细讨论）改变了离子约束的方方面面，其深远影响不仅在于原子的时间标准，更在于单个离子的量子行为及其在量子计算中的应用。实现存储离子光谱学中激光光源的一个主要障碍是在紫外光谱区激光的频率合成，其中一些重离子在该频段有其共振频率。在紫外光谱区，汞离子的共振波长大约为 194nm。由于已知的激光光源不能产生这种波长，因此必须采用频率合成。鉴于此，可采用极高强度的激光束激励某种晶体进入非线性区域，导致其在谐振频率时产生辐射，或是两个输入频率的和（或差）。因此伯克兰等人[13]能够合成 194nm 波长的连续激光束，从而观察汞离子共振，然而目前只有一种小型汞蒸气射频放电管是唯一适用于便携式离子频率标准的装置。毫无疑问，激光材料及其相关技术的持续快速发展将改变这一现状。

在微观层面，一些适用激光离子阱的物理尺寸和几何形状大约为 $100\mu m$，在这样的阱中离子振荡幅度极小，以至于电场电势中的必要鞍点可通过电极实现，并且电极的体积可以足够大，形状也不需要特别限制。最简单的例子可能是平面导体板或圆孔平行板阵列，圆孔中心附近区域的场将具有所需的四极几何结构[14]，这种结构如图 10.9 所示，即椭圆离子阱。

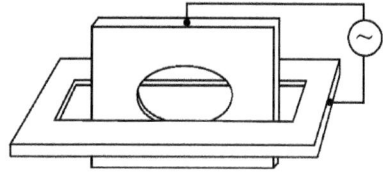

图 10.9　椭圆离子阱平板电极几何形状示意图

当然一个重要的前提是，激光束必须能够以最小的电极杂散散射照射离子。与传统的光源相比，激光束的特殊亮度和光谱纯度意味着单个囚禁离子的散射可以并且已经被检测到，而且逐渐减慢了它们在阱中的振荡运动。本质上微型阱中的激光冷凝离子不受三个频率标准不稳定因素的影响，即二阶多普勒效应、二阶磁场偏移以及与缓冲气体原子碰撞。这也意味着，在简谐势阱中可以分辨离子能量的量子能级，并观察到原子能级之间的跃迁，这使得研究离子内部（如超精细）量子态及其在阱中的运动成为了可能。正是这一功能实现了有关量子计算机逻辑门的预言。

利用微机电系统（MEMS）技术，调整之前提到的线性阱配置，即可与固态设备相兼容，这些研究的推动力来自量子计算等一些重要应用。这些都需要可集成到固态器件并且可扩展、复制的微阱阵列，以满足在有限体积内的大量应用。最具前景的发展是，在使用半导体制造技术铺设线性导电片的表面上囚禁单个离子。在新近发表的一篇文章中，美国国家标准技术研究所（NIST）的布里顿等人[15]描述了采用光刻技术由硅锭制备的一个表面电极微型阱，其平面电极包括两条平行射频条，另外两条称为控制电极，它们的顶端为直流正电位以产生一个轴向的约束场，而赝势（描述在射频场中的平均离子运动）在径向方向上囚禁离子，进而完成对离子的三维约束控制，实验选择与硅热膨胀系数匹配的硼硅玻璃基底为硅晶片提供结构支撑。

美国国家标准技术研究所利用激光将镁蒸气电离形成镁离子，在具体的实验设计中通过临界电极间桥接表面的缺失避免了镁蒸气冷凝可能造成的短路。离子形成于双光子过程，首先波长 285 nm 激光的辐射光子被原子吸收，使原子跃迁到激发态，然后再吸收第二个光子，并导致其电离。与电离激光束平行的是另一个激光束，其波长设置为低于离子共振频率 400MHz，以实现多普勒冷却（参见第 11 章）。CCD 相机通过检测激光激发的荧光辐射以辨析单个离子，显然该试验的成功是在使用离子阱的量子计算机研究进程中的一大进步。

参考文献

1. J. Stratton，Electromagnetic Theory（McGraw Hill，New York，2008）. reprinted Adams Press

2. J.R. Pierce，Theory and Design of Electron Beams（van Nostrand，Princeton，1954），p. 41

3. W. Paul，Rev. Mod. Phys. 62（3），531（1990）

4. J.P. Schermann，F.G. Major，Appl. Phys. 16，225（1978）

5. F.G. Major，NASA Tech. Rep. X-521-69-167（1969）

6. F.G. Major，G.N. Georghe，G. Werth，Charged Particle Traps（Springer，Heidelberg，2005）

7. F.G. Major，H.G. Dehmelt，Phys. Rev. 170，91（1968）

8. H.G. Dehmelt，K.B. Jefferts，Phys. Rev. 125，1318（1962）

9. F.G. Major，G. Werth，Phys. Rev. Lett. 30，1155（1973）. Appl. Phys. 15 201（1978）

10. S. Mrozowski，Phys. Rev. 58，332（1940）

11. D.W. Allan，Proc. IEEE 54，221（1966）

12. L.S. Cutler，et al. Proc. Annual PTTI Meeting Washington，DC（1981）

13. D.J. Berkeland et al.，Phys. Rev. Lett. 80，2089（1998）

14. F.G. Major，J. de Phys. Lett. 38，L221（1977）

15. J. Britton，et al.，arXiv:quant-ph/0605170v1 19 May（2006）

第 11 章　光频振荡器：激光

11.1　简介

激光（laser）一词显然继承于微波激射器（maser）。与微波不同，它通过受激辐射放大光波。虽然它们都是电磁波，且物理原理相同，但是创造观察条件的实践问题却大不相同。激光和微波激射器常用来表示振荡器，而不是放大器。值得注意的是在发现激光现象前，当时的物理原理或者实践技术对激光并不了解。受激辐射概念的确定得益于大量关于波长和谱线强度的光谱数据，以及大力推广的光波干涉测量法。此外，自 19 世纪起已有人研究稀薄气体放电和晶体光学理论。1960 年，梅曼发表了红宝石晶体的激光作用后，关于不同材料激光作用的文章层出不穷。激光在形成原子钟和陀螺仪的最终形态以及未来导航发展中起着变革性的作用，因此这一整章将对其进行介绍。

11.2　光腔

微波激射器需要高 Q 空腔以维持电磁振荡，同样激光作用也需要光频腔。然而，这两种情形下的腔体有一个非常重要的物理差异，这种差异来源于完全不同的波长。由于微波激射器的工作波长一般为 1～20cm，相近规格的腔必须完全封闭，并需要强烈的反射腔壁以实现高 Q 值。此类腔体在分立的频点振荡的谐振模式较低，在这些分立的频点中，其中一个频率必须调谐到原子跃迁频率。相反实验室规格下的波长极短时，腔体一般由一对相距一定距离准确对齐的稍凹镜面组成，呈全敞开式，这样就会有一个高 Q 值。之所以出现这一现象，是因为当光在凹面镜之间来回反射时，除了镜面吸收光外，唯一损失由镜面衍射造成，假设镜面远大于光的波长，那么损失会很小。

在相距一定距离处安装相互平行的两个光学平面镜以形成光谐振器，这种布局方式的前身就是 1889 年发明的法布里—珀罗干涉仪，它标志着现代波光学时代的开端。它以两个高反射镜间的多次反射来提高这些波长的振幅，以满足某个谐振条件。通过调整镜面间的距离，它可作为高分辨率分光仪。物理量"精细度"表示分离相近谱线的程度，为了理解此物理量，考虑一束具有无限尖锐谱宽的单色光波沿垂直于两个镜面的平面进入干涉仪，设镜面之间的距离 D 对应第 n 个模式，其中 n 为从一个镜面到另一个镜面，然后再回到第一个镜面总距离的波长数，即 $n\lambda = 2D$，因此通过这段距离的时间为 $\tau = n\lambda / c$。可以发现，如果波在镜面之间的平均波程 F 上仍保持幅度和相干性，则相干时间为 $T = Fn\lambda / c$，另外设频率不确定性（或频宽）为 Δv，$\Delta vT = 1$。因此推导出如下关于分辨率的结果：

$$\frac{v}{\Delta v} = Fn \tag{11.1}$$

显然，频率间隔 Δv 是两个谱线最近的频率间距，但却使二者仍可区分。物理量 F 主要取决于镜面反射率，称为腔体精细度。毫无疑问，物理量 Fn 与微波腔的 Q 值相对应。就镜面反射率 R 而言，"精细度"由下式得出：

$$F = \frac{\pi\sqrt{R}}{1-R} \tag{11.2}$$

激光多层镜面设计和制造已有一定发展，R 值可达到 99.998%，对应 $F=157000$。

分光仪需扫描反射镜面间距以显示光谱，每个波长产生大量不同的谐振模式，因此有必要知道两个连续模式之间的波长范围，以避免模糊性。当镜面间隔为 L 时，两相邻谐振频率之差由下式得出：

$$v_{n+1} - v_n = \frac{c}{2L} \tag{11.3}$$

或者，就波长而言：

$$\lambda_{n+1} - \lambda_n = -\frac{\lambda^2}{2L} \tag{11.4}$$

当法布里—珀罗干涉仪首次出现时，光谱灯具有有限波相干长度，且镜面间距一般在毫米范围内，现在气体激光腔可延伸至数十厘米。

与反射壁完全封闭腔组成的氢微波激射器不同的是，开放腔由两个镜面组成，严格来说，它没有离散谐振频率。然而在实际证明双镜面腔内的激光作用前，理论上已经证实[1]沿镜面间的轴线的确存在光场模式。假设光波镜面衍射造成了光能量的唯一损失，即可在这样的光学腔中简单的推导 Q 值。假设镜面为圆形，直径为 D 且大于波长，距离间隔为 L，落在镜面上波长 λ 的平面光波将以 λ/D 弧度衍射（展开），如图 11.1 所示。

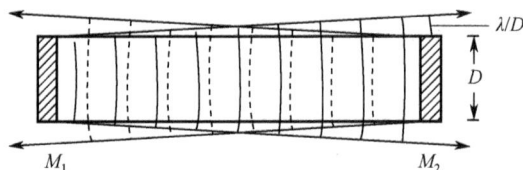

图 11.1 双镜面光学腔衍射

如果假设。在扩展的波阵面上均匀分散波能量，当到达另一个镜面时，波的 $4\lambda L/D^2$ 部分将落在镜面边缘外，然后消失。每个镜面反射时都会有部分损失，以间隔 L/c 重复，即光在两个镜面间的传送时间。因此部分光能量损失的平均速率为 $R=4\lambda L/D^2$。实际上，我们感兴趣的是腔体中不同谐振模式的 Q 值，对此依据能量损失的速率，由以下定义可得：

$$Q_n = \frac{2\pi v_n}{R} = \frac{\pi D^2}{2\lambda_n^2} \tag{11.5}$$

其中，λ_n 为第 n 模式下的波长。例如，假设 $D=2.5\mathrm{cm}$，$\lambda=632.8\mathrm{nm}$，由氦氖激光器发出的常见红光，由衍射决定的 Q 值大约为 5×10^9。

更为真实的描述双镜腔周围光波分布远复杂于我们的假设。一个镜面反射的波前强度轮廓分布很不均匀，呈径向分布，在特定模式下类似于鼓面振动形式。实际上，设计使用普通（非相干）光的透镜系统所用的传统射线光学并不适用于激光系统，激光系统需要电磁波理论架构以适应其边界条件。事实上这种波动方程的解已经确定，并且适用于双镜面系统边界条件，其解绕镜面轴对称，但是径向 TEM（横向电磁波）模式呈特征性的径向强度分布。一些低阶径向模式的波束轮廓如图 11.2 所示。

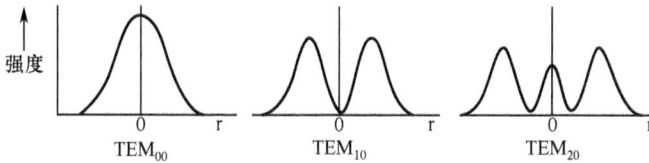

图 11.2 低阶径向模式径向强度分布

最低阶模式为 TEM_{00}，其轴上有一个最大值，强度分布为高斯分布，即随着指数函数 $(-r^2/r_0^2)$ 变化，称这种性质的光束为高斯光束。人们将含有这种光束的光学系统设计理论称为高斯光学，它从根本上就不同于传统光学的射线跟踪法，镜面和透镜的传统公式不再适用，而光的波动性极其重要。

低阶径向模式的双镜腔波方程有解，这使得能在气体中观察激光作用。正常情况下，由反射面构成的三维腔几乎具有无数的光场振动模式，所有模式均进行激励竞争。事实上，从黑体辐射理论可以看出腔体积为 V、范围为 Δv、频率为 v 的辐射场模式数量可由下式得出：

$$\Delta N = \frac{8\pi v^2 V}{c^3} \frac{\Delta v}{v} \qquad (11.6)$$

只要腔的线性尺寸远大于波长，这一结果即可适用于任何形状的腔。

设计腔体的根本问题是，确定限制 Q 值的因素，以及怎样优化这些因素从而达到更高 Q 值。理论表明，假设气体中光增益非常小，如果是凹面镜而不是平面镜用于共焦构造，那么衍射损失将大幅缩小，并可以达到最佳 Q 值，如图 11.3 所示。

我们知道，半径为 R 的半球凹面镜会将平行光束聚焦到轴上距镜面 $R/2$ 的点上，也就是说对于共焦腔，镜面之间的距离为 $D=R$。已经计算出平面镜和凹面镜双镜面腔的衍射损失，不同腔[2]损失与 $D^2/4\lambda L$ 的关系如图 11.4 所示。

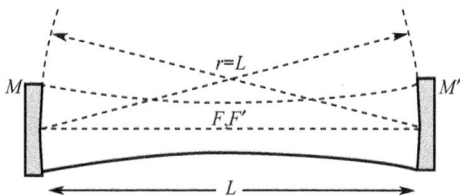

图 11.3 共焦光腔

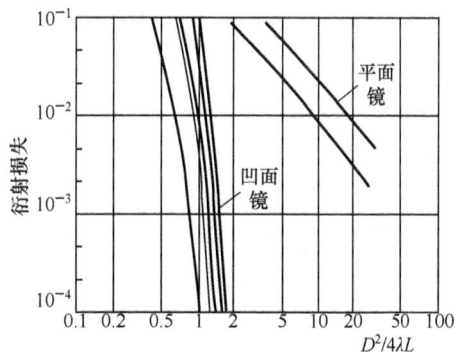

图 11.4 双面镜腔中衍射损失与 $D^2/4\lambda L$[2] 的函数关系

根据我们的近似理论，平面镜图应是斜率为−1 的直线，从上图可以看出，假设镜面完全对齐，即使平面镜损耗在 $D^2/4\lambda L = 100$ 时也可以低至 3×10^{-4}，在镜面完全对齐的情况下很有可能得到这样的图。当然为了发挥激光的作用，激光必须提供输出波束，这可能会有 1% 的损耗。

11.3　光放大

从氢微波激射器的研究中我们已经熟悉，为了在谐振腔中保持持续振荡，受激辐射的原子必须比吸收辐射的原子多，从而弥补所有损耗并净增加场能。然而，氢微波激射器中的微波跃迁特性与激光所要求的光跃迁迥然不同，前者依赖于原子和场之间磁偶极的相互作用，而后者涉及到更强感应电偶极间的相互作用。当然，原子中的能级分离也反映了磁相互作用和电相互作用的不同强度，电偶极跃迁由诱发原子偶极矩振荡的光束电场分量诱发。值得注意的是，对称情况下原子不可能具有永久电偶极矩，然而当受到光波电场分量的影响时，原子核和电子被拉向相反方向，因而形成偶极矩。电跃迁和磁跃迁的不同产生了两个重要结果：首先，通常电偶极跃迁从高能态中自发辐射的概率比磁偶极跃迁高几个数量级；其次，与常温下平均热能相比，磁超精细水平的分裂相对较小；而一般由静电力决定的各种电子态间距远大于热能的作用。根据玻尔兹曼定律，在常温热平衡中，原子或分子几乎完全处于基态，因此如果 N_1 是高量子态能态布居，N_2 是低量子态能态布居，则玻尔兹曼定律如下：

$$\frac{N_1}{N_2} = e^{\frac{E_1 - E_2}{kT}} \tag{11.7}$$

由于绝对温度 T 是正数，因此热平衡下 $N_1 \ll N_2$，为了实现 $N_1 > N_2$ 条件下的振荡，需要创建一个非平衡状态，即能态布居的反转。

激光作用中一个至关重要的参数是受激辐射的跃迁概率及其与自发辐射的比率，可以根据爱因斯坦 A 和 B 系数得出：

$$\frac{A_{nm}}{B_{nm}} = \frac{8\pi h v^3}{c^3} \tag{11.8}$$

这两个系数的定义如下：每个原子吸收或受激辐射 ρ_v 谱密度的概率由 $B_{nm}\rho_v$ 可得，同时 A_{nm} 是自发辐射概率。受激辐射与已经存在的光学场同相，表示受激辐射放大，这就是激光作用的基本机制。如果由于条件问题，将数字替换并从典型辐射灯中获取这些数字时，则很容易发现自发辐射的速率不相干，且大大超过任何受激辐射，这就解释了通常不能在传统放电灯或一些常见光源如太阳或钨灯中发现激光作用。"自发"辐射一词与该名称的本义并无太大关系，本义是指：场理论把它归结于电磁场"零点"随机波动，并且有随机相位。稍后我们将讨论光的相干性。

再次利用爱因斯坦系数，根据某种机制使粒子布居数反转的程度，可以得到气体中的光增益。因此，设 n_1 和 n_2 分别表示高量子态和低量子态的粒子数密度，其能量相差为 $h v_0$，设频率为 v 的光束沿 z 轴通过气体，则可以发现发射强度 I_v 为：

$$I_v(z) = I_v(0)exp(\gamma z) \quad \gamma = \frac{1}{4}(n_1 - n_2)\lambda^2 \Delta v_{ng}(v - v_0) \tag{11.9}$$

其中，函数 $g(v-v_0)$ 解释了原子吸收的谱线形状。简单假设光束较弱，并且布居几乎恒定，上述方程的解是一个简单的指数函数，在正常的 $n_1 < n_2$ 热平衡条件下，光束的强度随距离 z 呈指数减小，遵循经典朗伯光吸收定律。但是，如果经过泵浦处理，将会形成非平衡态，此时粒子布居数反转，光强度增加，且气体是光放大介质。因为此指数增益常数与可观察物理量直接相关，即能态之间跃迁的自然谱宽 Δv_n，因此它可以写成爱因斯坦 A 系数的形式。

分析激光功能时，需要在本质上区分引起谱线展宽 $g(v-v_0)$ 两种不同情形间的差异，分别称均匀展宽和非均匀展宽。这些术语来源于激光之前的磁谐振光谱学，并且适用于许多原子和分子组成的系统。均匀展宽应用于系统所有部分，由于辐射过程寿命有限，导致跃迁频率展宽。另一方面，由于不同的多普勒频移或者在不均匀电场、磁场中的位置不同，系统每一部分与其他部分会有微小的频率差异，在此类系统中可观察到非均匀展宽。有限辐射时间引起的 $g(v-v_0)$ 就是我们在前面章节提到的洛伦兹形式。对于非均匀展宽尤其在气体中，最常见的是研究粒子热运动引起的多普勒效应。如果粒子处于热平衡状态，虽然碰撞可引起它们速度的不断改变，但是其仍会遵循麦克斯韦—玻尔兹曼统计分布。由于每个独立粒子在光束频率中都会有不同多普勒频移，因此大量原子吸收光谱的整体影响就是产生线性频率分布。利用麦克斯韦—玻尔兹曼速度分配定律，多普勒线形函数 $g(v-v_0)$ 得出频率位于 v 和 $v+dv$ 之间的概率，可简写为：

$$g(v-v_0) = \frac{1}{v_0\sqrt{\pi}}(\frac{c}{V})\exp[-\frac{c^2}{V^2}(\frac{v-v_0}{v_0})^2] \qquad (11.10)$$

为方便表示，式中 V 代替 $(2kT/M)^{1/2}$，$g(v-v_0)$ 是以 v_0 为中心的高斯函数。

我们将用简单模型介绍激光基本设计原理，该模型由法布里—珀罗腔组成，腔内充满了作为放大介质的气体。为实现振荡，振荡器必须满足两个条件：充分放大，补偿所有光损失；可再生，增强已有光场。首先分析光在两个镜面间完成的往返传播环路光强增益条件，如果 R_1 和 R_2 表示两个镜面的反射率，γ 和 α 表示介质的放大和衰减系数，为了实现振荡，放大系数 γ 必须满足如下阈值条件：

$$R_1R_2\exp[\gamma-\alpha]2L \geqslant 1 \qquad (11.11)$$

相位条件，即光波在完成镜面间往返传播后，以相同相位返回到一个给定点，这比较难评定，原因在于光波相位速度取决于频率，尤其在接近谐振时。我们可以定义一个与频率相关的折射系数 $n(v)$，则均匀气体中的相位条件可表示为：

$$\frac{2n(v)L}{c}v = m \qquad (11.12)$$

其中，m 是整数。无气体存在时，可以得到 $n(v)=1$ 和 $v=m(c/2L)$，即 L 与腔 v_m 的第 m 个谐振频率对应。为了推导出函数 $n(v)$，必须深入研究弥散理论，引用一个证明原子振荡器重要特性的近似结果，实际振荡频率如下[3]：

$$v = v_m + \frac{\Delta v_C}{\Delta v_A}(v_A - v_m) \qquad (11.13)$$

其中，v_m 是第 m 个腔模式的无源频率，Δv_C 和 Δv_A 分别是谐腔振的频宽和原子跃迁频宽。我们注意到，在氢微波激射器中可以得到相同的频率牵引结果，即原子和腔代表两个调谐到相近频率的耦合谐振系统，由此产生了上述特征现象。然而，在这种情况下不同于氢微波激射器，光腔的 Q 值较高，谐振频宽较窄。

11.4　激光输出功率

满足持续振荡的阈值条件后，接下来的问题是如何精确地开始振荡？腔中光场能产生多少能量？阈值条件仅仅解决了增强已有振荡问题，如何开始整个振荡过程仍亟待解决。氦—氖激光等气体激光器通过放电实现所选能态粒子布居数反转，这激发了许多原子态，包括激光跃迁中的原子态。初始阶段之后，进一步扩大振荡幅度和实现最终能级必须考虑到放大后的光对产生此效应粒子数差异的影响。如果粒子反转超出振荡阈值，光强度将迅速增长，诱发高能态原子辐射回到低能态，从而减少粒子反转，增益重新低于阈值。

均匀展宽激光跃迁时，所有粒子以单一频率促成受激辐射，并且谱线频率轮廓内所有频率增益达到饱和，回落至阈值。另一方面在非均匀展宽情况下，频率与共振腔多个模式共振的粒子将同时促成激光作用并饱和，通过扫掠腔的长度可以获取不同模式下的激光作用。事实上，腔的不同模式可以同时振荡而无竞争，后者是一个频率上的光场影响另一个频率振荡条件的现象。一般不同模式的相位是随机的，输出强度近似为一个常数。然而，有可能出现不同模式的相位紧密相关，这导致固定间隔出现幅度峰值，这种条件称为"相位锁定"，一种对产生超短脉冲非常有用的现象。

1964 年，拉姆提出了光场和原子相互作用的全量子理论，该理论超越了截至目前的半经典近似，他发表了一篇关于激光量子理论的论文[4]，论文中处理激光在辐射场内与原子相互作用达到了三阶近似。他推导出第 n 模式下电场幅度 E_n "态方程"：

$$\frac{\mathrm{d}E_n}{\mathrm{d}t} = \alpha_n E_n - \beta_n E_n^3 \qquad (11.14)$$

由此，可由下式得出与 E_n^2 成比例场强的稳态：

$$E_n^2 = \frac{\alpha_n}{\beta_n} \qquad (11.15)$$

极其有趣的是，作为调谐函数，线性项系数 α_n 具有热平衡条件下气体所期望的特有高斯分布，而非线性"饱和因素"系数 β_n 一般具有更强的频率依赖，由跃迁自然寿命决定。其结果是，作为调谐函数的激光输出展现了相对较宽的高斯轮廓，同时中心有洛伦兹最小值，现在称该最小值为拉姆凹陷。现已证明这种特征在稳定激光频率方面极其有效，并且能精确测量镜面间距。图 10.6 说明了气体激光输出时的拉姆凹陷（见图 11.5）。

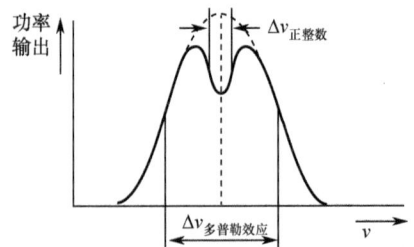

图 11.5　气体激光输出时的拉姆凹陷

11.5　激光输出波谱

由于激光辐射极好的相关长度带来极低的相位噪声和极高的光谱纯度，因此其备受青睐。当激光频率锁定在一个合适的原子或分子跃迁频率时，它的长期稳定性和可再生性使其可以作为光谱频率标准，类似于耿氏振荡器中的铷标准。在实践中，激光输出的相位噪声有两个来源：首先是腔体中的人为波动和其放大介质的光学特性，其次是光与原子系统相互作用时的基本量子涨落。

对于第一个来源，在防止谐振腔发生机械振动并最终使用伺服系统锁定合适分子跃迁的谐振频率方面已取得巨大进步，例如甲烷的某些谱线碰巧落在氦—氖激光范围内，并被用于稳定激光。汤斯和肖洛[5]实现了极限相位稳定和光谱提纯技术，初次观察到激光现象之前，他们曾预言激光发射光谱纯度的基本极限远超出现有激光水平。通过分析激光发射过程，他们指出输出光谱的宽度有一个基本最小值，这个最小值由自发辐射光子以及幅度放大依赖的受激辐射决定。自发辐射的概率与存在光子与否无关，并且辐射的光子具有随机相位，与其他原子辐射光子相位以及同一原子不同时刻发射的光子相位不相关。这与一个处于高能态、受已存在光场感应发射光子的原子不同，它有一个与诱发场相关的确切相位，也就是说如果大量原子进入相同光场，并且诱发辐射，它们将一同放大同一光波。

正如所猜测的，不相干的自发辐射限制了激光输出的相位相干性，从而得到由 N_{sp} 自发跃迁引起的激光发射场相位 $\Delta\varphi$ 的平方偏差为：

$$(\Delta\varphi)^2 = N_{sp}\frac{E_{sp}^2}{2E_{tot}^2} \qquad (11.16)$$

其中，E_{sp} 是由自发辐射引起腔场的电分量，E_{tot} 是总场。在振幅—相位图中，总光场矢量是由一个相对较大的旋转矢量（相干部分）以及一个具有随机幅度和相对相位（角度）的较小矢量组成，这就产生了一个幅度和相位随机波动的合成场，如图 11.6 所示。

如果假设激光振荡水平通过增益饱和达到稳定，例如使相位不受限制以便光场平均强度为常数，那么相位将有一个由自发分量引起的小波动。当自发贡献与相干矢量正交时，总矢量的相位变化幅度明显最大，此时相位变化最大值为 $\Delta\varphi_m = E_{spont}/E_{tot}$。另一方面，如果

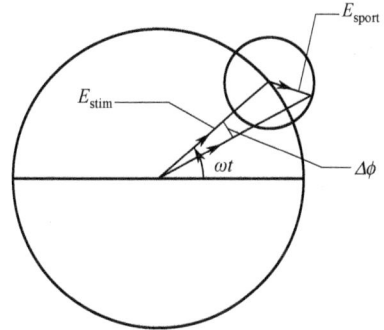

图 11.6 相干场和自发场相量图

自发矢量与相干矢量平行，相位将出现零位偏移，因此通过求平均数得到了式（11.16）中的因子 2。当然，相位的改变有可能增加或减小相位，也就是说 $\Delta\varphi$ 可能为正也可能为负，我们现在仍然要解决统计问题，即随机游走。汤斯和肖洛得出可由下式得出激光发射线宽：

$$\Delta v_L = \frac{\pi h v_L}{P}\frac{N_2}{N_2-N_1}(\Delta v_C)^2 \qquad (11.17)$$

其中，v_C 是无源腔谐振线宽，P 是光功率输出，N_1 和 N_2 分别是基态和激发态的粒子数。举一个例子，氦—氖激光有 1m 长的腔体和 1%输出镜面，在 $\lambda = 632nm$ 波长时发射 1mW 辐射，则可得出 $\Delta v_L \approx 1.6\times10^{-3}Hz$，与分线宽 3.2×10^{-18} 相对应。这个量子极限如此小，以至于第一次得到它时都认为没有任何实际意义。然而追求光学频率标准时，稳定激光

的最近进展表明将来人们可能会重视这一极限。

11.6 气体激光系统

11.6.1 氦—氖激光器

虽然固态激光器一直在现代技术中发挥主导作用，且唯一适用于现代电子集成，但是氦—氖激光器的红色细光束在激光器历史上仍占有一席之地。鉴于它在激光器早期发展及应用中发挥重要作用，我们将专门研究氦—氖激光器及其他气体激光器，特别是氩离子激光器。

我们将在本章最后讨论红宝石激光器，氦—氖激光器是首个在实践中成功演示的激光器，它展示了如何将微波激射器原理扩展到光谱领域。1961 年[6]在贝尔电话实验室，研究人员按所需精度将镜面相距 1m 对准放置以实现振荡，那时判断镜面是否接近精确校直的唯一方法是从激光作用本身入手，这是对实验室研究人员杰出试验能力的实际证明。第一次成功是在 $\lambda=1.1523\mu m$ 的红外线波段，随后，$\lambda=632.8nm$ 的红光波束也取得了成功。报道光振荡器成功演示后，立即有大量关于在其他系统成功发现激光现象的报道，因此一些人想知道为什么起初发现激光作用用了那么长的时间。

氦—氖激光器的活性元素是氖，它是一种稀有气体，但"神奇成分"是另一种惰性气体：氦。为了理解氦的作用，我们必须回顾一下光放大所需的条件，这是建立激光器的核心。当氖量子态的粒子布居从正常热平衡态偏离时会发生光放大，此时粒子数目减少，同时能级降低，这一过程需要反转粒子数分布，即高能级比低能级有更多粒子数。这显然需要一种机制来激发原子从低能级态变为高能级态。众所周知，这一过程发生在气体放电时，例如在氖管中产生光亮，此时原子的确吸收了能量而至高能级，原子由高能级通过发射光返回至低能级。也有人想知道在过去缺少认知的情况下，到底有多少氖灯可以发出激光。自十九世纪开始，人们研究了归入等离子物理学领域的"气态电子学"，已有大量数据可得出电子与原子碰撞截面和原子中不同激发态的辐射寿命。当然有可能是在过去没有任何其他特殊装置的情况下，一些粒子反转发生在放电管内。然而贝尔团队所使用方法的妙处是他们使用氦原子传递能量，并非依靠电子碰撞或者是普通放电来激发氖原子。依靠电子碰撞的问题在于它们不加区别地激发原子至所有态，这可能不平均地使一些粒子发生反转，对于激光现象来说粒子布居数间的差异仍非常小。

我们可以通过氖和氦的量子能级结构来理解激光器中包含氦的理由，相关能级结构如图 11.7 所示。

氖是一种原子数为 10 的稀有气体，它有一个封闭壳结构，其基态为 $^1S_0$，具有零自旋和轨道角动量。$n=2$ 外层充满 2 个 s 电子和 6 个 p 电子。激发原子需要改变主量子数至 $n=3$ 层，因此需要大量能量，以上事实和零角动量解释了其惰性，如同其他稀有气体。由于原子核几乎被整个 $n=2$ 层屏蔽，所以电子从 6-p 电子亚壳层激发导致能级水平在间隔上与氢能级大致类似。因此这些受激发结构可表示为（$2p^53s$）、（$2p^53p$）以及（$2p^54s$）、（$2p^54p$）等。但是不完整的 $n=2$ 层留空，其角动量必须与 $n=3$ 层的电子配对，以产生一个相当复杂的能量项组。对于我们而言，重要的是存在这些态以及它们的能量，我们标记（$2p^5 3p$）最低态的寿命非常长，因为选择规则控制（电偶极）跃迁。

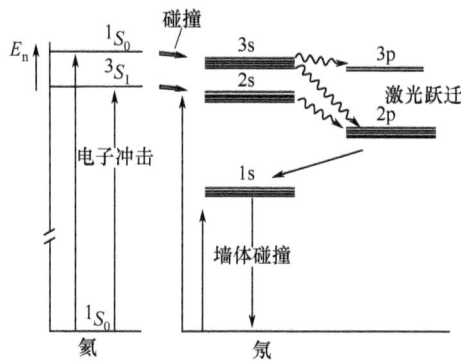

图 11.7 氦氖激光器氦氖相关能级

氦在某些情况下非常独特，它的原子序数为 2，$n=1$ 层有两个电子，由于量子对称要求（泡利不相容原理），它可以两个可能反对称自旋态中的一种形式存在：一种状态是对称的，两个电子相互交换，有一个总自旋态；另一种状态是零自旋反对称（改变符号）。因为控制光跃迁的选择规则禁止这两种自旋态间的跃迁，所以氦量子级可以分为未通过任何光跃迁连接的两组；这就好像是两种不同形式的氦：自旋 $s=1$ 的正氦以及自旋 $s=0$ 的仲氦。基态为仲氦，具有零自旋和零轨道角动量。前两个激发态都有零轨道角动量（S 态），因此禁止电偶极从激发态跃迁到基态（也是一种 S 态），所以称它们为亚稳态。通过氦气进行电子放电时，那些受电子碰撞而被激发到高量子能级的原子将在跃迁过程中辐射能量，形成这两种亚稳态。因此在氦气中的电子放电中，我们希望原子能够高度集中于这些亚稳态，能量高于基态能量，能量通过第二类碰撞传递到其他具有相似"共振"态的原子或分子，这种"共振"态具有几乎超过基态的相同能量，这就是第二类碰撞。为了与第一类碰撞进行区分，在碰撞过程中一个粒子的动能增加量为另一个粒子的能量水平。如果我们比较氦和氖的能级，可以看出在氦和氖中，这两种亚稳态间的确有相似的共振，这可能就是为什么选择这两种特殊气体组合的原因。确定的是这种碰撞类型是一个原子到另一个原子的激发转移，且在汞发射线淬灭中进行了长期理论和实验研究。利用已公布的两种气体中关于态激发能量的数据，我们得到如下反应：

$$He^*(2^1 S_0) + Ne \rightarrow He + Ne^*(3s) - 0.05eV$$

在氦和氖之间利用激发转移的妙处不仅在于它选择性地激发所需氖级，而且在于氦的压力非常高，因此与氖原子的碰撞速率可以比与电子的碰撞速率高很多。

过去几年，激光器的物理设计已经发展成为一种小的、可批量生产、可用作指示器的便携式设备，就其本身而论，放电管的两端永久密封了腔镜。较大的激光器，可以配设非反射布鲁斯特窗，镜面位于密封管外部。我们知道这些窗已广泛应用于激光学，如果入射角 θ 垂直窗平面，满足条件 $\tan\theta=n$，将不会反射其在入射平面上的偏振光。原始实验装置[6]如图 11.8 所示，它使用了一个在两端密封的 1m 长石英管，用于承载高反射率的平面镜，以形成法布里—珀罗腔。28MHz 的射频场放电，安装在石英管两端电极之间的射频功率振荡器输出射频，振荡器绕中心电极对称放置。氦气与氖气的气体压力比为 10：1，即大约有 100Pa 的氦气和 10Pa 的氖气，红外波长为 $\lambda=1.15\mu m$ 时输出功率约

149

为 15mW。

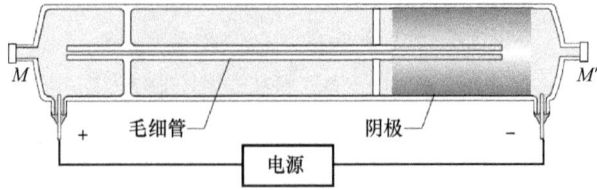

图 11.8　氦—氖激光器工作原理图

氦—氖激光器因其相对简单、价格低以及较好的频谱纯度和波束质量而受到普遍青睐。然而它有两个缺点：首先，实际上它是一个固定波长的激光器，只在非常有限波长范围内可调；其次，它是一个低功率激光器，实际极限功率大约为 100mW，但是更多情况下功率是 1～10mW。

11.6.2　氩离子激光器

1964 年，布里奇斯首次公开表示其在氩气体高功率放电过程中发现了激光作用。从那时起开始出现用稀有气体离子，如氩、氪离子作为活性介质的激光器，用于在几种不同可见波长中生成大功率输出光束，这使它们在光学泵浦其他激光器如可调液体染色激光器方面发挥了极大作用。

氩是一种稀有气体，它在 3p 亚壳层补充了 6 个电子，这一层属于 n=3 层。为了电离氩，即为了移走最外面的电子，并产生一个氩离子 Ar^+，需要 15.7eV，相对而言能级相当大。这意味着为了保持放电，并在这一过程中由电子碰撞产生离子，需要高电场和大功率消耗。单电荷离子从完整的 3p 亚壳层中失去一个电子，剩下一个具有 p 电子轨道角动量的空腔，p 电子是角动量的一个单位，因此自旋—轨道磁相互作用导致了离子基态的结构分裂。为了在 n=4 层达到更高的 4p 量子级，从而激光跃迁可以发生在较低的 4s 级，这需要更大的激发能量，大约为 20eV，这意味着氩原子总共需要近 35.7eV 的能量来达到离子高激光态。相关跃迁如图 11.9 所示。

激光跃迁发生在 $3p^44p$（$^4D_0$）态和 $3p^44s$（^2p）态的精细结构次能级之间。显然，氩离子能级结构的复杂性为光谱学家进行合理化分析提供了充足的物质基础，因此我们可以放心使用这些经实证研究出的结果。尽管高能态的辐射寿命十分短（大约为 9ns），但是由于其跃迁到更低基态，低能态的时间甚至会更短，其在远紫外线 λ=72nm 时出现辐射。氩离子激光器可以用来传递几种不同波长的高能波束，从 λ=350nm 到 λ=530nm，最突出的谱线是在 λ=488nm 和 λ=476.5nm 的蓝光谱部分和 λ=514.5nm 的绿光谱部分。激光器能够在这些波长同时振荡的情况下工作，同时它也可以通过在其中一个镜面前放置一个可旋转的棱镜来偏转所需波长以外的所有波长，以此实现单波长。另一种方法是激光标准具，由熔凝石英板和光学平面组成当作法布里—珀罗腔可选择特定波长。

氩离子激光器的物理设计和结构必须消耗大量能量，这是由于激发态的辐射时间短，进而需要快速激发。当然，反过来讲这也意味着可能的输出功率比其他激光器更大，如氦—氖激光器。典型的氩离子激光器需要 40A 的直流电放电，同时需要 200V 电势差，也就是 8kW。所有能量中的一小部分以热能形式出现，并且必须完全消耗掉，一般用水冷却。激光器设计中不可或缺的部分是通电同轴螺线管，它与软管同轴，来产生一个平行于放电柱的磁场，以便限制沿着软管中心的等离子体使其远离管壁。由于内部温度极高，常用由耐熔材料如铍氧化物（氧化铍）制成的毛细管放电。通过加入热电子发射阴极，简化点火和维持放电，并使其更容易预测。为了获得最高可能的平均电子能量，维持高水平气体纯度非常重要，特别是要避免氮、氧等分子气体，因为它们可以降低电子能量。最后，高电流直流放电可能使沿软管出现压力差，需要在放电外的返回路径处提供氩离子。氩离子激光器工作原理图如图 11.10 所示。

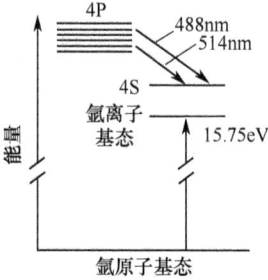

图 11.9　氩离子激光器能级水平　　　　图 11.10　氩离子激光器工作原理图

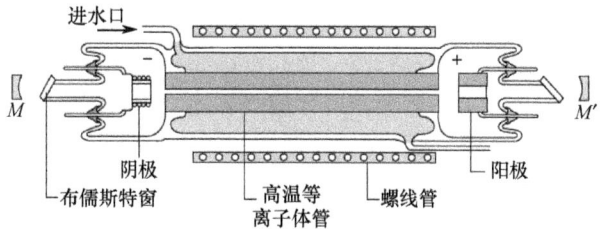

11.7　半导体激光器

为了认识固态激光器，首先对固体中电子能态的概念和性质做一简单回顾。我们已知，在三维空间中晶体固体由呈三维周期排列的原子或粒子组成，整个固体中任一原子核的中心库仑力不再决定电子的运动和能量的量子类型，而是由一个三维排列的带正电荷原子核阵列决定，每个原子核都有吸引力库仑场。在这样一个周期性电场中，预测电子运动可能呈现的量子形式主要有两种方式：一次装配一个原子的晶格，或者将晶体建模为一个简单的、周期性电场，然后分析电子在其中的运动。

在第一种方法中，根据已有的认知，假设此时仅有两个原子，当原子核相距较远时它们的能级相同，且如果将其看作具有一组能级的双原子系统时，每个能级有两个电子。当它们距离近到足以形成一个分子时，由于每个态有两个电子，而且必须使用对称的波函数对其准确描述，根据其电子自旋平行与否它们的能量将略有不同。如果有第三个原子靠近前两个，会有三个电子具有相同能量，但此时由于不同的对称性，聚集在一起的原子发生分散。有限的大量原子相互聚集形成晶体时（这里所说的数目可能高达 10^{23}），将有一个态的连续体，即能带，因此可推导出固体中电子态的基本特征，即产生了能带。由于每一个原子可能具有不被电子占据的态，因此固体中的能带可能不会被充满。图 11.11 比较了两种势阱的允许能态和一些势阱的周期集合。

在第二种描述固体中电子行为的方法中，首先假设围绕原子核的库仑场简单模型为相距为 a 的等间距方形势阱。使用此模型比较合理，即可假设（自由）电子的能量与它的波矢量 $k = 2\pi/\lambda$ 通过 $E = (hk)^2/2m$ 相关联，就像 X-射线在晶体中衍射一样，经过一系列原子/离子衍射后的电子波被反射，产生可用的能量谱，该能量谱中应当存在间隙。按照定量评估方法，如果空间周期为 a，电子的波矢量为 k，当满足布拉格条件 $ka = n\pi$ 时，便可预测会发生反射。当 k 值偏离这些特殊值时，可以证明此时能量依赖于 k，就像自由电子那样。

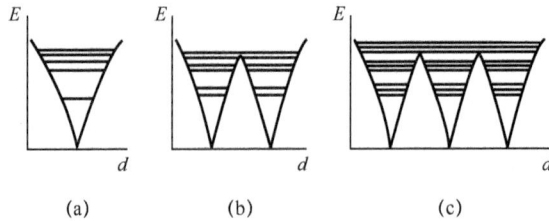

图 11.11 能带的形成：（a）一个原子核；（b）两个原子核；（c）三个原子核允许的电子态。

依据固体能带结构，我们可以明显地区分导体、绝缘体以及半导体。在固体的最低态原子的内层被充满，只有最外层的电子包含在带结构中，如果包含电子的最外层带未被充满，在最外层的已占用态之上将有一个能态的连续体可以利用，外部电场可以将电子提升到这些态，此时得到的就是导体，所以最后没有被充满的带称为导带。例如，一个单独铷原子在最外层壳有一个电子，它可以容纳两个自旋方向相反的电子，因此 N 个铷原子的相应能带可以容纳 $2N$ 个电子，但是 N 个原子只有 N 个外层电子，只充满了带的一半，因此如同其他的碱性金属一样，铷是一种良好的导体。另一方面，如果最外层带根据泡利不相容原理被完全充满，而另一个带的能量很高，以至常温下通过热振动没有电子可以到达，这就是绝缘体。最后一种重要的情况，如果最外层（原子价）带被充满了，但是相邻的更高（导体）带可通过常温激发到达，则得到的为半导体。由于电子到了导带而留在原子价带的空缺被称为空穴，它们与正电子表现相同，因此当一个空穴在电场的作用下运动时，实际上是所有的真正电子向相反的方向运动。有一个不太明显的问题：导带中电子的数目，以及原子价带中的空穴如何取决于半导体的温度。答案就在于像电子一样粒子的能量分布定律，这些粒子遵循泡利不相容原理，该定律首先由费米发现。该能量分布定律与经典的热平衡中粒子的麦克斯韦—玻尔兹曼能量分布定律类似，因为在半导体理论中这些定律处于核心地位，我们对此进行引用：

$$F(E) = \frac{1}{\exp(\dfrac{E - E_F}{kT}) + 1} \tag{11.18}$$

其中，$F(E)\mathrm{d}E$ 是 E 至 $E + \mathrm{d}E$ 范围内电子的数目，T 是绝对温度，E_F 被称为费米能量。为了了解 E_F 的意义，我们注意到，当 $E < E_F$ 时，$T \to 0$，$F(E) \to 1$；当 $E > E_F$ 时，$F(E) \to 0$。在讨论半导体器件工作方式的过程中，与能带边界相关的 E_F 意义重大，图 11.12 展示了电子的费米能量分布定律。

截至目前理想状态下讨论半导体时，假设纯原料中的杂质低于百万分之一，实际，在技术尚未发展之前整个半导体工业不可能达到如此的高纯度以及对杂质的严格控制。在半导体晶体的发展过程中，向熔体中添加可控数量"杂质"的过程称为掺杂，该半导体称为非本征半导体，其中通过掺杂适当的材料电子的密度可以高于空穴（n-型）的密度，或者通过选择不同的掺杂物提高空穴的密度（p-型）。为了理解掺杂的结果，必须研究有关元素的原子结构。在电子器件中，最常用的两种半导体是硅和锗，同时砷化镓晶体在光子学中也有一定的应用。硅和锗具有四原子价，像碳在钻石晶体中一样结晶，每四个临近的原子在一个共价键上共享一个原子价电子，因此所有的键都稳定，并且 $T = 0$ 时由晶体的众多原子形成的原子价带被完全充满。现在，假设通过掺杂晶格的位置不被四价主原子占据，而是被五价原子占据，例如砷，我们预测四个砷价电子会倾向于与四个主原子形成共价键，留下第五个砷电子弱结合剩下的离子。因此可预测，这个额外的电子将通过库仑场与离子结合，这些库仑场应被晶体的介电常数减弱了，如果这样就像所有其他类似的移位电子一样，需要一系列类氢量子态来表示。将那些接近自由电子群体的态称为施主态，因为在温度高于绝对零度时，它们上升到导带形成晶体，即 n-型半导体，这种晶体通过负电荷导电。另一方面，如果晶体用具有三价元素掺杂，例如铝和镓，则晶格位置将被这些元素中的一个原子占据，只有三个电子可以利用来满足主原子的四个共价键。如果从价电子带中提取一个电子以补充这四个共价键，将形成一个负离子并且在价带上留下一个正"空穴"，即一个单独的电子态将是空的。我们认为这个在负离子库仑场中运动的空穴具有类氢的能级，并且库仑场同样会由于晶体介电常数而衰减。

激光二极管是基于 p-型和 n-型半导体的结合，简称为 p-n 结型二极管。在发光二极管和激光器发展之前，通常情况下二极管只是用于电路中，作为可在高电流和低电压中工作的整流器。作为简单紧凑的相干辐射源，在光谱的红色或红外区域它们已有许多重要的应用，包括光纤通信。我们首先研究基本 p-n 结的特性，以及施加外部电压的结果。图 11.13 展示了热平衡时独立 p-n 结的能带图，其中结的两端有相同的费米能级。为了达到相同的 E_F 级，必须在结上重新分布电子和空穴，以得到适当移位的能带。

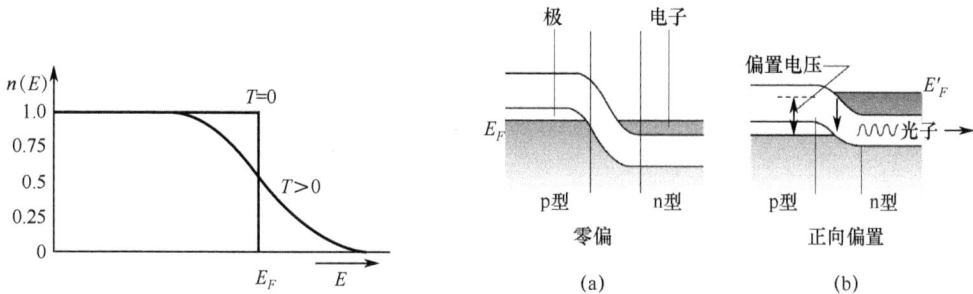

图 11.12　在 $0°$ K 及之上的电子费米分布　图 11.13　p-n 结中的能带：（a）格局和（b）施加正向电压

这要求形成偶极层，又称渡跃区域，该层的一面有正电荷优势，另一面有负电荷优势，层内产生一个电势坡度。这对电势的影响完全类似于对一个能级的影响，并且下降到一个更低的能级。偶极层的形成较为复杂，涉及到电子和空穴的运动，造成一面形成（正）施主离子，另一面形成（负）受主离子。假设在此结上施加电压，即假设它正向偏置，p-面为正，n-面为负，则结果为此结两面的费米能不再平衡，反而渡跃区域内的电势阶跃减小，穿过此结的电荷载体的扩散和漂移大大增加。另一方面，如果二极管反向偏置，则会发生相反的结果，渡跃区域将出现更大的电势阶跃，电流将会急剧降低。这个过程的细节更加复杂，但这本质上解释了二极管特有的整流特性。

在自由电子背景下，我们已经习惯于看到伴随辐射电子跃迁，但在硅二极管中没有出现辐射，因此需要对其解释。毕竟，正向偏置硅二极管将有电子处于导带底部的施主态，同时在低能级下受主能级中的空穴高于价带。活跃时可能有光子发射，但是能量不是唯一需要守恒的：线性动量也需要守恒。除了在极特殊条件（感兴趣的读者可参考 y 射线光谱学中的穆斯堡尔效应）下否则晶格不会违反动量守恒，因此只有在变换不需要改变线性动量时才会允许发射过程。为了找出在不同晶体中的跃迁，能带的边界被绘制成电子波数 k 的函数，通过等式 $p = hk / 2\pi$ 与线性动量 p 建立联系，式中 h 是普朗克常数。硅和砷化镓的关系如图 11.14 所示。

注意到，在导带中占用态接近边界的最小值点，我们发现在砷化镓中最小值同样出现在 $k=0$ 时，此时价带为最大值，这一特征将其与硅等晶体区分开来，硅的静态点出现在不同的 k 值，前者称为直接半导体，而后者称为间接半导体。硅中两个能带间的辐射跃迁已被排除，因为它需要改变 k 值（即线性动量），这点我们已经强调过是不被晶格接受的。另一方面，砷化镓中的跃迁不需要改变 k 值，晶体通常被用作发光二极管，近红外中光输出为 $\lambda = 870nm$。

将发光二极管转换为激光器只需要在二极管周围形成一个光学谐振腔。因为电子-空穴对的密度非常高，增益相对也很高，这就降低了对高 Q 值光学腔的要求，因此晶体的锲形面完全可以满足要求。基本的二极管激光器极小，通常不超过 1mm，由矩形镀金芯片构成，两端抛光，如图 11.15 所示。

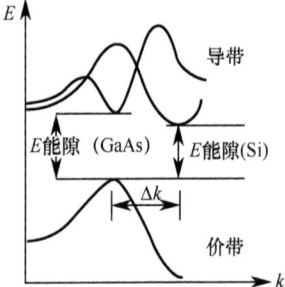

图 11.14　砷化镓和硅显示了 k 与
导带的极小值之间差的 Si 的能带边界

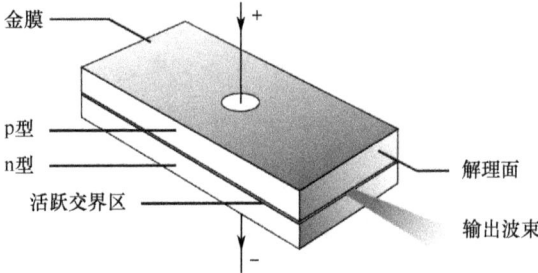

图 11.15　砷化镓激光二极管

折射系数很高，以致在没有涂层时表面反射率就已足够，然而为了实现高效的激光作用必须保持低温，即使在高电流密度情况下。

最后我们应该提一下异质结激光器，它在砷化镓二极管的任一侧增加一层或多层不同的带隙，便可降低振荡门限电流。

11.8　晶体固体激光器

11.8.1　红宝石激光器

1960 年，梅曼首次在红宝石晶体中发现了超辐射，作为受激辐射的一种标志以及激光作用的前身，这是一项突破性发现，首次被《物理评论快报》拒稿后，题为《红宝石微波激射器中的受激光辐射》在英国《自然》杂志发表。

实际上，红宝石是掺杂质的铝晶体（Al_2O_3），纯净形式下为无色，但是加入少量铬例如将粉末状的氧化铬加入铝中，经过炉内煅烧就生成了晶体，从而得到人造红宝石，它红色的深度取决于铬的相对集中程度。梅曼也很熟悉红宝石的特性，因为在微波激射器的设计背景下，他已经在频谱的微波范围对其进行了研究。我们假设在某一时刻他突发灵感，意识到可能有一种原子离子例如铬，虽然在晶体中受到了强大的结合力，但可能还有一个光谱没有完全展宽。事实上因为铬在元素周期表中的位置十分特殊，所以它属于所谓的过渡元素，它们打断了周期表中元素的自然进程，在充满内部第 3d 层前就开始占据第 4s 层。红宝石中的三价铬离子中有三个电子从第 3d 层移至第 4s 层，其作用如同盾牌一样隔离外界，无论是在晶体还是在液体中。晶体中的过渡元素离子一般是有色的，因为光谱的可见光部分有光吸收，它们的光谱被晶体场中的热振荡展宽，这可能是要求应在低温下工作的原因。

在红宝石中三价铬离子 Cr^{3+} 占据了基质铝晶体的晶格点，在晶格点上它们的量子能级结构被强晶体场改变，但庆幸的是我们没有必要深入了解态的光谱理论，我们将只利用光谱符号作为态的标记。图 11.16 展示了激光泵浦以及由此得到的受激辐射涉及到的量子能级。

激光器跃迁 R_1 和 R_2 以波长 $\lambda = 694$nm 发生在高能级 ^2E 和低能级 $^4A_2$ 之间，泵浦（吸收）跃迁从低能级 $^4A2$ 到两个宽的高能带 $^4F_1$ 和 $^4F_2$。后者跃迁发生在光谱的绿色至紫色范围，从而解释了晶体呈红色的原因，但是激光器晶体中铬密度较低，并且颜色为粉色而不是我们期望的深红色。为了分析激光器的工作原理，我们可以把两个 F 频带当作同一次泵浦跃迁的等效分量，从而激光器在三个功能不同的能级工作。为了在激光器高低能级之间高效地形成粒子数反转，必须满足两个条件：第一，两个 F 频带的吸收速率必须非常高；第二，它们的辐射寿命相比于激光器高能级要很短。相对宽的吸收光谱可用性解释了梅曼经典激光器设计中围绕红宝石晶体的大功率闪光灯的作用，如图 11.17 所示。当持续泵浦直到激光器振荡的临界能级到来时，激光器高能级的粒子才会蓄积，当光强突然增加并诱发辐射，则会导致高能级耗尽，振荡停止，结果得到输出尖峰。

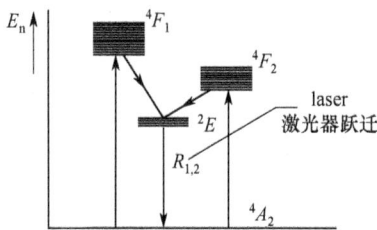

图 11.16　红宝石激光器的相关能级　　图 11.17　梅曼的具有历史意义的红宝石激光器示意图

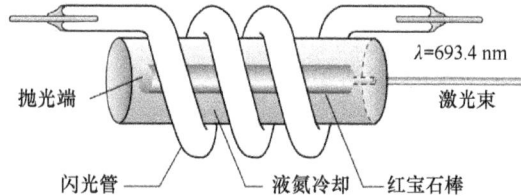

红宝石激光器之所以如此引人关注，不仅是因为历史原因，更是因为它满足激光器所需必要条件的方式：离子数密度远高于等离子体可达到的密度，它可以在一个宽的光谱内泵浦，通过抛光晶体底部可以形成一个稳定的光学腔。

11.8.2　Nd^{3+}YAG 激光器

钇铝石榴石激光器是另一种光学泵浦固体激光器，它已成为使用最广泛的相干光源之一，在医学、国防、工业以及纯理论研究等领域均有所应用。它以地壳稀有元素钕的离子 Nd^{3+} 为基础，将其作为添加剂加入到钇铝石榴石或钇铝石榴石（$Y_3Al_5O_{12}$）的晶格中，便可替代钇离子 Y^{3+}。较大的石榴石晶体可以通过人工合成，用于生产纯的、同性质的光学元件，在波长为 $4\mu m$ 的红外至波长为 300nm 的紫外光谱范围内无应变并且透明。虽然通常掺有杂质钕，但是钇铝石榴石也可以掺杂其他的地壳稀有原子的三价元素。

作为激光器它被分为四个能级，低激光能级 $^4I_{11/2}$ 在能量上远高于基态，在平衡态下它的粒子数约为 0，激光器的相关能级如图 11.18 所示。

通常使用 $\lambda=808nm$ 的红光将激光器泵浦至 $^4F_{5/2}$ 能级，并从该能级跃迁至较高能级 $^4F_{3/2}$。当这一能级的粒子蓄积时，相比低能级粒子布居数反转将迅速建立，因为后者几乎为空，结果是 $\lambda=1064nm$ 受激辐射提早开始，并且使粒子布居数反转损耗。如果需要增加输出强度，可以在粒子布居数反转蓄积的过程中，利用一个受控的反射面使其不对准，针对性地通过阻止反馈来延迟振荡，这种方法也称 Q 开关。Q 值减小可提高振荡门限，允许粒子布居数反转增加到一个水平，超出其他方法所能企及的水平。当粒子布居数反转达到其峰值，并且每道的增益都为最大值，如果 Q 突然切换则会导致输出放电的急速蓄积。光学泵浦有两种可能来源：闪光灯或二极管激光器堆。截至目前，最有效的方法是利用二极管激光器堆，使其与晶体的轴线对齐，然后进行调谐使其选择性地直接布居激光能级，通过这种方法激光器能够产生高达 250W 的相干辐射。

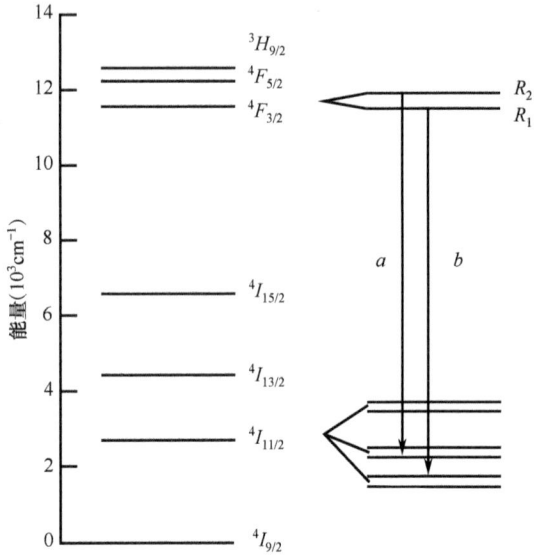

图 11.18　在 Nd^{3+} YAG 激光器中的四个能级

11.8.3　Ti^{3+}：蓝宝石激光器

截至目前，功能最多、输出功率高且波长范围宽的激光器是 Ti^{3+} 蓝宝石激光器。1982 年由彼得·莫尔顿[10]提出，自此广泛应用于商业，并在许多应用中成为首选可调谐激光器。它集蓝宝石优秀的物理和光学特征于一身，具有可调的工作范围，使用波长从 660nm 到 1050nm，因此取代了杂乱的染料激光器。

如同红宝石中的铬离子，该激光器中的活性元素为三价钛离子，它也是跃迁元素。在封闭的壳结构外部，它有一个单独的 3d 电子。激光器的主晶体是蓝宝石（金刚砂）Al_2O_3，具有三角形对称性，钛离子在其中占据了一个铝位。晶体场分裂其他的五个衰退的 3d 态，导致这些态分为两种振荡带，习惯称基态 $^2T_2$ 和激发态 ^2E。由于激光器介质 Ti 的作用，蓝宝石属于四级系统。图 11.19 展示了室温下 $^2E \rightarrow {}^2T_2$ 的吸收和荧光带。

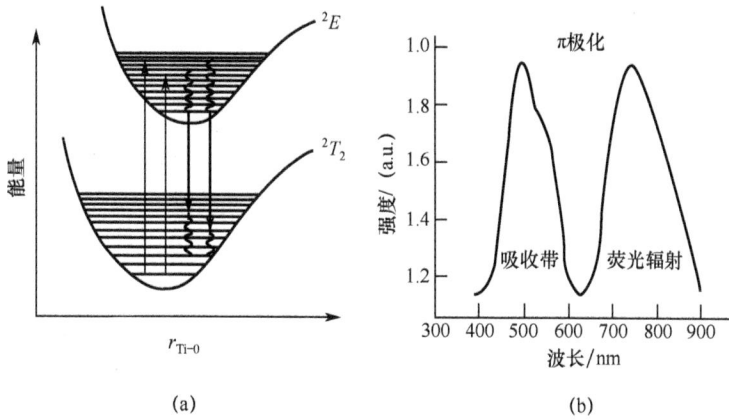

图 11.19　（a）Ti^{3+}：蓝宝石的 $^2T_2$ 和 ^2E 能带和（b）常温下的吸收和荧光带。

　　晶体在其他光谱范围中具有吸收带，例如光谱的紫外和红外部分，但是目前兴趣还是停留在光谱的蓝—绿区域，如图 11.19 所示。莫尔顿发现，光子吸收后更长波长下的荧光辐射在低温下以大约 $4\mu s$ 的时间常数呈指数式衰退，在室温下稍微下降，且与钛的浓度无关。

　　钛—蓝宝石激光器的基本光学结构如图 11.20 所示。晶体（距离端部量出几毫米，相对其轴线以布鲁斯特角进行斜切）放置在两个凹面镜的强光束腰部位置，形成了 Z 状四镜面结构的一部分，通过两个以平面镜为边界的腔臂纠正晶体和凹面镜引起的散光。泵浦光束通过一个防反射涂层的聚集透镜引入，门限泵浦强度相对较高，$\lambda = 532\,nm$ 时大约为 $4\sim5W$，然而光源的选择有几种，例如闪光灯—泵浦染料激光器或倍频掺钕 YVO_4 激光器，或更常用的二极管—泵浦固态激光器。

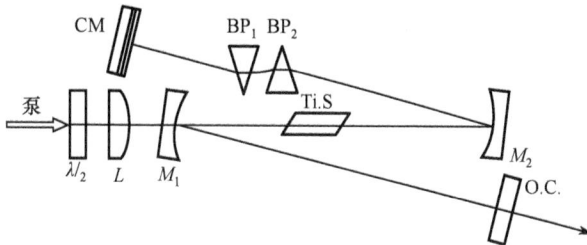

图 11.20　Ti：蓝宝石激光器的 Z 形折叠谐振腔

　　在所有的固态激光器放大材料中，钛—蓝宝石频带非常宽，这意味着当腔模式被相位锁定时它能够传输极短的光脉冲，或一串极尖锐的光频梳，这种功能的意义在于使得在光频范围直接测量真实频率成为可能，即在光频段构建了一个类似于微波频段的频率合成器。

11.9　激光冷却原子

　　理解如何将激光波束应用于冷原子的重点在于，原子吸收光子不只是将原子激发至更高的内部态，而是由于光子携带线性动量（和角动量），根据动量守恒原理，光子的吸收导致了原子动量改变。在爱因斯坦著名的 $E=mc^2$ 公式出现之前，根据麦克斯韦的电磁理论可知，表面反射的光对表面本身施加了压力。甚至在那之前，关于光是粒子还是波就存在争论，并且有人提出如果光的确由粒子组成，那应该可以测量它对反射面的压力。为了证明这一点，事实上人们进行过尝试，将高功率的光束照到悬挂着的表面，并期望看到偏转。我们所熟悉的克鲁克斯辐射计就是根据此思路设计的，它由一个内部为光金属叶片的玻璃灯泡组成，一边被涂黑，另一边用于反射，当光照射时叶片可自由旋转。然而，现在人们认为，旋转的主要原因是叶片周围空气出现热失衡。即使可以证明光在叶片上施加了机械力，但仍然不能证明波动理论错误，远在麦克斯韦的光理论出现之前，伟大的瑞士数学家欧拉便已指出这点。

根据麦克斯韦的光理论，作为电磁波，不难证明当光束落到金属表面上时，一定会对表面施加一个压力，该压力与光强呈比例，相互垂直的光频电场和磁场在导体表面振荡。电场引起电流的流动，然后该电流受到磁场的作用产生一个与两者均垂直的力，即与光束的方向相同。在最初的麦克斯韦理论中，这些力通过介质中的压力解释，从而形成了场本身携带动量的概念，而爱因斯坦的理论摒弃了这种解释。如果一个强度为 $I(\mathrm{W/m^2})$ 的光束照射在一个具有良好吸收性能的表面，光束的定向动量被转化为随机的热运动，并且总动量为零，则有一个动量连续改变的过程。根据牛顿定律，该过程必须由吸收部分以辐射压力的形式进行，辐射压力根据 $P=I/c$ 得出。利用德布罗意组成光强的光子动量关系，可以轻易地推导出这个结果。由于 $I=jhv$，式中 j 是光子的变化密度，我们得到 $P=jh/\lambda=jhv/\lambda v=I/c$。对于普通的光源，辐射压力的数值极小，例如地球表面直射太阳光的强度大约为 $1.6\mathrm{kW/m^2}$，其产生的压力只有 $5\times10^{-6}\mathrm{N/m^2}$。

阿什金是第一个直接观察得到激光机械效应的人。1970 年前后他报告了一项试验，实验中聚集的氩离子激光束直射到装在玻璃盒中的小乳胶球悬浮液中，他能够熟练控制光束，并通过显微镜观察光束与所选球的相互作用。虽然球的直径仅仅约为激光波长的两倍，但他利用了射线光学解释乳胶球的运动，因此就波动理论而言，需要一个完整的解释方案。这个工作之所以值得关注，主要在于这是第一次提出激光辐射与物质的动力相互作用问题。随后的十年间，很多实验室都得到了更多富有成效的研究成果，即利用激光辐射将原子和离子冷却到极低温度，而最初的动机是减小谱线中的多普勒展宽。这个尝试的开创性工作应该归功于几个小组，包括汉施、德默尔特、瓦恩兰、唐努德日、菲利普斯、托斯切克和朱领导的研究小组。1978 年，瓦恩兰等人第一次获得实验性的成功，实验中使用激光将被限制在磁场彭宁陷阱中的离子冷却至大约 40°K。1982 年，菲利普斯等人接着成功地冷却了中性原子。20 世纪 80 年代末，利用多普勒技术实现了理论上的最低温度，下文我们将对其进行讨论。1988 年，菲利普斯等人将一种由朱等人证明过的技术应用于钠原子上，他们惊讶地发现，钠原子的温度测量表明，可达的最低温度低于多普勒极限。最终，巴黎高等师范学院的科昂·唐努德日教授完成的理论分析证明，为进一步冷却原子，可以逾越假定的障碍，并将温度极限降低至微开尔文级，因此他同菲利普斯和朱分享了 1997 年的诺贝尔物理学奖。

对于处理激光束与原子或离子之间的线性动量的交换问题，需要先进行量子描述。我们已经对所谓谐振荧光的辐射过程有所熟悉，即如果光子能量等于原子中两个量子态的能级差，则单色入射光束会引起原子出现强荧光。假设能够满足控制能态量子数的某些选择规则，光子被强烈吸入然后被重新辐射，通过利用初始入射光子—原子态与最终重辐射的光子—原子态之间的量子守恒定律，可以获得线性动量的净转移。重辐射光子的角分布，即辐射图案，由原子角动量态中的变化以及设计的跃迁类型决定，无论它是由振荡电偶极子还是四极生成。然而，由重辐射光子带走的总线性动量同样取决于跃迁类型，但是在自发辐射情况下，整体动量将为零，因为根据对称性，沿着任意给定方向的强度必须与相反方向的强度相等。原子对其激发方式没有记忆，这并不意味着散射是各向同性的，而是光子在各个给定方向及其相反方向上的出现概率相同。这意味着，为了保持线性动量，原子必须在光束方向上接收动量或脉冲增长，当原子持续吸收及重新辐射光子时，它将在光束方向上因受连续的脉冲而加速或减速，这取决于光束与原子运动的初始相对方向。为了对这一过程重要性做一认识，并确定它是否有实际意义，还是只有学术意义，假设强度为 I 的光束照射到沿光束相反方向运动的原子上，并引入吸收横截面 σ，因此 $(I/c)\sigma$ 是使其减速的力。如果原子处于绝对温度为 T 的气体中，则它沿着光束方向的平均动能为 $(kT/2)$，因此如果原子持续吸收并再次辐射光子，根据能量守恒定律，一般情况下在移动距离 D 后，它将停止：

$$\frac{I\sigma D}{c} = \frac{1}{2}kT \tag{11.19}$$

代入实际数值 $I = 10^2 \, \mathrm{W/m^2}$，$\sigma = 2.5 \times 10^{-13} \, \mathrm{m^2}$（谐振吸收时），$T = 300\mathrm{K}$，我们发现，$D$ 大约为 2.5cm，这个数值符合实际。在此粗略估计中，忽略了较高原子态的有限辐射寿命，当然较高原子态将限制光子被吸收及再次辐射的速度。事实上，如果增大光强度使得吸收速率增高，以至于高能态寿命允许在该能态中蓄积原子，则另一个辐射过程会变得非常重要，即诱发发射，它的辐射图案将迥然不同，并且以上论述不再适用。

截至目前，我们了解到一个利用激光束向原子传递动量的机制，其本身不会冷却原子。它需要与激光束相互作用，不论原子的运动方向为向着激光源还是其他方向，都能够阻碍它运动，这可利用多普勒效应实现。如果原子在它的光谱上有一个强共振线，关键在于使用一个低于吸收峰值频率的激光束。这个简单的改变使原子逆着波束吸收运动而不是在相同方向上运动，这是因为多普勒效应改变了激光频率，使其更接近原子的峰值共振频率，并远离偏移波束运动原子的共振频率。因此对于一些没有从其他地方获取动量和动能的原子，动量和动能降低，同时能量和温度也会产生净损失。该方法可以扩展到两个反方向传输的共线激光束，并都调整到低于原子共振峰值的一侧。至此，原子来回减速，受到两束相反激光束联合作用的原子将像受到了摩擦力作用一样运动，如果假设原子吸收线有谱线自然寿命展宽具有理想洛伦兹性质特征，就可以建立一个力作用于原子上作为速度函数的关系图，如图 11.21 所示。

从谐振中心去谐的最佳选择是线宽的一半，为 $\Delta\upsilon/2$，位于两束相反激光场中且多普勒频移介于 $+\Delta\upsilon/2$ 至 $-\Delta\upsilon/2$ 之间的原子将会受到一个相当于粘滞作用的与其运动方向相反的力。如果原子的瞬时速度为 V，两个光束的散射截面由 σ_+、σ_- 表示，可以发现，对于洛伦兹谐振线形，我们得到以下结果：

$$\langle F \rangle = \langle \sigma_+ - \sigma_- \rangle \frac{I}{c} = -\sigma_0 \frac{IkV}{c\pi\Delta v} \tag{11.20}$$

其中，k 是激光束的波数，V 是原子的速度。

从而，按照逻辑可以推出下一个要解决的问题：这个冷却过程可以持续多久？在前面的介绍中我们有一些明确的障碍必须克服，多普勒方法的一个明显限制是能态的自然寿命以及由此带来的谱线宽度，即便是静止的原子。对于依赖光子吸收和重辐射的任何过程，一个更为根本的限制就是光子的极高离

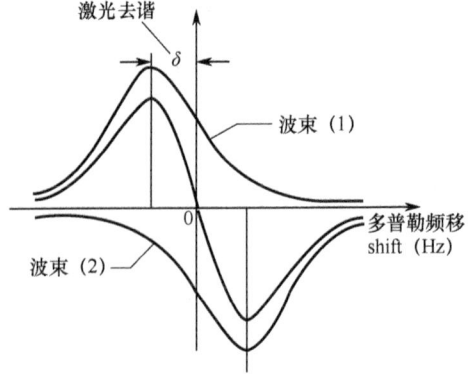

图 11.21　两个低于共振频率的反向激光束对原子的作用力

度，即必须将辐射看作各个光子以不同方向辐射，以特定方向辐射只存在统计的一定概率。这种方式辐射的结果是，我们将原子想象为以统计分布的形式在所有方向上反冲，类似于布朗运动。布朗运动是一个粒子悬浮在液体中的随机运动，它由粒子与液体分子的随机碰撞引起，就像植物学家布朗在显微镜下观察的那样。顺便提一下，相对 1905 年阿尔伯特·爱因斯坦发表的为数不多的几篇非相对论论文，布朗运动理论值得关注，实际上它是一篇非常重要的论文，它介绍了分子热运动理论，并通过试验测试过。在这种状况下，原子每秒反冲 $(I\sigma_0)/hv$ 次，每次它的动量随 (h/λ) 改变，因此根据随机游走理论，1s 后平均增加的动量为：

$$\langle p^2 \rangle = 2(\frac{h}{\lambda})^2 \frac{I\sigma_0}{hv} \tag{11.21}$$

由此推导：当激光冷却速率等于通过随机反冲的加热速率时的限制条件。这种情况会发生于在平均温度 T 减小至某一值时，该值由下式给出：

$$k_B T_{\min} = \frac{1}{4\pi} h\Delta v_n \tag{11.22}$$

其中，Δv_n 为自然谱线宽度。超过此温度点后，在不将原子冷却至更低温度的情况下，激光束强度的任何增加几乎不会增加散射光子的强度。如果代入典型的实验值，我们发现这个限制温度大约为 $120\mu K$。在此温度条件下，原子的平均动量与单光子的平均动量在同一个数量级！如果原子离子被限制在电磁陷阱如潘宁阱中，由于离子周期性运动，离子的吸收光谱是一个离散线谱，激光器必须调至更低的边带。但是这可能只影响陷阱中一种模式的振荡，因此需要一个特殊的设计以确保冷却沿着所有的三个正交方向发生。

为了在三维空间中实现高效气体冷却，需要使用三对相互垂直的激光束。贝尔实验室的一个小组成功利用这样的构造，以冷却一团自由中性钠原子。原子速度的降低自然而然地导致了扩散速率的减慢，相当于限制了原子运动，此条件被称为"光学粘团"。首先，这些发现似乎与所述的理论高度吻合，但是威廉·菲利普斯和他的美国国家标准技术研究所同事经过细心测量发现，达到的温度实际上低于多普勒极限。起初，这点自然引起了人们的怀疑，因为其推导中假设的过程众所周之——通常理论极限是极少能实现的极限，更不用说超过！显然，某些其他机制在起作用。正是巴黎高等师范学院的科昂·唐

努德日[12]发现了光学泵浦效应，他称之为科林斯王效应，这个名字暗含了艰苦的历程。科林斯王是科林斯湾一位著名的国王，他在地狱里被判用其一生将一块巨石推上山顶，而目的只是为了将石头回滚。科昂·唐努德日早期的成就是在光学泵浦量子理论领域，所以他自然地倾向于对光子与所有钠原子磁亚能级的相互作用进行正式的量子分析。之前我们已经介绍了在铷频率标准背景下超精细态之间的光学泵浦。使用极化共振光的塞曼亚态卡斯特勒光学泵浦同样重要，它产生了全局原子极化，即磁矩。科昂·唐努德日及其同事检验过的方法在过去已被广泛研究，即通过与激光的相互作用形成原子量子能级的能量位移。"光偏移"很早就被认为是光学泵浦铷频率标准不稳定因素之一。他们发现在恰当的条件下，激光偏振中快速的空间变化可能导致比多普勒极限更低的温度。假设有两个重叠的激光束具有相互垂直的线性偏振，且在同一条直线上沿相反方向传输，我们只关注沿波束的一点：这两个波束之间的光电场可能有任意相位差，在波束间相位差为±90°的点上，产生圆偏振。现在我们已知，具有相反方向的圆偏振光持续地吸收—重辐射循环（泵浦），在相反方向产生能级跃迁，更进一步地在磁亚能级中出现粒子的净转移。若不深究此理论，其结果是原子始终被泵浦入亚能级，其能量位于能量曲线的上升沿，并且独立于原子的运动方向，导致动能损失，即温度降低。这种冷却机制具有一个意外特征，与多普勒方法相比，调整激光更为容易，可使其更加远离原子谐振线中心。可达温度的最终极限由光子辐射过程中的原子反冲决定，对于铷这个极限是微开尔文数量级。

在第 18 章中，我们将详细讨论实现更低温度条件的冷却方法的近期发展，它们也涉及导致"无反冲"冷却的非线性拉曼效应。

参考文献

1. A.G. Fox，T. Li，Bell Syst. Tech. J. 40，453（1961）

2. G.D. Boyd，J.P. Gordon，Bell Syst. Tech. J. 40，49（1961）

3. W. Demtro̎der，Laser Spectroscopy（Springer，Heidelberg，1981）

4. W.E. Lamb Jr.，Phys. Rev. 134，1429（1964）

5. A.L. Schawlow，C.H. Townes，Phys. Rev. 112，1940（1958）

6. A. Javan，W.B. Bennett，D.R. Herriot，Phys. Rev. Lett. 6，106（1961）

7. W.B. Bridges，Appl. Phys. Lett. 4，128（1964）

8. Maiman Nature，187 493（1960）；also Phys. Rev. Lett.4 564（1960）

9. Physics Today，Oct. 1988

10. P. Moulton，J. Opt. Soc. Am. B 3，125（1986）

11. S.T. Cundiff et al.，Rev. Sc. Instrum. 72，3749（2001）

12. T. Cohen，J. Dalibard，J. Opt. Soc. Am. B6，2023（1989）

13. Physics Today，op. cit

14. G. Werth，V.N. Gheorghe，F.G. Major，Charged Particle Traps（Springer，Heidelberg，2009）

第 12 章　机械陀螺罗盘

12.1　陀螺运动

我们已经非常熟悉旋转机构的多个实例：从小孩的陀螺到自转的地球和宇宙中运转的天体，像这样在空间中自由旋转的系统会不确定地绕着某一固定轴无限运动下去。确实，在由无相互接触的物体组成的系统中没有明显的力的作用，使得古人坚信圆周运动是自然的，而不存在力的作用。而事实上，旋转机构的动力学行为为人类正确认识牛顿运动定律和力的作用提供了依据，牛顿的理论全面描述了旋转机构的动力学。

他的理论的核心假设是存在一个参考系来维持物体处于静止状态，或是沿直线作匀速运动，直到它的运动被某个力改变，这就是牛顿第一运动定律，这样的参考系被称作惯性系。但现实中存在这样的参考系吗？事实上没有绝对的参考系，在人们接受爱因斯坦的相对论时也同时接受这一点。在地球上固定的参考系显然不是惯性的，因此如果一个远程加农炮对准某一方向射出后，加农炮弹的路径相对于在地球上固定的参考系而言显然不会是一条直线，因为后者随地球在自转，炮弹飞得越远它偏离相对于地球参考系的直线就越远。在自由飞行中，炮弹相对于惯性系（比如某一固定的星体）会作直线运动，但对于一个旋转着的地球而言它会偏离直线。根据牛顿定律，这种偏离通常被人为地归结于地球自转偏向力。本章后文将回归到描述被称作旋转坐标系的旋转体动力学。

陀螺罗盘基于陀螺仪，陀螺仪本质上就是一个快速旋转的刚体，称为转子。它通过机械的方式进行隔离，由此其旋转轴可以自由地指向任何一个摩擦力最小的方向。应该通过减小摩擦保持其沿本初子午线的水平方向，来完善陀螺罗盘使之成为性能更优越的导航仪器。机械陀螺罗盘通过使用平衡环实现隔离，从而使旋转轴能够自由选定方向，如图 12.1 所示，这些为嵌套环，直径两端上配设轴承。随后，我们将讨论在陀螺罗盘发展过程中演化的其他更有效的降低悬浮转子摩擦力的方法。

当然在惯性参考系中，使自由旋转机构成为空间方位指示器的本质是绕其质心实现了（矢量）角动量守恒，即遵循牛顿运动定律。一般而言，物体绕某一给定点的角动量可分解成质心运动引起的角动量和绕质心的旋转角动量。旋转角动量是一个具有一定幅度且方向沿旋转轴的矢量，因此角动量恒定意味着该轴方向也专门固定。值得注意的是，守恒定律并不意味着这里没有力的作用，事实上有强力在使物体维持成一体，该力还提供净向心力，以实现部件作圆周运动。事实上，"刚体"一词假设它们内部力非常强大，以至于可以忽略其自身的弹性性质。这些力遵循作用力和反作用力定律，并且可以抵消物体部件力的总和，从而使物体得到零扭矩。然而情况并非总是这样，例如：在带电粒子组成的电磁场系统中，必须考虑电磁场的角动量。

在讨论旋转体的运动时，人们常将问题简化成此旋转体由一系列不连续的颗粒组成，其位置可由两个坐标系得出：一个是惯性系 XYZ；另一个是嵌在刚体中随其运动的 xyz 系，其原点选在刚体的质心。鉴于我们只考虑转动，所以我们假设旋转体坐标系 xyz 的原点与 XYZ 惯性系的原点重合，旋转体轴线相对惯性系的方向完全由三个角度确定，且该旋转体有三个旋转自由度。在传统理论中，不只有一组适用的角度，其中最常用的一组由欧拉角组成，该角名称以著名瑞士数学家欧拉命名，感兴趣的读者可在经典力学的著作中寻求关于此观点的详细讨论[1]。假设旋转体的角速度，即它绕既定轴旋转的速率（单位：弧度/秒，通常以希腊字母 Ω 表示）是一个有幅度和方向的矢量，线性速度和力也是如此。并进一步假设在按照角速度 Ω 旋转的旋转体系中矢量的变化率。如果 A 代表体系中的任一矢量，该矢量由于旋转体在 Δt 时间间隔中旋转了 $\Delta\theta$ 个角度而相应变化，那么矢量 ΔA 的变化为矢量积 $\Delta\theta \times \Delta A$，如图 12.2 所示。

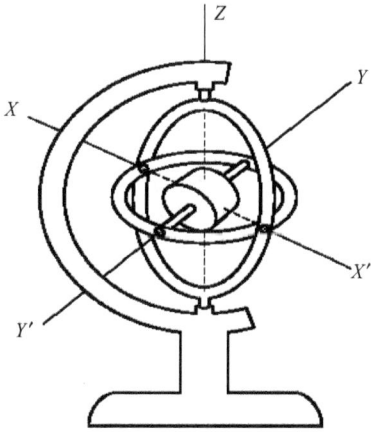

图 12.1　固定在平衡环上的陀螺仪

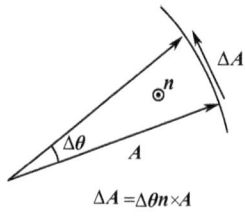

图 12.2　旋转造成矢量变化

$$\Delta A = \Delta\theta n \times A$$

通过除以 Δt 并让 Δt 无限趋近于 0，可以得到以下陀螺仪的基本理论结果：

$$\left(\frac{\mathrm{d}A}{\mathrm{d}t}\right)_{\mathrm{in}} = \Omega \times A \tag{12.1}$$

其中，Ω 是角速度矢量，单位为弧度/秒。将矢量记号作为矢量积，并将其定义为 $\Omega A \sin\theta n$，其中 θ 是 A 和 Ω 之间的夹角，n 是垂直于包含了这两个矢量平面的单位矢量。在处理刚性体旋转时，几乎不可避免地需要使用矢量分析法，但本文仅限于展示显著的结果，并不根据逻辑推导。读者可能希望本章省去更多数学性的内容。如果 A 只是一个粒子的位置矢量 r，那么以上等式便成为：

$$(V)_{\mathrm{in}} = \Omega \times r \tag{12.2}$$

其中，V 是惯性坐标系中的速度矢量。

为了得到旋转体角动量的表达式，只考虑质量 m 的一个构成粒子的角动量，其位置是由半径矢量 r 得出，并且随速度矢量 V 变化。如图 12.3 所示。

163

绕某轴的角动量=粒子的半径矢量长度 r ×垂直于该半径矢量的线性动量 mV 的分量。如果 r 和 V 的夹角是 θ，那么所需的角动量即为 $mrV\sin\theta$，并且其方向垂直于包含 r 和 V 的平面。但是，按照定义这是矢量 mr 和 V 的矢量交叉乘积。

对于粒子的旋转系，假设旋转体由此旋转系构成，总旋转角动量 M 可由下式得出：

$$M = \sum m_i (r_i \times V_i) = \sum m_i \{r_i \times (\Omega \times r_i)\} \tag{12.3}$$

在这个系统中，如果唯一的力是粒子之间的相互作用力，即对于一个在空间中自由运动的物体，矢量 M 大小和方向恒定。根据牛顿运动定律也可证明该点，但更根本的是也可根据空间方向变化时的系统不变性，也就是空间的各向同性对其加以证明。

在未深入研究数学问题的情况下，假设有一个旋转体中的坐标轴，称为惯性坐标轴的主轴 (x_1, x_2, x_3)，由此角动量的分量为对角型：

$$M_1 = I_1\Omega_1 \quad M_2 = I_2\Omega_2 \quad M_3 = I_3\Omega_3 \tag{12.4}$$

其中，I_1, I_2, I_3 为惯性坐标系的主矩，$\Omega_1, \Omega_2, \Omega_3$ 是沿旋转体主轴的角速度的分量。球体惯性和回转椭面的主矩如图 12.4 所示。

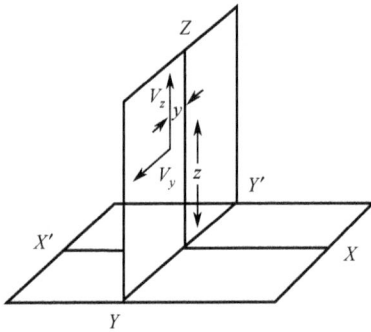

图 12.3 在 Y-Z 平面内移动的质点沿 X 轴的角动量

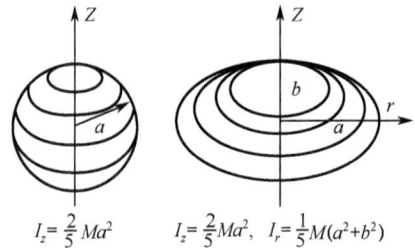

图 12.4 球体惯性和回转椭面的主矩

$$I_z = \frac{2}{5}Ma^2 \qquad I_z = \frac{2}{5}Ma^2, \quad I_r = \frac{1}{5}M(a^2+b^2)$$

举一数值例子，假设实心钢球的半径为 10cm，质量约为 32 kg，绕轴惯性主矩穿过其中心，$(2/5)MR^2$ 大约为 0.128 kg m^2。如果假定旋转速率为 3600 rpm，其旋转动能 $(1/2)I\omega^2$ 则约为 9.1×10^3 J，相当于从 29m 高处坠落时的动能，其角动量 $I\omega$ 大约为 48 kg m^2/s。

一般而言，与人们假设的可能相反，角动量矢量 M 与角速度矢量并不在同一方向，但是在某种特殊情况下绕其中一个主轴旋转，它们就在同一方向上。具有三个不同惯性主矩的旋转体称为不对称陀螺，但是只要两个主矩相等，便可得到对称陀螺。后者最常见的例子就是儿童玩耍用的陀螺。如果三条主轴均相等，即可得到球形陀螺，对于任一旋转轴，角动量只是 $M=I\Omega$。

根据 M 的定义，并使用牛顿定律，如下关系成立：

$$\frac{dM}{dt} = \sum_i (r_i \times F_i) = \Gamma \tag{12.5}$$

其中，Γ 是称为转矩的矢量。将此结果用于旋转体中，如果转矩分量垂直于旋转轴，则旋转轴的旋转可生成一个圆锥形。该运动称为进动，图 12.5 描述了与该运动相关的各种矢量的空间几何关系。

在带有角动量的系统中，产生进动的动力条件不仅可在陀螺罗盘中出现，也会出现在地球自转和磁场中的原子等多种系统中。至于地球，前述章节（第四章）提及的春分秋分进动的原因在于作用在旋转地球上的扭矩，而这来自于太阳引力的重力作用和月球作用于地球的离心力。在原子方面，磁场产生了一个作用在轨道和电子自旋角动量的扭矩，并且在原子光谱上造成巨大变化。

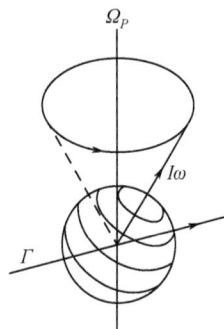

图 12.5　旋转体旋转轴的进动

为了描述惯性空间中旋转体的自由运动，对于以角速度 Ω 旋转的物体，需要将由体系主轴定义的坐标系转变为一个外部惯性系。我们已经介绍了所需的适用于任一矢量的变换方程；对于角动量矢量，如下所示：

$$\left(\frac{\mathrm{d}M}{\mathrm{d}t}\right)_{\text{space}} = \left(\frac{\mathrm{d}M}{\mathrm{d}t}\right)_{\text{bodysys}} + \boldsymbol{\omega} \times M \tag{12.6}$$

但是，矢量 M 在惯性系中恒定，即，$(dM/dt)_{\text{space}} = 0$，因此等式右侧值为 0，得出 M 的三个分量的方程，也就是欧拉方程。就主轴相关的分量而言，我们可得出下式：

$$I_1 \frac{\mathrm{d}\Omega_1}{\mathrm{d}t} = \Omega_2 \Omega_3 (I_2 - I_3)，\quad 等 \tag{12.7}$$

通过对这些运动方程的了解，可以尝试理解刚体的基本运动。对于三个惯性力矩均相等的球形陀螺，此解尤其简单。因此，得出 Ω 的全部分量的时间导数为 0，所以角动量矢量不随时间变化，这当然也就意味着其在大小和方向上恒定不变。

对称陀螺则相对复杂一点。沿着对称轴，I_1-I_2=I（假设），并且 $I_3 = I_{\text{sym}}$。可以发现，对于长球，即沿对称轴延长的球体，此时 $I_{\text{sym}} < I$。在此情况下，三个欧拉方程的解可以得出以下结果：

$$\Omega_1 = \Omega_0 \cos(pt)\ \Omega_2 = \Omega_0 \sin(pt)\ \Omega_3 = \text{const} \tag{12.8}$$

其中，$p = \Omega_3 (I_{\text{sym}} - I)/I$。最后一个方程表明绕对称轴的角速度恒定不变，而横切于旋转体对称轴的矢量 Ω 的分量以角速度 p 绕该轴旋转。因此我们发现，只要绕该对称轴的惯性力矩与其绕横向旋转的力矩不同，那么角速度矢量的可能解描述的是一个绕此对称轴的圆锥体。

然而，我们更感兴趣的却是旋转体相对惯性系的运动，在这种情况下旋转体做所谓的规则进动[2]。对于一个对称陀螺，会发现角动量守恒定律以及角动量在空间中固定便足以预测自由进动。通常来说，旋转体的角速度可能和其角动量不在同一方向上。将 Ω 分解为沿 M 和旋转体轴线的分量，可以发现对称轴将绕总角动量矢量 M 进动，形成一个圆锥形。进动速率 Ω_{prec} 如下式[2]所示：

$$\Omega_{\text{prec}} = \frac{M}{I} \tag{12.9}$$

其中，I 是垂直于对称轴的惯性主矩。不能将此与作用在陀螺旋转体上的外部力矩所造成的进动相混淆。

我们一直在讨论旋转体的动力学问题和一些违反直觉的行为，尤其是这样一个事实，即施加于某一方向的力会引致在另一个方向上的运动。我们已知，是牛顿发现了一个绕圆形轨道运动的粒子实际上是在作用于圆心的力的作用下进行此种运动。根据牛顿第二定律，粒子运动的改变不仅意味着速度大小的改变，也意味着其方向的改变。对于旋转运动，若将经典的 $F = ma$ 公式应用于旋转运动，则采用以下类似的形式：

$$\Gamma = \omega \times M \qquad (12.10)$$

该关系最常见的例子是旋转陀螺的行为，其中受重力牵引的转矩使该轴倾斜，然后其轴在垂直方向上旋转，形成一个圆锥。

12.2 在旋转的地球上运动

设想一下，我们拥有一个由快速旋转转子组成的陀螺仪，并将其安装在无摩擦力的平衡环上，该环可使其旋转轴自由指向任何方向。因为假定没有力矩的作用，相对惯性参考系，例如恒星，角动量矢量在大小和方向上都是恒定不变的。所以如果陀螺仪的轴指向某一特定恒星，当其所在地面绕其轴自转时，它应可持续指向那颗恒星。但是由于此旋转的作用，所有的恒星似乎都围绕着北天极旋转，所以当恒星参与天球的视自转时，陀螺仪的轴也会跟随其恒星。换句话说，陀螺仪轴旋转形成了一个圆锥，该圆锥的轴是北天极轴。如果我们举个极端的例子，假设陀螺仪轴在某一特定时间先指向地平线附近正东方向的一个恒星，随着时间的推移进行观察会发现，旋转轴沿着一个垂直的方向抬升，经过 6h 之后会到达一个最高点。（见图 12.6）并继续旋转，12h 之后到达正西方向。在接下来的 12h 中，它可能会在地平线下继续旋转，并且在 24h 中转完一圈。事实上，精密陀螺仪可用于监测地球在时空中的方位，因而也可用作时钟，得出恒星时。

为了定量描述这类陀螺仪轴的运动，需要确定两个角度：一个是绕垂直轴的角（方位角）；另一个是在子午面上的角（俯仰角）。对于喜欢航海的读者，可将其称为罗盘的漂移和倾斜。当然理想状态下，希望陀螺仪一直保持水平并且停在子午线中，即指向正北。如果一开始就将陀螺仪轴设定为指向北天极，随着地球在其下旋转，它会一直保持该方向不变，但是在地球表面上任何一个非赤道上的点，陀螺仪轴都不会保持水平，相反它会有所倾斜，倾斜角度与纬度相等，详情见图 12.7。

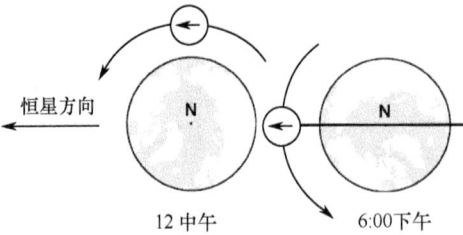

图 12.6 $t=0$ 时，陀螺仪从正东方向经过 6h 自转到垂直方向的过程

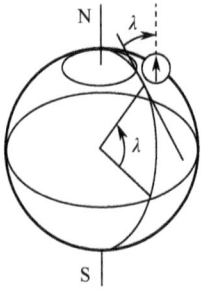

图 12.7 地球纬度 λ 上的自由陀螺仪轴的方向

一般而言，在此并不适合过多地运用数学方法解决陀螺仪的运动问题，这其中会涉及运动方程从旋转体系向惯性系的转换。相反，我们对一种定性、近似的分析方法更为满意，如果将地球运动形成的 θ 和 φ 分别称为自由（不受控制）陀螺仪进动的俯仰（倾斜）和方位（漂移），便可发现它们的变化大概如下：

$$\frac{\mathrm{d}\varphi}{\mathrm{d}t} = \Omega_{\mathrm{E}} \sin\lambda \qquad \frac{\mathrm{d}\theta}{\mathrm{d}t} = \Omega_{\mathrm{E}} \cos\lambda \sin\varphi \qquad (12.11)$$

其中，Ω_{E} 是地球的角速度。然而，这些近似方程却用途有限，尤其方位角方程只在俯仰角 θ 极小时才成立，不过若要熟悉不同条件下陀螺仪轴的角运动它还是有用的。当然，根据观察者的纵轴和水平平面，对陀螺仪轴相对水平坐标系方向的描述需要一些球面三角学知识，通常来说天文导航也是一样，我们只举一个最简单的例子以说明由于地球旋转[3]而产生的陀螺仪轴进动。例如，假设将一个理想的陀螺仪置于一个给定的纬度上，并假设为北纬 45°，让其旋转轴保持水平并指向北纬 020° 子午线稍偏东的位置，然后我们来计算它需要多久可以进动到子午线（忽略倾斜问题）。图 12.8 展示了该问题，其中（a）表示该问题的实际空间几何关系，而（b）为其在水平面上的投影，因此顶点在中心，轴向极点指向顶点的北方，两点之间夹角为余纬角。如果我们想象陀螺仪的方向固定于一颗特定恒星，那么该恒星的地理位置可以随着地球的旋转形成纬度圈。

执行计算需要求解球面三角形，其中一个角为直角。此类球面三角形的解具有天文导航的典型特征，纳皮尔提出了相关的数学逻辑，并在纳皮尔法则中将其具体化，还发明了对数。我们用简单的计算说明陀螺仪运动引起的此类问题，对于陀螺仪运动我们不再进一步寻求更规范的理论。关于直角球面三角形，纳皮尔法则如图 12.9 所示。

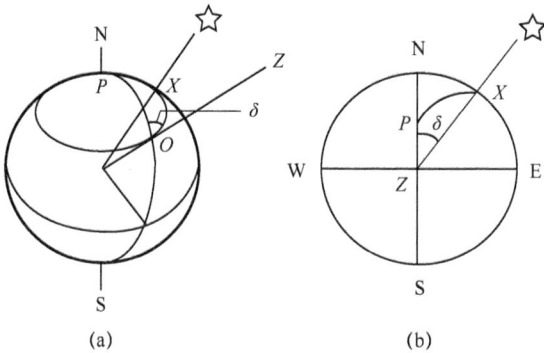

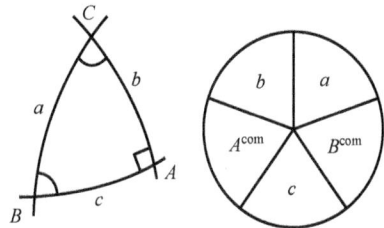

图 12.8　水平坐标系中陀螺仪的进动　　　　图 12.9　直角球面三角形的纳皮尔法则

（a）空间几何；（b）在水平面上的投影。

我们需要如下公式：$\cos c = \cot A \cdot \cot B$，陀螺仪问题所涉及的球面角在图 12.8（a）中有所说明，水平面[3]上的大致投影将该几何问题更加简化了，将天空极轴标记为 P，陀螺仪所在纬度的纵轴标为 Z，陀螺仪轴偏差（偏移）与子午线间形成了 δ 角。将上述公式代入球面三角形 PZX，我们可得：

$$\cot\lambda = \cot\delta \cot P \qquad (12.12)$$

由此可得极点附近 P 角的值，也即为达到子午线陀螺仪必须旋转的角度。代入纬度和偏差值，便可算得 P 角；然后，若得知地球绕极轴旋转的角速度（每小时 15°），便可算得所需时间。

12.3　陀螺罗盘的控制

人们或许认为，陀螺仪作为指南针使用时必须使轴线垂直投影在水平面上，以获取子午线。然而，这并不适用于船或飞机这种移动平台，因为它们的运动将导致高度的变化。我们需要一种方法，能够在稳定平衡条件下使陀螺仪在子午线上找到水平位置。可通过在转轴上施加适宜的控制力矩和阻尼力矩来削弱振荡。前者以倾斜转轴的方式平衡地球自转产生的进动，后者的设计则从方位和高度方面减弱偏移幅度。厂家不同，实现控制力矩的详细方法也各异，我们以一个容易描述的最简单的设计为开始，即在转子箱上添加砝码，可以将砝码放在转子中心的正上部，形成一种上重下轻的控制；也可以将砝码放置于底部，形成一种上轻下重的控制。我们必须弄清以上两种可能性，因为当陀螺仪倾斜时，在力矩的作用下会产生两种截然不同的可能性（顺时针或逆时针）。在进一步的描述中，我们可以其中一个上重下轻的控制为例，如图 12.10 所示。

例如，如果陀螺仪轴指向子午线的东向，并且与水平面有一定的倾斜角，增加质量的重力不再位于转子的正上方，而且转矩导致旋转轴绕垂直于转矩轴和旋转轴的轴旋转。这是陀螺仪运动的特点，使陀螺仪轴沿水平方向进动。陀螺仪的旋转方向也就是角动量的方向，一定会发生以下情况：此方向上的转矩可产生水平进动，以修正陀螺仪轴原本假设的向东偏移。如果旋转方向相同的同一陀螺仪底部负重，那么它就会沿着错误的方向进动，向东方向的偏移就会增加。增加质量的正确放置位置可产生向子午线陀螺仪轴的抵消运动。

我们从陀螺仪轴指向子午线东方某一角度的起点出发，并追踪其运动。随着地球的自转，该轴开始向上作圆周运动，从而使控制质量产生的转矩进行旋转，该转矩旨在产生与地球自转作用方向相反的进动。轴继续穿过子午线直到该轴再次达到水平方向，转矩转过零点指向西方的最远端，在子午线上倾斜度、转矩和进动率最大，该运动在地平线下会重新回到起点。因为在增加质量的控制力矩的作用下，进动角速度会发生变化，空间内陀螺仪轴的路径呈椭圆截面的锥形。在已知增加质量大小、转子箱尺寸和陀螺仪角动量的情况下，其进动率便很容易计算。所以，可以引进进动的基本公式 $\varOmega_{\mathrm{pre}}$，即：

$$\varGamma = \varOmega_{\mathrm{pre}} \times L \tag{12.13}$$

其中，$\varGamma$ 是力矩，L 是转子的角动量。事实上，式（12.13）中三个矢量互相垂直，因此可得到：

$$\varOmega_{\mathrm{prec}} = \frac{mgh}{L}\sin\theta \tag{12.14}$$

其中，m 是增加质量，h 是其在重力中心上方的高度，θ 是倾斜角。对于小倾斜角 $\sin\theta \approx \theta$，我们发现进动率大致与该角成比例。

虽然从概念上来说很简单，但是使用增加固体质量控制的陀螺仪缺点很多，这些缺点在主要运用陀螺仪的移动平台上显得尤为明显。所以人们倾向于选择其他稳定的方法，系统首选使用的一种液体阻尼稳定法，该液体通常是高密度的水银。水银在陀螺仪箱底部一南一北两个水槽之间，沿着 N-S 轴流动穿过转子重力的中心，从而在陀螺仪轴与水平方向有倾斜角的情况下产生力矩。在水槽底座有管子连接，使得水银的流通不受阻；在水银以上的空间（图中不显示）也有管子相连，以保持两个水槽中的大气压力均等，从而确保水银面保持水平。在理想情况下，整个阻尼稳定系统必然绕水平 E-W 轴对称，并当陀螺仪轴呈水平状态，而且水银面高度相等的情况下，其重力中心与转子重力中心一致。在这种静止状态下，当液体穿过转子中心时，水银对陀螺仪无作用力，力矩对后者也无作用力。图 12.11 展示了向北倾斜找寻陀螺仪端部的效应。

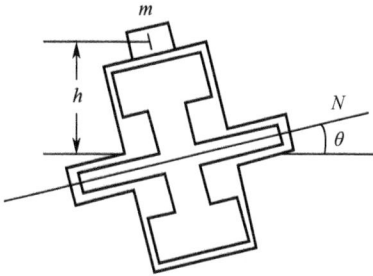

图 12.10　质量附加在转子箱顶部的陀螺仪　　图 12.11　倾斜对液体阻尼控制的影响

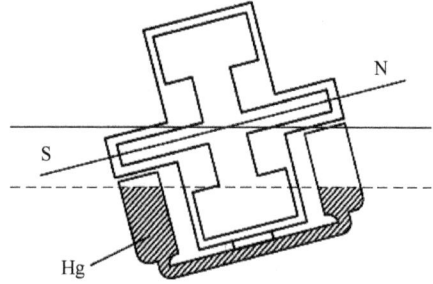

倾斜后，水银向南水槽流动，导致转子两边水银重量失衡，并形成绕东西轴的合力矩。在地球自转并定义了北向的情况下，当北端向上倾斜时，转子的旋转必然会使该力矩产生向西的进动，既定倾斜所导致的进动率的计算方法与计算固体质量的方法一样，只是这时的力矩为 $2mgL$，其中，m 是转移水银的质量，L 是被转移水银的重心与转子重心的距离。此外，力矩取决于 $\sin\theta$，其中 θ 是倾斜角，所以对于很小的倾斜度，力矩基本上与角度在弧度上成比例。

一个受控陀螺仪完成椭圆一周所花的时间取决于控制进动率的大小，后者取决于转子的角动量和控制力矩，但也受漂移量和纬度的影响，商用陀螺罗盘的周期范围大致在80~120min 之间。在没有论证的情况下，我们给出陀螺罗盘振荡周期的表达式，即完成绕椭圆一周所需的时间：

$$T = \sqrt{\frac{L}{\varGamma_{\mathrm{m}} \varOmega_{\mathrm{E}} \cos\lambda}} \qquad (12.15)$$

其中，L 是转子的角动量，$\varGamma_{\mathrm{m}}$ 是取决于水银总量和控制设计尺寸的最大控制力矩，$\varOmega_{\mathrm{E}}$ 是地球的角速度，λ 是纬度。

12.4　陀螺振荡的阻尼

迄今为止，使用上述方法控制的陀螺仪不会保持在子午线上，但是会描绘出一条我们描述过的以子午线为中心的路径。然而，有一个特殊的位置陀螺仪将保持静止，但却处于不稳定的平衡状态：当倾斜角产生完全相等且与地球自转相反的进动时，这种情况就会发生。但是，这个位置不仅不稳定，任何干扰都可使其发生振荡，而且其倾斜角在高海拔处也会变大，以致于很难确立一个水平方向，尤其在移动平台上。如前所述，我们要求陀螺仪轴保持水平的稳定平衡状态，以削弱任一干扰，并且将轴固定在稳定水平方向。将"阻尼"一词用在此环境中会让人产生误解，因为一般情况下人们认为"阻尼"一词几乎用于表示力学中动力的损耗，就像在热量中表示减小振荡幅度。在目前这种情况下，我们的目标不再是削弱陀螺仪的动能，而是使其在地球自转时在所给子午线上保持对齐，这就要求其轴保持水平，且与地球自转保持相同的速率。因此，陀螺仪必须具备旋转动能，以与地球保持一致，而不是像热能一样消耗能量。当然，地球的角速度太小，对其观察只是出于学术兴趣。在此，阻尼是通过提供一个力矩，以抵消受控陀螺仪的椭圆振荡，并使振动的振幅逐渐消失直到陀螺仪水平固定在子午线上而实现的。

当陀螺仪轴与水平方向成一定倾斜角时，为实现这一目的需要一个绕垂直轴的力矩，这就需要在垂直面上进行进动修正。在斯伯利·马克 20 陀螺罗盘[2]的设计中，在转子箱顶部，与转子轴垂直的某个距离上放置一个重物，如图 12.12 所示。

重物被放置在转子正中心上方，且与中心点有一定距离的地方，因为当陀螺仪轴指向任一方向时，由于作用在重物上的重力，力矢量不一定通过转子中心的垂直线。由此可得一个重要的结论：作用在转子上的力矩分量不仅仅绕水平轴，更重要的是绕垂直轴也有分量。这样的力矩必然阻碍陀螺仪轴的倾斜，和控制力矩导致的水平漂移。当从水平方向离开时，对倾斜产生反作用；当其指向水平方向时，则相反。这就要求增强三维空间或者三维模式的敏感度，全景呈现复杂力矩的相互作用和陀螺仪罗盘的旋转。我们可以尝试理解同时受控和阻尼的陀螺仪的运动，并分析其轴沿着椭圆形的轨迹前进时的力矩。如果设计合理，陀螺仪轴会沿着螺旋形的轨迹收敛直到抵达稳定的终点。

如图 12.13 所示，假设首先将陀螺轴固定在北半球某一点的水平方向上，并将其标注为点 O。其轴在水平方向时，控制机制和阻尼机制不产生力矩，但是地球的自转会使轴的北端抬升并向东漂移。这就导致了向西的修正控制进动和向下水平方向阻尼进动的出现。这种进动会一直持续，直到到达点 P，这时控制向西进动与因地球自转而产生的相反向东偏移相等，从而导致轴短暂的垂直运动，在该点上的倾斜率在因阻尼力矩产生的进动作用下减小。随着倾斜的继续，控制力矩也增加直到其效果超过漂移，且轴向西朝着子午线移动。随着倾斜的增加，阻尼力矩也相应增加，最终将产生一个倾斜转折点，在转折点之后它减少到一个瞬间静止的点，此时该轴到达子午线上的 Q 点。超过了转折点，倾斜度的变化便在阻尼力矩的影响下慢慢减弱，并且轴快速朝向水平方向移动。这种阻尼力矩的作用相比控制力矩单独作用产生的效果更好，方位角振动的振幅急剧减少。最大漂移点标注为 R，在这个点上控制进动与因地球自转产生的漂移相等，其后该轴开始移回子午线。假定轴的方向水平，控制进动和阻尼进动会持续减少到零。该轴会倾斜且低于水平面，引发向东的控制进动，方向与地球自转所引起进动的方向一致。同时，阻尼进动向上朝向水平面，从而限制了轴向下倾斜，使得其在标示为 S 的点上回归水平，该点跟周期的起点 O 相比更接近子午线。总体而言，当控制进动方向不指向水平面时，阻尼进动与控制进动相反，但是当控制进动的方向指向水平面时，作用则一致。从而可得：在连续的周期上，方位角的摇摆会持续减少并向子午线收敛。

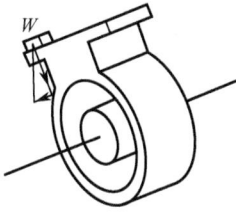

图 12.12　斯伯利·马克 20 陀螺仪
罗盘中倾斜阻尼重物的放置

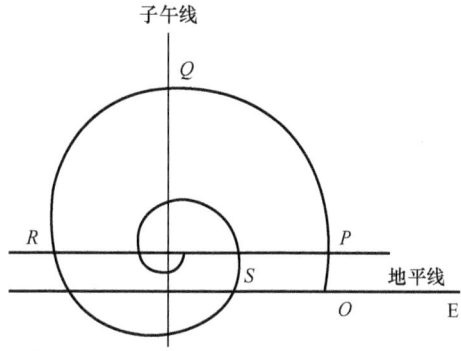

图 12.13　陀螺仪轴以螺旋方式聚合到稳定点[3]

12.5　陀螺仪的主要误差

在接下来介绍陀螺仪误差的章节中，我们将只介绍低速相对运动的陀螺仪，例如安装于船上的陀螺仪，显然这便忽略了用于飞行器或者作为火箭上稳定器的陀螺罗盘。

12.5.1　稳定误差

一个阻尼陀螺仪的最终稳定状态，即它收敛的最终稳定状态，并不会精确到子午线或者水平方向上。只有当控制进动消除水平漂移以及阻尼进动抵消垂直倾斜达到一个平衡态时，才能实现这种状态，但方位角会不可避免的出现小的倾斜，而导航时从子午线出发是十分重要的。特别麻烦的地方在于误差会随着纬度的变化而变化，事实上它被称为纬差，也称稳定误差。可以用方程式（12.11）和式（12.14）来估算误差以及它与纬度的关系，后者经过修改之后一方面与控制力矩相联系，另一方面与涉及几个不同的几何因素的阻尼力矩有关。由此可得 $mgh = j \ m_1gh_1 = J_1, m_2gh_2 = J_2$，同时得到方程式：

$$\frac{\mathrm{d}\varphi}{\mathrm{d}t} = -\frac{J_1}{L}\sin\theta = \Omega_E \sin\lambda \quad \frac{\mathrm{d}\theta}{\mathrm{d}t} = -\frac{J_2}{L}\sin\theta = \Omega_E \cos\lambda \sin\varphi \quad （12.16）$$

其中，L 是水平旋翼的角动量，θ 是轴线的角位移，λ 是纬度，φ 是方位角。通过求解这些方程式可以得到：

$$\sin\varphi = \left(\frac{J_2}{J_1}\right)\tan\lambda \quad （12.17）$$

如果方位角 φ 较小，$\sin\varphi$ 可以通过 φ（弧度）或 $(\varphi/\pi) \times 180°$ 近似估算。

典型的方位角实际误差值在 $2° \sim 3°$ 之间。理论而言，纬度越高误差越大，在极点时则达到无穷大。图 12.14 显示了误差值随着纬度的变化而增减的函数关系。

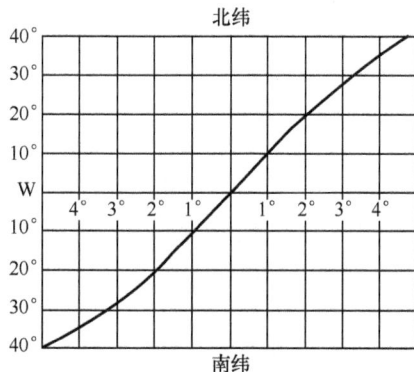

图 12.14　陀螺仪的阻尼误差作为 $J_2/J_1=0.1$ 时的纬度函数

12.5.2 陀螺仪主体运动误差

作为一个在地面或近地面上、随着其移动的平台上安装的导航仪器，陀螺仪的质量中心会发生满足角动量方程的移动，可以把这种移动分为两种类型：一种是在平面运动时的波动，比如翻滚、俯仰以及偏航；另一种是遵循地球曲率的一种稳定的、回转的运动。首先，考虑球形地球上的曲线运动，若要弄清楚这一运动的结果，设想将陀螺仪的轴线固定于子午面的某个特定恒星上，而根据角动量守恒定律，这条基线将保持不变。由于陀螺仪随着地球的曲面沿着子午线向北运动，因此星星和陀螺轴的方向将会上升到更高的海拔，也就是说如果陀螺仪具有沿子午线向北方向的分量，相对地球上的水平线轴将会向上倾斜，如果运动朝南倾斜将会减小。例如，装在沿着子午线并以 25kn 速度航行轮船上的陀螺仪将会以每小时 25 角分的速率倾斜。这里回顾一下速度的单位——节，它是指航行一段标准距离所需的速度，即在 1h 时间之内绕地球赤道旋转 1 角分。总体而言，具有东西分量的行程会改变陀螺仪轴旋转的有效东西分量。

只有当平衡系统施加一个来自子午线的位移，使地球自转导致的倾斜与运动导致的倾斜大小相等、方向相反时，才能取得平衡。通过使这两个物理量相等，可计算出方位角的位移，如下式：

$$\sin\varphi = \frac{V\cos\Theta}{900\cos\lambda} \tag{12.18}$$

其中，V 是以节为单位的速度，而 Θ 是航向。需要注意的是，地球的角速度为每小时 900 角分，由于方位角的误差与纬度 λ 的余弦 $\cos\lambda$ 成反比，所以纬度越高方位角误差越大。我们也注意到，这个结论与任何陀螺仪仪器设计参数无关，而仅仅依靠纬度和航向。如果速度 V 较高且含有东西分量，那么地球的有效角速度将会被修改为 $\Omega_E = 900\cos\lambda \pm V\sin\Theta$。

若安装了陀螺仪的平台改变航向，陀螺仪将通过阻尼并以螺旋的方式收敛至新稳定点进行响应。但是，如果快速、反复机动比其稳定时间快，显然它就完全不可靠了。可以理解的是，斯伯利以及其他制造商尽力在改进陀螺仪，使其能够尽可能免受运动带来的波动影响。事实上，确实有通过引入进动的办法弥补陀螺仪主体运动带来的杂散倾斜。人们对冲击偏差的运用十分感兴趣，这种运用能将冲击偏差转化为一种使陀螺仪稳定的效果，而这种效果能够使陀螺仪无需经过螺旋就能进入稳定状态。冲击偏差指陀螺仪加速带来的稳定水银柱的流动，作为液体它能够确定水平方向，但是当陀螺仪加速时，即使是在水平的飞机上，水银柱也会在惯性的作用下趋向于一边，液面倾斜表示水平误差以及相应的垂直误差。比如说如果水银柱在一个向北的加速作用下向南端移动，水平位置的倾斜将导致由东向西方位上的进动。每个瞬间的进动速率都能相应地反映在加速过程中，总进动角与速度矢量的总变化成比例，图 12.15 举例说明了系统加速导致的稳定液面的倾斜。

设想，水银柱液面以角度 o'' 倾斜，即 $\tan\delta = \alpha/g \approx \delta$，$\alpha$ 是加速度。水平面的倾斜使得进动增加，可由下式得出：

$$\omega_{pr} = -\frac{\alpha}{g}\left(\frac{J}{L}\right) \qquad (12.19)$$

幸运的是，这个稳定液体流动所导致的冲击偏差处于一个能够使陀螺仪轴线直接进入稳定位置而无需经过一个螺旋收敛过程的正确方向，这点可通过控制系统的详细设计参数实现，例如控制尺寸、水银的数量以及转子的角动量等。事实上，这些因素同样决定着描述端面螺旋的旋转轴线的振荡周期。为了使冲击进动 ω_{pr} 与速度和航向的变化率对等，必须使用下式：

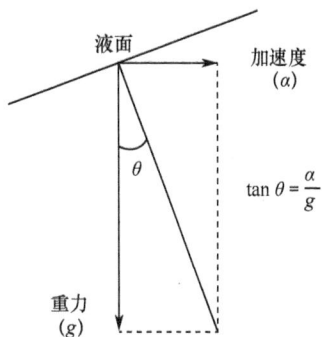

图 12.15 加速度造成 Hg 液位倾斜

$$\frac{\alpha T}{g}\left(\frac{J}{L}\right) = \frac{\alpha T}{\Omega_E R_E \cos\lambda} \qquad (12.20)$$

其中，α 是陀螺仪主体的加速度，而 R_E 是地球的半径。可得出：

$$\frac{R_E}{g} = \frac{L}{\Omega_E J \cos\lambda} \qquad (12.21)$$

但是，陀螺仪轴的振荡周期可由下式求得[3]：

$$T = 2\pi\sqrt{\frac{L}{J\Omega_E \cos\lambda}} \qquad (12.22)$$

从而得出：

$$T = 2\pi\sqrt{\frac{R_E}{g}} \qquad (12.23)$$

如果设计的陀螺仪有此振荡周期，也称为舒勒周期，那么冲击偏差将会使陀螺仪恰好避免螺旋收敛到最终的位置。

12.6 斯伯利·马克 37 型陀螺罗盘

在斯伯利公司的航海系统中，斯伯利·马克 37 型陀螺仪[4]是一款最新的陀螺仪模型，这款先进的微型设计十分注重简洁性和可靠性。值得注意的是该陀螺仪基于陀螺球，该陀螺球在中性浮力的作用下漂浮，其重心与其浮力中心一致。此设计是为了实现机械隔离，从而使由于平台运动而作用在陀螺球上的加速度最小化。而且通过合理的限制液体的冲击流动，它在短时间内将运动带来的影响降到最低。正是通过这些手段，斯伯利·马克 37 型陀螺仪才能相对免受剧烈机动状况的干扰，将误差控制在严格的容差范围内。

12.7 环形激光陀螺仪

20 世纪 60 年代早期，首次公开光学激光的成就后，众多研究者便立刻意识到，从激光的显著相干性大量受益的其中一个领域就是光学干涉度量，即运用光波的干涉模式来进行精确空间测量。可以预见，不久之后就会有人预想复制乔治·萨格纳克关于光速传播的实验。萨格纳克是一名法国物理学家，他工作的时代正值人们对光速及它在爱因斯坦革命性的理论——相对论中的核心地位十分感兴趣的时代。1913 年，他发布了著名的光干涉实验报告，实验中他将来自明灯（无激光）的光束通过半镀银镜分成了两束，并且绕着平面镜的拐角以相反的方向作正方形运动，如图 12.16 所示。

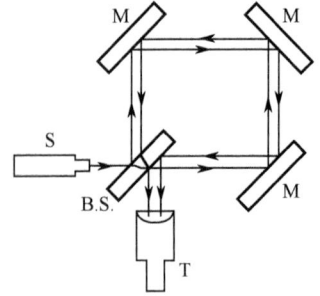

图 12.16　萨格纳克经典环形干涉仪

　　在光束分离器中，将反向传播的光束重组便可得到干涉条纹。根据两束重叠光波的相位差，这些干涉条纹包含由于波幅的加强或者减弱而产生的交替明暗条纹。经证实，如果以角速度 Ω 旋转反射镜系统，那么就能造成两个光束之间的路径差异，导致干涉模式变化，这通常称为萨格纳克效应，萨格纳克采用光传播的经典理论计算旋转对光绕镜子传输所需时间的影响。关于带有加速运动的非惯性系统的问题，我们现在知道它需要广义相对论支撑，但是萨格纳克的工作先于爱因斯坦的广义理论。然而，狭义相对论要求光速是恒定的，因此运用萨格纳克的经典论点，可以将镜子的旋转视作导致两束光线绕镜子路径距离差异的原因，并且它还导致了重组时的相差。因此对于实际转速，反射镜的线性速度大大小于光速度，因此距离的增量很小，我们发现波从两个方向传输的两个经典传播时间为：

$$t_C^{\pm} = \frac{L}{c \pm R\Omega} \tag{12.24}$$

　　从正方形排列的反射镜来看，R 代表中心到镜面的半径，L 代表周长，Ω 代表刚性反射镜的角速度，c 通常代表光速。从爱因斯坦广义相对论的角度来看，它是时间尺度的度量，或者说是随着绕闭合环时变化的时钟速率本身。事实上，根据该理论时间差 Δt 如下[5]：

$$\Delta t = \pm \frac{4\Omega}{c^2} A \tag{12.25}$$

其中，A 是由路径闭合的区域。如果使用波长 λ 的单色光，则这个时间差就会和相位差（$\Delta\varphi = c\Delta t/\lambda$）相对应。我们注意到，原则而言无需外部参照，只需测量 $\Delta\varphi$ 就可了解其旋转状态。有趣的是，历史上，因与莫莱合作进行以太漂移实验而闻名的迈克逊于 1925 年宣布了一项研究[3]，该研究运用一个萨格纳克矩形镜列（2000× 1100ft）测量地面的绝对转动，他们观测到仅仅一小部分波长的路径差，这个著名的试验使用极有限的相干性的传统放电管作为光源。

　　激光技术的到来彻底改变了这一现状，可以实现使光束绕着闭合路径进行多次有效的流动，或者使用光纤线圈和外部激光源，或在共振器里放置一个光增强媒介产生反向传播的光波。两种方法都得到了迅速发展，但最终性能取决于实现的工程技术。

　　首先，考虑通过多圈闭合回路里的光纤增强萨格纳克效应的方法，显然每一圈的相位差都积累起来，在 N 圈以后的相位差就是 $N\Delta\varphi$，其中 $\Delta\varphi$ 是每圈的相位差。

　　在内部激光陀螺中，反射镜用来组成激光共振光学腔，其行波方向相反，之前已验证这种工作模式的存在。有可能使两个反向的波同时做独立传播，也就是振幅和频率不同，但有一定的严格限制。我们之后会了解到，会出现两个模式锁定到同一频率的趋向，该状态就是锁定状态，当两个接近的共振系统之间存在耦合时将会出现这种状态。在锁定状态下，激光陀螺显然对转动不敏感。然而，为了扩大锁定条件下角速率范围的下限，人们付出了极大的努力，为之努力是因为激光陀螺在各个领域都十分重要，尤其是其不会对活动部件造成磨损的优势。

回想一下，长度为 L 的激光第 n 个模型的共振状态为

$$v_n = n\frac{c}{L_C} \tag{12.26}$$

其中，L_C 代表共振腔的光长。在一个有效长度取决于光波传播方向的旋转共振腔中存在着两种不同频率的模式。长度 ΔL_C 的细微差别与频率 Δv 的差异相对应，可由下式得出：

$$\frac{\Delta v}{v} = \frac{\Delta L_C}{L_C} \tag{12.27}$$

用式（12.23）和（12.25）将这个结果分别应用于旋转的方腔，计算和传播时间差，会发现：

$$\Delta v = \frac{4\Omega A_C}{\lambda L_C} \tag{12.28}$$

在式（12.28）中，频率差输出和角速度间的比例常数，即 $4A_C/\lambda L_C$ 被称为比例系数，显然必须保持恒定。这就要求尺寸稳定，因为激光拥有带有折射指数的放大介质，所有气流都会通过菲索效应影响共振腔的光长。

为了具体了解所涉及的数字，假定一个方腔的四边长度为 15cm，以每小时 15°的地球角速度旋转。激光以 633nm 的波长振荡（氦氖激光器的红线频率），在反向旋转的模式之间陀螺产生大约 17Hz 的频差。在激光和其极优越的相干光出现前，测量频差确实是不可想象的。今天，通过现代激光技术测量探测器接收的两束光的频率输出已经十分成熟。因为两个激光模式拥有相同的共振腔，所以差频十分稳定，且不易受外界条件的影响。

几乎从一开始，环形激光器就被视作航行设备，的确它已成为高级惯性导航仪器，不仅应用于船只、飞机、火箭等的导航，同样也应用于开凿油井和隧道的导航。这些应用依赖于陀螺每小时在 0.01°范围内的稳定性和可复现性，以及平均每小时 100s 时间大约为 0.03°的噪声波动。图 12.17 简要显示了环形激光陀螺器的基本设计，其中有源激光介质在萨格纳克共振腔内。

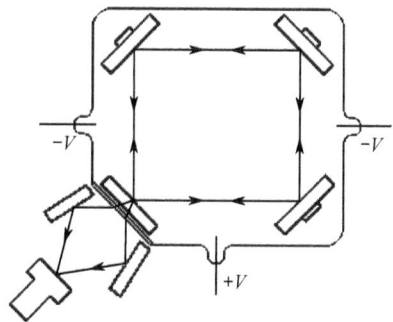

图 12.17　环形激光陀螺仪示意图

由于对激光机械和热稳定性的严格要求，它的主体由之前开发的热膨胀系数极低（每摄氏度 10^{-8}）的材料制成，比如微晶玻璃。化学层面上同样如此，这些材料都有极强的抵抗性，真空性能良好，例如具有低解吸性。通过附着在两块镜子背面的压电元件，控制共振腔周长的大小。这些控制元件通常由 PZT（锆钛酸铅）制成，这是一种拥有强压电效应的矿物质，这些元件还是伺服系统反馈回路的一部分，使系统锁定在激光场强度的峰值点上。

做此选择的理由在于，媒介的光增益使多普勒特性轮廓以原子的自然频率为中心，因此当共振器调谐到恒定的原子跃迁频率时，便可得到最大强度。通过合理的设计，共振腔的周长可以被控制在一个波长内。为了抑制高空间模式的激光振荡，具有抑制较高径向模式激光的直径和形态的窗孔被设置在能够维持激光对称的点上；对称性十分重要，目的在于使反向传播的光束处于相同的传播条件，它们的效应在差频下会被抵消。因此，如图所示电子放电被对称地施加在中心正极和两个负极之间。

反光镜对激光陀螺的性能发挥起着至关重要的作用。它们决定了四面镜子组成的光共振腔的精细度，即探测相反光束之间最小频差的最高光谱纯度（最小谱线宽）。为了确保高精细度，必须具有"划痕/斑点"规范制定的最高反射率（99.99%的反射率并不罕见）和最高光洁度。就目前先进的制造技术而言，光滑度完全可以达到 $\lambda/1000$，其中 λ 是可见光的波长。大部分激光应用对光洁度的要求均很高，对于激光陀螺尤其重要，因为来自镜面的后向散射会耦合到反向传播模式中，并导致产生可怕的锁定模式。据称，平滑度发散总量低于 1ppm[6]。

构成放大介质的气体是基于氦—氖激光器设计的混合物，我们已在前面章节中详细介绍过该部分内容。然而这种情况下除了氦气外，还需要两个氖同位素，^{20}Ne 和 ^{22}Ne，压力大约为 600 Pa，氦/氖比率大约为 10∶1。当然，准确的压力取决于实现稳定激光作用所选择的其他实际设计参数。实验发现，如果只有一个氖同位素就不可能同时产生稳定独立的双向激光辐射。这是因为[6]激光模式之间存在剧烈的竞争，在多普勒展宽增益曲线内的不同模式累积是以其他模式的增益为代价，该效应被称为烧洞效应，在威廉姆·本勒特有关激光的历史记载中就已有该现象。经发现在两个氖同位素的混合物中，632.8nm 跃迁对应的增益曲线中烧洞效应不会重叠。

正如我们在激光章节中所介绍的，自发辐射光子的存在限制了激光辐射的光谱纯度。受激辐射的光子与激发光子相关，源自于自发辐射的光子具有随机相位，与任何现有光子无关。根据爱因斯坦的光子发射和吸收理论以及 A/B 系数，它们的存在不可避免。我们注意到在最后一章中，1958 年汤斯和斯科瓦罗证明，在量子极限中激光辐射需要有一个基本的洛伦兹频率分布，其光谱线宽 Δv 可由下式得出：

$$\Delta v = \frac{\pi h v (\Delta v_\text{C})^2}{P} \tag{12.29}$$

其中，Δv 是无源（无激光介质）腔共振频率，P 是激光输出功率。基于此表达式，在取得工作激光的实际成就前，首先可预测激光辐射的超光谱纯度。如果我们将工作在 $\lambda=$ 633nm、输出功率 1mW 的激光器以及 0.5MHz 的腔共振宽度的数值代入，我们会发现激光发射的谱宽大约为 2.5×10^{-4}Hz。显然这是一个理论下限，实际上放大介质中的波动很少会导致激光发射谱宽低于 10^3Hz，除非采取特别方法进行提升，这与每边长为 0.1m 的正方形激光器的最低可探测转角速度 1.6×10^{-3} rad/s 相对应。这个分辨率不能测出地球 7.2×10^{-5} rad/s 的角速度，表明光谱分辨率仍有提升空间。

12.8 光纤陀螺

如前所述，环形激光器的替代品就是用外部激光源在光纤线圈提供反向传播的光束。

这种陀螺的经典商业应用就是斯伯利船舶公司的导航2100，它是一款设计小巧、应用于快速交通工具的仪器。组合三个光纤线圈和双轴水平传感器建立地球转动轴，从中确定正北向。并且它为全固态的设备，能够轻松集成于固态电子和激光陀螺仪中，也可直接装在交通工具上，不用借助任何精细机械系统。它也能应用于交通工具稳定系统，不易受晃动和震动影响。

12.9 MEMS 振动陀螺仪

MEMS 的全称是微电子机械系统，或者微系统。此处所介绍的是固态微系统，其陀螺仪作用源自于科里奥利力，我们在之前的章节中介绍过科里奥利力，它描述的是参考旋转地球坐标系的粒子的运动。它和离心力渊源相似，离心力的产生也是在地球非惯性旋转运动时出现的，我们知道那只是自由粒子在惯性参考系内做直线运动。当参照旋转坐标系时，它的行为似乎是由离心力和与速度无关的科里奥利力产生的。相对地球坐标系运动的质量为 m 粒子的作用力可以从以下公式中求得：

$$F_C = 2mV \times \Omega_E \qquad (12.30)$$

其中，V 是速率矢量，Ω 是地球角速度矢量。

由此可得，被限制于绕地球表面上某个点振荡的自由粒子将沿着看似相对地球旋转的直线振荡，多年来这项伟大的发现一直在华盛顿特区的史密森博物馆以傅科钟摆的形式展出。显然，这是地球在转动而非钟摆的共振线。这一现象同样适用于物体的高频振动，例如驱动压电板，还有类似于振荡器中石英晶体的压电板。

由于它们本身可与集成电子设备相兼容，所以多年来人们都对开发基于固体振动的灵敏陀螺仪抱有极大兴趣。德雷珀实验室发明了最早的音叉陀螺（见图12.18），于1993年首次被应用于汽车工业制造，被设计为偏转（绕垂直轴旋转）传感器，用作汽车防滑系统的一部分。

人们公开了许多其他固态振荡形式，尤其是振荡环和矩形盘，同时还提出了其他许多激励和稳定振荡水平的方法以及感测方式和输出类型，例如：转动速率或是速率积分，即转动角度。速率积分MEMS陀螺仪这个有趣的设计提案将共振和感测功能分离，因而明显实现了动态放大。

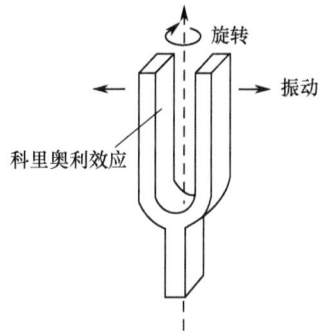

图12.18 德雷珀实验室调谐的音叉陀螺

参考文献

1. H.Goldstein，Classical Mechanics，3rd edn.（Addision Wesley，Reding，MA，2001）

2. L.D.Landau，E.M.Lifshitz，Mechanics，3rdedn.（Butterworthand Heinemann，Oxford，1976）

3. A. Forest，Marine Gyrocompasses for Ships' Officers（Brown，Son &Furguson. Ltd,

Glasgow，1982）

4. A.L. Rawlings，The Theory of the Gyroscopic Compass，2nd edn.（McMillan，New York，NY，1994）

5. L.D.Landau，E.M. Lifschitz，Classical Theory of Fields（Addison-Wesley Press，Cambridge，1951）

6. W.W.Chow et al.，Rev. Mod. Phys. 57，61（1985）

7. C.C.Painter，A.M. Shkel，Nanotech，vol. 1（2003），http://www.nsti.org. ISBN 0-9728422-0-9

第13章 无线电导航

13.1 概述

无线电技术在其发展进程的早期就已经在导航设备中得以应用。最初，无线电的基本功能是测向，现在虽然这个功能仍然重要，但目前已远远不限于测向了；事实上，更准确地说，电磁波谱在所有现代导航方法中无所不在，例如：无方向性信标（NDB）、远程导航（罗兰-C）、甚高频全向信标（VOR 伏尔），当然还包括全球定位系统（GPS）。因此，本章及后续几章将介绍以上导航系统。首先，我们从无线电测向和远程导航（罗兰-C）开始，远程导航的使用始于 1958 年，第二次世界大战到 1958 年这段时间，缺少精确的远程无线电导航系统。2010 年 2 月 8 日，美国海岸警卫队宣布终止罗兰-C 在美国的服务，这标志着为航海服务半个世纪的罗兰-C 结束了其导航使命。2010 年 8 月 3 日，罗兰-C 在加拿大结束了服务。然而其他国家或许仍希望保留本地版本的罗兰-C 和无线电信标，因为它在渔民和游船船员中很受欢迎。在北美终止罗兰-C 服务的原因当然是由于 GPS 带来了定位技术的变革，具体内容将在接下来的章节中对 GPS 予以详细叙述。

13.2 无线电测向

除了在通信方面的应用，无线电的第一个意义非凡的应用就是海上导航，利用与发射机频段相同的接收机信号，无线电测向可以使导航者在任何气象条件下都能获得相对于此发射机位置的方位。这是一种相对简单的导航方式，适用于渔民和游船船员，目前这种导航方式基本已被 GPS 所取代。我们需要区别两种可能的工作模式：第一个且最常用的模式是用一个无方向性天线播发信号，也就是说，所有方向上播发信号的功率都是相等的，在这种情况下，用户在确定与发射机之间方位的时候必须使用一个方向性很强的天线；20 世纪 30 年代[1]，开始尝试使用另一种工作模式，发射机播发一个旋转的方向性信号，这个扫描信号的方位与时间严格对应，用户使用一个无方向性天线接收信号，依靠信号到达时间就可以简单地推出相对发射机的方位。后一种工作模式仅有历史意义，大概是因为这种模式有个固有的缺陷，即信号到达时间还与接收机和信标之间的距离有关。

无线电测向站的工作原理建立于环形天线方向性特性基础之上，环形天线是图 13.1 所示的圆形导体，假设有一个平面电磁波穿过一个与电场平行的天线平面，则天线产生的射频电流大小与天线平面和波矢的夹角相关，图中（a）和（b）给出了两个可能的方位关系。

首先，我们来考虑图 13.1（a），天线平面与波矢平行，在这种情况下，天线的不同部位在振荡电场中的相位不同，会在环路中产生一个非零电动势。换句话说，如果我们想象电荷在环路中流动，随着电波通过，电荷量将发生变化，这样环形天线就会捕获到射频信号。另一方面，如果天线平面平行于波阵面，则环形天线各部分总是处于相同的电场中，环路中没有电动势产生。因此，只要监测接收到作为天线角度函数的射频信号强度，就能确定船只相对于发射站的方位。只要能从广播信号中识别发射机，并在导航地图上找到其地理位置，所得到的方位信息就会十分有用。但是如果台站距离比较远，则必须对信号进行校正，因为存在较大的大气层和地球表面折射。简单环形天线显然无法区分两个来向相反的无线电波，必须用其他方法解决这一模糊问题。在缺乏其他独立的导航信息时，可能将相反方位误以为正确的方位，导致灾难性后果的发生。美国海军历史上就出了此类严重性的错误：1923 年 9 月，7 艘驱逐舰在能见度很低的情况下搁浅于加利福尼亚，当时他们依靠的就是这种新的无线电导航设备。不久前找到了一个解决"互反角"之间模糊的简单方法：例如，可以使用一个无方向性天线的辅助电台判断环形天线的哪一面电场强度更高。

地球表面的曲率是一个更为微妙的误差源。在地波模式下，无线电沿着大圆弧（测地线）传送，无法用直线在墨卡托地图上标定。如果要用直线标定就要对观测到的方位角进行大圆和墨卡托射线之间的转换，而计算修正量是球面三角形的数学问题。幸运的是，一般的导航器已经解决了这个麻烦；可以使用由 NGA（国家地球空间情报局）发布的表格数据进行校正，也可用一个无线电测向器上附加的机械凸轮给出航海图上的正确角度。其他误差来源还有无线电波经过海岸线的折射以及每天早、晚的偏振效应。

用无线电测向站确定位置线（LOP）时，导航员必须收听导航图上标定的广播站，这些站用编码信号予以识别。顾名思义，位置线只是一条画在图上、穿过站台的直线，在这个方向上，它接收来自船舶的信号，并与之通信。如果用无线电测向器定位，至少需要接收来自两个不同方向的已入网地面台站的信号，图 13.2 给出的是两条位置线在导航器所在点相交的例子。

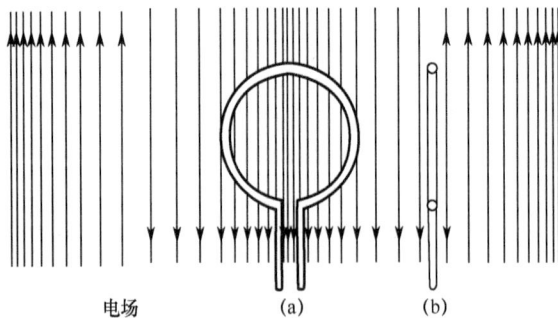

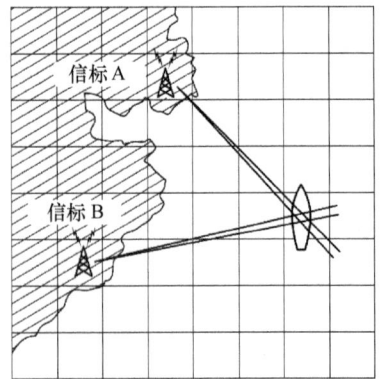

图 13.1　天线平面在（a）平面无线电波方向上和　　图 13.2　两条相交的直线确定一个位置点
　　　　　（b）垂直于此无线电波的环形天线。

在某些沿海地区，尤其是船只密集的区域，如港口，会有无线电测向系统，即航海无线电信标，这种信标可以与船只通信并相互识别，岸边的台站可告知船只的方位。要获得这样的服务，船只必须申请使用 QTE（QTE：真方位，代码为"你的真实方位是什么"），并用指定的频率发送到无线电测向台站以获得方位。还有一系列的通信协议，在此不予赘述。控制站负责船只的坐标，并确定方位精度或类别。按字母顺序从 A 到 D 依次将类别列出，A 类的精度小于 5n mile，D 类的精度小于 50n mile。控制站还发送系统内其他台站观测到的方位。两个无线电方位足以确定船只的几何位置，但实际上，如果缺失其他独立的导航数据，则需要三个无线电方位台来确定一个位置点。

最受渔船和游艇喜爱的导航模式是使用 RDF 沿着相对特定台站确立的航向出行，然后原路归来。广播频率一般被设置为中频频段（285～385kHz），国际灾难救援电报频率为 500kHz，单边带语音频率为 2.182MHz。无线电调制信号频谱一般包括载波频率及信号的上边带和下边带，单边带是只取上边带或下边带。为了缩窄播发的频谱，只发送一个边带，在接收端将整个频谱再合成。随着 GPS 的普及，无线电测向站将最终消失。但与 GPS 相比，RDF 是一项基本技术，因此一定会在某些地区继续发挥作用。

即便是在有其他精密的导航设备辅助的当今时代，无线电测向站仍然有一个极其重要的功能，就是在收到求救信号时可以帮助处于危险中的船只返航。国际协议要求在全世界建立岸基无线电信号站，并分配提供海上导航服务的特定频率。航海图上标出了这些台站的位置，在美国，由国际影像和地图局（NIMA）在出版的"无线电导航设备"中发布或由（美国）国家海洋和大气局/国家海洋服务组织发布。除了使用单边带传输信号的国际呼叫频率和呼救频率 2.182MHz 之外，这些台站的工作频率范围还包括 1.605～2.850MHz。

13.3　伏尔航空导航

伏尔（VOR）是甚高频全向信标的缩写，它是一个高精度的近程飞机导航系统，无线电工作频段为 108～118MHz。与之前所描述的无线电信标不同，伏尔给出的相位信息有助于导航员确定罗盘方位。伏尔信标发射两个信号：第一个是参考信号（REF），在指定的频率上全向发射相同的连续波信号，并在稍低频率的副载波上发射 30Hz 调制信号。第二个是可变信号（VAR），辐射一个绕某竖轴以 30 转/秒的速率旋转的强方向性"8"字形场信号。不需要实际天线的机械旋转而能发射旋转场型的原理很容易理解。两个相互正交的天线，相位相差 90°，即可形成一个匀速旋转场型。这个合成辐射方向图像一个气球，但在某一半径上深凹进去，叫做蜗牛形曲线，转速为 30r/s。此旋转在 VOR 接收机上生成 30Hz 调幅信号，该信号的相位与参考信号相位之差就是用户偏离正北方向的角度。由不同的电路分别处理参考信号和可变相位信号，并将它们送入一个相位比较器，可直接得出相对于伏尔地面台站的方位。

13.4　雷　达

自从第二次世界大战初在英国执行历史性任务后（当时被用于德国战机临近时的预警），雷达（Radio Detection And Ranging，RADAR）就孕育了微波电子世界，并发展出众多专业雷达来满足各种各样的军事和民用需求。尤为重要的是多普勒雷达的发展，多普勒雷达在测量距离的同时可以给出目标的相对速度。雷达的基本原理与蝙蝠在黑暗中感知周围环境类似，这是一种回声定位方法。雷达发射高功率的电磁脉冲（替代音频脉冲），这种脉冲很窄（亚微秒）可获得很强的方向分辨率，其波长远短于一般的无线电波（一般在厘米范围而不是几百米的无线电波），因此称为微波。最初常使用 10cm（X 波段）波长，因为这种天线尺寸适中（呈圆形抛物面或窄抛物面弧），且可形成所需的辐射方向性图。我们知道，受孔径限制波阵面的角衍射取决于波长与孔径的比率，实际情况下取决于天线。后者通常会绕着一个竖轴旋转，这样各个方向都能收到脉冲信号。目标反射发射信号，即回波，通常被相同的天线接收，用非线性混频器和本振下变频至中频，放大并检测，变换到低频脉冲信号，以便在平面位置显示器（PPI）上显示。显示器使用极坐标形式，其中回波信号形成的亮点的径向距离是回波延时和目标距离的度量。中心周围回波信号的来向随天线旋转。微波脉冲的速度即光速，且是一个常数，等于 $3×10^8$m/s（在真空中），因此，时间每增加 1 微秒，相应的目标距离就会增加 150m。

在所谓的单站雷达系统中，同一付天线既发射信号也接收信号，这样就面临一个在早期雷达中令人非常头痛的工程问题。发射时，天线用强大的功率发射脉冲，而大约 1 微秒后，天线必须转换为接收模式用来检测一个微弱的回波信号，并最大程度地减小可能发生的来自发射机的干扰。在接收阶段，只有接收机与发射机充分隔离，才能够实现这一目标。这显然需要一个非常快速的开关能够在小于 $1μs$ 的时间内将与天线的连接从发射机转换为接收机，这种装置称为"天线收发转换开关/双工器"，能够将两个信号连接到一个信道中并给两个独立的信源与信道之间提供交替的连接。在雷达系统中有波导天线馈源，波导管接头的铁氧体环形器可以被用作"双工器"。铁氧体是非金属多晶固体物质，通常为三氧化二铁和其他具有亚铁磁性的氧化物（与一般的铁等铁磁物质有区别）的混合物，这种磁体的特性在于，两类分子的磁矩可以按照彼此相反的方向排列。微波器件的这个特性很有用，因为存在外磁场时，微波通过铁氧体时具有单向特性，也就是说传输只向一个方向而非可逆的。双工器至少需要三个端口，如图 13.3 所示。

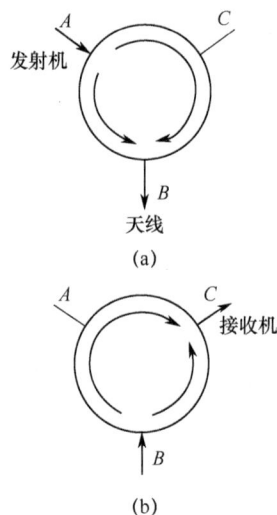

图 13.3 顺时针方向的铁淦氧循环器

微波功率放大器将信号送入双工器的 *A* 口，经过 *B* 口送至天线发射。回波信号从 *B* 口进入并从 *C* 口输出至接收保护电路，然后送入接收机。双工器实际上是一个 4 端口环形器，第四个端口主要是为了避免发射功率反射回发射机。

多普勒雷达需要将发射微波信号的相位作为参考基准。动目标显示器（MTI）是相位相干雷达的一项重要应用，它可以区分运动目标与非相干背景杂波，因为运动目标回波具有多普勒移频，而非相干杂波也会出现在同一个距离范围内。这种雷达的速度分辨率受回波的信噪比以及本振频率稳定度的限制。但只有本振的短期稳定度是我们所关心的，例如，150km 的距离，回波的时延只有 1ms。因此，对于大多数陆基距离，一个高质量的石英晶体振荡器就能满足要求；卫星跟踪则应另当别论。

13.5　罗兰-C

罗兰（LOng-RAnge Navigation，Loran）是远距离导航的意思，设计用作高精度区域导航系统，服务于因物理因素或交通流量密集而具有潜在导航危险的地域。与用户主动发射和接收信号的雷达不同，罗兰是一个精密时基系统，由地理位置已知、彼此之间时间严格同步的大功率无线电发射机台站链构成的网络组成。这些台站的发射机定期播发编码时间信号，导航员至少需要接收来自三个台站的信号，并计算时间差以确定自己的位置。最初的罗兰 A 射频载波工作频段为 1.75～1.95MHz；罗兰-A 现已被罗兰 C 取代，罗兰-C 的工作频段较低，为 100kHz，因为较低频率可在地波传播模式下传输更远的距离，而信号传播速度是恒定的，这一点非常重要，因为到发射机的距离是用信号从发射机到接收机的传播时间来计算的。顾名思义，地波就是沿着地球表面进行传播，但这仅仅定义了几何路径，传播的精确时间计算还受地表条件、大气条件（温度、湿度）、地球表面传导率及介电常数以及海水或陆地等因素影响。在进行必要的参数修正后，地波传播可以达到满意的精度。天波传播模式是利用大气层上面的电离层反射进行传播的，尽管距离更长，但却不适合被用作导航，原因是在白天和夜晚条件下电离层的厚度不同，并且太阳活动时其厚度也不可预测。天波信号到达时间滞后于地波，而且必须在接收信号中精心辨别并将其去除。

罗兰系统的通达性遍及全球，但船只和飞机上没有能够进行单程测距所需的足够稳定的时钟，因为它们无法装载一个与系统台站同步的时钟，并测量信号到达的时延。因为用户必须携带原子时钟与台站同步，这就极大地限制了单程测距系统的用户数量。然而几十年来，单程测距的想法被研究并应用到繁忙机场飞机间的防撞中，因为只需要单程通信就可避免飞机之间的碰撞，而且所需频道数量也只需随飞机数量线性（2 倍）增加。而罗兰系统的精妙之处在于，用户只需要拥有一个能够测量来自两个位置相距很远、

但时间同步的台站发射信号到达时间差的时钟即可，这与用户和台站之间必须长时间保持时间严格同步完全不同。对于地面导航，我们知道，确定一个位置需要来自三个地理位置分布较远台站的信号。如果忽略地球表面的曲率，则通过时延数据进行定位的原理很简单。另外，在海图上标出位置将极坐标图转换为平面图。在图 13.4 中，所有的点轨迹被画在一个平面上，这样就满足了到 A 点的距离减去到 B 点的距离是一个常数的条件，只需一点数学知识就可知这些点在一条双曲线上。

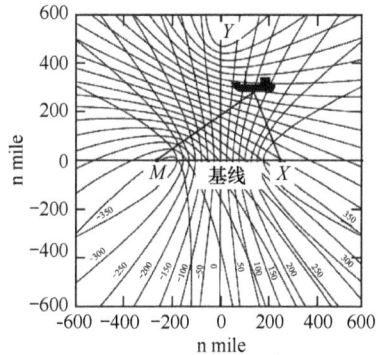

图 13.4　与 A 点和 B 点的距离恒定的双曲线[2]

双曲线属于圆锥截面系，椭圆是圆锥截面系其中一个成员，我们在行星运动的开普勒定律中提到过。在前文中我们注意到，椭圆具有和双曲线相似的特性，即椭圆上的一点到两个焦点的距离之和是一个常数，而不是差值。给定接收自图 13.4 中台站 M 和 X 的时间信号之间的测量延迟，导航员便知道他在这两个台站恒定距离差对应的双曲线上。基线段 MX 的中垂线称为中心线，这条线上的点到两个台站的距离相等，因

此信号到达时间相同，没有时间差。通过将线段 MX 向其中一个方向无限延长获得的线称为基线延长线，线上这些点的时延差恒等于从 M 到 X 的传播时间。如果想确定一个位置，一般需要接收来自第三个台站 Y 的信号，而 Y 最好与前两个台站相距较远。如果测量了来自 X 和 Y 台站的信号之间的时间差，则导航员知道他在属于 X 和 Y 台站的另一条双曲线上的某个位置。M 和 X 台站的双曲线与 X 和 Y 台站的双曲线相交的点就是导航员的位置。因为双曲线是二次方曲线，即曲线上的点坐标满足二次方程，理论上有两个相交点，因此船只的实际位置会出现模糊，但船员一般知道（例如通过推算）船只的大概位置，这个问题可以解决。但有些区域不太容易定位，如基线延长线附近，虽然两个交点非常接近，但是误差很大。

很明显，时基导航系统的实现需要分布广泛的发射台站，并保证时间严格同步。这就要求各台站具有维护原子钟的技术水平，相互之间的时间保持同步，并与美国海军天文台时间一致。除此之外，各台发射的脉冲调制信号也必须在允许的误差范围内。台站正常工作需要持续监测和调整电子设备，如原子钟频率标准以及广播时间信号的相位等。最基本的监测和管理工作主要有：系统台站链的建立，如某个站（M）被指定为主站（控制站），另外两个或以上台站便是从站（W、X、Y、$Z\cdots$），它们其中的任一个台站和主站组成主站—从站对，播发一个以一定的速率重复的载频为 100kHz 的脉冲组调制信号来定义台站链。具备最佳信噪比的最佳传输频率和调制方式是非常关键的参数，其目的是使传送时间尽可能地准确。另外，链中的各个台站播发同一个频率指令要避免台站地址混淆。所用的调制类型是脉冲幅度调制，因为涉及到时间的二次函数（由 ($t^2\exp(-2\,t/65)$)，其中 t 的单位为 ms），所以严格定义的脉冲包络称为 t 平方脉冲。脉冲形状采用这种设计的目的在于，可使 99%的发射功率集中在罗兰-C 的工作频段（90～110kHz）内。载波的第三个过零点用来标识时间，大约在脉冲持续时间的 30μs 附近，选择这个点是因为接收端已能得到足够强度的信号，而此时天波干扰还未到达。

主站信号格式由 8 个相互间隔为 1ms 的相位编码脉冲组和后面 1 个间隔为 2ms 的脉冲组成，这个间隔为 2ms 的脉冲是主站的标志，而从站只传播前 8 个脉冲。主站脉冲组之间的时间间隔被称为脉冲组重复周期。以 10μs 为计数单位的脉冲组重复周期称为组标志符，例如美国东北部的台链被命名为 9960，因为它的脉冲组重复周期为 99600μs。选择这个周期的原因在于能够保证信号在下一组信号到来之前完成在台链范围内的传送。为了进一步隔离天波干扰以及其他脉冲组的干扰，射频载波使用了相位编码，0° 和 180° 分别代表二进制编码中的 0 和 1。实际上用 A 和 B 做二进制编码，它们的交替传送如图 13.5 所示。相位编码在每两个脉冲组重复周期后重复发射，称之为相位编码周期。

台链成员的传播周期从主站传播开始，适当的时间延迟后，其他从站按照字母顺序（X，Y，Z）依次发射信号。为了避免混淆，第一个从站要在主站发射后一个时间周期后才发射信号，这个时间周期是信号传送基线时延（主站信号传送到从站信号的时间）加上从站编码时延。然后下一个从站在类似的时延后发射台链信号。因为脉冲组之间的时间周期是 100ms 的倍数，而典型的传播时间小于 10ms，从而识别不同台站的脉冲时不会混淆。第 9 个脉冲很明确地识别主站信号，而从站信号必定会稍后到达；只是当接收机在基线延长线上并靠近从站的一端时，主、从站信号会一起到达。这个编码时延不但能分离信号传输，而且为确保安全可视情更改。

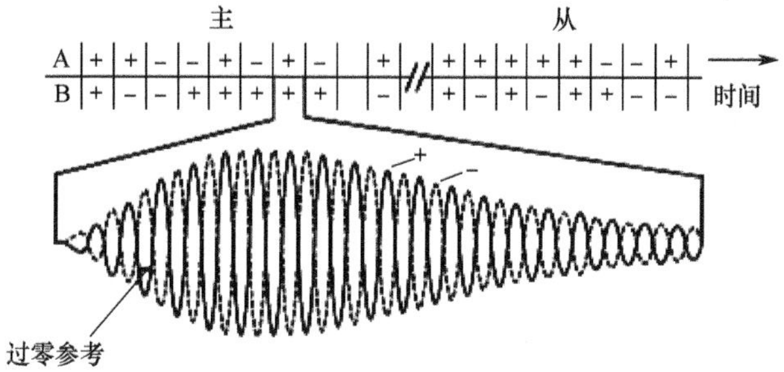

图 13.5　罗兰-C 的脉冲波形[2]

罗兰-C 台站的仪表装置可保证小于微秒级的时间分辨能力，而且主站可通过无线电通信修正其他台的时钟以保证微秒级的时间同步。如果一周不修正而独立地保持这样一个水平的同步，则中期稳定度要优于 10^{-12}，用现在的原子钟或离子钟就可以轻松实现。原则上而言，只需要台链中的台站保持时间同步就能保证时间精确度，但是为了在导航的同时提供精确时间服务，则主站必须与美国海军天文台的官方时间标准一致，并进行定期调整，以保证全球同步误差维持在一定范围内。

考虑海上定位精度必须估计时延差测量误差，或者更准确地说是到两个台站的距离差的误差影响。通过在导航图上标注恒定时延差双曲线，随着时延差从一个双曲线等量增加到下一个双曲线，可以看到，相邻双曲线的间距会随着无线电信号确定的地理距离而变化。双曲线簇是在基线附近压缩靠拢，但在其他所有方向上逐渐散开。因为相邻双曲线之间的时间增量相同，因此连续双曲线之间的距离被称为梯度（因为它是相对于时间延迟的位置变化率），梯度直接表明位置估计误差来源于时间测量误差。最精确的位置测量发生在基线附近，因为在这些位置上双曲线间距最小。如果将两组双曲线放在一起（基线为 MX 和 MY），则一对基线为 MX 的双曲线族和一对基线为 MY 的双曲线族相交，得出一个变形的平行四边形，它的面积就是接收机位置的测量误差（如图 13.6 所示）。从实际的绘图可以看出，最大的误差发生在基线延长线附近，这个区域的两对双曲线的两个交点可能距离很近，难以分辨。通常，人们希望两组双曲线以直角相交时位置误差较小，而随着相交角度的减小误差增加。

13.6　罗兰-C 海图

罗兰-C 应用如此广泛，以至于专用海图上都套印了不同罗兰-C 链路[3]的恒定时间差曲线，例如这种海图给出了主站和两个从站的双曲线，还可能套印了两族交叉双曲线（由位置线、时间差或速率来区别）来形成一个格网。在一些美国的海图上，不同的颜色标注从站双曲线，例如蓝色用来标注 W 从站，紫红色是 X 从站等，但是仍使用脉冲组重复周期来区别它们。如果是一个较小区域的海图，例如跨度 200 海里左右，则两组双曲线微微相向弯曲，趋于平行。这些线由时间差计算出来的地理位置点组成，并且考虑了所有对传播时间的修正量。时间差曲线交叉点可以给出导航员的位置点，除了极少数情况，如另外一个交叉点出现在基线延长线附近。有一种特殊情况，即不同的制造商将时间差

185

曲线标注在海图上的方式有所不同，此时从站使用数字加以区别，例如，1=W，2=X，等等。正如前面所指出的，这些时延差双曲线是二次曲线，由一对台站产生的双曲线和另一对台站产生的双曲线交叉于两点，这就会产生双值性，必须通过采用推算导航或接收另一个主—从站信号解决。一些精密的罗兰-C 接收机会给出双值性警示音，并自动搜索另一组从站。

人们已经注意到，在台链中给定区域时延差双曲线的样式，尤其是在相同时延差增量情况下双曲线间距的重要性。为了更好地进行定量描述，我们回忆一下梯度的定义，即相对于时间延迟的位置变化率。例如，如果海图给出的曲线间时间间隔是 10μs，而它们之间的距离是 5n mile，则梯度是 5/10=0.5nm/μs，这就意味着如果时间延迟误差是 1μs，相应的位置误差就是 0.5n mile。如果假定在覆盖区内时间误差几乎恒定（有些不太确定的假设），则在梯度最小处精度最高。可以清楚地看到，在基线上时间等量增加，双曲线的间距相等，这样梯度便恒定。如果假设罗兰-C 系统有 1μs 的时间误差，则 0.25n mile 的精度需要梯度小于 0.25nm/μs。很明显，一般情况下远离台站的地方梯度增加很快，在基线延长线附近，梯度很大则误差不可接受。

由于梯度以及双曲线相交时的角度对由海图确定位置的精度很重要，因此人们非常关注如何选择最佳台站，以最大限度提高在有限覆盖区内的位置精度。直觉给出了正确答案：基线应尽可能地长，并尽可能地让基线相互垂直。当然它在理论上具有指导意义，但最终物理实现时受到很多实际因素的影响，其中一点就是无线电发射功率要足够大来满足延长的距离。在各种因素导致的时延差测量误差给定的情况下，海图上画的时延差双曲线应该是带状的，它的宽度表示了某种均值误差。由此可见，有两个标准来选择时间差曲线使精度最优：首先，选择在海图上间隔较小的时间差曲线，因为这意味着在给定时间误差时位置误差更小；再者，两时间差曲线相交时，尽可能垂直使交叉面积最小从而定位误差范围最小。

由于双曲线的几何特性，我们知道台站相对导航器的方位就是理论上两条时延差曲线相交的角度。另外，双曲线还有一个几何特性与著名的椭圆反射特性类似：如果通过椭圆内表面反射，从椭圆的一个焦点发射出来的光将汇聚在另一个焦点上。对于双曲线，如果光线从一个焦点射出将由双曲线外部反射，好像是从另一个焦点发射的。应用光学反射定律，可以推出两个时延差曲线相交角度的关系，图 13.6 示出了这个几何问题：两条时间差曲线的切线给出了相交的角度 $(\theta+\varphi)$，这里，$2\varphi = \angle MPX$，$2\theta = \angle MPY$。

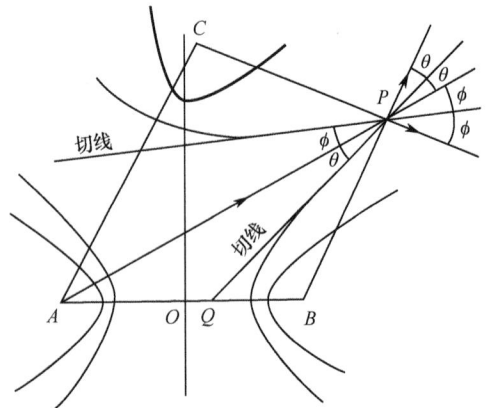

图 13.6　两条双曲线间角度的几何确定

事实上，时延差交叉角来自于套印海图，这样就可以尽可能地将从站的交叉角选择为 90°。

13.7 误差源

对于自然界的任何观测行为，其本质问题及误差大小都是极为重要的。对于导航员，了解观测量的误差范围尤其重要，因为这与他们的生命息息相关。正因为如此，在用罗兰-C 定位时，必须想尽一切办法告知导航员其潜在误差。我们给出了误差的三类标准：与真实大地坐标相比的绝对精度；可重复性精度—导航员可再次回到先前用相同导航设备定位的地理位置；第三种是相对精度，就是一名导航员给出位置，而另一名导航员用同一个罗兰-C 系统给出相同位置时的误差。后者反映了罗兰-C 接收机工作和结构的公差接近度，以及对工作条件的相对不敏感程度。相对误差很重要，例如，在执行搜索和救援任务时，救援船用的就是与受灾船相似的罗兰-C 接收机。罗兰-C 已经被证明其在可重复性上一贯精确，即表明任何可能存在的系统误差至少应该是常数，所以一直存在（至少在某些方向）。

在三类误差中，实践中主要关心的是绝对误差和/或可重复精度。例如，正如我们讨论过的原子钟稳定度，绝对精度极限由两部分误差组成：统计随机误差和系统误差。电子仪器中最普遍的随机误差——电噪声：一些基本噪声类型在前面原子钟稳定度的章节已有讨论。最基本的噪声类型是热噪声（或约翰逊噪声）、散粒噪声和闪烁噪声，每种都有其频率特性，还要加上由机械振动引起的一般噪声，这些都是随机误差。

截至目前，我们所讨论的是信号传播时间的测量误差，而真正的系统功能是在球面上给出空间位置，并将之标注在海图上。要达到精确变换到距离的目的还需要有无线电波在地波传播模式下传播速度的相关知识，即在系统要求的精度水平下，必须考虑无线电波传输介质的散射特性。实际的传播时间是由逐次近似计算在真空中光传播速度（2.9978×10^8m/s，或 161829nm/s）所得，初始值是无线电波在常温下纯净大气中的传播时间，称为初相位因子（PF）；尽管它对罗兰-C 在陆地和海上传播路径还不够好，但这却是一个精密的近似值。第一步的修正（反映了系统的海上传播）是计算海水上方的传播，称为次相位因子（SF）。然后是附加次相位因子（ASF），它修正的是陆地—海洋混合传播路径。简而言之，第一步计算的是空气中的传播（PF），然后加以修正（SF 和 ASF）。与电磁波传播介质相关的物理特性是它的传导率和介电常数，在陆地—海洋混合传播情况下，不仅在理论上难以精确计算，而且路径中不同部分的物理特性模型也难以确定。根据所谓米林顿算法的近似方法，将传播路径分割成不同的部分来估计所需的相位延迟，因为传播路径中陆地和海水的速度相差最大，划分不同路径时采用海岸线来区分。美国国家科学技术协会发布了在海洋上方及不同地形的无线电传播"次相位因子"，图 13.7 展示了美国国家标准局 573 号通告的曲线。利用这个曲线配合一张合适的地图（能给出罗兰-C 无线电传播路径中的海岸线）就能估计出延迟修正。

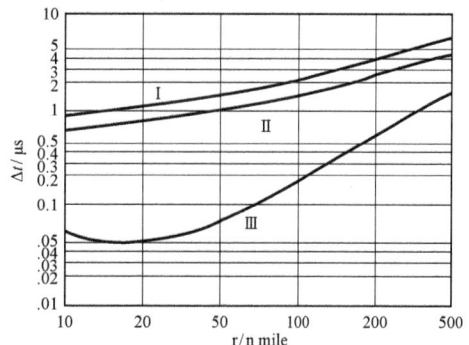

图 13.7　不同表面上无线电波传播延迟，
I 和 II 为不同陆地上方，III 为海上[2]

技术上使用二倍均方根值（2d-rms）定量描述罗兰-C 定位精度，也就是距离均方根误差的 2 倍。它定义了关于接收机位置的最小圆半径，95%的测量位置在这个圆中。数值由以下公式给出[2]：

$$2\mathbf{drm} = \frac{2K\sigma}{\sin C}\left(\frac{1}{\sin^2(A/2)} + \frac{1}{\sin^2(B/2)} + \frac{2\rho\cos C}{\sin(A/2)\sin(B/2)}\right)^{1/2} \qquad (13.1)$$

其中，A、B、C 角如图 13.8 所示，且 $C = (A+B)/2$，K 是基线梯度，σ 是相对于时延差测量均值的标准偏差，一般假设为 0.1μs，ρ 是时延差测量值之间的校正系数，在此计算中一般假设为 0.5。

由式（13.1）可以清楚地看出，对于一个给定时延差测量值的统计误差均方根 σ，当 A、B、C 角越接近 90°且 K 尽可能小时，2d-rms 最小。当位置邻近基线时，可以满足后一种条件。在实践中，导航器将需要计算 2d-rms 的繁重任务分配给每个选择的从站；即使在集成电路广泛使用之前，美国海军和海岸警卫队等政府海洋机构就已公布了这些图表。导航员手册中给出了最新（1984 年修订）大地测量系统下的罗兰-C 台站的精确坐标，说到全球定位系统（GPS），就要涉及大地测量系统（参考标准椭圆的地球表面坐系）。美国海岸警卫队航标管理手册（航标表 COMDTINST M16562.4）对罗兰-C 链进行了详细说明，包括发射信号特性以及理论上覆盖世界上不同链路的、2d-rms 的等值线图。图 13.9 中的地图展示了美国东北部链，其脉冲组重复周期是 99600μs，因此命名 9960。图中给出了 $M-X$ 和 $M-Y$ 对中 2d-rms 等于 0.25n mile 或 1520ft 的精度等值线，实际上以上误差等值线只建立在几何因素基础上，并没有考虑实际距离影响。

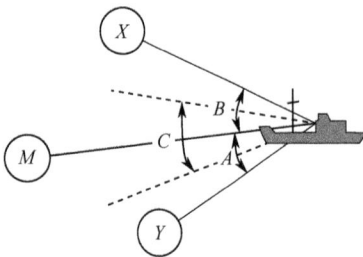

图 13.8　A、B、C 角的定义

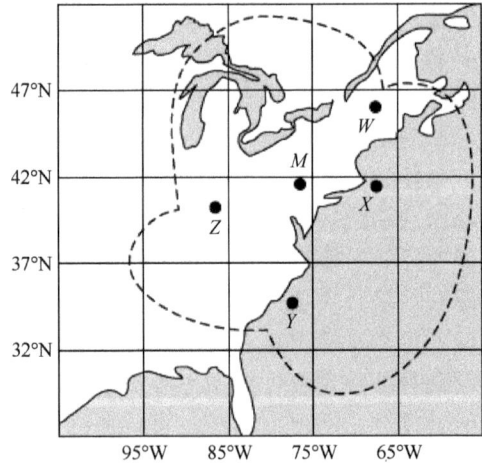

图 13.9　美国东北部罗兰-C 链的误差边界

M—纽约塞内卡；X—马萨诸塞州楠塔基特岛；

Y—新喀里多尼亚（岛）（南太平洋）卡罗莱纳州海滩；

Z—印第安纳州达纳；W—缅因州卡布里。

经过对陆地传播时延误差的修正，罗兰-C 定位的绝对误差一般在 0.1～0.25nmile 之间，在链路中规定绝对误差不能超过±0.25nmile。可重复精度（实际上代表测量的稳定度而不是精度）一般比绝对误差大，且以英尺为测量单位，范围从 60～300ft，这与导航器在覆盖区内的位置有关。在这种精度水平上，罗兰-C才有资格作为导航设备在港口航道等一些区域使用。

罗兰-C系统无线电波传播时，最不稳定且无法控制的是大气层。除此之外，产生长期不稳定性的还有压力、温度及湿度条件，其他更剧烈的因素例如雷暴、大雨、闪电和太阳耀斑通常发生在更广阔的地区。随着距离的增大、大气波动的增加，接收机的电子噪声大幅增加，并且遵循平方反比定律的辐射场衰减最终将限制可用信号的接收范围。除了不断变化的大气条件之外，陆地上空传播的无线电波还受季节效应的影响，也就是大地上方水分含量的季节性变化导致的传导率变化。季节变化同样发生在大气静态噪声中，在给定的地理位置中，夏季的大气静态噪声高于冬季。

迄今为止，还有一种影响无线电传播的物体尚未提及，就是那些可能导致无线电波束失真并影响到达接收机时间的一系列物体，包括巨大的钢铁建筑物，例如：桥梁、路标塔、输电线等。时间差附加次相位因子（ASF）修正也许未涉及这些建筑物的影响，但事实上它们的确会造成一些局部的甚至是危险性失真。例如，据海岸警卫队调查[2]，一些输电线对罗兰-C时延差影响距离范围为500yd，如果正好在输电线下方，误差会上升到200码。发现这样的危险，并通过公开出版物广而告之是美国海岸警卫队的责任，同时导航者也有责任意识到这些潜在的危险。

13.8 罗兰-C接收机

显然，罗兰-C接收机的主要功能为接收无线电信号。从20世纪70年代的微电子技术革命到现在，微型芯片的应用很广泛，接收机更应该被称为导航计算机，它们能够完成许多功能：获取原始信号、选择从站、从时延差信号转换到经纬度坐标、估计定位质量并且在失去系统完好性时报警。事实上，接收机和导航设备越来越精密复杂，只有专业人员才能完全了解其内部结构和工作过程。像大多数建立在集成电路基础上的现代电子设备一样，使用者只需要知道其部件是否过热等即可。事实上除非有这方面的好奇心，否则很少有人自发的想弄懂接收机如何工作，当然通过简单地更换集成电路完成故障修复满足不了那些无线电爱好者的好奇心。

罗兰-C接收机是具备信号处理能力的专业无线电接收机，它能够接收无波形失真的信号并从中提取出射频脉冲信号的精确定时信息。尽管目前市场上接收机设计版权归专人所有，我们也可以安全的告诉大家前端设计遵循现有成熟的射频技术，在这种情况下我们对如何从射频载波中解调音频不感兴趣，它与一般的收音机一样，前面描述过的严格定义的射频系列脉冲（第三个过零点是信号到达时间标志）才是我们的关注点。每个制造商在如何恢复时间信息方面的详细设计可能不同，但基本的需求都是不失真地放大接收信号，且噪声要尽可能的小。一种做法是检测脉冲包络前沿斜率，这需要一个高增益、低噪声的带通放大器，工作在90kHz至110kHz，有超过20kHz的线性带宽。"静态"干扰在低频无线电频带上存在大量幅度噪声，这也是发展调频无线电的主要原因。任何通过缩减带宽来减小噪声的方法都会引起信号失真，因此陷波滤波器是抑制很多无线电静态噪声的基本方法，这种滤波器实质上是一种能够短接杂散信号、可精确调谐的LC谐振电路。

放大器的主要性能指标是噪声系数，它决定着放大器的极限灵敏度和动态范围，即可在不失真的情况下放大的最大输入信号强度。噪声系数 F 定义如下式，采用对数值：

$$F = 10\lg\left[\frac{(S/N)_{\text{in}}}{(S/N)_{\text{out}}}\right] \tag{13.2}$$

其中，$(S/N)_{\text{out}}$ 和 $(S/N)_{\text{in}}$ 分别是放大器输出和输入的信噪比（一般的线性数值）；F 反映了放大器降低信噪比的程度。理想的放大器为 $F=0$，也就是说没有增加任何噪声。在带宽为 $\Delta\omega$ 的理想放大器中，仅有噪声源为 290K 室温条件下的基本热（约翰逊）噪声，其基本噪声水平为 -174dBm/Hz，因此有效的输入噪声（分贝）如下式：

$$N_{\text{o}} = -174 + F + 10\lg(\Delta\omega) \tag{13.3}$$

这样，20kHz 带宽的理想接收机的有效输入噪声 $N_{\text{o}} = -131$dBm。

接收机的功能可以分为四部分：信号接收和滤波；对主站信号搜索、译码、锁相；鉴别从站信号并且分离主站和从站之间的时延；最后计算接收机位置的经纬度坐标。因为任何接收机的设计都有版权问题，所以我们对此不做详细讨论，只给出罗兰-C 接收机应用电路的基本类型。

如前所述，罗兰-C 采用的传输模式为地波模式，在这种模式下电场一般为垂直极化。大型建筑物会造成地波局部变形，因此对接收机最重要的是天线。它必须竖直安装，尽可能地远离干扰导体。因为地波波长为 3km，$\lambda/4$ 的谐振天线无法做到，但显然天线越长越好。

天线接收的信号首先经过前置放大器（一般在天线位置上），信号输出经过 50Ω 的同轴电缆送到接收机主体。下一个重要的电路是中心频率为 100kHz 的带通滤波器和提纯信号的陷波滤波器。依据制造者的习惯，带通滤波器可以为任何形式，例如它可以是带通为 30kHz 的巴特沃斯滤波器。巴特沃斯滤波器的增益系数定义为如下形式：

$$|G(\omega)|^2 = \frac{1}{1 + (\omega/\omega_{\text{c}})^{2n}}$$

其中，n 是幂级，反映了截止频率为 ω_{c} 时增益曲线变化的程度。

图 13.10 展示了一个三级无源模拟滤波器的例子，实际中必须合理选择 L 和 C 值以满足巴特沃斯滤波器的特性。

实际上，图 13.10 只是原理图，必须选择合适的集成电路才能完成所需的功能，目前的确已经开发了可应用的 130dB 增益可调的集成电路。前面说过，罗兰-C 信号有相位翻转码，因此需要一个所谓的电子门模拟开关来完成反相码的相位极性变换，以识别是罗兰-C 的主站还是从站，这个功能配合脉冲组重复周期是搜索和获取罗兰-C 台站的主要方法。由于接收机也可能用脉冲包络前沿的反相点而不是用射频载波的第三个过零点作时间参考点，因此可以用另一个同相/正交解调器集成电路（一种常用的检测方法）来恢复脉冲包络。这种方法的步骤为：将信号分解为两个信号，一个与载波同相，另一个与载波正交（相移 90°）；将两个信号分别送入不同的放大器后进行模数变换，以进行进一步的信号处理。

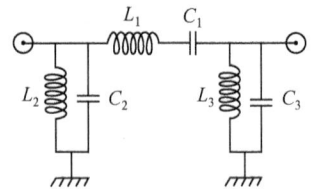

图 13.10　三级巴特沃斯带通滤波器

将模拟—数字转换器（ADC）应用于时变信号的数字化，主要参数是采样速率，罗兰-C 信号的采样速率至少为 1MHz，以确保忠实于原始信号，避免出现波形失真。波形失真，顾名思义就是模数转换时电子信号产生了错误的数字表示，用数模转换器将信号变换回来可以方便地验证波形失真的存在与否。如果出现波形失真，则变换回来的波形与原来的波形不同，这个现象与频闪效应类似，通常在老电影里可以看到，比如一辆向前飞奔的马车的车轮是倒着转的！根据奈奎斯特定理，抽样速率至少是信号最高频率分量的两倍，变换 100kHz 的信号最低需要 200kHz 的抽样频率，抽样频率实际使用 1MHz，以保证更好的分辨率来真实地再现信号。

接收机的一个关键功能是建立主站信号相位，并获取与可识别的从站的相对延迟，这就需要一个稳定的压控振荡器，它能够自动锁定主站信号相位。要达到锁定，在伺服反馈电路中需要一个相位比较电路，这是一个已经过深入研究的反馈电路，广泛应用于频率合成器。为了确保它的稳定性，回路中必须满足特定的频率响应曲线，但这部分内容超出了本书的范围，感兴趣的读者可以参考相应的主题文献。相位比较器产生一个直流信号，这个信号与接收到的 100kHz 信号及本地压控振荡器输出的 100kHz 信号间的相位差（包括标记）成比例。这个相位差（误差电压）经过一个滤波器送至压控振荡器的输入端口用以校正它的频率，并使其相位锁定在输入的无线电信号上。滤波器去除了所有高频信号，并确保稳定锁相所需要的频率响应特性。

13.9　民用接收机

由于近年在北美终止了罗兰-C 服务，市场上已几乎没有罗兰-C 接收机，世界上其他地方可能还有。为适应市场需求，以前的制造商们做了各种保障舰船和飞机使用的罗兰-C 接收机。由于电子器件的微小型化，接收机功能和性能均得到增强，而且设计更复杂，机身更紧凑。集成电路使得接收机更轻便，且可更广泛地用于商旅飞机和船只。

市场上通常销售的接收机复杂多样，价格也各有不同。最基本的功能是获取和锁定罗兰-C 台站，并显示台站身份信息、时延及经纬坐标变换等。许多设备有导航模式，用户可以使用此导航模式检测所选路线的进程，并在必要时做一些修正。一些价格较高的设备有自动选择发射机的能力，让用户直接输入选定的坐标，然后设备自动选择最好的脉冲组重复周期和台站对。一旦选定，设备便开始对链路进行搜索、获取和锁定信号等一系列工作，这个过程所需要的时间取决于信噪比，但是一般可能需要几分钟。

2008 年 2 月 7 日，美国国土安全部宣布将推出增强版罗兰-C（称为 eLoran），并将此作为对不同的全球卫星导航系统（例如全球定位系统 GPS）的部分国际定位和定时系统的补充。如果全球定位系统出现故障，它将提供备份以尽量减小故障对安全设施、国家安全及经济的危害。罗兰-C 系统将升级并实施现代化，以增加功率和精度，这样当 GPS 不能使用时，也可以在不同环境下提供支援。通过附加一个数据信道实现重要的能力提升，这个通道可以传输有关 eLoran 的信号和任何修正或关键警告的重要信息。人们希望罗兰-C 系统能够在一些关键时刻，比如舰船进港和飞机着陆等提供导航帮助。

13.10 奥米伽系统

罗兰-C 系统的局限性主要在于有限的地波传播距离（1500km）及水下穿透能力，为了实现全球覆盖，需要一个复杂的台站网和精密的接收机设计。奥米伽只需要 8 个台站的网络就可实现全球覆盖，它使用 10kHz～14kHz 的超低频播发信号，台站分布在全球各处（从夏威夷到挪威），并严格按照精确的时间表播发信号。例如：台站 A（挪威）信号传输格式是：首先在 10.2kHz 播发 0.9s，静默 0.2s，接着在 13.6kHz 播发 1s，再次静默 0.2s，然后在 11.33kHz 播发 1.1s，最后在剩余的 10s 时间内静默，然后重复下一个序列的播发。奥米伽是一个基于无线电信号到达时间差的双曲线系统，与使用短脉冲之间的时间间隔的罗兰-C 系统不同，奥米伽系统使用接收自不同台站长距离无线电波之间的相位差。使用相位的复杂性主要体现在相位的周期性重复，所以要从其他渠道了解总周期数。这意味着用户必须在 ±30km 范围内，或者用户从一个已知位置出发，并将相位读数初始化，这样奥米伽接收机就可以追踪用户后续运动的相位。

超低频无线电信号的使用确保了在地面和较低电离层（D 层）之间波导模式中的长距离传播。遗憾的是，电离层的高度在白天和夜间是不同的，分别为 70km 和 90km，因此信号在白天和夜晚传播时所受的影响也不同。太阳黑子活动（周期为 11.4 年）同样对信号传播时间有影响。不同的传播模式，传播速度不同。

随着全球定位系统能力和精度的不断增强，奥米伽系统已变得多余，因而 1997 年 9 月 30 日已被停用。

参考文献

1. H.A. Thomas, Jnl. Inst. Elec. Engineers, 77, 285 (1935)

2. United States Coast Guard Loran C User Handbook, COMDTPUB P16562.6 (1992)

3. Richard R. Hobbs, Marine Navigation, 3rd edn. (U.S. Naval Institute Press, Annapolis, MD, 1990), p. 539

第 14 章　卫星导航：空间部分

14.1　历史背景

相对于在辽阔的大地上实现视距无线电通信，在卫星上载荷用于通信、卫星授时和定位的发射机具有明显的优点。正如第 13 章所述，地球表面通信在经过不同地域，如海洋和陆地时传播速度具有不确定性，还可能遭受天波干扰。早在 1945 年，未来派画家阿瑟·查理斯·克拉克就在英国杂志《无线世界》[1]中发表文章，明确描述了用 3 颗对地静止轨道卫星可以进行全球通信。他并未声明"发明"了同步卫星轨道，即当地球自转时，卫星看起来好像是在赤道上空的某点静止不动，牛顿早已记录了这种情况。他描绘了将这些通信发射机载荷在上空，以实现全球通信的美好愿景。我们并不能把这篇文章仅看成是科幻小说，因为他解释了运用地球轨道理论计算一个对地静止轨道的实际参数，以及在这个轨道上放置一个物体的可能性。这样的想象并非不着边际，作者下这样的结论可能因为目睹了第二次世界大战晚期强大的德国 V2 火箭飞越伦敦的事实。当然，早在那场战争之前，甚至于中世纪，火箭和火箭制造就已经出现在战争历史中了。V2 火箭出现的 20 年前，也就是 20 世纪 20 年代，在美国，罗伯特·戈达德完成了用液体燃料[2]作为火箭推进器燃料的真正先驱性工作，它促进了 NASA 研制的大型助推器的诞生。所以，克拉克有关地球静止轨道通信卫星的构想并非不切实际。

第二次世界大战之后的几年里，苏联和美国以及其他列强对研制更强大的火箭充满兴趣。最初的动机在于军事优势，但后来也应用于民用。获胜的西方列强付出了许多努力。特别是美国获得了前德国火箭科学家的帮助。其中，有一位参与研发德国 V2 火箭的年轻人，弗纳·冯·布劳恩，得到了巨大支持并推进了美国空间研究的发展。因此，就在 1957 年苏联震惊世界地将第一颗人造地球卫星（Sputnik I）成功发射至太空之后不久，美国制订了加速发展空间技术的军事计划。美国海军研究实验室的"先驱"研究项目因计划在国际地球物理年向空间轨道发射一颗小型观测卫星而受指控。不幸的是，第一次的努力以失败告终；更悲剧的是，这恰好发生在苏联成功发射后不久。1958 年，由美国军队实施的第二次发射，成功将第一颗美国卫星——"先锋"I 号送入了高椭圆轨道（HEO）。同年，美国国会颁布法令成立了美国国家航空航天管理局（NASA），扩大了早前负责国家航空咨询委员会（NACA）的机构。先驱计划中的文职人员被转到了 NASA，并被重新部署到新的戈达德航天中心（位于马里兰州格林贝尔特）。载人航天飞行始于 1961 年，尤里·加加林乘坐沃斯托克号（苏联载人飞船）飞入太空，从此步入了"太空时代"，并以 1969 年"阿波罗"11 号登月，人类在月球上行走（第 17 章的主题）和 1990 年发射哈勃太空望远镜达到顶点。

正好在苏联人造地球卫星发射一年后，约翰·霍普金斯大学的应用物理实验室与美国海军签约研制了第一颗被称为"子午仪"（Transit）的美国导航卫星原型。它于 1959 年发射，遗憾的是，它未能成功到达轨道。1960 年成功发射了第二颗卫星"子午仪"1B（Transit 1B），并于 1964 年交付美国海军。最终，这个由 6 颗卫星组成的子午仪卫星导航系统运行在高度约为 1100km 的极地轨道上，绕轨运行一周需一百零几分钟，地球在它下面旋转，信号覆盖全球。这个系统的导航原理基础是卫星的轨道恒久不变，且能精确预测某时刻相对于地球上的地理坐标位置。假设一颗卫星以恒定频率发射无线电波，地面接收机可以对多普勒频移积分算出无线电波传播距离。有必要将罗兰-C 和子午仪系统进行一下比较：与罗兰-C 测量两个不同台站之间电波传播的时间差不同，子午仪系统测量的是同一台站的连续已知位置之间的时延，这也正是产生多普勒频移的原因。尤为重要的是多普勒频移正好穿过零点和改变符号时对卫星轨道的观测，因为在这个点上，卫星离接收机最近。记录这个点并已知卫星的星历，便可提供接收机定位所需要的数据。因为多普勒频移测量时间相对较短，该系统中接收机不需要长期稳定的频率/相位标准（时钟）。虽然最大的需求是卫星频率标准的短期稳定度，但更长时间的稳定度也很重要，以便降低修正频率。卫星装备了高质量石英频标，它每天的时间漂移速率在 10^{-11} 量级；那时候还没有太空飞船用的原子钟。这些晶体振荡器长期漂移（老化）不是随机的，并且必要时可用数学模型进行修正，以确保系统工作在精度范围内。系统广播工作频段为 150～400MHz 超高频（UHF），便于使用较小尺寸的天线。分布广泛且位置已知的台站用于跟踪卫星，并更新它们的轨道数据。因为多普勒频移给出的仅是距离变化率，也就是速度，对速度进行时间积分得到的是积分时间段内卫星从台站出现后的距离变化；为了获取实际的卫星位置，需要以其他方式获取至少一个卫星的位置来确定积分常数（数学计算需要）。

　　子午仪导航系统是海军水面舰船以及潜艇的全天候导航系统。但是，后来在民用领域也得到了授权，美国海岸和大地测量机构用它制作精确的测绘地图。最初的设计是用作地面导航，并全球覆盖；但它并不能连续提供服务，每 100min 左右才会有一颗卫星经过用户的正上方，因此，在卫星两次经过用户上方期间，必须用航迹推算法定位。因此，它不适用于高速飞机或导弹，因为飞机或导弹需要连续的三维覆盖。

　　1955 年左右，美国海军研究实验室的罗杰·伊斯顿最早提议建立基于星载同步时钟与导航员时钟之间时间比对的导航系统。该系统被称为时间导航（Timation），顾名思义，即一个基于新型原子钟测量导航员和卫星之间传播时间的导航系统，其稳定度很高，新型原子钟可精确测量信号传播时间，因此可以实现单程或无源测距。将发射机安装在一个大型对地静止星座的卫星上，系统能够连续实现全球覆盖，但是与罗兰-C 不同，用户数量受到了严格限制，因为用户设备必须内置原子钟以便与星载时钟同步。这个时间导航的最初提议期望使用新式便携式铷原子钟和后来的铯原子钟进行单程测距。事实上，这个想法首先用于空中交通管制，因而成为美国 NASA 持续支持发展原子钟的一个重要理由；另一个理由是深空探测器跟踪。时间导航的首次提出，其关键在于导航器只需观察一颗已知星历的卫星就可定位；也就是说，通过测量轨道卫星的传播时延（距离）和多普勒频移（距离变化率）即可。伊斯顿等人证明可以利用恒星导航方法，即通过构建距离—方位线进行定位（参见第 4 章）。首要的一步就是通过观测距离计算卫星高度角，如图 14.1 所示；当然卫星的高速运动，六分仪只能被排除在外。

接下来，导航员要假设一个大体位置，并给出星下点（卫星在地面的投影点）的地理位置，以及观测时刻导航员和卫星的时角，计算球面三角形从而可得距离矢量的方向（方位）。在沿着距离矢量的一点上（当卫星在轨道上运行时它是旋转的）标注观测到的传播时延。在此时延标记上，位置线与距离矢量垂直，随着对在轨卫星的不断观测，这些垂线相交于一点，即观测者的位置，如图 14.2 所示。

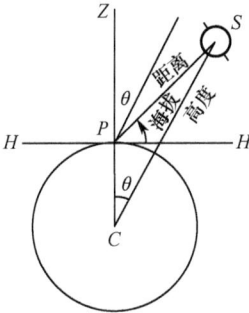

图 14.1 从距离测量得到卫星高度   图 14.2 位置线的收敛

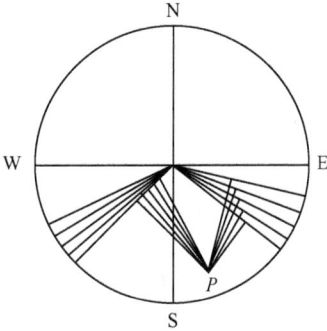

大约同一时间，航空航天公司成立，用于支持美国空军对太空的军事探索。航空航天公司发起了 57 号项目，然后提出了神秘的 621B 计划（人们很少提及 621A）。几乎毋庸置疑的一点就是，GPS 的最终设计借鉴了该计划的很多方面，就像卫星上使用原子钟精确计时是借鉴了海军研究实验室的时间导航计划一样。俗话说"成功之路万万条"，戈达德太空飞行中心的安德鲁·希同样参与了有关 GPS 的空间原子钟等时间部分的研究；事实上，汞离子频率标准就是已被专门验证过的航天器时钟。

最初支撑美国空间导航系统研究的是军方资助，首先是海军对约翰霍普金斯应用物理实验室以及空军对航空航天公司的支持。这个研究资金的来源大大说明了军方很重视空间技术，表现出国家倾向于使用军费开支支持包括基础研究在内的项目研究。事实上，从历史角度而言，政府投资对于短期难有效益回报的技术发展十分重要。一个显著的事例就是氢微波激射器的发展；因为市场太小，回报远不及研制投入，私人企业根本不愿意研究。在最初由哈佛大学发明之后，具体研究工作由位于戈达德太空飞行中心的美国NASA 负责；对于这一研究项目，NASA 先后资助了瓦里安联合公司及惠普公司。

1964—1966 年期间是将卫星应用到军事之外的科研及民用领域最活跃和乐观的时期之一，从大地测量学到气象学，再到通信等。美国军方所谓的距离连续校正（Secor）计划联合了美国总统轮船公司（APL）、海军研究实验室和航空航天公司等三家开展对卫星导航的研究工作。研究方法的不同无疑加剧了谁才是最接近最终成功的全球定位系统的竞争。1972 年，负责 621B 计划的 B.帕金森决定，必须调整研究工作，使之成为航空航天公司为基础的系统研究框架下的一部分。接着，他提请美国国防部，希望批准这样一个联合计划。1973 年，这些计划以"国防部导航卫星系统"为主题结合在一起，这也就是后来的授时与测距导航系统（NAVSTAR）。1983 年 9 月，在合并了系统分辨率控制能力之后，普通大众都可使用授时与测距导航系统（NAVSTAR），即大家熟知的全球定位系统（GPS），这是每部苹果手机的必备应用！

在 20 世纪 60 年代末至 70 年代初，俄罗斯——前苏联的一部分，同样致力于卫星导航研究，并启动了一项军事计划，通过发射 6 颗导航卫星形成一个星座，使之在 1000km 高的轨道上运行；对舰船和潜艇的定位精度达 80～100m。俄罗斯海军军官对这个系统性能的良好反映推动了对全民开放的精确导航系统的进一步发展。新的中高轨道卫星导航系统的飞行测试用的是 1982 年开始的格洛纳斯系统（GLONASS，首先发射的是人造卫星 Kosmos1413）。要在地球上的任一点同时看到四颗或以上的卫星，系统至少需要 18 颗卫星，目前是 24 颗卫星，增加了冗余度。卫星在 19100km 高的圆形轨道上运行，三条等间隔轨道平面与地平面的夹角为 64.8°。2009 年，俄罗斯联邦政府颁布法律调整了格洛纳斯卫星导航系统在运输及官方土地测量等方面的使用要求。2011 年，一系列的格洛纳斯卫星导航系统–M 卫星开始了飞行测试，这个系列的卫星能够提供与 GPS 相同的功能，也就是在任何环境下进行导航、测量、时间同步并且供个人使用等。

尽管稍晚一些，但是为了建立了一个独立系统，欧洲航天局于 2003 年负责开发了一个高版本的民用卫星导航系统，称为伽利略（GALILEO）。它的设计要求能够允许在地球上任意一点的实时定位精度精确到 1m，而且能在系统故障 1s 之内警告用户，它可以用来在危急情况下引导汽车、火车和飞机，如当飞机降落时使用。2011 年，"联盟"号（俄罗斯联盟号火箭）运载火箭将名为 GIOVE-A 的欧洲航天局第一颗试验卫星送入轨道，并计划 2012 年发射第二颗卫星 GIOVE-B。遗憾的是，这个宏伟计划的进展缓慢且超出了预算；原来的财政计划依赖于政企合作，但很明显企业对该计划逐渐产生了怀疑，积极性下降。不过，这个项目还在继续，2013 年 3 月对四颗伽利略卫星信号的三维（纬度、经度和高度）点定位精度进行了测试，结果表明高于设计标准。利用这个系统可以扩大世界范围内的全球卫星导航系统（GNSS）的覆盖区域。

中国的区域性卫星定位系统——北斗现在虽处于落后地位，但在不久的将来也将会处于同一水平。这是一个双程测距系统，可以使移动用户收到位置信息。在下面有关卫星导航系统讨论中，主要论述美国的 GPS 系统，除非其他卫星导航系统的一些重大技术能够突破 GPS 的优势或不足。

14.2 GPS：系统设计

GPS 原本计划只用于军事，之后控制分辨率较低的 GPS 也应用于公众领域，现在精度一般没有限制。它是一个时基系统，空间与罗兰-C 类似，因为制造了足够小的超稳定原子钟，使航天器携载成为了可能。从 1978 年开始，在经历了开始的失败后，10 年中发射了 10 颗 GPS 卫星，组成了被称为 Block I 的星座。在此阶段完成之前，美国空军与洛克威尔国际公司（Rockwell International）签订了一个大合同以制造 Block II 和 Block IIA 改进型卫星，共计 28 颗。1989 年将第一颗 Block II 卫星送入轨道后，另外的 27 颗也陆续发射，最后的 19 颗 Block IIA 卫星是 Block II 的升级版。截至 1990 年 12 月，已对 GPS 的运行进行了全面的测试。1995 年，美国空军宣布 Block II 星座正常工作。为此，美国 NASA 宣布将 GPS 集成应用于美国空中交通管制系统中。

相比以前的导航系统，GPS 系统优点较多，它使用大气层外的发射机获得连续的三维导航及真正的全球覆盖。当然除了能将大型卫星送入地球静止轨道外，使 GPS 实际可用的关键技术在于研制相当稳定的可携带原子钟。与必须已知发射机精确位置的罗兰-C

相同，这里必须知道轨道上的 GPS 卫星位置，它是时间的函数；这也就是天文学上所谓的卫星星历。为了确保用户在任何天气条件下在地球表面或空间连续的定位，使用了拥有多颗卫星的星座，每颗卫星携带了铷或者铯原子钟。测距的方法同样是基于测量来自不同卫星的无线电信号传播时延。其优点是，这个系统的接收机收到的都是精确同步源发射的信号，接收机不需要与卫星同步，因此不需要装载原子钟。对于罗兰-C，如果仅在地球表面二维定位，它需要接收至少三个发射信号；如果三维定位，至少需要接收四个发射信号（还需要一个电子计算机）。因此，结论是：GPS 如果要全球覆盖，则在地球上任何地点任何时间要能够观测到至少四颗卫星；这就引出了一个重要设计问题，海军研究实验室的一位研究员在这个项目发展初期也曾思考过这一问题。因为地球上的用户不能与卫星保持严格同步，在观测时延基础上计算的与不同卫星之间的距离称为伪距；推算出时间误差后才能计算出真正的距离。为了给接收机进行三维定位，纬度、经度和高度，需要三个真正的距离，因此，需要第四个测量时延来计算接收机的时钟误差。想象一下，卫星辐射的无线电波是一个半径为伪距的球体；两个球体相交为一个圆圈，第三个球体与之相交会得到两个点。但是，以第四颗卫星伪距为半径的球体一般不会与那两个点的任意一点相交。如果卫星时钟精确同步，而且它们的假定位置正确，则一个单一的时钟修正就可以使所有的球体相交于一点，也就是用户的位置。

根据 GPS 的一般描述习惯，将系统分为三个部分：卫星系统、地面监控系统以及用户应用的地面接收部分。下面依次逐一进行简要说明。

14.3 GPS 卫星轨道

将卫星作为导航网络中无线电发射平台的基本前提是已知卫星星历，也就是在任何时候都能精确预测卫星的轨道位置（时间的函数），并能将其传送至卫星控制器。当然，该前提基于牛顿地球引力理论及由此得到的其他结论。最重要的是：开普勒椭圆轨道理论认为地球在其中一个焦点上。椭圆的简单运动方程是进行逐次逼近以改善轨道数据精度的出发点。

将卫星看作一个质点，在三维空间内需要六个量才能完整描述它在已知力作用下的运动；这六个量是空间的三个坐标以及速度的三个分量。运动方程的解一般需要六个参数，或者说，用数学方法计算时，需要六个积分常数来进行定义。受地球重力控制，卫星在一个穿过地球中心平面的椭圆轨道上运动；这样一个闭合轨道的位置和速度初始条件便得以满足。地球中心在椭圆的一个焦点上；轨道上离地球最近的点称为近地点，最远的点称为远地点，卫星完成一周的运行时间周期 T 由开普勒定律可得，如下式：

$$\frac{T}{2\pi} = \sqrt{\frac{\alpha^3}{Gm_E}} ,\tag{14.1}$$

其中，α 是椭圆的长半轴，G 是重力常数（$6.67384 \times 10^{-11} \text{m}^3 (\text{kg})^{-1} \text{s}^{-2}$），$m_E$ 是地球质量（5.9736×10^{24} kg）。GPS 中的卫星绕轨道一周需要 12 恒星时（见第 4 章），因此长半轴的值 α= 26560 km，也就是高于地球表面 20182 km；这个周期使得卫星每恒星日两次到达相同的地点。可以用不同的角度来描述轨道上的卫星位置，其中一个过去称之为真近点角，即图 14.3 中的 θ 角。如果要完整地描述轨道，则需要六个量/参数：五个用于描述椭圆，一个用于描述历元，历元就是当卫星在轨道上一个特殊点，例如近地点的时间。这六个参数如图 14.3 所示。

参数如下：（1）轨道的长半轴；（2）轨道的偏心率；（3）轨道倾角，它是轨道平面与地球赤道平面的夹角；（4）近地点角距，它是近地点和升交点（这个点是轨道平面和赤道平面的交点）之间的夹角；（5）升交点赤经（天文学术语，相对于春分点的方位角）；（6）通过近地点历元（时间）。参数涉及一个令人生畏的术语"升交点的赤经"，不借助模型很难将术语形象化；在此提到春分点仅仅说明这个相对于天文参考基准的经度角。

根据一天 24h 在地球表面或上空任意一点用户要能同时接收到至少四颗卫星信号的需求，卫星的数量和轨道位形从而得以确定。将卫星放置在六个围绕地球极轴的轨道平面上，为了使轨道运动最小，轨道平面与赤道平面的夹角为 55.5°，如图 14.4 所示。

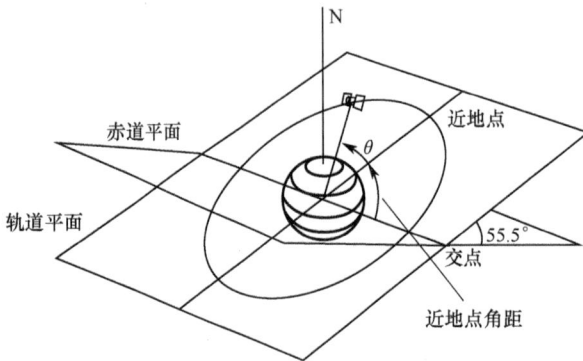

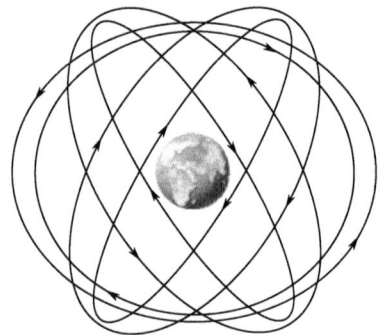

图 14.3　星轨道参数　　　　图 14.4　GPS 的六个倾斜卫星轨道

每条轨道有四个"槽"位用来放置卫星，该星座总共有 24 颗卫星。多年来，美国空军持续将 31 颗 GPS 卫星送入轨道，其中包括 3～4 颗退役卫星，以确保 95%以上的时间星座中至少有 24 颗卫星正常工作。2011 年，空军成功地完成了 GPS 星座扩展，将"基本"卫星数增加到 27 颗。

星座由新老卫星混合而成；它们的关系可追溯至它们的所属组合或系列。GPS Block II 系列卫星发射于 1989 年至 1990 年之间，最先构成了 GPS 的一部分；实际上，它们是继第一代卫星 Block I 后的第二代卫星，而 Block I 从未真正作为 GPS 的一部分工作过。紧跟 Block II 的是 Block II A，它是由洛克威尔国际公司（Rockwell International）（已于 1996 年将其航空航天业务卖给了波音公司）开发的改进型卫星。Block II A 系列共有 19 颗卫星，在卫星成员阵列中是第 22 至第 40 颗。Block II A 系列中的第一颗于 1990 年发射，最后一颗于 1997 年发射。截至 2012 年 1 月，GPS 星座中仅剩 10 颗 Block II A 卫星在轨运行。这个系列卫星最大的改进在于星载设备可以为民用和军用发射两种码：民用的粗码（C/A）和军用的精码 P（Y）。

下一个卫星系列是 Block IIR，它是 IIA 卫星的补充。顾名思义，当 IIA 卫星老化退役或故障期间替代其工作之用。13 颗 Block IIR 系列卫星的合同签了与了洛克希德·马丁公司，1997 年成功发射了第一颗卫星，最后一颗于 2004 年发射。最后我们提一下 Block IIRM（M 是现代的意思），它对 IIR 进行了八方面的改进，促进了导航系统现代化，并且用一个升级的第二代 GPS 民用码改进了商用和军用服务性能；2005 年发射了 Block

IIRM 系列的第一颗卫星，2009 年发射了最后一颗。

14.4 轨道摄动

我们已经假定，卫星轨道是一个闭合的椭圆开普勒轨道，但是前提是假设卫星处在一个严格球形对称的地球重力场中，重力场作用在卫星上，就如其中心的一个质点。一个真正的地球卫星会受到很多偏离其简单模型的力的影响，这种偏离现象称为摄动。幸运的是，与形成椭圆轨道的重力相比，摄动比较小，该事实已被用于通过逐次近似算法改善轨道理论模型。这种方法通过与（地面）控制站通信，定期更新修正量用以保持轨道参数的精度。这些修正的实施可能涉及一系列复杂的传感器和驱动器，包括用推进器物理修正卫星的轨道运动，或仅仅更新跟追踪数据和调整轨道参数。

我们能区分两种类型的摄动：一类源于地球重力，如地球扁率，以及来自太阳和月球的重力场；另一类不是由重力引起的，如太阳辐射、太阳风以及空气阻力。对于扰动可能引起的摄动，合理的做法是首先评估一下每种摄动对轨道精度的影响程度，以及轨道参数影响系统位置精度限度与设计目标之间的关系。我们首先要界定一下，系统提供的哪些导航数据误差是可以容忍的。例如如果轨道偏离不大于 1m，那么我们必须做到一个恒定的摄动力不能产生大于 $10^{-9}\mathrm{ms}^{-2}$ 的加速度。为了充分理解这个结论，计算卫星在它的轨道上的加速度 $a=(2\pi/T)^2 r$，我们发现，$a=0.55\mathrm{ms}^{-2}$，比最大允许摄动加速度大 5×10^8 倍。换句话说，地球重力场的 $1/5\times10^8$ 就可在卫星轨道上产生 1m 的误差。

正如我们所预料的，最大的摄动源自地球实际形状与正圆球体近似的偏离。其后的近似是扁球（参见第 3 章），也就是略微扁平的球，或更准确来讲，由地心引力在赤道拉伸的自转球的平衡形态。它有一个通过极轴的椭圆横截面。实际上，地球的扁圆并不明显：极点到极点的直径只比通过赤道的直径短大约 43km，也就是 1/298 的差别。地球形状的另一个近似形状略似梨形，南—北略微不对称。地球表面的细微结构当然是不规则的，相差 9000m 以上，需要的细微程度与卫星距地面的高度相关。GPS 卫星的高度是 20200km，离地球足够远，因此认为扁球体是一个很好的近似模型；其修正量大约是 $1/10^4$。有关地球扁圆性对卫星轨道影响的理论分析表明，它导致了慢进动，即近地点慢旋转，速率与 $(5\cos^2\theta-1)$ 成比例，其中 θ 是卫星轨道平面与地球赤道平面的夹角。从该模型我们可以得到一个重要结论，如果我们选择 θ 使得 $(5\cos^2\theta-1)=0$，这样得到的轨道平面没有运动，此时 $\theta\approx63°$。不幸的是该角度无法实现，卫星轨道实际倾斜角是 55.5°。

其他的重力摄动来自太阳和月亮，称为潮汐影响，因为它们的摄动作用到地球上会产生潮汐。根据牛顿地球引力定律，可估算这两个天体产生的重力摄动大小；卫星绕地球旋转，在太阳活动的作用下得出重力加速度峰值变化为：

$$\Delta\alpha = \frac{GM_S}{(R_E-r_s)^2} - \frac{GM_S}{(R_E+r_s)^2} \tag{14.2}$$

其中，M_S 是太阳的质量，R_E 是地球绕太阳旋转的半径，r_s 是卫星轨道半径。因为 $r_s \ll R_E$，$\Delta\alpha$ 的一阶近似值为：

$$\Delta\alpha = 4\frac{GM_S}{R_E^3}r_s \tag{14.3}$$

将数值代入公式可得到 $\Delta\alpha \approx 4.2\times10^{-6}\mathrm{ms}^{-2}$；对于月亮，则 $\Delta\alpha \approx 7.7\times10^{-6}\mathrm{ms}^{-2}$。将这些值代入可得到卫星绕地球旋转的加速度为 $0.56\ \mathrm{ms}^{-2}$。海洋的潮汐作用和"固态"地球形变产生的影响很弱，大约为 $10^{-9}\mathrm{ms}^{-2}$ 量级。

尽管这些重力摄动很大，但由于已具备健全的理论指导，因此它们至少在理论上是可预测的。然而不幸的是，卫星、地球、月亮和太阳等众多问题是难以用数学解决的；从牛顿时期到现在，甚至三体问题对数学家仍然是一大挑战。现代计算机的高速计算能力使得卫星位置的预测和 GPS 定位成为了可能。

由于一些不可预测的因素的影响使卫星的位置不能精确确定。GPS 卫星远远高于大气层，因此地球表面的天气变化对它们没有影响，但是太阳辐射的确会给卫星施加辐射压力。这个万物仰仗的太阳光被称为黑体辐射，它的连续光谱峰值出现在可见光谱中间。这种辐射对任何吸收或反射表面都会形成压力，无论是无线电波、γ 射线还是可见光都带有动量，因此，卫星从光照到遮阴将经历一个力的平衡的变化。只要知道辐射强度（即太阳常数 S）、卫星对太阳射线的横截面以及表面反射率等，便可计算太阳摄动的范围。因为光的散射情况与卫星表面的形状及光学性能密切相关，并且各方向上的散射有所不同，所以净力不一定就在入射线的方向上。S 的大小大约是 $1.4\mathrm{kW/m}^2$。为了估算对卫星影响大小，我们用普通的辐射动力公式：$p = E/c$，卫星的加速度 $a = F/M = (\mathrm{d}p/\mathrm{d}t)/M = (\mathrm{d}E/\mathrm{d}t)/cM = SA/cM$，其中，$A/M$ 是卫星横截面面积除以它的质量，c 是光速。如果代入数值，算得加速度大约为 $10^{-7}\mathrm{ms}^{-2}$，这说明辐射压力是设计卫星时必须考虑的一个重要因素。

除了黑体辐射以外，太阳还辐射少量可预测的高速亚原子流，主要由电子和质子组成，其扫掠地球的方式由地球磁场确定，因此形成极光照亮北极区和南极区。这种所谓的太阳风有时会有反常波动，称为太阳耀斑。在地球轨道附近，质子数密度大约是 $3\times10^{-6}\mathrm{m}^{-3}$，它们的平均速度大约是 $400\mathrm{km/s}$；这与每秒每平方米截面积 1.2×10^{12} 个质子相对应，每个质子的线性动力为 $6.7\times10^{-22}\mathrm{kg/ms}$。如果假设质子动力以 $A/M=0.03$ 传送到卫星，它的加速度是 $2.4\times10^{-11}\mathrm{ms}^{-2}$，比其他影响小几个数量级。

14.5　星载系统

GPS 星载设备是一个由精密电路和设施组成的复杂交互式设备，每个分系统都有各自的重要作用。对于保持整个系统亚微秒级的同步而言，或许铷原子钟和铯原子钟是最重要的，其原理请参考第 8 章相关介绍。每个 Block IIR 卫星携带 3 个带有改良版"物理包"的铷频率标准，频率稳定度为 10^{-14}，也就是每 300 万年误差 1s。我们需要关注的其他分系统有卫星姿态控制和卫星轨道控制，即确保卫星方向和在稳定的星历表（由控制部分提供）轨道上运行的分系统。卫星的运行就是先进遥感遥测一个很好的例子……每项操作均由远程控制完成。星载分系统需要很多技术，一方面包含传感器如太阳和地球传感器、惯性测量单元；另一方面是驱动器，如推进器、反作用飞轮和磁转矩器。它们的作用就是随时控制姿态、调节太阳能板和实现轨道修正（地面控制部分发来的控制数据）。另外还有导航仪表装置，它的作用在于为地面用户部分产生并发射不同的导航测距码和其他数据。卫星通过跟踪、遥测及控制通信链路接收更新导航和控制数据。

导航装置产生的频率/相位测距码由铷原子或铯原子频率标准控制（由多重备份单元

确保可靠性）；至少需要两种方案能够随时监测故障并快速恢复。20世纪60年代后期，在惠普公司伦恩·卡特勒的带领下，短波束空间硬化铯原子钟问世，这大部分都是在阿波罗计划中与NASA签的合同框架下进行的研究。得益于激光冷却如喷泉原子钟以及紧凑汞离子钟的研制，近年来原子钟的频率/相位稳定度有了进一步的提高。因为这些原子钟在其原子超精细的频率下会非常稳定，所以需要低噪声合成器来产生所需的时序码。

为了不使大家迷失在描述GPS卫星子系统复杂结构的缩略字母的丛林中，然后又深入到每个分系统的详细设计（在通常情况下一般不对公众公开），我们将只重点介绍主要装置的基本原理以及它们在整个定位系统任务中的地位作用。

首先，从确定姿态开始：显然，GPS卫星须保持相对地球和太阳的稳定姿态，因为与地球通信时，天线系统必须对准地球，太阳能电池板要对准太阳以便供应电能。一般情况下，航天器需要实现相对于惯性系统的姿态控制。确定GPS卫星相对地球、太阳和恒星的姿态所使用的仪表称为地球传感器、太阳传感器以及星象跟踪仪。目前为止，三种仪表中星象跟踪仪最精确，它建立了真实惯性坐标系中航天器与恒星之间的相对姿态；无论如何，GPS卫星必须保持与地球和太阳之间的稳定控制姿态。幸运的是，现代传感器无论是针对太阳、地球或恒星都采用相同的设计原理，甚至可以使用类似的光学系统和探测器。不同之处在于它们的数据形式，也就是从传感器中提取的信息和应用的方式。这里来看一个典型的星象跟踪仪设计，因为对于业余天文爱好者，它是最熟悉的，并且具有确定姿态的所有基本性能。它本质上是一个望远镜，具有理想的分辨率且杂散光学噪声很低，配有像素点数字检测器和存储有恒星图像的存储器。通过使用先进的非球形光学器件，望远镜的设计更紧凑且分辨率更高，而且不需增加直径和反射物镜的焦距。

因此，使用非球面的折射面望远镜，例如马克苏托夫·卡塞格林的设计，可实现较高分辨率和对比度；图14.5展示了米德公司制造的望远镜概貌。在望远镜前面有一个半月透镜很具特色，其上有一个小的凸球面镜，非球面凹镜装于望远镜的后部，沿轴还装有一个遮挡管。

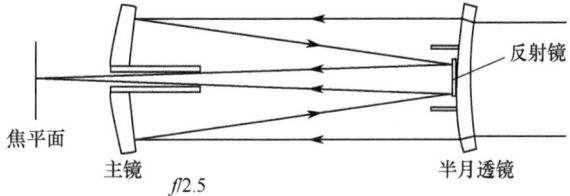

图 14.5 米德 7in 马卡望远镜示意图

为了使望远镜的轴线与选定的恒星或者星场方向一致，现代星追踪器将配置一个电荷耦合器件的平面阵列，这些器件作为离散光子探测器布设于望远镜的焦平面栅格中，实现预期的分辨率。其他常用的检测器类型有基于互补金属氧化物半导体（CMOS）技术的源像素传感器，一般用于数字反射式照相机。最近的进展是使用电子倍增电荷耦合器件（EMCCD）检测器提高信噪比。为了锁定恒星在望远镜参考系统中的相对位置，需要一个伺服控制环路，这样望远镜就可以"搜寻"恒星，并将其锁定在一个与恒星最佳影像一致的稳定点上。当涉及离散点组成的象场时，像素的不连续性会带来一个特殊的问题：当象场被调制，且恒星图像落于不同的像素点上时，光传感器的输出会产生不连续变化。这个难题可用一项"质心"技术解决：将望远镜散焦，恒星的图像点转换到挡板上，这样就可得到大量的像素；根据已经记录过的每个恒星图像像素光强度，计算光分布的质心并可得到恒心图像的位置。为了锁定恒星场，需要能够对探测到的恒星图案与存储器中的恒星图像目录进行比较，并确定必要的移位以使二者一致的软件。

GPS 卫星上的地球和太阳传感器由基本相同的光学仪器组成，即专业摄像机。在太阳传感器中，因为不用于精密导航，而且太阳作为光源更为明亮，或许一个直径 250μm 的针孔就可替代镜头，在位置传感二极管上即可产生图像。在一个正方形探测器表面的四个象限上有四个光电二极管产生输出，应用合适的软件便可得到太阳的图像。很明显，针孔的直径要在增加分辨率（直径要小）和得到高信噪比（直径足够大）之间找到最佳平衡点。基于轨道预测算法，在地球挡在太阳和卫星之间（日蚀）时，卫星的太阳能电池阵也要自动对准光线，以使日蚀后的卫星重新顺利获得阳光照射。

对于地球传感器，明显需要一个更复杂的调焦光学系统，用像素电荷耦合器件检测器获得图像。这时软件要用算法从图像输出数据中计算并检测地平线，该线上地球和天空之间的图像会发生急剧的变换。

姿态控制装置包括精密喷气推进器、反作用飞轮和磁转矩器。一般推进器采用肼（N_2H_4）喷气机，肼是一种化合物，最终可分解为氨和氮，在催化作用下，依据以下反应，氨分解为氮气和氢气：

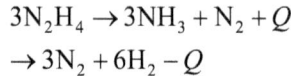

$$3N_2H_4 \rightarrow 3NH_3 + N_2 + Q$$
$$\rightarrow 3N_2 + 6H_2 - Q$$

液态肼从补给罐开始，经过流量控制阀，并通过在催化剂"床"上的供给管注入推进器，压缩后送到喷嘴。当然，喷气机转换原理遵循牛顿第三定律（作用力和反作用力），或能量守恒定律。姿态控制必须有能力在较大范围内对从推进器送来的推动力进行校准（扩展到低值以便精确调整）；卫星的不同部位装载了不同推力的多个推进器，以便在各个方向上进行姿态修正。

反作用飞轮实际上是质量相对较大的调速轮，它的角动量可使航天器的方向产生变化，其作用时间取决于角动量守恒定律，第 11 章对此已有简要介绍，同时还介绍了复杂的陀螺仪运动。通过调整三个飞轮的角动量（每个飞轮绕航天器三个主轴之一旋转），从而可能修正卫星的任何转动。

最后讨论一下磁转矩杆或"转矩器"；这些线性磁体或磁线圈受到地球磁场产生的转矩作用，这个转矩可以传输到航天器。磁偶极矩为 $\boldsymbol{M}$ 的磁棒在强度为 $\boldsymbol{B}$ 的磁场中的力矩 $\boldsymbol{\Gamma}$ 可由下式得到：

$$\Gamma = MB\sin\theta \boldsymbol{n}, \tag{14.4}$$

其中，$\boldsymbol{\theta}$ 是磁场和磁矩之间的角度，$\boldsymbol{n}$ 是垂直于磁场和此磁矩方向平面的单位矢量、实际上 $\boldsymbol{B}$ 相对卫星的方向是不断变化的，因为卫星轨道总是向 N-S 轴倾斜；地球磁场已测得，并且用于姿态控制的磁矩可预测。因为力矩总是与磁场垂直，所以力矩修正只能应用于垂直于磁场方向的两个轴。

14.6　GPS 卫星信号[3]

GPS 卫星播发的测距信号由导航有效载荷产生，其中原子频率标准为相位相干合成器提供参考输入，并输出 10.23MHz 的基准时间码参考频率。对于后期升级的卫星频率标准的平均不稳定度，大约是每天 $5/10^{15}$，它决定了播发给用户的时间码相位，所用微波载波频率是参考频率的 120 次和 154 次谐波。这两个载波频率属于微波 L 波段，频率

分别是 L_1= 1.57142 GHz 和 L_2=1.22760GHz，波长分别为 19cm 和 24cm。除了测距时间码，这些微波信号也被轨道更新数据（星历）、卫星系统状态和时钟读数等进行调制。

用于调制发射微波信号的编码在通信中被称为伪随机噪声（PRN）码（基于伪随机数的概念），统计意义上来讲，伪随机噪声并不是真的噪声，而是由移位寄存器产生的二进制数，其中每前进一个时钟脉冲，位数会向右移动一位，最右边的位是输出部分。编码的关键是选择取代最左端空寄存器的准则：例如，准则可能是第 n 个和第 m 个寄存器内容的模 2 加（二进制和）。为展示运算法则，用图 14.6 举一个简单例子进行图解，图中码片编号 3 和 4 作为定义对。

在图 14.6 中，时钟脉冲序列会产生数据 1100110……在一个大集合内，由此产生的二进制数似乎是随机的，但实际上，达到一定数量的迭代后就会重复。伪随机噪声码的随机程度可通过计算自相关函数得到。我们知道，180°的反相相当于符号变化。因此，给 1 位和 0 位赋值为+1 和−1，并且形成特定信号相应位的乘积和，同时同一信号可进行任意数量时钟间隔的移位。我们会发现，当没有位移时总和达到最大值；然后，即便只移位一个时钟周期，总和也会快速下降。此外，给定的码信号与任何其他不同伪随机噪声码信号的相关性也非常小。这样不仅保证用户获得正确编码信号的安全，而且在用户的重复编码与接收到的(时间位移)码之间提供了一个很好的时间匹配函数。通过为 GPS 星座中的不同卫星赋予不同的伪随机噪声码，避免了卫星识别时的模糊性。二进制伪随机噪声码对基本射频广播频率进行双相调制，即，二进制数 0 的相位与二进制 1 的相位存在 180°相移。如图 14.7 所示。

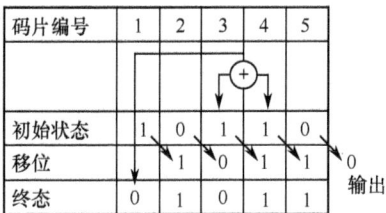

图 14.6　用抽头式反馈移位寄存器
产生伪随机噪声

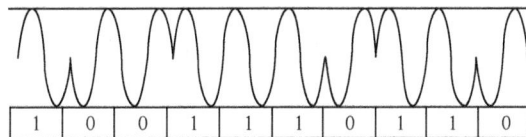

图 14.7　GPS 信号的二进制伪随机
噪声相位调制

由于表示二进制码的相位转换频率比信号本身的频率高很多，这也就意味着，系统以扩频的方式工作。目前这种通信模式应用很广泛，从军事安全通信到计算机系统无线路由器，再到数字电话通信等都在使用。第一个有关保密无线电通信的专利，也就是现在我们说的扩频，是在 1942 年第二次世界大战期间，由一对不太讨人喜欢的夫妇发明：他们是一位工程师和一位名为海蒂·拉玛的女人，后者后来成为了好莱坞明星！这项发明是一部无线电发射机，发射的频率按编码序列转换成为不同的值，如果在接收端不以相同的方法转换便无法了解信息的内容。这种转换无疑展宽了频谱，占用了带宽，但是其他频率相同、编码不同的广播却可用相同的频宽，且相互不会造成干扰。扩展频谱播发的功率谱看起来像杂乱噪声，且比信息内容所占的带宽大几百倍。上述专利中使用的方法称为跳频，但在 GPS 中用的方法称为直接序列扩频，应用更为广泛。在此情况下，一个高速码序列与需要发射的信息结合在一起，并被直接用于载波调制；也正是高速码序列决定了占用频宽。

GPS 最初的设想是服务于军事，因此极其注重其安全性，普通用户只能用低精度的粗捕获（C/A 码）。目前，普通公众也可使用精密（受保护的）P 码，因为军用码通过使用反欺骗能力加强了安全性；它需要附加 W 码，才能得到 Y 码。不熟悉其技术的敌人会模仿 GPS 信号发出错误的导航信息。图 14.8 用一个简单图示解释编码的复杂结构。

L_1 载波信号由通过粗捕获码（C/A）和卫星系统/导航数据代码模 2 加生成的代码进行调制。产生 C/A 码的时钟速率是时钟基准的 10 次谐波，即 1.0234MHz。数据位之间的时间间隔大约是 1μs，整个编码大约每 1ms 重复一次。另外，也用 P 码调制 L_1 载波，P 码是另一个在基准频率为 10.234 MHz 的条件下产生的伪随机噪声编码。两个邻位之间的时间间隔只有 100 ns，对应卫星和用户之间的距离差是 30m。P 码的产生较为复杂。它是两种伪随机噪声码的组合，它们各由两个移位寄存器产生，其中一个包含超过 15000000b，另一个比它多 37b，合成的序列有 $225×10^{12}$b，重复周期为 266.4 天；整个编码长度划分为每周一段，分配给不同的卫星作为伪随机噪声标识码。卫星系统/导航数据码由 1500b 组成，细分为 5 个子帧：第一子帧包含卫星识别码、卫星时钟矫正建模系数、测距精度预测以及数据有效期。第二和第三子帧包含卫星星历。第四和第五子帧的内容分成多页，由所有的卫星播发；为军用特别保留了几页，其余包含电离层数据、协调世界时（UTC）和卫星系统健康状态。

14.7 最新发展：GPS Ⅲ

2010 年，洛克希德·马丁公司设计的新一代 GPS 卫星（GPSⅢ）得到了普遍认可，并且美国空军与该公司签订了有关运载体构架以及导航和通信载荷的合同。该举措表明，GPS 已日益成为现代生活的一部分，更不必说军事领域。该设计要求通过引进新一代原子（或者离子）频率标准以及激光陀螺，实现定位、导航和精确授时等基础功能的巨大现代化。第一颗卫星预计于 2014 年发射。这个设计实现了多微波发射机，包含使用所谓的 L_1C 的 L_1 载波附加信号，为民用用户提供高精度定位服务。L_1C 信号将比现行的 Block IIR 卫星提供的精度高三倍，并且为将来技术发展提供了可扩展性，尤其在原子时间标准方面。图 14.9 为由波音公司制造的 GPS Block IIA 卫星。

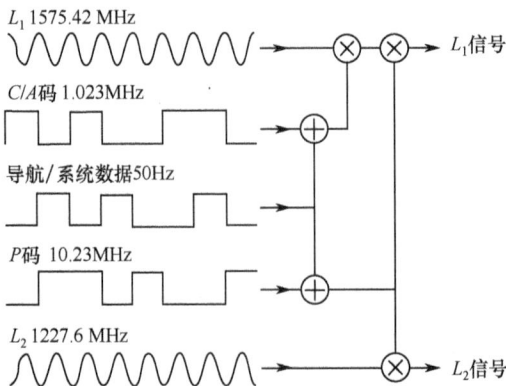

图 14.8　导航信号 L_1 和 L_2 形成的简单图示

图 14.9　GPS Block IIA 卫星（波音照片）

204

参考文献

1. A.C. Clarke, Wireless World Magazine, Oct 1945, p. 305

2. R.H. Goddard, Smithsonian miscellaneous collections, 95（3）, Mar 1936. Also Scientific American, Aug 1936

3. B. Hofmann-Wellenhof, H. Lichtenegger, J. Collins, G.P.S. Theory and Practice, 3rd edn. （Springer, Vienna, 1992）

第15章　卫星导航：控制部分

15.1　引言

地面控制部分对于 GPS 的协同运行至关重要：其作用包括跟踪组成星座的众多卫星，监测卫星 L 波段导航信号以确认星载子系统的状态，尤其是原子钟状态，以及分析它们的星历。然后操作控制部分回传命令和数据，针对轨道参数和星载原子钟采取必要的修正措施，修正所有的反常行为，并使所有子系统按照规范运行。这些功能由主控站和一个备用主控站控制的全球地面监控网实现。

主控站或者人们熟知的——任务控制中心，坐落于科罗拉多的施里弗空军基地，由美国空军配备人员，全天 24h 负责整个系统的运行控制。地面控制部分由 17 个分布于全球各地，且地理位置精确已知的监测站组成，以实现最佳覆盖。其中美国空军管理 6 个站，国家地球空间情报局负责 11 个站。图 15.1 展示了这些站的地理位置。

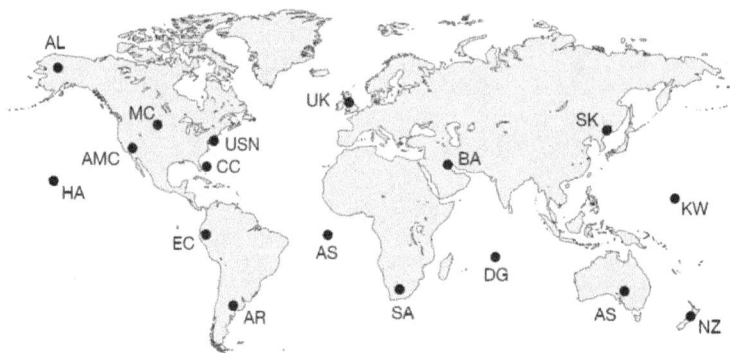

图 15.1　GPS 监测站

(注：AL—阿拉斯加、AMC—辅助/备用主控站、AR—阿根廷、AS—阿森松、AU—澳大利亚、CC—卡纳维拉尔角、BA—巴林岛、DG—迭戈加西亚、EC—厄瓜多尔、HA—夏威夷、KW—夸贾林环礁、MC—主控、NZ—新西兰、SA—南非、SK—南韩、UK—联合王国、USN—美国海军天文台)

这些监测站都装配了高性能铯原子钟和高精度 GPS 接收机。这些高射束强度的铯原子钟最初由惠普公司研制（与 NASA 签订的阿波罗计划合同），现在由安捷伦公司负责。美国海军天文台监测站的参考时间与美国海军天文台氢微波激射器以及美国国防部主时钟协调一致。遍布全球的所有监测站的原子钟提供 5MHz 基准信号作为 GPS 接收机的参考，设备每年需进行检修和升级。

主控站有规律地接收来自 17 个监测站有关星历、原子钟读数及星载系统数据等信息，并对这些信息进行分析以确定星载系统性能状态和完整性情况，同时判断卫星的精确轨道位置以及是否需要采取修正措施，以确保所有卫星都在预设位置上。如果出现某个卫星发生故障等紧急情况，将立即采取措施重新配置卫星位置，以确保系统的完整性。

主控站用包含 12 个命令和控制装置的网络将该信息上传至卫星，其中有 8 个属于美国空军卫星控制网（AFSWCN），4 个是 GPS 地面天线，分别架设于夸贾林环礁、阿森松岛、迭戈加西亚和卡纳维拉尔角的监测站中。这些地面天线可以用 S 波段（2～4GHz）微波通信，主控站可以对它们进行远程控制。

或许 GPS 卫星导航系统最具科幻色彩且未能被这个技术爆炸的时代充分认可的一点在于：许多人造卫星在预先设定的轨道上高速旋转并运行得如此精确，并且还可用于地面导航。为了帮助理解卫星导航系统的工作，需强调以下几个基本方面：第一，确定精确的监测站地理位置，显然这是必须的，因为最终目的在于能够相对于大地坐标进行定位。第二，用地球上的观测数据确定卫星的星历，每个时刻都必须及时地了解卫星在轨道上的精确位置。最后，因为系统是基于卫星信号的传播时延，所以卫星时钟必须与控制站时钟保持精确同步。为了将信号时延转换为测量的距离，必须将大气对微波信号的散射进行建模，必要时应更新模型。所有这些都需要能够选择性地与每颗卫星通信，通过遥测，持续、及时地维持各个子系统的工作，并且在任何不可避免的随机影响下，维护所有卫星的星历表。

15.2　监测站的地理位置

我们从监测站的大地位置开始讨论。现代监测技术已经发展到了可以获取地球地形的微小变化，甚至可遥测人造建筑的程度，例如桥梁和水坝等。除 GPS 本身外，其他的全球卫星导航系统（GNSS）主要有两种精确测量方法：甚长基线干涉测量（VLBI）和卫星激光测距（SLR）。这些系统能精确定位，精度可达毫米级，观测的位置构成了大地测量的精确参考点。而且，这些系统和技术为大地图像提供了独立而又有效的补充。只有甚长基线干涉测量（VLBI）能够提供地球相对天文坐标系的方位，卫星激光测距能够精确跟踪卫星，并能精确地定义地球坐标系原点，也就是地球质心，而全球导航卫星系统则提供了众多可以使用的参考点。

通过多种技术建立起极其精确的大地参考系，并且确保了全球坐标定义的统一。绘图、测地学和导航使用的地球大地模型是标准的 WGS84，即 1984 年开始启用的世界大地坐标系（WGS）。2004 年该坐标系统模型进行了最近一次更新。依据牛顿的旋转变形固体理论，在零阶近似模型中，地球表面基本上是一个扁球。为了建立地球表面或近地的实际重力场模型以计算星历，需要球谐函数的级数展开达到 $n = m =180$ 阶，从而定义理论上的地球重力场模型（EGM），在计算相对大地水准面（在测量海拔时给出的全球平均海平面高度的名称）的高度时需要用该值作为参照。对于 GPS 卫星高轨道预测，模型不需要如此细致的变化，只需 41 阶展开便可提供足够的精度。其坐标轴如下所述：原点是地球质心；z 轴是国际时间局定义的地球北极，x 轴是赤道平面与包含 z 轴平面的交线；零度子午线由国际地球自转服务组织确定，并由国际时间局设置；近年来它在格林威治天文台为东 5.31 角秒。y 轴遵循笛卡儿坐标系准则。图 15.2 展示了 WGS 84 参考系，也称为地心地球固定坐标系（ECEF）。

表 15.1 展示了旋转椭球模型的主要参数。

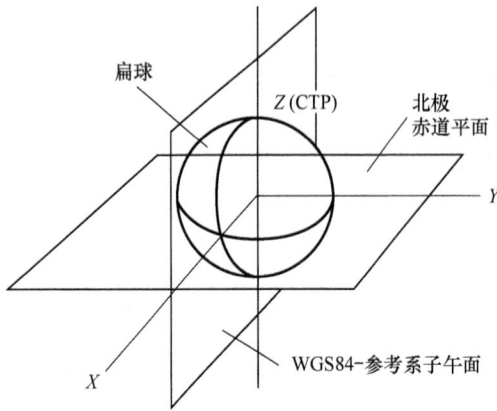

图 15.2　WGS84 坐标系

表 15.1　WGS84 主要参数

椭圆半长轴	a=6378.137m
$(a-b)/a$ "扁率"	f=1/298.25722
角速度	Ω=7.292115×10^{-5}rad/s
地球为中心的加速度常数	GM=398600.5km^3/s^2
二阶带谐系数	$C_{2,0}$=−484.16685×10^{-6}

　　系统的位置精度在水平方向上的标准偏差为±1m，在垂直方向是±1～2m。这些误差反映了地球中心位置的不确定性和仪表误差。在首次提出 WGS 84 时，地球测量的主要方法是卫星多普勒。如今，GPS 监测站坐标提供的精度比局部大地网络更高。我们在后文中将要讨论的卫星激光精密测距方法使得世界地球坐标系成为了可能，该坐标系也称为国际地球参考系（ITRS）。

　　甚长基线干涉测量的基本原理与迈克逊（光学）恒星干涉仪（参见第 4 章）相同：它们都力图通过加大有效孔径增加望远镜的（角度）分辨率，这可以利用两个完全分离的天线或镜面通过抽取两个完全分离点的入射波阵面实现，而不需要使用直径越来越大的蝶形天线（对于微波）或者反射镜（对于光）。我们知道，来自远距目标的一束光落在两个天线（或镜面）上，会导致到达两个天线的信号之间产生相位差，然后通过增加两天线之间的距离可以放大相位差。如果正在观测的无线信号源是一个未确定的点源，则随着干涉仪方向的旋转，例如跟随地球旋转，来自两副天线的信号以同相和反相方式交替到达接收机。合成信号会呈现出类似光学干涉现象的无线电干涉，干涉条纹的位置会随着源相对干涉仪轴的方向而变化。这样，如果源在空间的有限区域扩展开来，则干涉仪的信号实际上是与波源的空间强度分布相对应的信号强度的相干叠加，即无线电信号源强度分布的傅里叶谱。1974 年，诺贝尔委员会认可了马丁·赖尔和安东尼·休伊什这两位英国人在射电天文学领域开拓的傅里叶分析技术。供职于剑桥的他们证明了使用随地球旋转移动的独立天线，可以获得足够的数据并通过数学处理构造高分辨率图像，这相当于获得了非常大孔径的望远镜，这个过程称为合成孔径[1, 2]。

　　通常无线电干涉仪由两个分离的射电望远镜组成，二者之间的距离称为基线，它们的基带输出信号分别通过与本地振荡器混合后恢复，然后放大和抽样。然后这个数字信号送到一个相关器，产生可见度函数。这样一个干涉仪可给出的远距无线电目标的角分辨率远大于单个天线；原因就是我们上面已经指出的增加了基线分离天线的有效孔径。图 15.3 展示了无线电干涉仪的基本框图。

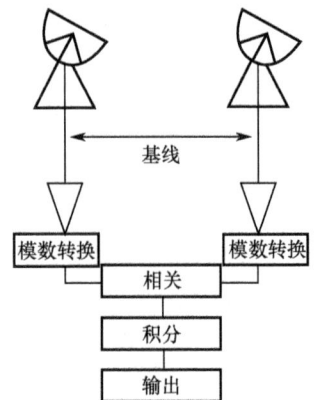

图 15.3　基本无线电频率干涉仪

在使用甚长基线干涉测量（VLBI）干涉仪时，基线可能会延长至几千千米，所以甚长基线干涉测量系统与常规连接的干涉仪之间的本质区别就在于，在甚长基线干涉测量中需要用本地振荡器进行下变频，且不能与远距台共享。这样，为了将基线扩展至千千米数量级，关键是接收机必须能与非常稳定的时间标准保持严格同步；事实上，可以肯定说就是因为原子钟的发展，才使得跨越大陆的长基线和高分辨率成为了可能。即使是使用原子钟标准，仍然需要对其长期漂移的变化建立模型，并需要经常在国家标准实验室进行检测。基带信号必须有时间标记并用一些记忆媒介存储（例如磁带），然后送往中央处理中心，一段时间之后（或许是几周），将该数字信号送至相关器，然后利用复杂的计算机软件对这些数据进行处理。必须重构信号并且同步不同站台的时间基础，之后进行互相关计算。互相关是工程和光学中的统计学概念：它是两个微波场之积的度量，是二者之间时延的函数。为了从甚长基线阵列还原数据，美国国家射电天文台赞助研制了非常完善的相关器软件。VLBA 由 10 个精密射电望远镜组成全球网，每个配有直径 25m 的天线，由新墨西哥州的美国陆军操作中心远程控制。1993 年该网络投入全面运行。除了射电天文探测，该系统能给出与测地学和地球动力学相关的高精度数据，对 GPS 尤为适用。角度分辨率与辐射的波长相关：在厘米范围内的微波可以实现 0.001s 弧度的角分辨率。

1999 年，美国和欧盟之间签署了谅解备忘录，在智利北部安第斯山的高地上（海拔 500m）设计和制造了一个超高分辨率毫米波天文台。阿塔卡玛大型毫米波阵列的首字母缩写为 ALMA。它是国际上最大的天文学项目，包含最初 66 个高分辨率天线组成的超大合成天线，分辨率超越了所有现有的望远镜，包括哈勃太空望远镜。2011 年 ALMA 投入使用进行观测，但正式的揭幕典礼 2013 年才举行。

鉴于 ALMA 可实现的分辨率，使得许多广泛的研究项目都变得可行，这里包括从遥远的银河系外到一些很常见的问题，例如：与断裂带和地震相关的微小地基表面运动、火山喷发前的膨胀和大陆漂移等，当然这些课题之所以可行的主要原因是建立在 GPS 监测站的精确定位基础之上。再者，射电望远镜为 GPS 提供了惯性空间中地球轴相对恒星的方向以及旋转速率紊乱的重要监测数据。为此，对于观测类星体，那些银河系外的高亮度类星体是很理想的（甚至在无线电频率）；将 GPS 卫星这种惯性天体的运动与地球坐标系相关联，这点至关重要。

1964 年，美国航空航天局启动了一个基于近地卫星激光测距的空间测量项目；众多的卫星组合成了卫星激光测距网[3]。激光测距原理与雷达（参见第 3 章）相同，只是光脉冲（或红外）要与合适的光学系统配合使用，而不是微波器件[4]。测距技术需要在卫星上安装角反射器，以便将入射激光束精确地沿着来波方向反射回去，而不管该光束从哪个方向射到反光镜。光波的衍射可引起波束加宽，并且导致返回信号的强度降低。由衍射产生的波束发散角与 λ/d 一个量级，其中 λ 是波长，d 是发射机输出孔径的直径，当然衍射现象是光波的基本特性，而非设计不当产生。因为激光束一般在比较细的晶体棒中产生，发射机的光学器件必须将波束直径扩展送入大的输出孔径（缝隙）。如果假设 Nd^{3+}YAG 激光源的波长 λ =1.064μm，并且 d =0.1m，则 λ/d =10^{-5}，为此，当距离 $D = 2 \times 10^7$m 时波束直径大约是 400m，总强度大约减少 1.6×10^7 倍。如果进一步假设，理想状态下，角反射器完好且截面的直径为 0.5m，则地面上接收到的总强度大约减少 1.6×10^7 倍。我们注意到，对于假设的卫星距离，光脉冲到达卫星并返回到相同的激光卫星测距站的时间是 133ms，大约是典型激光脉冲长度 1ns 的 $133×10^6$ 倍。图 15.4 展示了卫星激光测距站的示意图。

卫星激光测距装置的核心部件当然是激光。正如第 11 章已了解的，激光技术在空间和时间测量方面已经相当成熟。尽管目前氩离子激光器是液态的，但通常多数激光装置是固态元器件。激光在卫星光学测距方面非常适用，如果用特殊技术使脉冲宽度为 100ps（10^{-10}s），则距离精度可以小于 3cm。此外利用 Q 开关（见第 11 章）与振荡模锁定技术，可以通过多种设计实现高重复频率的高功率脉冲。最简单的例子就是 Nd^{3+}YAG 激光器普科尔斯电光盒所使用的 Q 开关技术。在这种设计中，普科尔斯盒与线性偏振器及光学晶体布设在激光腔内，如图 15.5 所示。

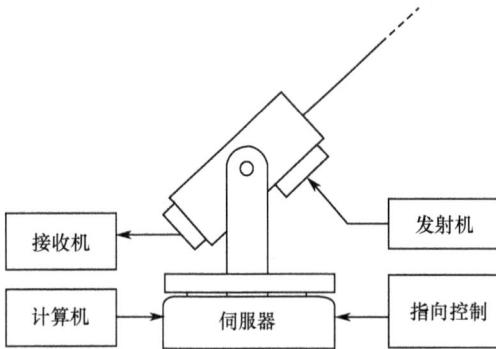

图 15.4　激光卫星测距站的基本子系统

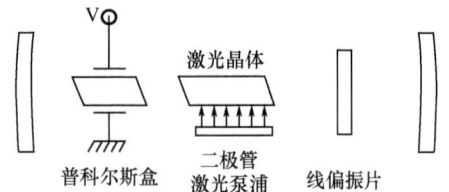

图 15.5　Q 开关使用一个内部普科尔斯盒的 Nd^{3+}YA 激光器

普科尔斯盒的设计目的在于在激光材料光泵浦期间，使腔内的线性偏振激光场的正交分量间产生 π/2 的相移。这样可以防止形成激光振荡，因为在往返穿过普科尔斯盒时，场的其中一个正交分量会产生 π 相位差，也就是一个场分量会反相，从而使得合成场的偏振方向垂直于初始线偏振方向。结果导致偏振器阻塞光线通过，并且防止了激光振荡的形成。一段时间后，YAG 中的能态布居数发生反转，普科尔斯盒上的电压突降至零，高强度的激光脉冲被发射出去。普科尔斯盒所用晶体性能必须稳定，且能经受高功率激光。一般使用铷钛氧磷酸盐（RTP）晶体；但目前该晶体正逐渐被另一晶体——β 硼酸钡（BBO）所取代，在可见光和红外波段，β 硼酸钡（BBO）透射率更高，介入损耗更低，且尺寸比 RTP 晶体更大[4]。光电晶体的速度取决于它的并联电容和四分之一波长光程差电压。有报告称，直径为 12mm 的 BBO 晶体，当电场脉冲幅度 9.5kV，且上升时间为 11ns时，它的压电激振效应可忽略不计。

在皮秒（10^{-12}s）范围内产生超窄激光脉冲的最新进展是用半导体饱和吸收镜（SESAM）来锁模（见第 11 章），并与普科尔斯盒控制的正反馈放大器耦合去控制脉冲开关。放大的脉冲被送到二倍频晶体，将最初的红外辐射转换为 532nm 的可见光辐射[5]。

从激光跟踪精度的角度而言，或许有点奇怪，在所有的 GPS 卫星中，只有两颗卫星装备了激光跟踪角反射器。尽管事实上，远在 GPS 实现之前人们就已经对卫星激光跟踪进行了研究[6]。航空器编号为 35 和 36 的两颗 Block IIA 型卫星都装备了激光跟踪角反射器，用来测试加装激光跟踪是否能提高精度。答案可能是否定的，因为之后再也没有其他卫星采用这种设备。有人不由得怀疑真正的原因可能是由于经费问题，又或者因为相对于激光工程师，在太空计划中工作的微波工程师人数上占绝对优势。那两颗卫星上装备的角反射器产自俄罗斯，并且与格洛纳斯卫星导航系统上用的反射器类似。

在太空时代早期，卫星在精确大地测量中的潜在作用就已获得公认。为此应用，专门设计了激光地球动力学卫星 LAGEOS I（1976）和 LAGEOS II（1992）。它们呈球状，表面装设有 426 个角反射器，质量为 405 kg，运行在 5860km 的近地圆形轨道上。通过一个激光跟踪站网络，它们能够提供地球表面最精确的大地数据，并且能唯一精确确定地球质点中心。系统十分精密，以至于为使激光束穿过并进入角反射器，必须对数据进行校正。卫星激光测距站必须采用来自于一个已测距离的地基目标并且与反射信号相同强度的信号去校准系统，以完成对反射信号失真的校正。

2001 年，METEOR-3M 气象卫星送入轨道，其上装载了全新设计的激光反射镜。这是一个基于光学吕内堡透镜的分层玻璃球体。出生于德国的理论光学专家——鲁道夫·吕内堡研究了可变密度球对称透镜的显著特性。假设折射率是一个关于半径的特定函数，则球状对称透镜能将平行入射光线聚焦到入射面的对面。因为透镜呈球形对称，因此入射的平行光线无论来自哪个方向，该棱镜都会呈现以上特性，这样就有了理想的角反射器。图 15.6 展示了球形反光镜的示意图，图中，吕内堡透镜是用不同折射率的球形壳近似的。所需要的折射率 n 的理论依据是[7]：

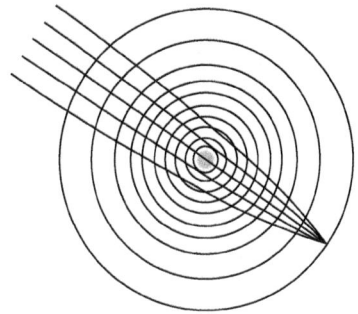

图 15.6 球形吕内堡反光镜

$$n = \sqrt{2 - \left(\frac{r}{R}\right)^2} \tag{15.1}$$

它是一个高效的无像差反光镜，即使在很宽的入射角范围内，目标误差也很小，可以满足精确测距功能的基本需求。然而，温度却是一个重要的误差源，它会影响球体内部的光程长度。

15.3　卫星星历的确定

在上一章已经介绍，卫星发射微波载频信号 L_1 和 L_2，每个频率都发射伪随机噪声（PRN）码可用于识别卫星、读取时间及导航数据。地面上观测到的基础调制频率是 $f_0 = 10.23\text{MHz}$，理论上高于卫星上观测到的数据，这是由于卫星运动的相对论效应以及在轨道上减少的重力红移。根据爱因斯坦狭义相对论，卫星轨道运动可导致时间的膨胀减慢，因此星载时钟（或振荡器）比固定不动的时钟运行慢，该系数可由下式得出：

$$\beta = \sqrt{1 - \frac{V^2}{c^2}} \tag{15.2}$$

从数字上看，可得出 GPS 卫星上的这个变化率为 8×10^{-11}。但是根据爱因斯坦相对论预测，还会有重力红移，在该红移中，卫星中的时钟比地球上的时钟快 $\Delta \upsilon$，其中：

$$\Delta \upsilon = \frac{GM_\text{E}}{c^2 r_\text{s}} \upsilon \tag{15.3}$$

其中，r_s 是卫星轨道半径；对于 GPS 卫星，Δv 大约是 5.3×10^{-10}，这比速度修正量大 7 倍。当然同样的相对论校正也适用于卫星和地面振荡器频率的观测。卫星时钟在两个载频上编码：频率为 $f_0/10$ 的粗捕获码和频率为 f_0 的精测码。从接收的微波信号中恢复出编码时间和导航信息，并且将之处理以确定卫星的星历，这是监测站接收机的主要目标。

GPS 接收机由以下功能模块组成：天线、射频部分、控制单元、伪随机序列（PRN）码产生器/微处理器、存储单元和电源。接收机技术正在逐渐通过使用数字软件取代模拟元件和设计；不再用物理的电容和电感产生正弦波或对其进行滤波，而是用数字门和存储器，例如软件接收机。对于一个依赖于卫星和地面接收机之间的信号传播时延的系统，显然卫星和接收机的天线辐射场型非常重要。因此，设计天线时非常重要的一点是天线的等效相位中心要与它的几何中心一致，从而可以避免产生任何波动。GPS 接收机通常使用微带天线，它是一个简单的平面结构固态元件；这种天线性能的衡量指标主要在于其相位中心受天线方位影响的程度。

微波信号到达接收机后，首先必须对其检测以获得调制信号，并在译码前进行放大。正如上一章已讨论的，因为扩频编码信号像噪声，只有与发射信号的卫星伪随机噪声码（PRN）混合相关后才能重获那颗卫星的信号。因此，在多通道接收机中，来自多颗卫星的信号被分别送入各通道，并用不同的 PRN 码恢复信号；当然这些码必须由接收机生成。为了容纳多颗卫星，接收机的具体构造也是相当复杂。例如，C/A 码由两个 PRN 码模 2 合成。这样，信号相位与接收机本地振荡器信号相位比较，本地振荡在误差和漂移范围内与卫星时钟同步。因为在传送时产生了传播时延，因此被称为卫星"伪距"。既然时间起核心作用，那我们必须仔细辨别其各种度量方式；可以获得卫星时钟和接收机时钟的读数，但是与 GPS 系统标准时间相比，两者都有误差和漂移。如果 t_s 和 t_R 分别表示卫星和接收机的时间读数，由 PRN 调制信号的译码时延 Δt 便可确定卫星的伪距，$R = c\Delta t$。设 e_s 和 e_R 是两个时钟的误差，与 GPS 系统标准时间相比，则可以得到 $R = c(t_R - t_s) + c(e_R - e_s)$。我们注意到，C/A 码每毫秒重复一次，每毫秒信号传播 300km，因为卫星在 20000km 的高空轨道上，因此毫秒总数不确定。然而，根据接收机的大致大地位置便足以确定该毫秒总数，解决模糊问题。总之，伪距由接收机产生的 PRN 码时间平移决定，这需要不断地重新获得来自卫星的 PRN 编码测距信号。因为卫星在其轨道上的速度大约是 1km/s 量级，信号传输时间大约为 0.09s，这样在信号从卫星到达接收机期间，卫星的位移大约 90m。用 10.23MHz 的 P 码测量距离的精度大约是 30cm，对应码片长度的 1/10。

当使用 L_1 和 L_2 微波载波相位时，理论上可以得到更高的距离精度。因为波长是距离的一小部分，信号传输时间内将会产生微波整周期模糊；尽管如此，仍然可用以增强对卫星的追踪。因为 L_1 的波长是 19cm，相应可测量的 1%（假设）周期的相位差是 1.9mm。

控制部分的主要功能在于核对来自众多监测站的所有数据，包括计算对 GPS 卫星轨道的更新。即计算与每颗卫星观测位置和速度（时间的函数）匹配的最佳开普勒参数（即基于开普勒理论的最佳星历），并且当接收到卫星真实导航数据时，持续更新轨道预测值。减小预测误差的最经典的优化方法是：首先假设一个数学函数，例如含六个参数变量的椭圆轨道方程，然后以观测数据和假设函数间总方差最小为准则，寻找最符合观测数据的参数值。但是该方法早已被卡尔曼滤波所替代，它是一种数字递归算法，可以基于误差变量和新的测量值，实时计算系统变量的最佳更新值。这种基于计算机的数字方法完美地解决了卫星轨道确定和持续更新的问题。它具有革命性的进步，因为不需要存储当前更新之前的数据。就均方差最小化而言，这种预测也是统计最佳的。1960 年，鲁道夫·卡尔曼公开了卡尔曼滤波算法，恰好此时工程技术和科学领域开始普遍使用计算机技术。从那时起，该算法便奠定了其数学地位，并广泛应用于工业、导航、卫星和测绘学。

因为卡尔曼滤波器处理数字数据，很适合用矩阵和线性向量空间进行表示。不熟悉数学的读者可以忽略这部分内容，也不会影响对卫星导航的物理理解。将卡尔曼滤波器应用于具有多个物理变量（每个变量都有一个带误差的测量值）的系统，该系统的状态用一个列矩阵表示，从一个状态到另一个状态的转换用矩阵表示。因为滤波器以系统状态迭代方式工作，且从一个状态到另一状态呈离散状态，状态矢量用 k 标识，每次迭代，一些状态矢量中的某些值可能随着新测量值的代入而更新。卡尔曼滤波器方程给出的是 k 次迭代后系统状态的表达式（x_k），是用一步迭代前的状态 x_k^- 以及实际测量结果值 z_k 与测量预测值 Hx_k^- 之间的差值表示，从而有：

$$x_k = x_k^- + K(z_k - Hx_k^-) \tag{15.4}$$

选择 K 矩阵可使 x_k 中的误差协方差最小化；深入了解这个领域对于我们较为困难，倒不如直接引用其结果；感兴趣的读者可就该话题[8]查阅相关文章。下面是其中的一种解：

$$K_k = \frac{P_k^- H^T}{HP_k^- H^T + R} \tag{15.5}$$

其中，P_k^- 是估计值误差的协方差，R 是测量值误差的协方差。广义而言，这个结果说明：如果测量误差很小，使 R 变小，则 K 变大，即需要给测量值赋予更大的权重；如果测量误差大，则测量值权重变小。在计算卫星轨道估计值时，已有详细的理论用来推算系统变量。但是，一般情况下，如果系统不是线性，则首先需要进行线性化近似。

15.4 GPS 时间协调

我们已经多次提到，整个 GPS 系统是建立在所有卫星保持时钟精确同步基础上的。由于原子钟的发展可使每年的误差控制在几毫秒之内，GPS 目前有星载便携式铷或铯原子钟以及主控站中较大的氢微波激射器和铯标准。即使是原子钟也会表现出小的长期频率变化，因此，必须进行数学建模预测误差。这些频率标准称为原子时（AT），它的计量单位为秒，现在作为国际时间单位使用。但是现在导航和其他用户用的民用时间依赖于世界时（UT），UT 是根据平均太阳日（因为地球沿它的椭圆轨道的运动速度是变化的，实际的日长是变化的）定义的，也就是地球自转周期的平均值。GPS 使用的时间标准称为世界协调时（UTC）；这个系统中的计量单位是时间国际单位，原子秒。但是由于 UT 和 AT 之间存在长期漂移，根据需要，可通过插入闰秒使它们保持 1s 之内的同步误差。这就形成了跟踪世界时的分段时间标度；国家天文台定期发布时标之间的差异。国际电信联盟规定，如果加一个正闰秒，就应该从 23 时 59 分 60 秒开始到第二天的 0 时 0 分 0 秒结束。国际地球自转服务组织发布闰秒的应用日期。物理上，由于自然界潮汐摩擦和气候条件波动，地球自转速率缓慢减速，因此需要增加闰秒而不是减去闰秒。

在 GPS 系统的时间协调精度水平，会发生一些反常的物理效应；例如，前文所述频率中的重力红移现象。另一个现象是萨格纳克效应，这点在第 12 章已有介绍。我们知道，这在设计激光陀螺时已有应用；它与无线电时间信号围绕旋转的地球传播是等效的。固定在地球上的坐标系统是非惯性的，因为它绕太阳的旋转形成了加速度，速度数值不变而方向变化。因此有关地球的辐射传播问题需要用爱因斯坦的广义相对论进行解释。根据广义相对论，两个相同的保持精确同步的时钟安装在地球赤道上的同一个地点，如果使其中一个时钟沿着赤道绕地球一直运动，则再回到与另一个时钟的同一地点时，二者显示的时间不同。这是萨格纳克效应的另一个例子，尽管萨格纳克最初实验用的是光束和镜子。如果 Ω 表示地球的角速度，$S=\pi R^2$ 是地球在赤道线上的横截面积，其中 R 是地球半径，根据爱因斯坦理论，两时钟之间的读数差为：

$$\Delta t = \pm \frac{2\Omega}{c^2} S \tag{15.6}$$

注意，不同于运动产生的时间膨胀，时钟本身的运动状态没有表现在上述结果中；而是"时间本身"的比例发生了变化。如果将数值 $\Omega = 7.3 \times 10^{-5}$ rds/s 和 $S = 1.3 \times 10^{14}$ m^2 代入公式，可得到 $\Delta t = \pm 1/5$μs。虽然这个时间差很小，但在目前情况下，它却意义重大。

15.5　信号传播速度

时基定位系统的基本设想，当然是通过测量传播时延便可获知信号源与接收机之间的距离。在任何条件下，只要电磁波以恒定速度传播，以上设想便可成立。这种情况只有在真空传播时成立；当然，地球上空充满了大气（庆幸），并且大气层之外至几百千米高空都是电离层。这样，为了到达地球表面或近地的用户，微波信号要穿过电离层以及对流层。这些介质是色散的，也就是说，不同频率的信号传播时的速度略微不同，因此载频调制信号传播速度不同。尽管实际传播速度与自由空间区别很小，但因传播距离长，传播时间也会显著不同。由于需要确定色散的量值，所以用两个不同的频率 L_1 和 L_2。在一个近似模型中，假设色散由电离层的自由电子受迫振荡引起，电磁波的相速度 V_P 可用下式表示：

$$V_P = \frac{c}{\sqrt{1 - \dfrac{80.6N_0}{\upsilon^2}}} \tag{15.7}$$

其中，N_0 是每立方米电子密度，υ 是微波频率。电子密度分层并随高度增加，200km 的 E 层每立方米大约是 10^{11} 个电子，到 300km 的 F$_2$ 层每立方米大约是 10^{12} 个电子。例如，对于 GPS 的 $L_2 = 1.22760$GHz 的载频，F$_2$ 层的相速度增加了大约 2.7/10^5。我们知道，在介绍波在色散媒质中的传播时，必须明确速度的含义，因为传播时波的形状通常会改变，因此在波传播过程中找不到波形完全相同的两个点。但是如果色散很弱，并且信号的频谱集中在中心频率附近的窄带中，对于 GPS 信号，调制在载频上的信号波形则不会失真，并以群速（V_g）传播。群速与相速有关，如下式所示：

$$V_g = V_P + \upsilon \frac{\mathrm{d}V_P}{\mathrm{d}\upsilon} \tag{15.8}$$

因为在电离层传播时 $dV_P/dv<0$，因此群速比相速小，而相速大于自由空间速度。这些结果表明，由地面时间码匹配得到的伪距与从载波和本地参考振荡器之间相位相关得到的伪距不一致。

电离层中电子密度的垂直方向分布变化很大，尤其是有太阳黑子活动的时候。而且微波信号穿过电离层的路径会随着卫星的轨道运行而变化。因此有必要对时间信号进行精确修正并且持续更新；这就是用两个不同的微波频率 L_1 和 L_2 的主要原因。

低高度的中性对流层可以看作完全非色散的，即相速对频率的依赖性可忽略不计，并且调制信号传送的速度与相速相同。但是传播速度会随着大气密度和成分变化，因此湿度、温度和大气密度对信号速度影响很大。

在讨论群速和相速问题中，我们也许注意到，计算出的介质中信号传播群速度比光在自由空间的速度高；这种现象称为反常色散。在爱因斯坦相对论问世的早期，该问题很值得关注。直到索末菲尔德和布鲁永指出，事实上，无线电信号在开始传播时总是能精确地达到光速，而当信号在反常色散介质中传播时，信号传播速度与群速并非同一概念。

参考文献

1. J.G. Robertson, W.T. Tango (eds.), Very High Resolution Imaging (Springer, Berlin, 1993)

2. A.R. Thompson et al., Interferometry and Synthesis in Radio Astronomy, 2nd edn. (Wiley, New York, NY, 2001)

3. E.C. Pavlis et al., in Proceedings of the 16th International Workshop on Laser Ranging, Poznan, 2008

4. J. Kölbl et al., in Proceedings of the 16th International Workshop on Laser Ranging, vol 2,Poznan (2008), p. 429

5. U. Keller, Nature 424, 831 (2003)

6. Y. Bar-Sever et al., in ILRS Workshop on SLR Tracking, etc., Metsovo, Greece, 2009

7. J.P. Oakley, Appl. Opt. 46, 1026 (2007)

8. C.K. Chui, G. Chen (eds.), Kalman Filtering with Real Time Applications, 4th edn. (Springer, Berlin, 2009)

第16章 卫星导航：用户部分

16.1 引言

GPS 最初设想为一个全天候的全球定位系统，军事应用证明了其可行性，继而将其应用范围扩展到了普通民众。目前，GPS 已成为对现代生活不可或缺的服务。除了我们熟悉的高速公路定位应用，它还影响了其他许许多多领域，涉及海、陆、空导航，大地测量和测地学、大规模建设项目如煤矿、桥梁和隧道等。使用时，系统需要配备专门的多频段无线电接收机和微处理器，其处理能力和精确性越高，则越复杂、越昂贵。目前市场上有专门的接收机，其性能大大超越了普通民众使用的掌上接收机。其中较精密的部件是 Proflex 800[1]，它采用先进的 GNSS 技术，即便在其他接收机难以有效工作的恶劣条件下，也能够通过任何可用卫星信号获得精确的位置。许多其他著名的公司，诸如佳明（Garmin）、麦哲伦（Magellan）、通腾（TomTom）等，不仅在市场上售卖飞机和轮船的卫星导航专业设备，同时也为大众市场如驾驶员、徒步旅行者和航海爱好者等提供各种型号的设备。GPS 接收机功能模块通常会集成到各种形式的计算机或掌上无线设备中。

GPS 接收机在微波 L 波段作业，有专用微处理器和内存，能够将位置显示在所选用的大地测量网格中。虽然系统的工作原理是单程测距，即通过测量卫星到接收机的传播时间得到两者之间的距离，但该系统的天才之处在于，像罗兰-C 一样，接收机不需要携带原子钟。系统做到这一点并非依靠罗兰使用的双曲线系统，这是因为双曲线系统接收机测量的是从不同站点到达的信号时延差，而 GPS 接收机使用石英钟测量到卫星的实际传播时间，这就是所谓的伪距。之所以将其命名为伪距，是因为定位初期并没有使接收机与卫星钟保持同步，因此必须消除由此带来的钟差。另一方面，卫星钟选用精确的原子钟标准，这样它们就可以长时间保持彼此之间严格同步。另外，即使它们随时间漂移，必要时地面控制部分将对其进行修正。通过校正接收机的时钟误差得到真实距离。卫星多重性很重要，不仅在于它可以实现全球覆盖，还在于它为错误伪距矢量提供了冗余，使它们能够相交到接收机的位置点。如果卫星时钟处于精确同步，系统只需要一个所谓的接收机时钟修正，即可使它们相交于一点。为了确定接收机在三维空间的位置需要三个数：经度、纬度、高度，且需要三个真实的距离。这可以直观地表示为以三个卫星为圆心，以到接收机的真实距离为半径的球面：先由两个球面相交成一个圆，而第三个球面与该圆最多相交于两点。实际应用时，第四颗卫星可以解决多值性问题。在这种情况下，由于接收机的时钟误差，球的半径是伪距，以第四个卫星为中心形成的球面就不会与前三个球的交点相交。但是，最重要的一点，如果已知卫星时钟完美同步，引起伪距误差的只是接收机的时钟误差，只要对接收机时钟信号读数进行一次修正，所有的球面就能交于一个点，即接收机的实际位置。但是在实际工作中，任何测量都不可避免地存在误差，最好的方法是用多颗卫星测量伪距，并正确校准接收机的时钟，这样能将位置计算的误差降至最低。因此接收机微处理器最重要的一项功能是校正时钟。由此可知，多次测量能提高测量的精度，所以三维位置坐标的精确确定可以通过接收多颗卫星信号得到改善；根据系统设计，在地球的任意位置、任意时刻需要至少能接收四颗卫星信号。

16.2　GPS 接收机

上一章中概述了 GPS 基本功能单元：有源微带天线、温度补偿晶体振荡器（TCXO）、变频器（混频器）、多通道伪随机噪声码产生器/相关器和微处理器。显然，这并不是那种有调谐度盘、带鞭状天线的老式无线电接收机。集成电路的革新使多类型微型数字部件的设计和制造飞速发展，包括集成混频器、低噪声放大器、表面声波（SAW）滤波器、模数转换器以及可编程滤波器。事实上，作为一个固态集成芯片，无处不在的 GPS 接收机可以和其他类似的集成电路兼容。令人感到不可思议的是，现在所有 GPS 接收机的功能器件（除了天线）在市场上都是可以买到的，甚至达到 $15×15×2mm^3$ 大小的模块——这是目前电子学紧密集成的程度。基于微模块化技术的 GPS 模块[2]是一个 20 通道"冷启动"接收机，灵敏度为-145dBm；跟踪灵敏度相当高，可达-159dBm。我们知道 dBm 刻度是一个对数刻度，定义如下：

$$S(\mathrm{dBm}) = 10\lg\left(\frac{I}{I_0}\right) \tag{16.1}$$

其中 I_0 是 1mW。因此，灵敏度 S=-145dBm，意味着一个 $3.2×10^{-15}$mW 的输入信号就足以使接收机得到一个有效的位置。地面接收的 GPS 信号功率变化范围介于-125～150dBm 之间，正好在微型模块接收机的动态范围内。为了理解这些数据的物理意义，可以参考室温下频带宽度为 1Hz 的基础热噪声，其功率大约为-174dBm。实际上，这些理论值并没有太大意义，也不值得对仪表误差做严格的分析——制造商自己给出这种能力的定义是为了强调他们产品的突出能力。另一个接收机敏感度的等效定义是"载波噪声比"（C/N_0），正如其名，它是 1Hz 带宽内载波功率（dB）与噪声（dB）功率之比。如果是正常带宽下的比率而不是 1Hz 比率，我们便可得出通常意义下的信噪比 S/N。

GPS 接收机的一般结构框图如图 16.1 所示。此图旨在将接收机精密的工程设计分解为各功能单元（避免描述涉及专利问题的特定电路）。

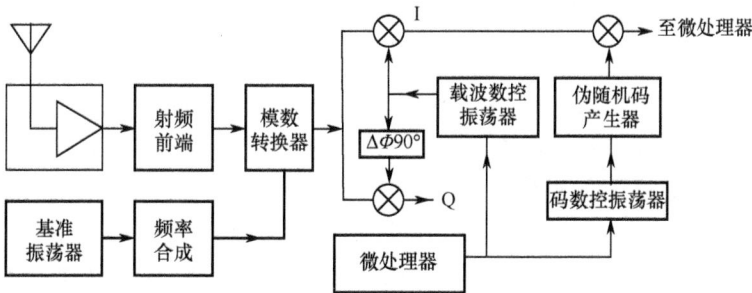

图 16.1　GPS 接收机的一般结构（前端是模拟电路，其余是定义的软件）

正如之前所强调的,接收机的前端对决定相位稳定性和接收信号信噪比起关键作用;其余的本质上属于数字数据处理。前端的核心部件是天线和低噪声放大器。最能与 GPS 电路兼容的天线类型主要是微带天线和螺旋天线。前者是矩形或圆形的金属盘,安装在绝缘平板上,平板放在宽导体表面,如图 16.2(a)所示。这种结构就像一个窄带谐振腔,由底部平板中激励电流形成强微波输出。一般将其制做成天线阵,并和其他固态部件集成。螺旋天线由线圈构成,绕制在低损耗绝缘圆柱上,然后安装在金属底座上,由穿过圆柱螺旋中心的同轴电缆馈电,如图 16.2(b)所示。因为螺旋天线不易受外界环境干扰的特性,它在便携式装备上应用广泛。这种天线最基本的特性是,它的输出信号相位始

终要与输入微波信号相位保持一致;当接收机处于运动中或正在改变方向时(例如在飞机上),这个特性显得尤为重要。此外,接收来自不同卫星的信号,无论是同时接收还是陆续接收信号都要求天线的响应不能严重依赖于来波方向,即天线必须是全向天线。另一方面,天线必须抑制低仰角信号,因为反射信号会引起干扰。因此,在周围有建筑或者其他障碍物时,为避免信号失真,用户应避免定位。在这种环境下,再好的天线都是枉然。

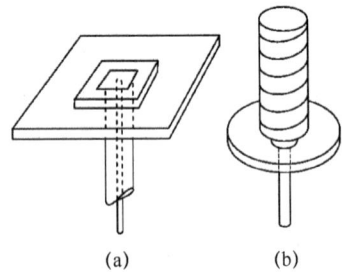

图 16.2   (a)微带天线;(b)螺旋天线。

温度补偿的晶体振荡器可提供稳定的 f_0=10.23MHz 基准频率信号,该振荡器是一个石英振荡器,其中晶体放于比例/线性控制恒温箱内(参见第 7 章)。f_0 提供的基准频率分别生成 L_1 载波信号(154f_0)、L_2 载波信号(120f_0)、C/A 码(1/10f_0)和 P 码(f_0)。导航电文发射/接收频率均为 50Hz。

GPS 接收机与其他无线电接收机的根本区别是 PRN 码产生器和相关器。我们在第 14 章已经介绍了伪随机编码,在这里,用另一种简单的方法来介绍相关器的功能。步骤很简单,相关器执行统计学中的自相关函数运算,即计算电信号(时间的函数)乘以同一信号时间延迟的时间平均值:

$$C(\tau) = \int_{-\infty}^{+\infty} s(t)s(t-\tau)\mathrm{d}t \tag{16.2}$$

现在,接收到的载波相位经过 PRN 编码调制变为 0 或 π,并根据 PRN 码区别不同的卫星,这种应用技术称为二进制相移键控。接收机也有一个类似功能的器件,能够在可变时间段内产生相同的伪随机码,与接收信号混频并解调,恢复载波。如果接收到的 C/A 码调制的 L_1 信号和接收机产生的伪码都进入到相关器中,那么,只有当这两种信号在时域上完全匹配时,才会输出相干最大值,如果它们采用不同的编码形式,则输出基本为零。但如果编码形式相同,而且在时域上匹配,那么输出就会是一个尖峰,但是如果在时域上即使只有两位的时移,输出就会下降至零。如果输入到相关器中的两种相同编码的伪随机码在时间上有相对位移,则输出信号的频谱会发生一种现象,这点值得注意:当这两种码在时域上完全不匹配时,输出的功率谱很微弱并且发散,反应出急剧的相位调制;但是当它们完全匹配时,与载波信号相比,频谱会塌缩为载波频率。因此,用相关器通过 PRN 码挑选出一颗卫星,其输出经过滤波,再与接收机的参考相位比较。时移/相移是信号的传播延迟,也就是实际延迟加上或减去接收机钟差。在信号提取和延

迟锁相环中，接收机的参考相位发生相移，直到相位比较器输出表征匹配的最大值；这时的输出可用在反馈电路中获得相位锁定，其电路与频率合成器里的锁相环相同。

16.3　差分 GPS

20 世纪 80 年代，GPS 早期的成功激励着科学家们去探索如何提高系统精度，并且扩大其应用领域。2000 年，当限制公众使用高精度 GPS 服务的 S/A 码被弃用时，GPS 运用的研究得到了进一步的推动，新的应用潜能得到开发。为了提高精度，必须减弱主要误差源的影响：对流层和电离层的散射以及地球表面的多径效应是最主要的误差源。因为 GPS 卫星在高于地球表面的 20000km 的轨道上，地球表面相距（假设）100km 以内的各点接收到的信号传播路径几乎平行，并穿过完全相同的大气条件。因此，如果使用 2 台相距 100km 以内且可同时观测 4 颗相同 GPS 卫星的接收机，而且如果可以通过其他独立的方法精确获知其中参考接收机的实际位置，那么在它观测信号的基础上，就能够准确地确定大气层的校正数值，并且能够及时地告知另一台接收机。这样，与通常的单点定位方法相比，第二台接收机的定位会更加精确。在一些应用领域，另一种被称作"移动"接收机的工作模式可能更适合，它将原始的导航数据传输给参考监测接收机，并由它整合和处理；这样，移动接收机便不需要配置数据处理功能。为实时校正误差可执行下面两种方法：（1）假定使用 4 颗相同的卫星，基于卫星信号，测量出参考接收机的位置，并将测量位置与已知位置的误差传送到移动接收机，作为校准信号修正它的位置；（2）根据已知位置计算的距离，参考接收机将比较观测到的伪距与卫星之间的伪距，并将伪距误差传送给移动接收机。

除了普通民众通常使用的掌上 GPS 用户机外，GPS 最重要的应用形式当属 DGPS。这些应用包括机场、海港和内陆水道附近的导航，矿井、油井和隧道的准确定位，当然还有陆地勘测。认识到这些应用对国家经济和安全的重要性之后，美国和其他国家都建设了大量的 DGPS 基站网络。例如，美国建立了由美国交通局特许、美国海岸警卫队负责的全国性 DGPS（NDGPS）。这是一个拥有 126 个广播站的差分 GPS 定位系统，它覆盖了整个美洲大陆，并提供双频服务。这个网络合并了现存的美国空军地波应急网（GWEN）和海岸警卫队无线信标系统的网络。目前，有大约 80 个 DGPS 参考基准站向港口及它们的出入航道发射 L_1 C/A 码修正信号。网络主要由两个全国控制站进行监测和控制。海岸警卫队和美国联邦高速管理局正在合作制定高精度的 DGPS 发展计划，以建立一个更高精度的 NDGPS，可使动态车辆定位能力最终精确到分米级，静态定位精度可以达到厘米级，使 DGPS 作为现代交通安全系统重要组成部分的目标成为可能。目前这个开发项目正在运行，在前期测试中多台站之间使用无线链路传输，水平精度高于 10cm[3]。

另一种 DGPS 网络由美国宇航局的喷气推进实验室运作，由 60 多个台站组成，每个台站都有精确的地理位置，并配备双频接收机。作为国际 GPS 服务的成员，它可提供实时 GPS 跟踪能力，国际 GPS 服务大约由 100 个台站组成，是世界范围内最大的卫星跟踪网络，它使用双频 GPS 接收机提供实时精确的水平和垂直定位，精度可达分米级。过去，通过所谓的实时动态（RTK）技术，该接收机只在有限区域可用。它不仅使用 PRN

编码信号，还使用载波相位确定伪距。由于载波的波长比编码信号小 100 倍，所以 RTK 精度比标准的 DGPS 高 100 倍。然而，短波长却增加了相位整周模糊度引起误差的可能性，也就是无法确定卫星和接收机之间波长的整数倍数，因此也不能确定卫星和接收机的距离。这就像有一个高精密刻度的尺子，却因没有数字而无法确定长度。在早期用低频无线电授时技术同步 NASA 的卫星跟踪台站网络时，解决模糊度问题的方法是用两个相邻的频率。RTK 依赖 GPS 信号采用特殊的计算机技术，解决载波整周模糊度问题。这个网络是一个高度冗余的系统，多达 25 个台站在随时对同一颗卫星进行观测，以保证其在一些重要的应用中的可靠性；而多重观测则进一步检查了 GPS 系统的完整性。所有的观察站通过几种不同的方式将 GPS 数据送入网络运行中心，其中也包括因特网。整个网络严格的时间同步由四个国家标准实验室和美国海军天文台维护，并由美国海军天文台确保标准时间；其他的实验室也装备了原子钟。

卫星定位和导航在国际上的广泛应用及其影响引起了全球性合作的需求，并促成了一些研究探索新技术的国际合作机构的成立和出现。一个最好的例子就是国际全球导航卫星系统（GNSS）服务，或者简称 IGS。这是一个拥有 200 个左右不同成员机构的组织，他们共享资源，并分享 GPS 和格洛纳斯卫星导航系统台站数据和其他成果。该组织承诺提供最高质量的数据，并且支持地球科学研究和教育。在多个 IGS 分析中心（AC），每天都会进行快速的 GPS 轨道和时钟修正计算，形成一个与国际地基坐标系统（ITRF）一致的全球综合坐标。为了满足气象服务的需要，分析中心已经开展了一项增强式超高速响应服务，以支持气象部门和低地球轨道飞行器。分析中心已承诺提交快速跟踪数据，可将数据延迟控制在数小时之内。八年来，轨道的精确度已经从 30cm 提高到 3~5cm。通过不同分析中心得到的卫星时钟一致性在 0.1~0.2ns。

16.4　GPS–INS 组合

作为导航工具，GPS 的许多优势已经使得惯性导航系统（INS）黯然失色，但是现代惯性传感器——通常以微型机电系统（MEMS）（第 12 章提到）的形式出现，仍然是飞机的可靠备用系统。在船上，仍然可以看到高速转子标准陀螺仪被用做备用系统。人们已经认识到[4]了惯性传感器的性能可以弥补 GPS 的不足，尤其是它们的有效带宽更宽，这意味着响应更快，短时不稳定性更优异以及噪声更低。因此，如果惯性传感器能合理地与 GPS 配合使用，它应该具有更好的快速动态响应，以避免飞机或汽车等移动平台之间发生碰撞。简易 GPS 接收机的局限性，除了由于导航信号相对较低的更新频率造成窄带宽，还包括许多变化的因素，使得信号接收质量不可预知，例如周围环境的反射、电离层扰动、卫星视线遮挡甚至可能的运行中断。但另一方面，MEMS 惯性传感器部件高频噪声可能较小，但受制于长期漂移，需要 GPS 进行周期性校准。

两种类型系统的组合可以生成最佳性能，这也呈现出一个有趣的设计问题：如果两种系统独立运行，并且每个系统产生各自的位置、速度和姿态的导航解决方案，那么如何才能从它们的组合中获得最精确的最终结果呢？显然，偏离观测数据平均值的标准偏差与其在每种情况对积分时间的关联度相关；这也关系到观测测量数据质量降低到何种程度时，两个系统的输入应该组合起来。因为 GPS 长期精度更高，因此两个系统数据的组合方式应能体现该优势；在最简单的"松耦合"中，用 INS 可得到动态变量的快速变化，而用 GPS 对 INS 在较长时间内的运行进行校准。可将 GPS 作为标准修正惯性传感器的偏差，而在紧急情况或者 GPS 出现故障的情况下，惯性传感器可以单独使用。

惯性导航系统与全球定位系统的组合加快了平台定位、测速和获得姿态信息的速度，这样平台就能快速调整速度和姿态，以避免发生碰撞或其他危险状况。这也推动了高速公路上机动车辆防撞系统的研发，虽然这确实极具挑战性。当今最简单的车辆防撞系统是激光雷达，但目前的车辆普遍装有全球定位系统接收机，因此下一步的发展除了能用优美的声音播报驾驶方向外，还要进一步发展防撞系统。但是很难预测技术的发展走向，因为它很少呈直线发展。一个有效的防撞系统要能够对紧急情况快速做出反应。对于防撞系统，全球定位系统的定位信息更新速率太低。此外，该系统也必须能够处理大量平台同步工作。当然，眼下如此严重的交通拥堵状况对防撞系统与技术需求强烈。激光雷达像蝙蝠一样以回声定位方式工作，为车辆提供基本防撞信息，但却不能像全球定位系统那样为驾驶员提供其他安全警报。飞机可以选择使用雷达应答器，即同一空域中一架飞机发射雷达信号，另一架飞机接收，然后用另一个频率应答。在交通繁忙的枢纽机场使用这样一个系统恐怕会越发困难。

16.5　GPS 的应用

近年来，GPS 应用的爆炸式扩张几乎影响了生活的方方面面。最直接、明显的应用当属地形和地貌测绘制图的应用，但也只是个开始……现在的应用涉及陆地、海洋、空中运输、精确授时、地球动力学、农业、公共安全、灾难救援等各个方面，而且像宣传上通常所说的那样：应用的扩大仍然"在路上"。

16.5.1　测绘和制图

人们预言，GPS 将首先对测绘和制图产生巨大影响。相比传统的经纬仪和三角测量，GPS 使得数据的获取更加精确和有效。过去，测量者需要进行艰难跋涉，才可确定地形的精确位置信息，现在测量者只需一部全球定位系统接收机，便可在短时间内实现更精确的测量，而不再需像传统测量那样。全球定位系统不再受限于视距范围，它可以应用在更远距离的测量，甚至在复杂地形上，所有的这些只要有一个清晰的对空视野即可。它能够精确测量和存储曲面坐标和地形高度信息，然后经过分析，以数据的形式显示在地球坐标系上。这里的数据不是一般的给出数字的意思，而是在技术意义上，用某些坐标系统表示地球表面地势和地形信息，通常是在某个特定区域内；而对于 GPS，该范围则囊括整个地球。

在海岸线、航道等超出陆基参考坐标点作用范围的区域，GPS 在测量船上扮演着独特的角色，测量船通过深海声纳和 GPS 定位的结合进行水道测量。并据此可制备航海图，以提供海床地形和海底一些危险区域（或者沉没的宝藏）的精确位置。GPS 革命的另一个重要受益者是石油工业，GPS 使得远洋石油勘探成为可能，并能定位可能存在石油的位置。

16.5.2　卫星授时

我们在第 6 章用了整整一章讨论了一个话题——"经度问题"。的确，如果格林威治时间精确地分布全球，那么携带一个稳定的精密计时器，就能通过观察当地中午的格林威治时间计算出相对格林威治的当地经度。因此，根据格林威治确定海上的经度问题就变成了如何构建一个时钟，使其能够将格林威治时间准确分布到世界各地的问题。除了经度问题以外，无线通信领域也要求时间和频率精确性。无线电通信依靠稳定的载波频率和谐振电路完成频率可调谐的信号接收。此外，为了提供更多的无线电通信信道，每个信道须分配带宽，而且必须满足严格的频率稳定度要求，以避免干扰其他信道。当然，作为一个时基系统，GPS 采用的计时和导航达到了一个全新的技术水平；虽然导航很重要，但也很有必要为现代生活的其他众多应用播发准确的时间，比如数字通信和电视、广播、电网、金融网络和铁路系统等。事实上，很难想象，任何有规律的活动如果缺少精确的时间和频率控制会是什么结果。

GPS 时间由美国海军天文台监控，目的是确保为该系统建立一个协调的时间参考基准。它在两个精度等级上检测 GPS 时间，即所谓的标准定位服务（粗捕获 C/A 码的一部分）和精确定位服务（精密 P 码），这在第 14 章中已有介绍。在 GPS 系统中，多样化的高精度时钟也带来了一个问题，那就是将哪个时钟定义为"GPS 时间"。答案是，该时间并非来自某个单独的时钟，而是通过处理伪距/时间测量产生的所有时钟的综合。通过接收几乎同时到达的 4 个以上卫星的信号，不仅能够确定接收机时钟的误差，而且通过卫星星历，也能得到卫星的时钟误差。因此，人们会毫无理由地随机挑选一个比其他的卫星时钟精度更高的卫星时钟；但在现实中使用的是统计意义上的相对精度，即使用卡尔曼滤波器对所有时钟进行优化后给出的最优值。这就是所谓的 GPS 复合时钟。美国海军天文台的职能就是控制 GPS 时间，使之与 UTC/TAI 时（TAI 是国际电子时的首字母，基于原子秒）保持小于 $1\mu s$ 的误差。GPS 时间连续，不像 UTC 需要插入闰秒跟踪世界时（UT1）——即以前的平均格林威治时间，它是建立在地球运动基础之上的。

GPS 已被用于连接美国海军天文台（USNO）和德国联邦物理技术研究院（PTB）等国家级的计时机构，以使时钟在全球范围内同步。2010 年 6 月，PTB 将 GPS 校准系统送往 USNO 用以进行时间链路校准，GPS 校准系统本质上是一个集时间间隔计数器和监控器于一体的 GPS 定时接收机。在将此 GPS 接收机从 PTB 送至另一个实验室用作比较时间基准之前，这部 GPS 接收机在 PTB 与一组固定的 GPS 接收机密切协调，构成公共时间标准的一个组成部分。然后，这部接收机与其天线和天线电缆一起被运到其他实验室，在新环境下又运行了几天。之后，为了确定它的内部延迟没有改变，这部接收机返回到其原始位置，并与那里的时间标准进行比较。令人难以置信的是，通过不断的校准变换后，其均值偏差仅有±2ns。

另一种用 GPS 传递准确时间的方法是所谓的 GPS 共视技术，顾名思义，就是利用可以同时观测的 GPS 卫星信号，在高海拔的两个地点比较时间标准。

GPS 可随时向所有用户提供精确时间，无论是工业、商业、科研或普通民众。美国国家科学技术协会（NIST）网站上列出了大约 40 家公司供应 GPS 定时接收机，其精度可谓前所未有，甚至可达几十纳秒的精度。据它们的网站[5]称，其 Trimble "Resolution T"

GPS 授时接收机电路板输出的 1Hz 脉冲信号与 GPS 或 UTC 同步误差在 15ns（标准偏差）以内。

16.5.3　航空和航海导航

GPS 的引进大大提高了民航的安全和效率，它提供了可支持所有飞行阶段的空间三维定位：从起飞、飞行计划的实施到进场着陆及最终的机场地面滑行。双频 GPS 非常精确，以至于它奠定了防撞系统的基础，不但可以防止飞机间碰撞，还可以防止飞机碰撞地面。事实上，它在增强型近地警告系统（EGPWS）等系统中起着核心作用。这种类型的安全系统，可降低在飞行员迷失方向等情况下飞机失事的风险，例如，在一场可控飞行撞地（CFIT）的悲惨事故中，飞行员控制的适航飞机突然与山体相撞。GPS 系统在空中交通管制和防止飞机相撞中至关重要，它可使飞机之间在较短距离内也可确保安全。这种情况下，双频接收机的高精度是必需的。使用第二频率提高精度主要在于其对电离层微波散射的修正。负责全球 GPS 导航服务的美国联邦航空局计划办公室为飞行提供飞机定位、空中导航及授时等基于卫星的数据，以保障飞机所有阶段的运行。

广域增强系统（WAAS），顾名思义，用基于 GPS 的系统在广阔的地理区域内为飞机提供更精准的导航服务。人们认为这是差分 GPS 概念的延续。这是基于 25 个精确定位的地面基准站组成的网络，从而形成 WAAS 网络，从 GPS 卫星接收高分辨率的定位信号。将此信息传递到主站，根据 WASS 站已知的精确位置，主站推导出 GPS 卫星的轨道/时钟误差，并将修正信息上传至三个专用同步卫星。地球同步卫星在地球赤道平面上有一个圆形轨道，并且该轨道上运动的卫星与地球的角速度相同。然后通过 $L1$ 频率将误差信息从那三颗卫星再次传播给船只和飞机上的 GPS 用户接收机。设计 WAAS 系统是为了进一步提高 GPS 定位精度，将水平和垂直方向上误差控制在 7m 以内。

目前，美国交通运输部已为空中交通警戒与防撞系统（TCAS）的开发提供赞助，基于机载信标雷达，TCAS 密切跟踪特定空域中的交通情况。根据回波信号，计算机软件通过复杂的逻辑运算确定是否向飞行员警告潜在的危险，并且在发生紧急情况时，建议飞行员机动飞行躲避危险。该系统已经可以显著降低空中碰撞的风险。在未来空中流量加大的情况下，此类系统是否能继续有效运行还有待观察。早在 20 世纪 60 年代末，在讨论基于时间的单向精确测距系统时就提出了这一问题。如果每个主要机场都装备 DGPS 基准站，并且对进入其空域的飞机广播时间修正信息，则它们的时钟同步误差可以保证在 1ns 以内，对应的无线传播距离是 30cm。飞机在途经机场时会修正时间，并播送一个时间码，其他飞机接收后可用以探测传播延迟，并因此获知它们之间的距离。

另一个 GPS 增强系统是欧洲地球同步导航重叠服务（EGNOS）系统，该系统也进一步提高了精度及精确导航信号的可用性。最重要的是，它使 GPS 符合高等级安全领域的应用要求，如飞机起飞和着陆、船只通过狭窄航道等。与 WASS 一样，它有三个地球同步卫星以及一个由地面站组成的网络。EGNOS 在欧洲提供的定位精度在 1.5m 内。EGNOS 作为欧洲卫星导航的第一个项目，是其"伽利略"全球卫星导航系统的先驱。EGNOS 可免费为任何装有 EGNOS 功能的 GPS 接收机用户提供定位数据。

16.5.4　铁路

可以确信，GPS 有助于"火车准点到达"。准时是高效管理的保证。而授时是 GPS 的本质所在。GPS 可以在全球范围内实时追踪火车运动的时间，以提高其安全、效率和准时程度。一些国家已经实施了"精密机车调度"（PTC）系统，以防止相撞和出轨等事故。该系统集成了列车实时跟踪及其运动动态控制功能。它能够通过远程操纵开关改变火车路线，并指挥机务维护人员去往出故障的铁轨点，所有这些新功能都可以显著地提高火车运行安全和效率。美国运输协会计划在 2015 年前在美国部署 PTC，使用全国范围内的增强型差分 GPS 准确检测铁路道岔故障。它支持铁轨测绘和系统化的铁轨检查以实现对安全设备的高效定位。以前的标准巡线称为"枕木探查"，工人们沿铁轨巡查找出需要替换的枕木。这项工作费时费力，他们要人工记录发生故障的位置和给定路段中此类故障的数量。然而，这只是个开始，维护周期的第二阶段是要运送新的枕木，这时需要第二个工人来标记从补给列车上卸下新枕木的地点。显然，在坐标系统中定位能力的缺乏使得这项工作既费时又费力，更不用说资金消耗。GPS 正好提供了解决方案：为故障点检测人员配备一个掌上 GPS 接收机！实际上，（太平洋联合铁路公司）UPR 公司已经给故障点检测人员装备了带有掌上 GPS 接收机的辅助记录器，它使得操作者在发现损坏的枕木时，只需直接点击便可记录该事件及其在精确坐标系统中的位置。如果接收机与电脑连接，那么任何不同地区出现的故障数量的统计分析结果都可信手拈来。

16.5.5　农业

GPS 的到来改变了我们的生活，甚至于"可用于农场"。当然，农业这一人类最熟知的古老技术，很早之前就已经实现了机械化，但新的计算机/卫星时代还是使农作物在管理方面发生了巨大变化。以 GPS 为基础的技术产生了管理农场和提高生产力的新方式，同时还可以节约资源。GPS 可通过最大程度的优化土地使用、高效使用化肥和控制疾病来提高生产力。从而带动产生一种新型耕作方式——精细化农业，其中包含 GPS（或 DGPS）在农田绘制、农机引导、土壤化学调查和疾病监测等方面的使用。农场管理中基本的问题是将作物产出与多种因素相关联，例如土壤化学、害虫数量、水源分配等；使用精确坐标将这些重要的因素规划出来，便可对农田生产力进行系统分析，并找到改善的方式。

GPS 恰巧建立了这样一个坐标系统，从而可在施肥、播种、监视（监测作物的健康状况）和喷药等许多农业生产活动中发挥重要的作用。在施肥之前，使用 GPS 接收机或 DGPS 接收机可对平面坐标中的某块农田进行土壤化学检测。在地图和已知作物需求的基础上，利用 GPS 软件控制的机械设备进行施肥。这种方式不仅可以针对性地进行农田施肥，还可避免浪费，因为不必向不需要的农田施肥，或因过度施肥造成作物危害。因此根据在养分分布图中标注的农作物特殊需求，不同的地区，施肥的情况不同：这是精细化农业的实质——对先进技术的使用，这种情况下只有需要才会施肥，而不是随意地将肥料施在整个农田上。同样地，还可以用 GPS 控制每行中播撒种子的数量，包括适时关闭播种机，确保种子均匀播撒。另一个 GPS 引导的重要工作是喷洒农药。装配在喷药机上的 GPS 接收机可将坐标和速度数据转发给控制站的电脑，根据事先准备好的精确喷洒地图，中心站依次向喷药机发出控制命令，从而确保农药只在那些需要的区域使用。喷药机的精确定位和控制避免了某区域重复用药的可能性。同样地，用 GPS 接收机引导"作物播撒"飞机可有效覆盖预期的区域。最后，GPS 可用于绘制和记录一个地区或一片区域的农田分布作未来参考之用，目的是把它和土壤化学以及肥料使用等其他因素联系起来。大型农场正不断地使用以 GPS 为基础的引导系统控制农机，美国天宝公司等数家 GPS 制造商和约翰迪尔公司等农业设备制造商也正不断改进农用的 GPS 引导控制系统。

16.5.6　地面交通

全球性的高速公路拥堵问题日益加剧，尤其在美国、欧洲和亚洲等拥挤的城市，急需为人群和货物运输寻求解决方案。与此同时，利用现代化技术发展的"智能"交通管理系统有望解决这个问题，这也是所谓智能交通系统（ITS）的项目设计目标，该项目是美国交通部所属研究与创新技术管理委员会（RITA）的智力产物。这个项目有很多明确定义的领域旨在提高高速运输安全和效率：包含贯穿整个系统的通信，比如车辆与基础设施之间的通信、实时数据的获取与管理、运输方式协调、与天气有关问题的管理、新技术的集成、交通管理与路边基础设施、以及铁路系统和未来交通的研究。

因为 GPS 技术可以处理有关位置和时间的基础数据，因此在相关领域中作为支撑技术。高速公路监测的最基本功能是在公路系统的不同时间和地点记录交通流量：借助无线电通信，GPS 可以将碰撞引起拥堵的精确位置、建筑物地点、危险弯道和铁路道口等信息传播出去，及时通知汽车司机某地的道路和交通情况。将道路管理功能与高速公路综合管理结合可确保工人在建设工地及周围交通分流时的安全。从交通运输管理的角度看，GPS 的使用意味着可以在地图上绘制实时交通流量图。在实时监视的基础上，可以使用统计学研究高承载率车辆车道的使用，以及坡道和检修路段的交通拥堵情况。

现代电子工业激发的最伟大设想是车辆的全自动驾驶，或至少能自动避免发生碰撞，并在道路上畅行无阻。这已经成为下一步技术变革中要实施的重点内容：它不仅包括现有的电脑高速路路线规划和变道，还有一些电脑控制的刹车、巡航控制、姿态稳定性控制等机动车机械功能。当然，电脑替代人类司机驾驶还比较遥远，尤其在目前的城市交通中，但是试想一下，设计一座与自动驾驶计算机匹配的未来城市也并非遥不可及。

GPS 已经在城市公共交通运输管理系统中发挥了关键作用。奥尔马·法鲁克（Umar Farooq）[6]等人在其论文中就该问题建议为巴基斯坦的拉合尔（Lahore）市的公共汽车建立基于 GPS 和无线电通信的交通管理系统。作者认为，拉合尔的公共运输系统混乱，经济条件较好的人们都拥有私家车，导致严重的空气污染等问题。该提议意在使原有系统更高效，并"对乘客友好"。它的电子系统由四种功能模块组成：公共汽车中心站模块、公共汽车车载模块、基础模块和单个公共汽车站模块。为公共汽车中心站装备计算机和全球移动通信系统（GSM）调制解调器，可以将声音转换成适合的移动电话信号格式。公共汽车站模块利用短消息的形式向公共汽车和基站发送一个巴士编号和车牌号并启动工作程序。车载模块使用 GPS 接收机和 GSM 调制解调器将它的识别码、位置与其他数据（例如座位空置率）一起发往基站。基站装备计算机和 GSM 调制解调器，对每个公共汽车的位置实时追踪，并不断更新它们所在站点。每个公共汽车站都配有一个通信设备、一个记忆模块和一个显示屏，可以显示将要到达本站的公共汽车的实时位置。

16.5.7　安全和救灾

GPS 在对定位和时间要求高的领域也能发挥重要的推动作用，如对地震、海啸或者局域高速公路事故等紧急事件做出快速响应。GPS 的全球覆盖意味着它不仅可以提供飓风、地震或森林大火引起的巨大灾区的边界图，还能提供地球地壳变形数据以预报地震。

目前，在城市中开车几乎普遍依赖 GPS 导航到达目的地。这一能力大大有助于急救车辆及商业运输业，更不必说平常的走亲访友。植入 GPS 接收机的通信设备能够引导紧急救援队伍至需要生命救援的特定位置。这要求对救护车队和消防车队进行高效管理，以确保从最有利的地点派遣、调度所需服务。

16.5.8　休闲娱乐

目前常见的是将卫星导航接收机与地图显示器集成到微型计算机中，使之成为在陌生地域徒步旅行的必备向导。当然，这一定程度上减弱了使用地图和指南针寻路带来的挑战性，某种程度上降低了人们探险的意义。或许探险之父罗伯特·贝登堡还可以想到探险的其他意义。事实上，谨慎的徒步旅行者仍然会携带指南针和地图。这是因为，众所周知，随着使用时间增加电池电量会逐渐减少，而且接收机有时可能无法锁定足够数量的 GPS 卫星，导致服务会短暂中断。携带掌上设备，旅行者随时都可定位自己，并且使用适当型号的接收机可以在地图上任意建立一个可返回的地点。市场上可以买到型号不同、价位各异的 GPS 接收机。台湾国际航电股份有限公司——重要的 GPS 接收机供货厂家之一，在其广告中介绍有大约 40 种不同的型号用于跟踪。当然产品的先进性等级取决于用户期望的功能：最廉价的型号仅能在没有参考地图的情况下读出位置坐标；最强大的接收机则可以清晰地在彩图上标注自己的位置，并具有记忆功能。某些型号甚至已存有较受欢迎的路线以供徒步者选择。当前，徒步旅行中有一种类似于寻宝的新的 GPS 应用方式叫做"地理寻宝"，显然这是为个人家庭定制的。未来 GPS 的发展需要在茂密的森林中或林木茂盛的地区也能够接收到信号，使得 GPS 更适合旅行者。

GPS 对渔民和游船上的人尤其有用，特别是当他们冒险到远离陆地的渔场时。市场上，渔民使用的 GPS 接收机型号安装了航海图，可以显示海岸线和危险区域，并且能够标记航线，在适合打渔的地方标记航路点。当然，使用海岸线导航的游船也可像渔民一样携带同样的装备。纵观小型游船队，毫无疑问，每只船都装备了 GPS 接收机。但是人们有时会忽略 GPS 的一个显著优势：即无源系统，用户不需要广播任何信号，也不占用无线电频谱，因此 GPS 没有用户接收机数量限制。

16.5.9　环境

GPS 提供了确定大块地理区域的方法，借助遥感技术可进行全球范围的环境监视。其中，特别值得注意的是人类活动对环境的冲击，比如对森林的采伐、露天开矿、海上原油泄漏，以及自然现象比如气候变迁、森林火灾、海平面变化等。将 GPS 产生的位置数据与地理信息系统软件结合，即可研究环境要素的地理分布状态。政府的决策也可以参考这些科学数据。GPS 地理坐标信息配合空中摄影可以得出有关植被分布和动物生活的详细信息，从而可与人类保护及其他活动相关联。

在讨论温室效应和气候变化中，值得人们关注的一点是海平面的上升程度。很多跟踪站都配有高精度的 GPS 观测设备帮助监控潮汐变化和海平面变化。其他的应用还包括直升机上的 GPS 接收机用以调查灾害，比如森林火灾和石油泄漏的扩散范围。

还有一个只在第 1 章中提到，但之后我们一直没考虑的应用，即候鸟和动物迁徙的远程追踪，特别是对濒危动物的追踪。人们对这些物种特别关心大概是因为很难发现它们，但是一旦发现并装备 GPS 接收机后，它们在变化的环境中的命运便可以追踪。得益于微电子技术的发展（比如小型 GPS 模块），可将微型标准技术制造的 GPS 接收机绑在中等体型鸟类和其他动物身上，从而实时追踪它们的行进路线和生活状况。

16.5.10　空间应用

最后一点也是至关重要的一点是 GPS 对卫星和航天相关任务的支持。GPS 星座及其在轨卫星形成了一个有效的参照系，与之相对照，可以确定其他轨道卫星的星历。任何时刻，天上都有无数的卫星在执行不同的任务：除了普通的通信卫星，还有其他特殊用途的卫星，比如大地测量卫星，还有美国和欧洲航天局（US-ESA）协作项目中研究海洋表面地质学的卫星（Jason-I 和 II）。在这些众多的卫星项目中，GPS 在卫星姿态和时间信息的提供、用户星载原子钟开销和质量的缩减、卫星姿态精确监测等方面都发挥着重要作用。

参考文献

1. Ashtech OEM, Sunnyvale, CA 94085

2. Micro Modular Technologies Pte Ltd, Huntington Beach, CA 92647

3. Fed. Highway Admin, Publ. No. FHWA-RD-03-039 (2003)

4. Santiago Alban, PhD Thesis, Stanford University, 2004

5. http://www.trimble.com/timing/resolution-t.aspx

6. Umar Farooq, et al. 2nd International Conference on Computer Engineering and Application, Bali, 2010

第17章　太空导航

17.1　简介

可以说，早在 1957 年 10 月 4 日，太空导航就已开始投入应用。人类历史上伟大的变革常常颇具争议。但是这天却标志着一个特殊的时刻，人类迈出了脱离地球束缚的第一步，即太空时代的开始。在这一天，一个被称为人造卫星（苏联制造），直径大约为 58cm 的铝球发射成功，飞出地球大气层，进入低轨道，每 96min 绕地球一周。它的质量只有约 83kg，位于 700km 高的椭圆轨道上，偏心率 $\varepsilon = 0.05$，倾角为 65°。尽管这是人类的一项极具意义的成就，但事实上制造该卫星的初衷并非源于人类对于知识的强烈渴望，而是军事火箭和洲际弹道导弹发展的副产品；同样，可以说美国早期在空间上的努力也是如此。尽管戈达德和其他"火箭制造者"做了先驱工作，但实际上是第二次世界大战期间沃纳·冯·布劳恩等天才发明的德国 V2 火箭才使得人造卫星的发射成为了可能，随后美国的"探测者 1 号"卫星进入轨道运行。尽管如此，国际科学联盟理事会决议，将发射人造卫星的时间定为国际地球物理年。俄罗斯的成功发射立即在美国引起了强烈的反响，从而导致了两个敌对的冷战国家——美国和苏联之间开始了激烈的太空竞赛。在成功发射"人造地球卫星 1 号"一个月后，苏联又发射了"人造地球卫星 2 号"，其中，2 号人造地球卫星上面载了一条狗；这颗卫星是系列卫星中的第二颗，随后相继发射了 22 颗。美国第一颗成功进入地球轨道的卫星是"探险者 1 号"，于 1958 年 1 月成功发射升空。1961 年 4 月，苏联成功将载有航天员尤里·加加林的东方号卫星送入轨道；一个月后，美国宇航员艾伦谢泼德乘坐"自由者 7 号"被送入亚轨道运行，直到一年后，约翰·格伦搭乘名为"水星·宇宙神"的美国航天器绕地球轨道飞行。1969 年 7 月 20 日实现了月球着陆，这是美国载人航天飞行发展的高峰，也是 20 世纪 60 年代美国总统肯尼迪曾告诫全国要实现的目标。在那一天，全世界人们在电视上看到尼尔·阿姆斯特朗和埃德温·奥尔德林从阿波罗 11 号登月舱迈向月球表面，而迈克尔·柯林斯乘坐飞船"哥伦比亚号"绕月球航行。

在此讨论太空旅行的历史可能不合适，关于这一主题，有更多的资料可参考，比如美国航空航天局和喷气推进实验室的网站；然而，在很多人的记忆中，回想标志一个新时代开始的那些事件是很有意思的，包括笔者在内。在这一章，我们把目光投向通过组织和协调国家保障体系，如何完成登月任务的太空导航这一伟大壮举——为三个人在太空中朝着一个特定的方向遨游数百万英里的伟大征程提供导航。

在对太空多达半个世纪的探索中，人们已经开始了多次太空任务，远多于此处列举的示例。除了所有行星以及它们卫星的太空任务外，还有涉及小行星、矮行星、彗星、柯伊伯带、哈勃太空望远镜和服务于国际空间站的航天飞行任务。在这无数的任务中，我们只关注引导它们到达目标所采用的导航手段。显然，朝着一个遥远目的地进行星际旅行，必须事先了解它相对飞船导航系统的参照系的位置。幸运的是，距离恒星非常远，即使对于太阳系以外的旅行，视差程度也很小；因此，恒星仍然可以提供一种导航手段，我们会碰到天文导航的基本原理，并将之在这里应用于太空。

起初，目的只是简单地使对象直接进入轨道，在发射阶段，除姿态临界控制之外几乎没有涉及导航——一次成功的发射至少需要方向向上的助推，一旦有效载荷达到预期的高度，推进器被触发，给卫星足够大的横向动量，使其进入具有所需角动量和偏心率的轨道。然而，执行到达指定目的地的空间任务却完全是另外一回事；我们会尝试介绍一些重要任务的概况，以展示不同任务中的导航挑战。在此，我们可能会迷失在美国航空航天局的速记词汇里。政府机构往往因过度使用"字母汤"备受指责，但是在阿波罗任务这种情况下，很难想象如果飞船外面的宇航员不利用简短的语言进行通信，如何能够完成众多的任务。我们会遇到以下这些缩写：GET（地面经历时间）、CSM（指挥服务模块）、IMU（惯性测量装置）、EPO（地球停泊轨道）、TLI（绕月插入）、S-IVB（土星IVB运载火箭）、TLC（绕月靠岸）、DOI（降落轨道切入）、TPI（弹道末段启动），这样的例子不胜枚举。

17.2　阿波罗计划

美国把"将人类送上月球"的计划称为阿波罗计划，与研制原子弹的"曼哈顿计划"一样，该计划也是按照国家资源规模和投入力量发展的。它的设计灵感来源于肯尼迪总统一个经常被引用的演讲，他谈到，要在10年之内把人送到月球上并且安全返回。事实上，与其说他的动机是出于科学技术的发展，倒不如说是出于国际强权政治的考虑；据说，他的科学顾问起初反对载人飞行，因为费用太高而科技回报太少；但是有很多人相信这一天会到来。这样一个伟大的想法最初由科幻小说作家儒勒·凡尔纳提出，不同之处在于，军事洲际弹道导弹工程已制造出的功能强大的运载火箭使这一想法不再停留在科幻小说上；事实上，将此愿景变为事实的是尤里·加加林，他被成功地送入地球轨道。对于美国，这是一次突发事件：它的竞争精神被激发了出来。

1967年1月27日，美国阿波罗登月计划以一个悲剧的方式开始。阿波罗1号的指挥舱被大火破坏，航天员格里索姆、怀特和查菲殉职。那是在一次试飞试验中，驾驶舱里充满了纯氧气，后来认为是电路故障导致火焰瞬间燃起，并吞没整个驾驶舱。可能因为舱内压力过高，无法进入驾驶舱，也无法及时展开救援。阿波罗计划被搁置，也没有将其他宇宙飞船命名为阿波罗2号和3号。这是一次血的教训，但也正因此，新舱的设计中都采取了重要的安全措施，并且在许多成功的探月任务中表现优良。只是另外一次轻微事故打破了这个完美的记录：阿波罗13号的服务舱与一个盛着液氧的罐遭遇了灾难性的爆炸，造成了氧气线的破裂以及另一个阀门的损坏，氧气迅速流走，对生命构成了威胁。这次事件见证了航天员的勇气以及航天员与地面控制人员之间的完美配合，不仅没有悲剧发生，而且还重新设置了任务，最后从月球安全返回。

17.3　阿波罗计划的设计

在阿波罗计划的开始阶段，人们认为导航可以由飞船上的宇航员控制；但是，很快就意识到，既然宇航员与地面人员之间的密切交流可向地面人员提供载人太空飞行网络的全部支持，基本的控制任务就交给了德克萨斯州休斯敦的任务控制中心。月球任务的详细设计显示了经典力学中一个有趣的难题，这个问题的解决方案至少需要涉及三个人。这是一个三体问题，幸运的是，地球和月球的运动已为大家所熟知，不受飞船的影响，但是会受到重力场的影响。为了更加定量地定义问题，我们回顾一下地月系统的性质：月球的直径大约是3500km，与地球之间的距离大约是384000km，它的轨道近似为圆形，偏心率为0.055，运行周期是27.3天。月球自转相对绕地球旋转的位置处于"锁定"状态，因此，我们总是看到月亮的同一面。它的轨道平面与黄道面的夹角很小，大约为5°，它的自转轴与轨道平面的倾角为6.7°。这次飞行任务至少受到两个因素的制约：第一，飞船的火箭推动器只能容纳定量的燃料；第二，要事先将旅行起点和终点位置确定在一定范围内。由于地球和月球在不断地运动，所以选择旅行开始和结束的时间尤为重要；这就是为什么需要较多探讨发射窗口，并分析其发生时间。由于地球自转以一天为周期，月球运动一个月为一周期，因此不出意外，发射窗口会以相同的周期重复。然而，这些窗口的持续时间有限，与初始火箭推力的方位角一起，成为必须优先选择的重要参数。术语"方位角"一词在这里指在水平面上由真北向东方向测量的角度。选择90°方位角能够保证地球的旋转增加飞船相对于惯性空间的初始速度。这一因素对土星V号运载火箭的有效载荷能力影响显著；阿波罗计划要求方位角必须在72°～108°之间变化。角度的选择决定了发射窗口的持续时间，阿波罗任务通常选择的时间是4.5h。如果系统故障要求取消发射，那么可能将发射重新安排在下个月。出于安全考虑，最好选择在白天发射，因为，如果在晚上出现紧急情况，宇航员救援就会较为困难；另外在升空阶段，摄影记录会更加便于分析；最后，如果出现紧急情况，需要修正飞船的姿态，白天可以看到清晰的地平线，这点至关重要。

飞船飞到月球并在月球表面着陆只能通过与地面控制人员语音及其他信道的通信及控制来实现。我们将参照历史久远的阿波罗11号介绍其具体行程，其中包括宇航员们自己提交的任务报告[1]。这里将尝试实事求是的反映各事件的顺序，但中间可能有一些解释性的评论。

1969年7月16日上午9时32分，在肯尼迪航天中心"阿波罗"11号通过"土星"V号运载火箭成功发射，11min后升到185km的高空。"土星"V号（罗马数字V是指5个F-1运载火箭组合）分三个阶段：最强大的是第一阶段（S-1C），有5个F-1喷气助推器，燃烧2.5min，用于离地升空；第二阶段S-II，有5个J-2喷气助推器，燃烧大约6min；最后第三阶段S-IVB，有一个J-2喷气助推器，燃烧不足3min，将飞船的运行速度提高到27000km/h。S-IVB关闭时仍有剩余的液体推进剂未燃烧，在地球停泊轨道仍然附着在飞船上，进入绕月阶段时，重新被点燃。这样就完成了任务的第一阶段，也就是进入圆形停泊轨道，航天器组件包括指挥/服务舱（CSM）、登月舱（LM）、土星火箭的S-IVB部分、仪器单元（IU）和宇宙飞船登月舱适配器（SLA）。在执行星际任务之前，地球轨道阶段的重要功能首先在于，提供发射定时的灵活性，但更重要的是让宇航员对他们生命所依赖的许多关键系统做最后的检查，包括通信系统、不同的环境监测和控制系统、指挥/服务舱推进系统、反应和稳定控制系统、电源系统，当然还有指挥舱的计算机。特别值得关注的是"土星" S-IVB 仪器单元、惯性测量装置（IMU），以及制导、导航与控制系统（GNC）。在地球轨道期间有一些强加的限制，因为 S-IVB 运载火箭具有提供姿态控制的能力，它的仪器单元（IU）平台会随时间漂移，同时还要注意 S-IVB 推进剂汽化，这两个均要求不得延误美国航空航天局所谓的月球转移轨道射入计划——设置最多三个地球轨道；另一方面，已经确定在射入月球转移轨道前，有足够的时间通过载人航天飞行网（MSFN）监控站和一个指挥站跟踪飞船，事实上在飞越美国大陆时可以满足这个条件。因此，在 GET2 时 44 分 26 秒时，月球转移轨道射入（TLI）标志着月球轨道的开始，绕地球一圈半后越过太平洋上空，将载有阿姆斯特朗、奥尔德林和柯林斯的阿波罗飞船送上月球。

启动月球转移轨道射入（TLI）的精确时刻以及后来飞行过程中 S-IVB 燃烧的修正控制，对于有效使用 S-IVB 推进剂、进入月球最佳轨道至关重要。整个任务计划的主要问题是，在每个阶段出现故障的紧急情况下——必须帮助减轻宇航员对其能否安全归来的担忧。幸运的是，在该阶段有可能实现自由返回轨道等，也就是从环绕月球到环绕地球的轨道转移。这一概念借鉴了沃尔特·霍曼的研究，他在 1925 年描述了在两个共面圆形轨道之间，以消耗最少能量的方式转移飞船的步骤。如图 17.1 所示，假设有一个飞船处于地球的圆形轨道上，它的火箭发动机提供了合适的冲力（$m\Delta V = \int F \mathrm{d}t$），将飞船送到绕月球的椭圆轨道上，地球在椭圆的一个焦点上。如果允许飞船自由完成椭圆轨道，然后为它施加一个反向的推动，与最初正向的推动大小相等，那么它会回到绕地球的最初轨道。另一方面，如果在近月点的时刻，也就是当通过离月球最近的点时，给飞船施加一个向前的推力，它会继续在较大的圆形轨道上飞行，如图所示。但是如果在近月点给一个反向的推力，它就会处于绕月球的圆形轨道上。然而，根据发表的报告[2]，实际上，这不是阿波罗 11 号的轨道转移步骤。它的运行方式如图 17.2 所示。其中，绕月球环行与在地球轨道上的方向相反。该图展示了为期 8 天任务发生的主要事件，开始发射——进入地球轨道——在绕地球停泊轨道一圈半后 S-IVB 火箭推进剂重新启动——再次配置后长途飞行到月球。

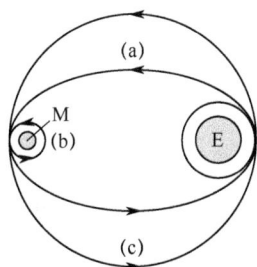

图 17.1　霍曼轨道转移的方法　　　　图 17.2　阿波罗 11 号飞行顺序

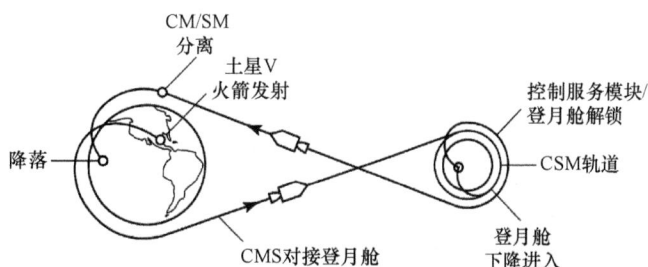

飞船路径的控制，无论是在发射还是进入地球和月球的特定轨道，或者是在它们的表面着陆，很明显都要求非常关键的轨道机动，而且后面会变得愈加重要。

月球转移轨道射入（TLI）的时间是参考月球分界点的位置确定的，该分界点是地球中心与月球中心连线与地球表面的交点，此点的几何位置随着地球的自转迅速移动，并且随着月球绕地球的转动缓慢移动。地球自转造成了月球转移轨道射入点在固定的纬度圈移动，且由于月球的轨道平面与地球轨道的不完全重合，月球的公转会在高低纬度之间引起振荡。同时，宇宙飞船的运行轨道在由发射方位决定的平面中；如果方位角不是 90°，飞船的位置在地面上的投影会类似于一个正弦波，在什么时间和位置横切分界点的轨迹取决于发射的方位角。对于给定的方位，发射必须是定时的，从而使得飞船可以经过月球分界点射入月球转移轨道。显然，这是一个三体动力学问题，确定 TLI 的精确时间，以及引擎燃烧的持续时间，为飞船提供必需的初始推力，可通过电子计算机来解决该问题。20 世纪 60 年代，计算机仍然依赖 IBM 卡，因此，相对 21 世纪的标准，当时的数据存储和计算能力都非常简单粗糙。集成电路仍处于起步阶段，或许集成了一些门电路，但是非常昂贵。当时，举全国之力，利用所有可行的算法，去设计和执行探月任务。这不仅包括使用大型的计算机主机和微型计算机来求解运动方程、详细地确定最合适的事件发生顺序，而且还涉及创造便携式车载飞船计算机/控制器，以实际引导和控制飞船。据说那时候国家最先进的便携式电脑还不如今天的一台自动烤面包机，但是阿波罗计划的推动使得这种情况得到了改观。1961 年，美国航空航天局与现在的麻省理工学院的德雷珀实验室签署了一项合同，开发用于航天环境的引导和控制电子设备。这个实验室应用了美国最先进的设备。在该领域中，已经设计了北极星和海神导弹制导系统，虽然这些项目使用的是模拟计算机。很大程度上，他们对太空运载装置的设计依赖于集成电路领域的新技术开发和应用。开始只是一个研究项目，最终却完成了阿波罗计划的实际设计。雷神公司获得了制造阿波罗导航计算机（AGC）的合同，并采用飞兆半导体公司以及福特公司提供的集成电路（IC），他们改善了 IC 的制造技术，并把价格降到了一个合理的水平。然而，集成电路还没有达到完全集成大量门电路的水平，而这对于实现足够大的存储空间是必需的。那时，大多数计算机存储都被刻录到磁带上，然而，AGC 的设计者选择了磁性存储器的形式，其中磁性材料的小环有特殊的磁化滞回曲线，使得它们保持双稳态的状态。麻省理工学院小组设计了一种全新的方法，将这些磁性芯片作为变压器，做成只读存储器（ROM），称为磁芯线记忆器。这些小环排列成矩阵，载流导线交织在其周围，或者穿过环（数字 1），或者绕过它（数字 0）。宇航员和机器之间的交互通过具有基本指挥结构的显示器键盘完成，本质上是通过指挥分配的数值输入名词+动词语法，例如，显示+加速。当然，如前所述，载人航天网和任务控制中心负责监视飞船的实际轨迹和姿态，给宇航员发送指令，并通过机载电脑进行实时修正，为此，遥测信道允许机载 AGC 接收来自地面计算机的指令。

在射入月球转移轨道后的较短时间内，飞船从 S-IVB 分离，经过短暂的延迟后，使指令/服务舱漂移，远离 S-IVB，其中飞船不同部分的移位是在数字自动驾驶仪的引导下完成的，这一过程涉及到指令/服务舱的旋转操作，以使其与登月舱（LM）对接，登月舱从前一构型中的连接器中脱离出来。接着 CSM 与 LM 作无缝联接，且登月舱加压。分离后，S-IVB 排空剩余的液体推进剂，进入到"弹弓"或者是重力辅助轨道上，从月球轨道转移到太阳轨道。简而言之，术语"弹弓"或"重力辅助"一词指小飞船经过大的物体，比如行星，所产生的加速效应。想必这里所提及的"弹弓"是大卫钟爱的一种武器，而不是手持弹弓！

在任务的近月阶段，计划有两次中途校准过程，包括视地平线高度以及光学系统校正，第一次发生在 6h GET，第二次发生在 24h GET。第一次修正过程较为困难：定位导航星的星下点，顾名思义，这一点是恒星处在天顶的位置，观测者位于天体导航的中心。机载电脑的局限性在于，未考虑登月舱结构可能会阻碍对恒星的观察视角。加之，地面提供的万向架角准确度不足以提供星下点精确的位置，因此要使用六分仪对飞船进行额外操作。第二次校正虽然离地球很远，但事实上却更容易操作。随后，在进入月球对轨道 3 天多后，由于担心受到太阳辐射引起飞船内部过热，所以需使用被动温度控制，避免在脱离点时过热。这通过飞船绕其纵轴，朝向黄道北，以恒定缓慢的速度旋转实现。事实证明，以此能够成功地保持飞船的姿态，避开不能承受的温度环境。即便在常规条件下，要营造一个适合人类生活和工作的环境，都免不了需要一个复杂系统来实现环境控制。维持载人飞行任务的基本要求是饮用水、食物、温度控制、氧气控制以及废物处理，这些都需要多个子系统提供。氧气子系统（不包括发射台，这里有发生火灾的危险，这是从阿波罗 13 号经验中吸取的教训）确保机舱内纯氧流量维持在 0.33 个大气压下。万一发生氧气压损失，紧急座舱压力调节器会快速响应，并提供氧气，至少 15min 之内维持较低压力，给宇航员时间穿上他们的压力服。这些压力服的供氧回路必须清除二氧化碳和水汽，座舱内的空气必须恢复正常。温度的控制也至关重要，要求加热和冷却：温度控制系统用的是水—乙二醇溶液进行冷热转换。化学物质乙二醇对于大众并不陌生，因为它是汽车散热器常见的防冻液添加剂。如今，汽车行业已经研发出新的产品，用更好的化学调和物作为防冻液。水里添加 50% 的乙二醇，形成的溶液凝固点降到了-45℃，沸点升高至 110℃。这种溶液普遍用于温度低于水凝固点的热传递系统中；然而，它的比热比水略小，因此，传输相同的热量时需要更大的液体流量。温度控制系统使用的冷却机构的物理过程是蒸发，其中水—乙二醇溶液的分子动能比从表面逃逸的平均能量大，因此低于液体分子的平均能量。当然，需假设蒸发分子被移除，而且不以相同概率重新进入液体。水—乙二醇子系统包含两个蒸发器，提供所有的冷却需求，包括压力服电路、饮用水冷却器以及所有的电子设备。

月球轨道进入发生在约 76h（GET），高度距离月球表面上空 148km，依靠机载电脑，在近月点完成第一次逆行点火，通过服务推进系统（SPS）加速到 ΔV=891m/s，使飞船处于 273×98km 的椭圆轨道上。第二次环绕点火也在近月点，发生在两次绕月旋转后，试图使飞船进入 186×87km 的椭圆轨道上。由于月球重力场的不规则性，预计它将演变成 100km 的圆形轨道。然而，稍后阶段的机载电脑却显示，轨道不完全是圆形，椭圆的衰变速率低于预期值。

大约在 57（GET），即降落到月球表面的前一天，相关人员第一次进入登月舱进行检查，并拍照记录登月舱内的状态，以确保所有系统均设置正确、摄像机能够正常工作。第二天，全体机组人员按计划被叫醒，之后穿戴上特别设计的生物医学安全装置和冷却装置。并开始享用"丰盛"的早餐。可以想象，这些勇士们的心态，但是很难想到在这种情况下，他们的心情依然很平静。登月舱的驾驶员奥尔德林，先到登月舱启动系统，然后返回指挥舱穿上制服。之后他回到登月舱，装上风向指示标和探测器，关上舱门。风向指示标和探测器是装置的一部分，用来使登月舱对齐指挥舱，以便对接。探测器安装在指挥舱的对接通道，而风向指示标安装在登月舱的对接通道。随着两个舱的不断接近，指挥舱将在风向指示标的指引下伸长探测器，最后被锁存器捕获。接下来，登月舱的激活系统开始工作，这已经实验了很多次，均已顺利完成。在到达月球远端一侧，与地面失去通信之前，先给登月舱计算机和惯性测量单元（IMU）充电；保证在地面计算陀螺仪的设置，以使登月舱和指挥舱的平台对齐。然后检查着陆设备、降落推进以及雷达交会系统。我们应注意到，在任务的每个关键阶段，都有一个紧急中止系统随时待命，其中包括中止制导系统，它们是阿波罗计划壮举的见证。

阿波罗计划其中一个重要的导航活动是通过光学的方式标记月球表面陨石坑等已知特征点的位置，然后获得它们的月面坐标。之前已被精确测量且坐标已知的特征点可用以确认飞船的位置，其功能就像辅助导航一样。其中有两个观察阶段：第一观察阶段，包括泡沫海中坎普陨石坑的五个观察点或标记；第二观察阶段，包括五个观察点，即大陨石坑壁上的小陨石坑，命名为130号。地标依靠指挥舱的六分仪和扫描望远镜进行光学跟踪，前五次阿波罗任务总共跟踪了19个地标，其中有6个地标在月球的远端一侧。地标都是相对较小的陨石坑，直径为 100~1500m 不等，在指挥舱依靠光学角度测量来完成它们的位置计算。观察每个地标需要在飞船通过它的最低点时，有5次连续精确定时等距的观察点。第一次观察是当飞船与地标成 35° 时，其他几次观察是在与最低点对称的相等角度。数据由5个角度组成，前三个角度定义了光学视线相对惯性测量装置三个轴的方向，后两个角度定义了光学视线相对飞船与地标连线的角度。特征坐标的计算分两步进行：首先，假定准确已知特定时间指挥舱的轨道位置，也就是标记时的轨道位置，通过集成雷达多普勒跟踪数据获得，而这些数据可由 MSFN 获得。MSFN 雷达跟踪站累积了多普勒频移数据，并在地理上分散。这样，在没有月亮遮挡时，至少有两个站可完全看到飞船。这些综合数据可用于计算月心坐标系下的卫星轨道；而从喷气推进实验室可以获得月球星历的相关数据。地标坐标计算的第二部分所使用的是观察到的地标角度，假设飞船的位置来自雷达数据。确定月面坐标时的误差主要源于月球不规则引力场的不完美的数学模型；月球引力模型 L_1 用于所有 MSFN 轨道确定以及轨迹集成。已经证明，随着模型不断演变，对于地标，得到结果的一致性会越来越好。然而，很大程度上误差源对 MSFN 轨道预测的影响比使用光学数据大。后者的相对精度可归因于飞船的惯性平台在不断地检查并校正漂移，而时钟误差会在漂移超过一定限度时检查并保持与地面时钟不断重新同步。

指挥舱完成月球地标跟踪后，登月舱机动使可控天线接受主引导计算机状态矢量更新。"准备登月舱降落"涉及很多操作：部署起落架，检查推力反应控制，检查降落推进系统，激活和检查雷达交会系统等。一切准备工作就绪后，就是最关键的时刻：将登月舱与指挥舱分离，准备骤降。分离操作时要十分谨慎，以确保登月舱制导计算机（LGC）始终准确显示位置和速度。分离开始时，初级引导系统测量到的登月舱速度是 0.12m/s；指挥舱的反应速度保持不变，直到相对登月舱的速度为0时，分开距离为 12.2m。在该点，登月舱执行 360° 偏转，此时，指挥舱的飞行员（柯林斯）能够目视检查登月舱着陆设备是否正确部署。接着，启动校准程序，为降落进入轨道做准备；其中包括惯性平台的校准，雷达瞄准与光学瞄准镜对齐。两个飞船之间交会雷达锁定的条件通过手动控制实现，这是伺服反馈系统的一个特点。机动降落是在手动节流阀模式设置为最小推力时，

234

依靠发动机完成，这会形成一个逐渐加速的效果。15s 后，小心地打开节流阀，增加推力到预设最大值的 40%。在程序终止时，沿三个坐标轴的速度分量与预设值相等，误差在允许范围内。使用反应控制系统推进器，使登月舱置于椭圆轨道上，轴线测量值为14.6×91.9km，与预测值略微不同。两个飞船的专用辅助交会雷达确保了这一点的相对速度完全在预测范围内。

下一个阶段是以前所有阿波罗任务努力的目标，即动力助推下降至月球表面。在试图"飞入未知"的太空旅行之前，最后还要检查可能会出现的惯性平台漂移。要做到这一点，需要将惯性平台选定轴与太阳视线之间观察到的角度与机载计算机所预测的角度进行比较。我们假设所有的角度都在可接受的范围之内。基于地标的视线速率，在点火点的位置，登月舱估计大约是在月球表面上方 15.8km。按计划时间点火，起初推力最小，然后逐渐增加，26s 后，达到设置的最大值。在 14km 高空，大约点火 4min 后，执行偏航动作，使登月舱朝向着陆方向。在该点，着陆雷达立即开始接收回波；在这一高度上，发现计算机与雷达具有细微的高度差，大约 850m。有一个惊人的现象出现在点火后5min16s，"第一次出现一系列的电脑警报，显示计算机处于过载条件下"，这导致电脑显示"偶尔阻止"。推力按原本的程序设定逐渐减小，但是先前假定电脑故障将导致着陆中止。

下一个阶段是最后的进场，控制模式从自动模式切换到姿态保持模式，以纠正姿态误差，然后再恢复自动控制模式。此时很明显，按当前的路线会在许多大石头中间着陆，因此要再一次进行手动控制，缓慢下降，延长航迹，直到发现更合适的位置。最后，登月舱降落到相对较为平坦的位置上，周围的一侧是巨石，另一侧是陨石坑。当飞船下降到距月球表面约 30m 的高度时，尘土飞扬，掩盖了月球的表面，因此很难判断相对表面的高度和速度。尽管如此，天鹰号仍然平安降落！图 17.3 展示了 1969 年 7 月，格鲁门公司制造的登月舱在月球表面着陆的历史性时刻。

图 17.3 月球表面的登月舱，1969 年（NASA 拍摄）

此时此刻，柯林斯在绕月轨道飞行指挥舱中，心情较为放松，系统正常运行；同时依靠绝对可信的任务控制，他能够在指定的时间内睡觉。值得注意的是，这些高度整合人类智慧的载人飞行任务，作为基于人造计算机系统的延伸，实现了导航的非凡壮举。这也是对能力超凡的宇航员强大信念的证明。显然，柯林斯竭尽全力想从月球表面着陆点 110km 高空观察登月舱降落，但都以失败告终，尽管他有几分钟观察时间。这是因为登月舱位置不确定，而且远远超过柯林斯的视觉范围。

当然，宇航员在月球表面的活动是此次计划的主要目的，对于普通大众，这也是最精彩的地方；可是，我们的兴趣主要在于此次计划的导航成就。从该角度而言，有两个阶段值得我们注意：登月舱返回与指挥舱交会，以及组合后的飞船进入归程的轨道。登月舱上升到指挥舱的准备需要首先验查登月舱的方向。为此，机组人员要参考导航制导

（G&N）手册，其中列出了 41 个适合建立方向的目标。登月舱导航计算机（AGC）存储了一个清单，列出了 37 颗恒星，加上地球、太阳和月亮的坐标，以及其他待确定的合适目标。选用特殊用途的望远镜——光学对准望远镜（AOT）建立所选天体相对于飞船轴线的角位置；需要观察至少两个这样的天体来确定月球表面飞船的方向。AOT 提供 6 个视场，每个 60°场宽，设置在 6 个离散的轴线（称为棘爪）上，相互之间间隔 60°，垂直成 45°。在阿波罗 11 号计划中，由于太阳和地球的辐射，只有两个棘爪可用，而两个中只有一个被认为充分接近视场的中心。因此，最终决定只选择一个天体，以月球引力场方向代替第二个天体，由惯性测量装置（IMU）的加速度计进行测定。在完成平台校准后，相应的导航程序被载入到初级引导计算机，用于上升到指挥舱。在完成反应控制系统检查、中断飞行引导系统校准、以及平台对准进行再次检查后，上升燃料箱用氢气加压，交会雷达放置在天线回转位置。登月舱已做好准备离开月球表面，留下一个地月之间的光学角反射器用于测量地月距离、一个地震仪测量月球震动以及一个标志人类造访地外星球的纪念牌。

对于登月舱的机动飞行，其爬升发动机点火顺利，实际运行路径与预计完全一致。登月舱进入到约 87 ×18km 的椭圆轨道上，该数值由初级引导系统测定，并由地面的 MSFN 监控网确认。这些轨道的数值与那些由中止引导计算机获得的数值大体一致。在此应该指出，在设计和操作上中断飞行计算机与初级引导计算机不同，它们具有不同的指令集和硬件，甚至于由不同的实验室开发。下一个挑战是与指挥舱的交会。

与指挥舱交会意味着需按设定顺序执行间断脉冲燃烧程序，使登月舱与指挥舱充分接触以实现对接操作。毫无疑问，这是一项颇为苛刻且非常关键的操作，涉及复杂的行星运动问题，这一操作将会检验机组人员和地面支持系统之间的能力和协调性。宇航员非常熟悉机动飞行程序以及操作；事实上，尼尔·阿姆斯特朗和大卫·斯科特已于 1966 年成功实现了双子座 8 号与无人操作的阿金纳目标的对接，并执行了舱外活动。而这不仅是一次交会，更是第一次载人对接操作；1969 年，联盟 4 号与联盟 5 号交会，这是俄罗斯第一次载人对接操作，在这次任务中，机组人员也进行了交换。从双子座任务获得的经验为实现与指挥舱交会的最佳登月舱设计提供了非常宝贵的参考信息。从那次经历我们做出了两个重要的决定：（1）只需要操作登月舱，而另一个保持被动状态；（2）尽可能地减少交会以及对接操作，使用预先设计好的固定路线，降低宇航员个人判断的必要。

阿波罗 11 号所选用的一系列机动飞行（大概是由于其能量转换效率高而被选用）称为共椭圆交会。为理解共椭圆交会的方法，以及如何实现与指挥舱的交会对接，有必要重述一下我们在第 3 章介绍过的开普勒行星理论。行星运动的开普勒第三定律指出，绕引力体运行的轨道周期的平方与它长轴的立方成正比；若为圆形轨道，与半径的立方成正比。如果 T 是运行一圈的周期，R 是绕质量为 M 物体圆形轨道的半径，则第三定律表示为：

$$T^2 = \frac{4\pi^2}{GM}R^3 \tag{17.1}$$

其中，M 是引力体的质量，在这种情况下，引力体指月球，G 是万有引力常数，由下式得出沿着轨道的线速度 V：

$$V = \sqrt{\frac{GM}{R}} \qquad (17.2)$$

可以看出，半径较大轨道上的速度小于半径较小轨道上的速度。因此，欲使两个在轨飞船交会，显然，它们必须处于相同的轨道上，这样速度才相同。这就引出了一个问题，如何使飞船改变其轨道半径。为简单起见，可以假设它是圆形的。其实，我们已经知道如何去做：因为我们已经碰到过霍曼转移的问题。现在来回顾一下，这包括在空间飞船的轨道速度方向用很短的推进剂燃烧给它一个校准的向前的推力；这将形成一个椭圆轨道，其长轴大小及径向极点都依赖推力的幅度。如果在极点施加一个短暂的前向推力，结果会形成圆形轨道，其半径较之前大。同样，如果施加一个反向的推力，飞船会转移到半径更小的轨道上。

共椭圆方法通过一系列连续的步骤实现对接，在此期间预留了仔细确认并纠正每一步结果的时机，必要时可换用其他步骤甚至中止。登月舱执行这些操作时，指挥舱保持在 110km 的圆形轨道上，通过登月舱的导航数据、位置和速度，不断更新其电脑数据。图 17.4 总结了月球轨道交会和对接的共椭圆方法的一系列操作。

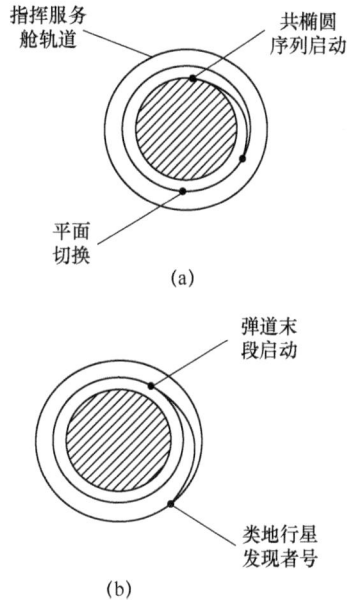

图 17.4　LM 与 CSM 对接的轨道共椭圆机动

执行共椭圆交会的关键阶段是将登月舱放置在圆形轨道上，它比指挥服务舱的圆形轨道低 28km。这是通过共椭圆交会程序启动燃烧，然后从月球表面上发射，将登月舱送到第一个椭圆轨道上来实现的。在启动燃烧操作之后，必须检查两个圆形轨道是否共面，必要时进行修正；如果与计划的 28km 轨道高度差相差较大，则通过点火来修正。在发射大约 2h40min 后，弹道末段启动燃烧，进入 CMS 轨道，接着进行两个微小的中途修正，直到弹道末段结束，进行制动，完成最后的对接。由宇航员的报告中可知，其实前面提到的中断飞行引导系统实际上用于在对接过程中重新调整平台。

当然，整个活动的成功取决于雷达提供的距离、测距速率以及方位，很大一部分都在电脑上显示，这已成为当今航天的主要标准。在样本已被取回并存储在指挥舱后，随后执行朝向地球的机动飞行，然后丢弃登月舱。返回地球的滑行阶段要求服务推进发动机最后点火。与中途纠正相比，这个阶段并不复杂，宇航员可以放松一下，因为他们对之后的问题都很熟悉，并且回家的渴望鼓舞着他们。历史就是这样创造的。

17.4　遥远行星的导航：水手号使命

美国星际探索的历史始于组建一个航空工程小组，它由匈牙利籍美国人西奥多发起，该小组位于加州技术研究所（加州理工学院）。西奥多是航空工程学的教授，被称为"火箭男孩"的一群学生受到了他的极大鼓励，成为了他所命名的喷气推进实验室（IPL）的创始成员。美国的第一艘飞船成功发射进入太空首次证明了这个小组的超群能力：即我们熟知的"探险者"1号。1958年，陆军弹道导弹中心成功将它发射升空。喷气推进实验室未来发展的主导人物是新西兰人威廉·皮克林，他的兴趣远远超出了火箭本身——寻求更广泛的计划，即在空间进行科学探索。"探险者"1号的成功无疑激起了更多人进行类似研究的兴趣，研究范围甚至延伸到太阳系的所有行星。作为这方面的领导者，在西奥多的推动下，使喷气推进实验室成为新成立的航天局——美国航空航天局的一部分，也仍然属于加州理工学院的一部分。在美国，许多应用物理实验室往往附属于大学。卫星产业方面的另一个例子是约翰·霍普金斯大学的应用物理实验室。探险者计划的实施最终归属于位于马里兰的美国航空航天局戈达德太空飞行中心。

1962—1973年，喷气推进实验室设计并建造了一系列在太阳系内探索的宇宙飞船，并将其命名为"水手号"。这些都是相对小型的无人远程遥控飞船，上面载有仪器，用于观察并将物理测量结果发送回地面，比如辐射和磁场强度、高能量的粒子通量密度、以及行星表面的照片记录。它们通过远程（火星到地球的距离不小于 $7.9×10^7$km）遥测技术实现了完全可控，巨大无线电天文望远镜的使用使其成为了可能，后面将对此作进一步讨论。

造访金星的第一个水手号太空探测器由六角形的框架构成，宽约5m，高约3.6m，质量大约200kg。1962年，使用阿特拉斯—阿金纳火箭将其发射升空，但不幸的是，因为偏离预定轨道，不得不将其销毁。然而，大约一个月后，一个同样的飞船成功发射，也就是"水手"2号，它在飞往金星的征程中工作了约14周，圆满地完成了任务。在旅程中，它转播辐射和颗粒物质的测量值，其主要源于太阳系以外的高能量宇宙射线，但更有趣的是所谓的太阳风，这是从太阳散发到空间中的带电粒子的连续气流，它受到地球磁场偏转的影响，集中于极地地区，产生我们熟悉的极光现象。在"阿波罗"11号等之后的任务中，为分析太阳风成分所设计的实验得到了预期的结果，它主要由质子（氢原子核）和带少量重元素离子的电子组成。高速太阳风粒子和高层大气的空气分子之间的碰撞产生了壮观的极光，发光碰撞过程如同在低压条件下加上高电压，在空气中（或任何气体）发光放电。

计算并执行能量消耗最低的星际飞行是一项非常艰巨的任务；它必须从地球这个平台开始（相对于固定的恒星，地球在轨道上运行的速度大约是 106000km/h），接着经过一个行星引起时空变化的引力场，最后实现降落，或者绕一个移动目标的轨道运行。显然，就计算能力、星际范围的导航能力以及远距离通信和控制而言，这是一个沉重的负担。可容许轨迹的计算可向太空探测器的发射提供极为有限的窗口；而最佳轨迹将是一个霍曼轨道，其中地球在近地点，金星在远地点，每583天这种现象出现一次，称作会合周期。实际上，水手号飞船设计目的不是在目标行星上着陆，因此它们的轨迹必须足够精确接近目标，以获得有用的观察结果，但因为担心对行星造成生物污染，所以实际上又不能影响它的表面，因此有一个狭窄的目标区，或许是行星表面1000km量级，飞船飞行路径必须限制在该范围内。

在这些任务中，距离的尺度远远超出了登陆月球；比如，距离我们最近的邻居——金星，距离大约是330000000km，远大于距离月球的数量级。由于旅程变长，因此机载仪器必须保持其在较长时间内性能完好。到火星的任务距离更长，大约是602000000km，需要大约 8 个月来完成。在如此之远的距离中，环境变化很大：比如太阳常数，即每平方米太阳辐射能量的入射率，其变化因子可能为 2，这就要求敏感电子设备能够实现严格的温度控制。除此之外，飞船还经常受到高能带电粒子、宇宙尘埃和陨石轰击。飞船上带有许多科学仪器执行各种星际任务，其中有磁力计、电离粒子探测器、尘埃粒子探测器以及用于确定行星表面温度的辐射计。

飞船能否成功沿预定轨迹运行不仅取决于保持其运行的过程，更重要的在于在空间中能够保持正确的方向。因此，地面跟踪站与飞船之间通信链路的关键在于机载制导以及控制系统的能力，它能使高增益天线准确指向地面站，并使为飞船提供电能的太阳能面板朝向太阳。但是我们更感兴趣的是其保持飞船位置轨迹，导航方式，以确定何时进行中途修正（无论是计划中的或是中途必要的修正）。通过机载恒星跟踪器（详见第 14 章）与喷气推进实验室运行的地基深空网（DSN）的联合，遥测导航功能得以实现。图 17.5 展示了一般恒星跟踪器的功能元件。

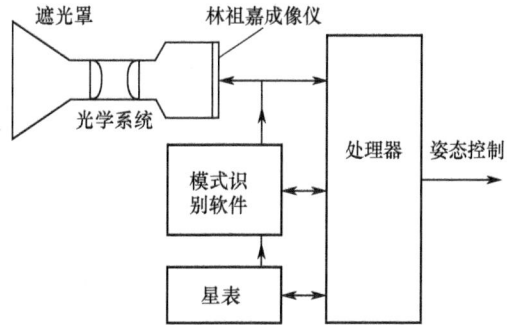

图 17.5　恒星跟踪器的功能元件

"水手"号计划使用的恒星跟踪器用于跟踪南天船底星座中的老人星，在天文坐标系中，它在 6 时 24 分直线上升，倾斜角为 -52° 41'。在天空中，除了天狼星之外，它是最亮的恒星，并且观察角径相对较大，数值为 0.0066in，可通过一个特殊干涉仪——迈克尔逊干涉仪测量出来。这颗恒星特别适合作为参考方向，因为对于黄道面轨道（地球的轨道平面），太阳与老人星几乎一直保持直角，减轻了遮光的问题。再者，在南半球它非常适合作为滚转姿态的参考，即绕飞船对称轴转动的角度。在跟踪器的滚转搜寻中，整个大圈地带的恒星都可能会经过目标获取视野；但由于大圈地带的恒星在 DSN 电脑中有记录，所以可将其与从飞船遥测到的序列相关联，以寻找老人星。

深空网络归美国航空航天局管辖，由喷气推进实验室具体负责运行维护。目前，它由三个深空跟踪和通信站组成，分布在全球各地，经度间隔大约是 120°，从而随地球旋转，使得基线最长、覆盖面最大。其中一站在加州莫哈维沙漠中的戈德斯，另一个在西班牙的马德里附近，第三个在澳大利亚的堪培拉附近。当无人飞船飞向太阳系遥远的行星时，为其遥测控制提供必要的双向通信。它可跟踪空间飞船的位置和速度矢量，监测机载系统的功能，为修正动作或者追踪计划飞行路径接收数据及发送指令。当然，该任务的目的在于获得科学的数据，因此深空网络的一个重要功能是接收各种执行特殊任务的仪器产生的数据。

这三个位置中，任何一个都至少有五（堪培拉和马德里）到六个（戈德斯）配备了大型抛物面天线的深空观测综合体：一种直径为 34m 的高效天线，另外两到三个 34m 的天线有波导馈源，还有两个是直径为 70m 和 26m 的天线。第二个提到的天线波导馈源是一种很简单的天线，其中的电磁波不再局限于波导（波导壁提供电磁波的边界条件），而是用一系列的反射器直接将能量从一个位置传到另一个位置。这种设计的优点在于，可以将电子元件放置在更方便的位置。所有综合体内的台站都是通过中央信号处理中心进行远程操作，也正是在信号处理中心，对遥测数据进行处理并完成导航计算。

参考文献

1. N. A. Armstrong, M. Collins, E. E. Aldrin, http://history.nasa.gov/alsj/a11/A11_Mission Report.pdf

2. R. Wheeler, Apollo Flight J., http://history.nasa.gov/afj/launchwindow/lw1.html

第18章 导航的未来

18.1 引言

当我们思考今后导航的哪个方面会发生巨大的变化时，首先要考虑导航必需的最基本量：为了到达指定地点，显然需要一种在空间中测量距离和方向，并且进行路径整合，从而预计到达目的地时间的方法。现在通常经过计算光传播时间测量距离，由于光速为恒量，因此应以时间测量代替距离测量。由此推断，未来导航领域的发展将会集中于以下三个方面：一是测量两地之间电磁波的传播时间；二是在惯性坐标系下的方向测量；三是快速计算综合路线的方法。正是由于这三个方面从本质上有了新的转变，因此未来导航将发生改变。第一个看似疯狂的想法是发明一个使用物质波（德布罗意波）的陀螺仪，而不是使用光波的激光陀螺仪；第二个想法是发明使用激光冷原子/离子的新一代原子钟；最后，在计算机领域，我们可以期待量子计算机的问世。文献[1, 2]已给出物质波陀螺仪与量子计算可行性的基本示例，目前已可在个别实验室环境中获得所谓原子喷泉的激光冷原子[3]。

18.2 物质波：德布罗意理论

首先，我们来概述德布罗意物质波理论的要点。第8章我们已经简要回顾了德布罗意为使原子的微粒行为一致化做出的努力，这些原子在某些情况下像微缩台球一般具有粒子性质，而另一些情况下却存在波状行为。同样地，光也清楚地呈现出此类二元性：在杨氏双缝干涉实验中的某些情况下，光表现出明显的波动性；然而在光电效应中，它却表现出离散粒子的特性，当落在金属发射表面上光的强度增强时，会导致大量电子逸出，而不是更多高能电子逸出。顺便提一下，爱因斯坦获得诺贝尔物理学奖，主要因为他在光电效应方面的工作，而并非因为他发现了相对论。或许可以说，光是一个特例；毕竟，相对论的成功之处在于证明了光的独特性——总是以恒定速度传播。而玻尔的氢原子光谱理论取得的成功，尤其是他对静止状态的假设，暗示了波状行为的共振条件特征。20世纪初，物理学经历了一段艰难的时期。利用基于爱因斯坦狭义相对论和普朗克量子能量概念的参数，德布罗意能够像爱因斯坦一样使用相同的洛伦兹变换构造伴随波，从而描述粒子运动[4]。因为物质粒子的速度与伴随波的群速一致，所以他推导出一个描述物质粒子动量与相应波长之间关系的表达式：即著名的公式 $\lambda = h/mV$，其中，h 是普朗克常量（6.626×10^{-34} J·s），m 是粒子质量，V 是它的线速度，因此 mV 可表示其冲量。该公式可记作 $p = hk$，其中 $p = mV$ 是动量矢量，k 是波矢量。德布罗意波长很小，即便对于轻如电子等基本粒子的物体也是如此；快速计算结果表明，电子伏能量为1的电子德布罗意波长仅约为 1.2nm，若辐射该波长的光波，则其对应光谱应在 X 射线区域内。因此，在牛顿经典理论适用的人类宏观领域中，物质的波属性却无法证明，只能在原子微观领域寻求解释。如第 7 章所述，1927 年，戴维森和杰默使用一个类似于 X 射线衍射实验的设备，完成了一系列基于电子的经典实验，对物质的波粒二象性假说进行了实验。他们将平行的高能电子束直射在垂直放置的镍金属箔表面，记录了电子穿过金属箔，并投射在感光底片上的散射图——同心环形纹，该图不禁让人联想到德拜的 X 射线衍射图。在随后的几年里，采用其他原子粒子束（如中子、氦），人们也获得了类似的衍射图。在使用氦的情况下，斯特恩采用了氟化锂晶体作为衍射元素，因为它的晶格间距相对较小，能够产生较大的衍射角度，有利于放宽氦粒子束的准直要求。在所有情况下，物质粒子的波动行为与德布罗意数值公式均已从数值方面得到确认。

自波粒二象性理论之争至今，量子理论已经走过了一段漫长的发展道路，并且以群速运动的波包确定粒子运动的概念也符合现代广义量子力学，而当讨论物质波的干涉和衍射时，粒子的德布罗意波长仍然是一个有效的量级。回想一下，在本文中，干涉指两个波相遇重叠时所观察到的现象，由于两个波的相对相位存在差距，因而导致波峰和波谷交替出现。目前为了能观察到两个原子束之间的干涉，每个原子波必须相干，也就是说，光束原子产生的原子波在振荡中必须具有非随机、确定的相位关系。例如，在室温下氢原子的德布罗意波长为 10^{-10} m，大约为氢原子半径的两倍。因此，产生这样一个相干原子束就成为了一项艰巨的任务。显然，德布罗意波长必须通过大幅冷却原子达到极低的温度——"微度范围"。事实上，因为我们目前已经掌握了获得极低温度的技术，因此才有资格在这里探讨原子干涉的问题。

在第 11 章中，我们曾探讨过采用激光散射冷却原子和离子。其中，使用多普勒冷却技术，可有效降低温度 T_D 的表达式为：

$$T_D = \frac{h\Delta v_n}{4\pi k_B} \tag{18.1}$$

其中，Δv_n 是原子线的固有频率宽度，k_B 是波尔兹曼常数。基于偏振光的光偏振法[5]可使温度低于多普勒极限（参见第 11 章）；通过激光光波照射引起的原子能级转换，定量地确定了该冷却机制，该转换与激光光强成正比，与共振线中心频率失谐量成反比。然而，任何涉及单光子吸收和发射的过程最终均受限于被原子吸收和发射单个光子的反冲能量极限值，如下式所示：

$$\Delta E_r = \left(\frac{h}{2\pi}\right)^2 \frac{k^2}{2M} \tag{18.2}$$

例如，铷这类碱原子的极限值对应温度近似于几百"纳度"（译者注："纳度"号称世界上最灵敏的温度计，测量精确度为 30/1000000000，由阿德莱德大学的研究人员研发），这似乎是一个无法突破的极限。但使用具有拉曼效应技术特征方法，尽管仅涉及两个光子，通过次级反冲冷却技术可达到所需的更低温度。

在介绍所谓的速度选择相干布居数囚禁（VSCPT）的次级反冲冷却示意图之前，我们先回顾一下拉曼光散射现象。1928 年，印度光谱学家拉曼首先发现了分子散射光谱，不同于空气分子的瑞利散射，这是一个非线性光散射过程。入射和散射光子波长相同，并且不同于共振散射光子常见的光学抽运，入射波必须与原子跃迁频率匹配。在拉曼散

242

射中，入射光的频率不与任何吸收跃迁频率产生共振，而且散射光子与入射光子的频率也并非完全相同。但拉曼散射之所以对光谱学如此重要，是因为散射光子不仅仅包含入射波的波长，而且还包含散射光子根据频率间隔特性引起的特征频移。用电气工程师的语言描述，就好像分子由于自身运动对入射光波进行了调制，换而言之，分子光谱的基准频率从实际的红外频率向入射光频率转变，该过程具有非线性行为的特点。由于分子光谱中包含红外波长，难以直接对其进行测量，因此拉曼散射具有重大的实际意义。

我们来考虑一个双光子受激拉曼过程应用于三能级铷原子的实例：其中两个超精细次能级，处于基态和激发态的光子形成了一个 $\Lambda(\lambda)$ 结构。假设对应接近量子 P 能级的上层能级与两个下层能级之间跃迁相干激光束的频率为 ω_1 和 ω_2，其中一个与超精细次能级一致，另一个与其他超精细次能级轻微失谐，大小为 $\Delta\nu$，如图 18.1 所示。需要注意的是，激光束并没有经调谐引起基态与受激 P 能级之间真正的跃迁。

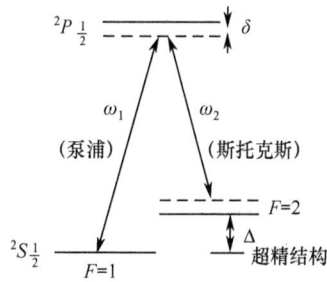

图 18.1　铷原子三能级的双光子拉曼相互作用示意图

据观察，在合适的条件下，当 $\Delta\nu = 0$ 时，光子散射的吸收与发射比率在共振状态下降为零；为原子中注入两个相干叠加的超精细基态能级，并且在两能级与激发态的跃迁振幅之间产生了相消干涉。这种发射冷却的过程即相干布居俘获，当利用这种现象冷却原子时，将其放在两个反向激光束之间，或者使其静止并调整激光频率以使 $\Delta\nu = 0$ 时，上文所讨论的频率失谐量则依赖于原子速度。如果原子的实际速度为 V，则两个反向光束的多普勒频移失谐量可表示为 $\Delta\nu = (k_1 + k_2)V$，该方法规避了当 $V = 0$ 时通过进一步抑制光子散射可达最低温度的反冲能量极限值。量子分析这种冷却过程[6]可得到预测结果的速度介于 $+hk_1/2\pi$ 和 $-hk_2/2\pi$ 之间，并有两个尖锐的峰值；这些峰值宽度对应的温度低于 100 倍以上的反冲极限值，能够降到"纳度"范围内。

另一种原子气体冷却技术——蒸发冷却，也通常被用来获得超越极限低温，该技术是激光技术的一种，基于气体的热力学。蒸发冷却的原理相对简单：它由已被激光冷却至极限的大量孤立原子组成，并执行强制蒸发冷却序列。该组成可使孤立原子达到热平衡，并且迫使高能原子脱离俘获。由于剩余原子之间的后续碰撞使热平衡恢复到较低的温度，因此该过程创建了一个能量的非平衡分布。关键在于，当更多的原子达到较低温度时，新的热平衡要求在原子之间进行能量再分配。当然这个过程只能到此为止，最终剩下的原子数量很少，但它们将会被冷却。实际上也可以说，最初有温度为 $10\mu K$ 的 10^{10} 个原子，而最终变为温度为 100nK 的 10^7 个原子，其降低的温度为 10^2 倍。

1995 年，利用这种技术，一个原子气体的温度被冷却至历史最低点，并产生了理论上预测的"玻色—爱因斯坦"凝聚现象。该热力学量子现象是爱因斯坦基于印度理论物理学家玻色发展的量子统计理论做出的早期预测。根据量子统计力学，任何两个粒子之间交换的区别在于，其由粒子组成气体的波动函数表现为对称性（没有符号位的改变）或者为非对称性（有符号位的改变）。由第 8 章我们已知，电子等自旋为 1/2 的粒子需要一个反对称波函数，从而促使诞生了中心原子结构理论"建立"的泡利不相容原理。但此处有趣的是，当粒子交换时，整体波函数需要保持对称。这适用于光子等粒子，其存在积分总自旋，称作玻色子。在这些实例中不仅没有不相容准则，而且一个给定的量子态可以拥有任意数量的粒子。这表现为热能平衡粒子的分布规律，该规律首先由玻色推导得出。爱因斯坦曾指出，随着玻色子的温度降低，每个粒子的能量将不断减少，终有一刻，所有的粒子都处在一个最低的能级，如今称为玻色—爱因斯坦凝聚（BEC）。

为了使原子群达到极低温度，显然需要隔离周围温暖环境，确保冷却技术的持续作用。通过设置磁光阱（MOT），即对激光与磁场进行布置能够实现这一目标，如图 18.2 所示。

回想一下，经散射，当两个反向传播的激光束被同一原子反射时，原子运动的效果好像产生一个与速度成比例的阻力，阻碍了原子在两个方向上的运动。在一个更为精密的系统中，磁光阱包含相同的基本机制，使用圆偏振激光与磁场限制和冷却原子，它由三个互相垂直且在磁光阱中心相交的反向传播激光束，和平行于一个激光束的四极磁场组成。这个场通常由与输入方向相反的电流穿过一对与其中一条激光束同轴安装的圆线圈产生，线圈与磁光阱中心距离相等。这个场有一个常数梯度强度，其值在磁光阱的中心穿过零点，然后反转方向。磁场的功能仅仅在于，当原子速度下降时，改变谐振频率以补偿多普勒频移。为了理解该结构冷却和俘获原子气体的原理，参照 Rb^{87} 原子分析磁场功能。首先，回顾一下超精细结构基态能级的同位素，特别是在"弱场"区域中，磁子能级对磁场的依赖性，如图 18.3 所示。

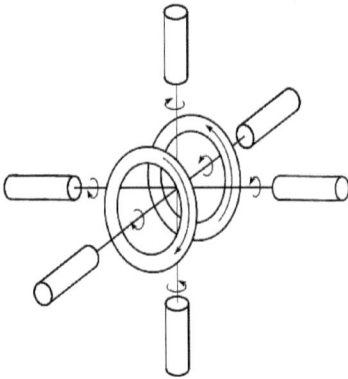

图 18.2　磁光阱（MOT）示意图

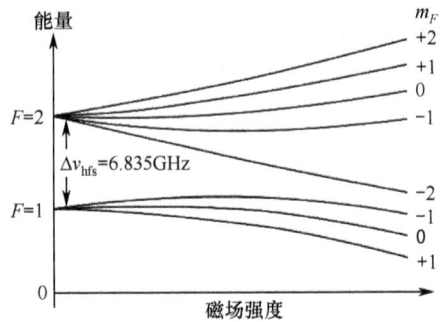

图 18.3　Rb^{87} 同位素"弱场"区域能量函数

注意到，$|F, m_F>$ 子能级 $|2, \pm 2>$ 和 $|3, \pm 3>$ 的能量随着应用磁场线性函数的不同而不同。若磁场足够弱，就可引起小于该超精细分裂频率的磁分裂。因此，既然磁光阱中设计的磁场随着沿阱轴向距离发生线性变化，它则遵循例如 $|2,2>$ 和 $|3,3>$ 之间的过渡频率，与磁场为零的磁光阱中心距离呈线性变化。假设磁场线圈的轴线是笛卡儿坐标系的 z 轴，激光与磁场为零原点处的 $|2,2>$ 到 $|3,3>$ 过渡频率调谐，然后一个朝着正 z 方向运动，而后具有正 z 坐标的原子将获得一个高于激光频率的共振频率。所以，为获得正向多普勒频移，原子必须与沿着负 z 方向运动的激光束交互，使其向原点推动。实际上，吸收一个光子，而后其释放概率是由量子选择"允许"转换规则决定的。该规则涉及磁量子数 m_F 的变化和光子的圆偏振（顺时针或逆时针）σ_+ 和 σ_-。这些规则基于原子—光子系统角动量守恒定律。光子具有一个角动量单位 $(h/2\pi)$ 的独特属性，但对给定的轴，只有

两个可能的方向：对应于顺时针（σ_+）和逆时针旋转（σ_-）（只有如电子一样的1/2自旋粒子有两个方向）。假设激光光谱符号所代表的 $5^2S_{1/2}$ 电子基态与激发态 $5^2P_{3/2}$ 之间跃迁对应激光波长 $\lambda = 780$ nm，角动量守恒要求 m_F 增加一个单位也伴随着有 σ_+ 圆偏振光的吸收。因此：

$$|F = 2, m_F = 2 > \rightarrow |F = 3, m_F = 3 >; \Delta m_F = \pm 1 \quad （\sigma_+ \text{偏振}） \tag{18.3}$$

处于 $|F = 2, m_F = 2 >$ 的一个原子将与一个 σ_+ 激光束交互且过渡到 $|F = 3, m_F = 3 >$ 状态。

应该指出，上文提到的冷却/约束机制对多普勒冷却原子运动的依赖度与第 11 章讨论过的有所不同。在目前情况下，空间变化的制动力由设计为常数的磁场梯度决定，在多普勒冷却中力取决于位置而不是速度。在磁光阱中我们建立一个具有控制能力的恢复力，而多普勒冷却中冷却力取决于速度，本质上更像黏性力。

至此，我们所讨论的重点内容还是磁光阱的冷却功能，磁四极场配置的原子捕获特性也同样重要。第 10 章的重点是捕获原子离子产生的相关孤立现象，并观察它们微波谱的自由扰动。在类似的热条件下，则不可能因禁中性原子；然而在微温度下，对于铷等拥有类似于小型条形磁铁永磁力矩的顺磁性原子，该情况则应另当别论。四极磁场的合理近似值可通过两个线圈的反向磁场在空间的平衡点得知，定义如下：

$$B_r = Ar, B_\theta = 0, B_z = -2Az \tag{18.4}$$

在描述铷原子在该磁场的运动时，可以假定原子与磁场仅通过其外层电子的磁矩相互作用。此外，有效的原子磁捕获要求如下：原子穿过整个势阱空间中的可变磁场，维持相同的方向，即相同的磁量子态。原了与磁场之间相互改变缓慢，不导致其转换到其他状态，故称为绝热。如果使用向量模型，则要求周围的原子电子自旋矢量必须以高于自身变化频率的频率向磁场方向推进。如果违反了该条件，电子自旋方向可发生翻转现象，也就是说，它可能以逆转的力量使量子跃迁指向相反的方向。这种转换被称为马约拉纳转换，这是一位意大利物理学家的姓名命名的，该物理学家处于量子理论发展的早期阶段，他才华横溢，但结局却很悲惨。四极场中心是一个零点，进动频率通过零（值）点时，即使是缓慢进动的原子也将违反绝热条件，甚至跃迁到相反的自旋状态。为避免这种情况，我们需要引入一个标准化的解决方案，即引入另一个绕四极轴旋转的时变均匀磁场，称为时间旋转势阱 （TOP）。具有旋转角速度 Ω 的磁场 B_T 含以下分量：

$$B_X = B_T \cos(\Omega t); B_Y = B_T \sin(\Omega t) \tag{18.5}$$

在 x-y 平面，该磁场必须有一个超过原子旋转频率的有效频率 Ω。假设绝热条件下的磁矩仍然时刻指向磁场的相反方向，原子的运动便很容易根据势能函数派生。函数如下：

$$U = \mu B(x, y, z) \tag{18.6}$$

其中，μ 指原子磁矩，B 是磁场量级，表达式如下：

$$B^2 = A^2(x^2 + y^2 + 4z^2) \tag{18.7}$$

我们可以利用磁场的圆柱对称性写出 $x^2 + y^2 = \rho^2$，然后能量表达式变为

$$U = \pm \mu A(\rho^2 + 4z^2)^{\frac{1}{2}} \tag{18.8}$$

运动方程如下（自旋反平行）：

$$m\frac{\mathrm{d}^2\rho}{\mathrm{d}t^2} = -\frac{\partial U}{\partial \rho}, \quad m\frac{\mathrm{d}^2 z}{\mathrm{d}t^2} = -\frac{\partial U}{\partial z} \tag{18.9}$$

在同一原子的共同作用下，静态和旋转场可通过减小时间独立性的哈密尔顿函数进行时间平均近似简化，从而简化量子力学的解决方案。事实上，因为磁光阱旨在极低温的条件下限制原子，因而其运动必须使用量子理论。然而我们并不能完全忽略磁场的时间依赖性，事实上，剩余原子残余微动使人想起了离子保罗阱。假设绝热条件的简化和时间独立的平均运动模糊了详细行为，例如，无法解释原子云中心的垂直转移在逆向旋转振荡场的灵敏度。

18.3 原子干涉：衍射光栅

干涉的隐含要求是，两束相干波束相互干涉，并产生一种模式，从中也可得出相对传播的历史条纹。为实现上述目的，通常将一个相干光束分离或分裂成两束相干光束，并使其经历不同的路径，之后，进行比较和重组。对光而言，需要使用抛光平板玻璃才能实现分束行为，同时保留一致性。然而，在原子相干光束的情况下，可用的方法更为复杂。

光谱中使用的经典衍射光栅由一个分布大量等距的线条或裂缝屏幕组成，的确会导致一束输入波的分离，在不同的方向将输入波分成许多绕射的相干波；然而，即使在极低温度下，原子的德布罗意波长依然非常小，它需要合适的光栅纳米技术设备。因此，麻省理工学院的实验技能团队成功构建了一个透射光栅，并测试了一个钠原子束，它的德布罗意波长是17pm（17×10^{-12} m），蚀刻在黄金膜上的光栅空间距离只有200nm。

18.4 卡皮查—狄拉克效应

由于这种微型光栅处理较为困难，人们将注意力转向了中心散射格子的应用，如，冯·劳厄主张使用用于 X 射线能谱的中心散射晶格。1933 年，苏联物理学家卡皮查和量子理论的巨擘之一狄拉克，在磁性和低温物理中首次提出[7]了应用量子理论物理结果的物质波技术，该技术被称为卡皮查—狄拉克效应。简而言之，该效应即电子束由衍射光栅的周期性光场条纹引起的衍射，如图 18.4 所示。

它类似于晶体的周期性结构引起的 X 射线衍射，从而形成了冯·劳厄条纹：即辐射波与物质之间所发生的角色互换。然而，它们之间的区别被描述为一个"稀疏"衍射光栅和一个"密集"衍射光栅。前者应用于卡皮查—狄拉克衍射，其特征表现为同一散射平面的衍射；而后者被称为布拉格衍射，它涉及多个散射平面。它们的区别源于各自所采取的观察方式：卡皮查—狄拉克衍射的发生紧密地伴随着激光束的聚焦，同时能量和动量守恒允许许多衍射角度；而在布拉格衍射条件下，只有从某些角度入射的平行激光束才能导致反射。

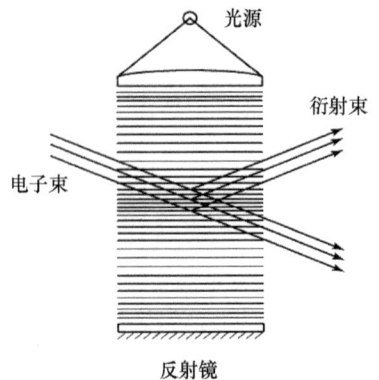

图 18.4 电子束由持续光波引起的干涉：
卡皮查—狄拉克效应

246

使用传统光源，如用汞弧构成的光场作自由电子波衍射强度的数值估计，则很快就会显示其效果太弱，无法观察到最初的设想效果。然而，随着强大的相干激光光源的出现，情况发生了彻底的改变，几个实验室均受其鼓舞尝试其演示效果。2001 年，巴特兰及其同事[8]在美国内布拉斯加州大学成功得到电子束。但无论对基本粒子辐射相互作用兴趣多大，或者技术成就多么突出，当前亟待解决的问题仍然是原子波的相干衍射。

观察类似原子散射实验的难题在于散射角太小。例如，在温度为 $1°K$ 时，使用光学激光波长粗略计算铷产生的散射角只有 $10^{-6} rad$。不过，1988 年在麻省理工学院 P.J.Martin 等人观察到了钠原子超声束散射[9]，一个延长的驻波条纹充当了光衍射光栅，观察到原子衍射强度最大值出现的方向符合布拉格定律，即：

$$n\lambda_{dB} = 2d\sin\theta_n \qquad (18.10)$$

其中，λ_{dB} 是原子的德布罗意波长，d 是光带的间距，θ_n 是 n 阶布拉格反射角，作替换：$\lambda_{dB} = h/p$，$\sin\theta \approx \theta$，$d = \lambda_L/2 = \pi/k_L$，驻波间距的最大值由激光场产生，我们可得 $\theta_n = n(hk_L/2\pi p)$。整数 n 被称为布拉格反射阶数，已可观察到第一阶和第二阶反射。

由这些实验所总结的经验可为未来在尽可能低的温度下进行原子干涉测量提供指导：所有原子处于尽可能低的量子态，即玻色—爱因斯坦凝聚态（BEC）。在这种态下，原子的速度很小，其德布罗意波长很长，可在实验室范围内观察到原子光学驻波的衍射角度。这种情况促使人们尝试证明，原子衍射并非由原子束与固定光场交互作用所得，而是源于固定 BEC 散射的行波光场逆向应用[10]。行波光场可以简单地通过两个传播方向相反、略为失谐的激光产生。因此如假设以下场由两个沿着 x 轴的行波组成：

$$E(x,t) = E_0\cos(k_1x - \omega_1t) - E_0\cos(k_2x + \omega_2t) \qquad (18.11)$$

其中，$(\omega_1 - \omega_2) = \Delta\omega$，$(k_1 - k_2) = \Delta k$ 很小，我们可使用以下表达式重新表示 $E(x,t)$：

$$E(x,t) = 2\sin\left\{\frac{1}{2}(k_1+k_2)x - \frac{1}{2}(\omega_1-\omega_2)t\right\}\sin\left\{\frac{1}{2}(k_1-k_2)x - \frac{1}{2}(\omega_1+\omega_2)t\right\} \qquad (18.12)$$

它代表的调幅波包络速度为 $\Delta\omega/k_{ave}$。因此，通过调整 $\Delta\omega$，可改变调整幅度形成的原子相对光学晶格的速度。由于从晶格散射的原子相对实验室系的移动，因而线性动量的变化增加了一倍。

原子散射总体研究如图 18.5 所示。两束反向传播的激光照射 BEC 原子，原子接受激发的双光子拉曼跃迁，原子每吸收一个光子就会激发出第二个光束，同时伴随着动量的转移和运动方向的变化。

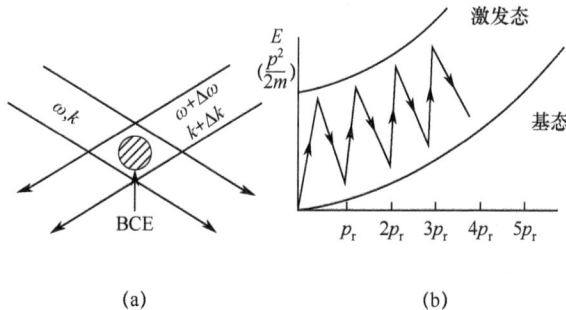

(a)　　　　　　　　(b)

图 18.5　玻色—爱因斯坦凝聚物的激光散射

假设两个激光方向之间的角度为 θ，那么原子的净转移动量可由以下表达式确定：

$$\Delta p = \frac{hk}{\pi}\sin\frac{\theta}{2} \tag{18.13}$$

其中，k 是波矢量的幅值，两束激光幅值相同。能量守恒进一步要求，以下表达式为一阶散射，涉及一个光子的吸收和再发射：

$$\frac{(\Delta p)^2}{2M} = h\frac{\Delta\omega}{2\pi} \tag{18.14}$$

这种受激双光子拉曼散射正是原子干涉仪光束分裂的基础。因此通过应用激光，使它以脉冲的形式激发，原子将留在两个相干混合的超精细基态动量中。脉冲激光的使用引发了一个问题，即是否有一个最佳脉冲持续时间？如果有，它将依赖于激光的强度。量子振荡的扰动所引起的量子态跃迁通常会导致系统在两个能级态之间振荡，因此，定义脉冲激发强度常见的方式是使用角度，其中 π 脉冲就可以实现系统从一个状态到另一个状态的翻转。图像源自于众所周知的核磁共振技术，它与旋转方向有关。如果激光脉冲的强度和持续时间等以同样的概率在一个能级态离开原子，由于伴随动量的变化，另一个（1/2 π 脉冲）原子束将分为两个方向。另一方面，如果脉冲长度增加了一倍，将产生一个 π 脉冲，原子动量反转，状态不变。同样，在神秘的量子杨氏双缝实验中，π/2 脉冲可以导致一个原子处于两种不同的状态：从某种意义上，该实验中一个光子可以处在两个缝隙中。当详细地讨论干涉仪时，我们会回到原子束处理的主题。

在盖色斯堡 NIST 小组[10]所做的布拉格衍射实验中，首先用上述方法形成 BEC，即在磁光阱中用激光冷却原子气体。然后，将原子囚禁在一个静态的四极和旋转的偏置磁场中，磁量子能级 $F=1, m_F = -1$，通过强迫蒸发进一步压缩和冷却，直到玻色—爱因斯坦凝聚发生。原子强迫蒸发指使用射频电磁场，结合原子相互碰撞，造成势阱中的原子加热并损失能量，导致随后的热平衡温度较低，但该情况只限于很少一部分原子。据实验报道，开始大约有 10^{10} 个钠原子，最终只有 10^6 个原子处于玻色—爱因斯坦凝聚态，沿 x, y, z 轴的特征，频率分别为 360、250 和 180Hz。

实现玻色—爱因斯坦凝聚后的下一个目标是通过衍射激光使原子束散射，具体实现方式是释放势阱中的冷凝态，并让它成束出现。如前所述，衍射场由两个激光脉冲产生，其频率分别为 ω 和 $\omega + \Delta\omega$，传播方向几乎相反，并伴有短暂的重叠。为确保两个激光束相干，同一个激光器的激光分束可使用声光调节器。为了避免共振荧光现象，以及与共振跃迁处于失谐状态，$(3S_{1/2}F=1) \rightarrow 3(P_{3/2}F'=2)$，彼此失谐为 $\Delta\omega/2\pi = -1.85\text{GHz}$，这样就确定了光场的"衍射光栅"宽度。

NIST 小组观察原子的方法是：首先，光泵浦它们（参见第 8 章）到基态能级 $F=0$，然后使用激光调谐吸收，从基态 $F=2$ 跃迁到第一激发态 $F'=3$，形成一幅图像。采用这种方式，可以跟踪释放的凝聚态，因为它是一个单元移动。对此，关键又复杂的步骤是产生一束冷原子，我们已经强调过，出现在不同方向的不同衍射阶数是相干的，这样才能满足干涉测量的基本要求。

18.5 原子干涉仪

实际上，原子干涉仪的专利早于 1977 年就已问世，其潜在用途引起了人们的广泛关注，包括新型陀螺仪的高精度等级等。世界各地有许多研究小组在探索改善该技术的新方法，以及扩大应用的新方向。传统干涉仪（无论是光学或原子）的基本部件包括：（a）粒子源，（b）相干的分束器，（c）传播测试路径，（d）两波之间的相位相关器，（e）重组波的干涉图检测器。在某种意义上，拉姆齐腔中的分离场（参见第 8 章）可被视为一个涉及原子超精细转换的干涉仪。

也许，最简单的原子干涉仪版本是马赫—曾德尔型经典光学干涉仪。马赫因马赫原理而出名，该原理指出，物体的动力受宇宙中所有物质的作用。据说，该观点影响了爱因斯坦的思维。

经典的马赫—曾德尔干涉仪如图 18.6 所示。其基本功能类似于更为著名的迈克尔逊干涉仪，光波分裂成两个波束（"两臂"），在相似的路径上传播，并再次聚集在一起产生干涉图。在干涉条纹中可观察到两条路径之间的任一轻微延迟。

在对原子干涉仪的设计进行研究的多个不同实验室中，最初麻省理工学院的普理查德研究小组[11]描述了它的基本特征，其他说法也是以此为依据。它使用三个纳米技术制造的透射光栅实现了德布罗意波所需的窄缝衍射，该小组也因实现了从两个光束路径分离解析出两路径的相位差而著名，如因旋转造成的相位差。使用正确设计的衍射光栅可以得到无关波长的"白色"条纹，因此，并不因原子速度分布而使条纹变宽。马赫—曾德尔型的原子干涉仪示意图如图 18.7 所示。

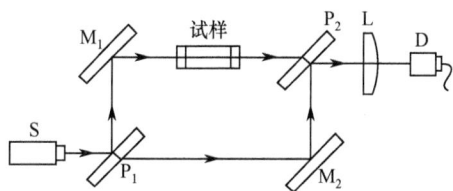

图 18.6　经典马赫—曾德尔干涉仪的组成　　图 18.7　马赫—曾德尔型原子干涉仪（自[10]）

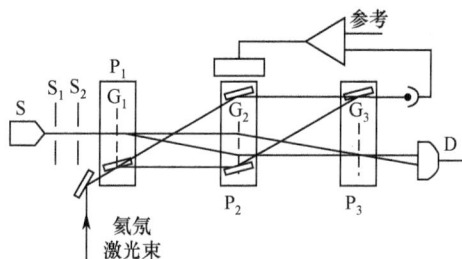

为实现原子窄波束的纵向速度分布，使用了超声速源。该超声速源通过在一个温度高达 $800°C$ 的不锈钢室内加热物质元素（在本例中所采用的是钠元素）得到，其金属蒸汽压力达到 $5mm$ 汞柱。引入高压（2atm）惰性气体，然后混合物以高速气体原子作为载体，通过 $70\mu m$ 直径喷嘴进行超音速扩张进入真空。直径为 $500\mu m$ 的沉浸孔分离扩散的原子，使原子通过设备沿轴传播。这种类型源有个有用属性，即原子的速度取决于载气的质量，因此通过使用不同的气体可以实现所需的原子速度和德布罗意波长。

来自源的原子通过准直狭缝，撞击第一个衍射光栅，将光束分成零级和一级衍射光束，并落在第二个光栅上；在第二个光栅上它们再次发生衍射作用，动量方向反转，在第三个光栅上形成干涉图，像屏幕一样。光栅的狭缝间距仅为 200nm，或者大约为可见光波长的三分之一。可将辅助氦氖激光器作为光学干涉仪以精密确定光栅的相对位置。

18.6　原子陀螺仪

回想一下，在第 12 章介绍激光陀螺仪时，我们已经介绍了萨格纳克效应，这本身就是机械旋转类型的一个革命性改变。由于旋转运动定义了非惯性系统，所以需要用广义相对论进行适当地描述。然而经典的处理方法产生了一个正确的一阶近似值，结果是在一个参照系中有两条以角速度 Ω 旋转的封闭路径（顺时针或逆时针），其时间差的结果表示如下：

$$\Delta t = \pm \frac{2\Omega}{c^2} A \tag{18.15}$$

其中，A 表示一个封闭的区域，可为任何形状。若为第一个近似值，该结果假设 $V/c \ll 1$，其中，V 是时钟绕封闭路径转动的速度。无论是光波还是德布罗意波，其周期振荡都提供了一种自然的尺度，以衡量时间的流逝。因此，可以根据上述结果得到两个沿封闭路径相反方向传播的物质波之间的相位差 $\Delta\varphi = 2\pi\nu\Delta t$。因此根据 $h\nu = mc^2$ 得到 ν，可得出下式：

$$\Delta\varphi = \frac{4\pi m\Omega A}{h} \tag{18.16}$$

比较氦氖激光器产生 $\lambda = 632\text{nm}$ 的光波与冷却铯原子物质波绕同一区域产生的相位差意义重大。对于光波，用下式来表达相位差更加简便：

$$\Delta\varphi = \frac{4\pi\Omega A}{\lambda c} \tag{18.17}$$

因此，当相移为 $\Delta\varphi = 4\pi C\Omega A$ 时，我们发现，氦氖激光 $C_L = 5.26 \times 10^{-3}$，铯原子 $C_A = 3.3 \times 10^8$，增加了 6.27×10^{10} 倍。这是在假设区域相同的情况下得到的结果，当然，也是不切实际的；另一方面，并不需要大幅改善就足以惊人了——因为 100 倍的数量级已具革命性了。

原子干涉相对激光陀螺仪的巨大潜在优势，促使世界各地的研究小组尝试设计该系统，他们已经克服了一些具体的困难。许多人已经成功尝试了不同的平台和技术。它们可能根据原子的操作温度分类，原子束相干的方法已经成型，即形成一个封闭的路径来测量萨格纳克效应。

斯坦福大学有两个小组致力于原子干涉的测量研究。卡瑟维契带领的一个小组专门致力于旋转测量的研究，而诺贝尔奖得主朱棣文带领的另一个小组则致力于原子喷泉基础理论的研究。2000 年，卡瑟维契小组成员使用长干涉路径，使旋转测量灵敏度达到了 $3 \times 10^{-8}\,^\circ\text{/s/Hz}^{1/2}$。为了将该技术成功应用于车辆导航，必须找到增加干涉路径的方法，而不再是使用简单的仪器。为了实现该目的，需要使用盖托碧吉奥等人研究的大角度相干光束分裂技术[12]。

最后，我们将介绍斯坦福大学[13]K·塔卡斯设计的适用于移动应用领域的紧陀螺仪。该陀螺仪使用两个从磁光阱中垂直投影的冷却铯原子云，类似于铯喷泉频率标准的方法，Cs^{133} 核自旋值为 $I = 7/2$，因此基态核超精细结构有两个自旋为 $F = 4$ 和 $F = 3$ 的次能级。

这些次能级之间的跃迁共振频率被定义为9192631770Hz，它定义了时间单位：秒。受两个反方向水平传播、且频差为 9.2GHz 的激光束作用，原子两个能级间的超精细分裂激励了双光子进行拉曼转换，按照 $\pi/2-\pi-\pi-\pi/2$ 的脉冲序列发生变化，如图 18.8 所示。在上述两个态之间，拉曼激光束的应用可操纵原子的线性动量矢量。

在重力作用下，拉曼激光脉冲引起的原子变化被描绘为抛物线形状，最后，在它们运动轨迹的底部通过光泵浦探测，如图 18.9 所示。

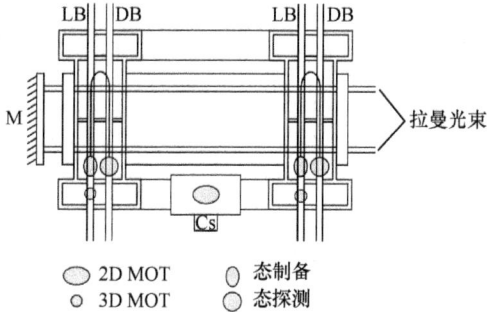

图 18.8　塔卡斯移动原子干涉仪的旋转测量　　图 18.9　拉曼脉冲对铯原子垂直弧线的影响

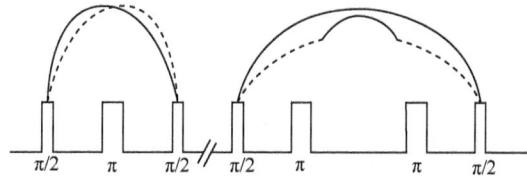

由图 18.9 可知 π 和 $\pi/2$ 脉冲的应用如何影响这些态上的原子。就 $\pi/2-\pi-\pi/2$ 脉冲序列而言，处于 $F=4$ 和 $F=3$ 能级态、具有萨格纳克效应的原子（见图 18.8）在它们之间达到平衡，而在 $\pi/2-\pi-\pi-\pi/2$ 脉冲序列下的封闭区域则不同。塔卡斯指出，能量或持续作用时间误差引起的不完整 π 脉冲可能导致出现依赖不同角速度的假轨迹，而且这种 π 脉冲误差使系统对于线性加速度更敏感，干涉仪的稳定性为每小时不超过 6.6×10^{-3} 度。

在将物质波干涉仪作为终极陀螺仪的同时，很难忽视它们在其他方面的可能应用，这也是探索今天物理学最基本的问题，即量子理论和爱因斯坦时空引力理论的统一性。物质波干涉仪将为研究爱因斯坦广义相对论时空"连续"的可能精细结构提供终极手段，在探测微观时空极限上，没有比量子效应具有更高分辨率的方法，即颗粒状结构。相对论引力作为大规模时空几何的表现，与量子理论之间的关系仍然难以捉摸。有人争论，如果统一的理论的确存在，它必须能用普朗克常数、光速和牛顿的引力常数等基本的物理参数以描述量子理论、相对论和引力。在普朗克之后，如果我们疑惑：统一理论拥有的长度基本尺度级别是什么，我们可根据以下公式[14]得出如今所谓的普朗克长度 l_P：

$$l_P = \sqrt{\frac{hG}{2\pi c^3}} \qquad (18.18)$$

该结果可以简单地通过"量纲分析"获得，即按照质量、长度和时间的基本单位 h、G 和 c 表示，并且组合结果可以简化长度量纲。如果我们将数值替换掉，就会发现 l_P 大约为 10^{-26} nm，除了最不屈不挠的物理学家外，这个结果可能使得人们放弃寻找引力量子效应的实验证据。然而，证明引力场量子化的存在并不需要测量普朗克常量自身，只需要得知其他大尺度结果。考虑到类似于电磁场量子化的情况：即使钠光的量子能量只有 3×10^{-19}J，但正如普朗克发现的，量子化存在只需要通过黑体光谱检测便可轻易验证。对于量子化的引力场，普朗克长度级别的微粒会引起原子束相位随机波动，产生可观测的可能性效应。科学家已经对波动和悬浮在水中花粉粒子的布朗运动做出了比较。

几个研究小组开始尝试制作绕地球卫星可携带的干涉仪，局限于利用卫星的两个理由是：首先，卫星是一个"失重"系统，因此引力场为零；第二，卫星环境可以完全避免振动。

18.7　铯喷泉频率标准

第 8 章中，我们讨论了经典铯束频率标准。回想一下，确定其准确性和稳定性的参数有：（1）观察到的原子总数；（2）观察到不受随机扰动原子的时间长度。依据该标准，原子在高真空水平方向自由传输，除了罕见的背景粒子发生碰撞以及设计应用的弱均匀磁场，原子都可以完全避免扰动。如果要通过提高有助于信号的原子数量以提高性能，就需要从源头提高蒸汽压，但这也提高了原子的速度，并且减少了给定原子束长度的观察时间。为了尽可能长的保持观察时间，原子束长度必须增加。但遗憾的是，不仅有长度这个明显的实际限制因素，还有重力这个限制因素，由于来自热源原子之间的速度分散，它可导致原子束偏离并展宽。所以结论就很明显：经典的标准有其局限性。

在喷泉标准中，铯原子束不仅适应重力效应，而且事实上还可以对垂直原子束加以利用。其实，早在 1954 年激光出现以前，撒迦利亚[15]就提出了这样的方法，克服了重力对标准水平原子束的影响。通过引导在垂直方向的原子，使它们沿着一条狭窄的抛物线路径到达一个高度，该高度取决于它们的初速度，并返回到地面。因为原子可以在上下能级之间游走，所以只需要一个拉姆齐腔诱导跃迁。此外，由于仪器高度有限，仅只拥有初始速度处于高度限下的原子才能对信号有用。当时，撒迦利亚提议，操作标准的铯源通常在50°C 以内进行，在该温度下，计算的原子平均高度约达 1km，一般认为，尽管处于麦克斯韦速度分布低端的原子数量较小，但实际的高度仍然可以表现出完整的抛物线形状，并返回到检测器。然而，实践证明，这项技术并不可行，因为有大量高能原子的存在。无论如何，显然只能探测到经典的铯源中的少量原子，数量之少以至于增加观测时间带来的性能提高大于有助于信号的粒子损失。对于高度限制为 h 的设备，原子返回的最大源速度 V 等于 $(1/2)mV^2 = mgh$，为了达到平均高度，比如 2m，周围的温度必须为 0.6K。

正如其他许多例子，激光的出现彻底改变了这种情况。如我们所见，四极磁场组成的磁光阱可以冷却原子云，三个互相垂直的反向传播激光束适当地调谐于原子共振。作用于原子的有效阻滞力与其到中心的距离成比例，假设该有效阻滞力较小，从而可以限制其运动，使其集中于中心位置。达到低于多普勒极限所需的冷却过程取决于光的偏振梯度，即使缺少捕获的磁场，光的偏振梯度还是很有效，从而导致光束的交叉点形成原子积累，温度大约是 30μK，该现象也称为光学糖浆[16]。

另外一项主要技术选项是，如何在狭窄的垂直方向，以原子穿过拉姆齐腔上下极限的方式发射或"启动"这个激光冷却的糖浆。在经典热源中，原子只是从炉子的一个小开口内流出；受糖浆膨胀率影响，显然在低温下沿同一方向释放糖浆的效率较低，尽管可能略高于此温度下所预想的效率，但实际上仍然很低。我们需要做的是，以某种方式提供原子一个初始脉冲的推力。采用可以冷却原子的激光，如前文所讨论只需通过在激光向下传播方向上引入负频率偏移，并在其向上传播方向上引入正频率偏移，从而创建一个移动的光场。作用于原子上的合力最终使得原子速度达到平衡，并且，多普勒频率的变化引起原子共振，并产生激光束。这相当于根据多普勒效应，将系统参考系以恒定速度移动，原子达到平衡后，激光束受阻，原子继续向上运动。这远比简单地控制糖浆形成向上移动的激光脉冲复杂，但对保持有序运动显然更有效。

1989 年，斯坦福小组首先发表了原子喷泉的观察结果及其在高分辨率光谱潜力上的研究证明[17]。该小组使用辐射压力发射原子，使其作垂直向上运动，而原子在重力作用下落回，从而论证了钠原子喷泉的形成。1000s 整合时间后，在 2Hz 线宽内可观测到原子的低速度，使基态超精细跃迁，因此使较长时间的观察成为了可能，并且微波共振频率的中心误差不超过 ± 10mHz。我们可以从史蒂芬·杰佛等人的文章中找到解决问题的方法[18]。

铯喷泉频率标准已经取代了水平热中子束机械装置，现在，所有国家级标准实验室都依靠观察铯超精细频率建立国际原子时（法语缩写：TAI）。这些标准实验室都是大型的固定装置，其主要设计准则是准确性和再现性。在不久的将来，所有 GNSS 监测站无疑都会安装铯喷泉标准。当然，尺寸和重量设计都不受限制，因此，可实现极高的准确性和稳定频率。例如，在法国标准实验室，2005 年，法国国家计量局（BNM-SYRTE）就已给出了 FO1 和 FO2 的稳定性测试结果[19]分别为 FO1： $2.9 \times 10^{-14} \tau^{-1/2}$ 和 FO2： $1.6 \times 10^{-14} \tau^{1/2}$，但是更让人印象深刻的是，两个频率标准之间的差异极小，只有 4×10^{-16}。类比到时间上，这相当于 1000 年中 1μs 的时间差。

铯喷泉的实际设计标准可自然而然地分为以下几个不同的功能：（1）激光冷却的铯蒸汽形成一个光诱导糖浆，中心集中成一束；（2）使用两个反向垂直的激光束发射铯；（3）可能的额外冷却阶段，进一步减少按照速度分布的原子传播；（4）超精细能级的原子选择通常为 $|F=3, m_F=0>$，它是从 $|F=4, m_F=0>$ 跃迁到 $|F=3, m_F=0>$，而处于 $|F=4>$ 能级上的其他原子被光学消除，使子只处于 $|F=3, m_F=0>$ 态；（5）用拉姆齐微波腔共振场产生两个 $m_F=0$ 能级的相干混合；（6）提供一个无摄动垂直漂移空间（或"抛管"），在实验室安装的通常是 1m 长，处于弱均匀磁场中；（7）激光的探测证明，在拉姆齐微波腔中存在跃迁，通过第二级后，原子出现。定期重复操作，每次递增拉姆齐腔场的频率。法国国家计量局的 FO1 铯喷泉标准如图 18.10 所示。

为了达到导航目的，标准的可移植性和稳定性显然是最为重要的属性，或许比绝对精度还重要。这就要求铯喷泉足够坚固，并且可以在移动环境中使用。实际上，制定移动标准已经超过了对导航的要求。利用该标准在全球范围内传递精确的时间非常有用，同时也能通过引力场时钟频率的相对独立性绘制引力场。

在博尔德的美国国家标准技术研究所团队[20]正在开发的紧凑型铯标准的基本部件，如图 18.11 所示。

紧凑型标准冷原子源通过三个互相垂直且反向传播的双激光以捕获铯，并冷却铯蒸汽。首先，在磁光阱中将其转换为纯光学糖浆，然后解谐垂直光束所产生的移动光场引起原子束向上发射至源上方 40cm。源上方一个矩形微波腔提供了超精细的脉冲频率，诱导处于 $|F=4, m_F=0>$ 态的原子跃迁到 $|F=3, m_F=0>$ 的态，其余处于 $|F=4, m_F>$ 亚能级上的原子全部跃迁，从 $|F=4, m_F>$ 跃迁到 $|F=5, m_F>$ 的亚态上。

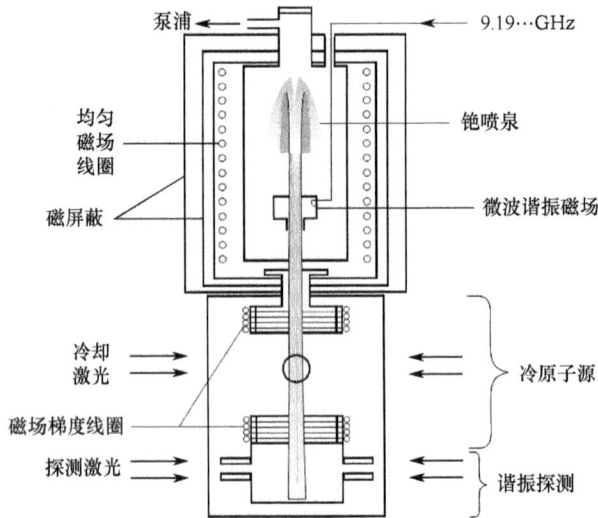

图 18.10　法国国家计量局的 FO1 铯喷泉标准

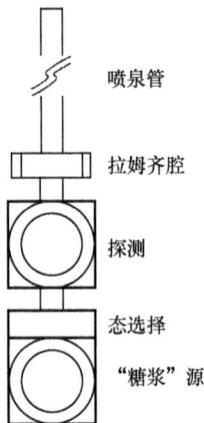

图 18.11　NIST 铯喷泉频率标准基本部件

通过探测两个超精细状态之间发生的跃迁现象，能够测量这些"场独立"状态的原子数量。原子来自于拉姆齐腔，其中建立了铯的标准跃迁频率，原子首先遇到光驻波，导致了从 $|F=4, m_F=0>\to|F=5, m_F>$ 的跃迁，结果造成与 $|F=4, m_F=0>$ 原子数量成比例的光子散射。然后，处于这一状态的原子遇到行波，从 $|F=4, m_F>\to|F=5, m>$ 跃迁。为了获得与 $|F=3, m_F=0>$ 状态原子成比例的光子散射，用标准超精细频率微波场泵浦到 $|F=4, m_F=0>$ 状态，然后按照以上顺序继续进行。

拉姆齐腔是一个内径 7cm、高约 2cm 的铜柱，并以 TE_{011} 模式运行，频率为 9.19GHz，无载 Q 值为 18000。50nT 的统一轴向磁场用于拉姆齐腔和喷泉，但是选择和检测区域使用更强大的 0.5μT 场。喷泉达到拉姆齐微波腔上方 13.2cm，对应拉姆齐 0.33s 的时间以及相应的窄线宽。

最后，一项涉及原子守时、且十分重大的科学项目已经处于前期发展阶段；该项目意图在宇宙飞船上实现原子喷泉钟的极高稳定性，从而验证相对论理论的预测。这是一

254

项名为 PARCS（空间主原子参考时钟）的联合项目，目的是开发一个空间坚固的铯喷泉频率标准。由于遥远卫星上失重，铯原子喷泉的飞行时间比地球表面长。此外，在空间中卫星自由轨道没有载荷振动来源，因此不会有共振谱线增宽。该项目由国家标准与技术研究所的喷气推进实验室与科罗拉多大学合作完成。预计终有一天，这个有资格在空间中工作的时钟必定会（TBD）被配置于国际空间站（ISS）。

18.8　量子计算机

1975 年前后，信息处理硬件以及计算都建立在两种经典设备之上，或者机械，或者电子设备。用二进制系统表示数字，作为比特单位，每一种状态都由 0 或 1 来表示，物理上表示开和关两个状态，或者电路上寄存器的两级。人们设计了称为"门"的各种设计电路，应用于逻辑计算操作的二进制数字。这种离散系统根本原则是：每一位数值非 0 即 1。

在微观世界中，每一个物理行为需要用一个量子描述，于是，一个表示、处理数学以及逻辑操作的全新物理形式出现了，它是以物理状态的量子处理作为开始，基本宗旨是叠加原理，如波动光学。在经典杨氏双缝干涉实验中，使用直观粒子观察时，会产生违反直觉的结果——我们回顾一下这个实验，单个光子落在两条狭缝上，只要没有检测到通过的缝，后面就会出现光子的相干叠加，否则光子会"坍缩"成一种状态。看来，光子通过哪一个狭缝取决于是否封闭了另外的狭缝。叠加的另一个例子是双电子系的表现。回想一下，波函数表示电子的集合（费米子）相对电子的交换必须是反对称（符号变化）的，因此，可以用对称（纠缠）空间函数与反对称自旋函数的乘积得出总波函数，从而产生反对称的双电子波函数。例如，如果空间函数对称，自旋函数必须反对称，也就是说，使用量子术语，用 $(|\uparrow>1|\downarrow>2 - |\downarrow>1|\uparrow>2)$ 来表示，其中箭头指向是相对于指定轴自旋为 $s = \pm 1/2$ 状态的两个方向。包含两个粒子坐标的波函数不能简单地用两个粒子坐标的乘积表示，一个例子就是"薛定谔的猫"，它能够分解成每个粒子独立乘积的波函数，可用两个分开的薛定谔方程来表示，结果相对独立。在更基础的层面上，同一粒子的两种量子态可以纠缠到一起，例如，考虑自旋为 1/2 的粒子，可以是电子，或者是放置在磁场中、初态为 m_s=+1/2 的粒子。一般情况下，磁场向粒子施加一个磁力矩，由于粒子自旋，所以表现为一个陀螺。如果一个弱交变磁场（通常是射频）作用于粒子横向旋进，并使粒子以谐振频率运动，它最终将导致轴的倾斜以及方向扭转。只要横向射频场存在，这种在自旋向上和自旋向下之间的自旋轴扭转便会持续下去。如果粒子幅度和持续时间适当，它会处在一种相干混合状态，自旋向上 $m_s = +1/2$，自旋向下 $m_s = -1/2$，它既不处在这一种状态，也不在另一种状态；一般情况下，我们认为是在垂直于磁场的平面内旋转，因此，射频场相当于 90°的脉冲。

正如经典的信息量单位被称为比特，只有两个值：0 或 1，量子信息的单位被称为量子位，可以表示两个自旋态的相干叠加，因此：

$$U = a_0 \left|\uparrow> + a_1 \right|\downarrow>; |a_0|^2 + |a_1|^2 = 1 \tag{18.19}$$

根本而言，量子计算更强大的功能源于：一个 N 量子位寄存器占据 2^N 维的空间，也就是说，它表示 2^N 个二进制相干态的叠加。这意味着可以有效地进行并行计算，所以将其称为量子并行性。

1985 年，多伊奇设计完成了计算机结构设计的第一项重大进步，即基于量子态的操纵。为了凸显他的贡献，我们必须回顾一下经典计算机的设计。例如，图灵机是一个概念上的计算机，它能够执行所有经典计算机的运算。设想有一个无限磁带被分为细格单元，每个单元都包含一个 0 或 1。它有一个读写头，可以沿磁带的任意方向扫描，通过"门"来确定当前内部状态并读带。这个动作包括给磁带赋与新值，根据所读磁带改变内部状态。虽然现代计算机并不是简单的图灵机，但它们的计算功能可以根据图灵机表示。

与经典计算机一样，量子计算机的操作建立于各种逻辑门之上。不必惊讶，好几个实验室已经做了大量的工作，用实验证明了量子门。例如，早在 1995 年，美国国家标准技术研究所[21]的先锋小组就声称其成功地证明了控制非门（CNOT），其中涉及一个处于电磁阱的单一离子，用磁超精细跃迁将离子的两个最低运动态耦合。作为一个二比特门，如果一比特处在给定的状态，触发另一比特，控制非门就会工作。很多年来，巨石小组都在捕获场中囚禁，并冷却离子到最低振动量子态的研究（参见第 10 章）。控制 NOT 逻辑门可由捕获 $^9Be^+$ 得到证明，该离子被冷却到最低的双量子振荡能级，通过谐波抑制器，可用 11MHz 频率将其分开。该离子基态具有 $^2S_{1/2}$，可以分成间隔为两个 1.25GHz 磁超精细能级，两个振荡态的中心作为一个量子位，将两个磁超精细态作为另外一个量子位，从而可以构造门。他们发现，用一个简单的微波 π 脉冲会得到与超精细态和振荡频率之和相等的频率，并且能量和持续时间很合适，仅当离子处在 $n=1$ 振荡级时，内部超精细态才会发生翻转。巨石小组的这项工作意义非凡，因此 2012 年的诺贝尔物理学奖最终被实验的领导者大卫·瓦恩兰和塞尔日·阿罗什收入囊中，他们目前供职于巴黎的法拉希学院。在基础层面上，这些相干量子态操纵的研究对实现量子计算是一项重大的进展。然而，基于孤立离子构建量子计算机最终能否成功将取决于它的可扩展性，即组成要素的数量和复杂性的扩展能力。原则上，可以构造一个大格子的微观势阱，存储单个离子，并且通过激光分配地址（参见第 10 章），但这仅是预测。

还有一种很有前景的势阱，也称为量子点，并以半导体纳米结构为人们所熟知[22]。这些纳米颗粒的尺寸通常介于 10~100 nm 之间，大约是 20 个原子的宽度。在纳米范围内，任何粒子的行为均须按照量子条件来描述，因此量子点的性质不同于相同物质构成的宏观物体。最显著的区别在于，光子发射光谱不是材料自身的特性，而是由量子点的几何尺寸决定的，这点可以用量子点在势阱中的电子能级结构解释。事实上，量子点被称为"人造原子"，随着量子点的逐渐减小，光子发射光谱从红色变为蓝色，因此通过控制量子点的大小可以精确地构建理想光谱，事实上，"调谐"范围可以从红外光谱扩展到紫外光谱。量子点聚集的物理形式可能为粉末状，也可能为液体中的悬浮液，又或者在每个点使用一个电子的自旋，在量子计算机中设计、并体现量子位的空间点阵，如势阱中的离子，量子点中电子的量子态可以通过适当调整激光操纵。

相比使用局限单一的电子或离子的量子态代表量子位，构建量子计算机的另一种途径是基于宏观物质。最近发现，核磁共振（NMR），也就是作为医学诊断工具的核磁共振，具有一定的优势及可量测性。这项技术可追溯到 20 世纪 60 年代，由爱德华·珀塞尔和罗伯特·庞德发明。大多数原子及其构成的分子原子核有固定的磁矩，并且与自旋角动量有关。我们假定核外电子结构的磁矩为零（无顺磁性），当置于外部磁场中，核磁矩会以固定频率绕场旋进，该频率取决于外部场强以及核磁矩的 g 因子（参见第 8 章）。在原子核外，核旋进相位随机分布，也没有可观察的横向磁信号。此外，在常温下，核磁矩的轴向部分只是弱极化，在原子核指向场的方向上有数量上的优势。然而，如果用一个足够强的轴向磁场，大小为 1~10T，则可以观察到核自旋极化。20 世纪下半叶，核磁共振技术已经相当成熟，核磁共振光谱仪也受到广泛使用，尤其在科学和医学等许多领域应用特殊。如果将一个自旋为 $I = 1/2$ 的核放于磁场中，它就存在两种可能的状态 $m_I = \pm 1/2$，因而可代表量子位。可用横向射频场操纵这些态，并与运动频率共振，从而引起在两个磁能级之间的跃迁。在此过程中有能量的吸收，可以用经典的射频吸收检测方法，使用高品质因数的 LC 电路提供共振激发场。或者在合适的条件下，采用射频感应方法，其中检测场是 90° 射频脉冲的形式，使磁矩在平面中与轴成直角旋进，并且由于核磁矩的旋进观察到射频信号。

为了应用核磁共振构建量子门，假设我们有分子组成的大量液体，其中，分子又由核自旋为 1/2 的原子组成，所以，在外部磁场中，核与场是线性关系，或者平行，或者反向平行，分别对应量子位的两个值。在液体中，分子存在随机热运动，由于相邻核的随机涨落，数值倾向平均，从而导致磁场处在一种核的状态下。但是在分子范围内，如果扰乱电子轨道，改变一个核的状态将对另外一个核产生一定影响。庄等人[23]利用这一现象，用氯仿（$CHCl_3$）中 H^1 和 C^{13} 的核状态构造逻辑门，其中每个核的自旋都是 1/2，将氯仿放置在强轴向磁场中，沿磁场朝向核自旋方向，在 C^{13} 谐振频率处，用 90° 射频脉冲促使 C^{13} 核自旋轴旋进，一般条件下，在平面上与轴线成直角，旋进的频率恰好取决于氢原子核（质子）的状态，向上或向下；因此，有一段时间，90° 原子核与 H 核的旋进角处于两种状态，也就是方向相反状态。为 C^{13} 核赋予一个 90° 的脉冲，如果 H 核指向上，C^{13} 核最终会指向下方，反之亦然，这实际上形成了一个控制非门。

最近有一篇报道称[24]，量子控制非门可用 1.55μm 波段的电磁波辐射操纵。该控制非门基于光纤系统，由于两个光子的量子位交互作用较弱，所以用光子进行量子计算可降低工作难度。

参考文献

1. T. L.Gustavson et al., Classical Quant. Grav. 17, 2385-2398 （2000）

2. M.A. Porter et al., Phys. Lett. A. 352, 210-215 （2006）

3. P.D. Kunz et al., （NIST）, 41st Annual PTTI Meeting, 2009

4. L. de Brogue, Matteand Light （Dover, New York, 1939）

5. C. Cohen-Tannowdji, Rev. Mod. Phys. 70, 707 （1998）

6. B. Lounis, C. Cohen-Tannowdji, J. Phys. （France） 2, 579 （1992）

7. P.L. Gould et al., Phys. Rev. Lett. 56, 827 （1986）

8. D.L. Freimund, H. Batemaan, Phys. Rev. Lett. 89, 283682 （2002）

9. P.J. Martin et al., Phys. Rev. Lett. 60, 515 （1988）

10. M. Kozuma et al., Phys. Rev. Lett. 82, 871 （1999）

11. D.E. Pritchard et al., Ann. Phys. （Leipzig） 10, 35-54 （2001）

12. G.L. Gattobigio et al., Phys. Rev. Lett. 107, 254104 （2011）

13. K. Takase, Ph.D. thesis, Stanford University, 2008

14. C. H-T. Wang, R. Bingham, J.T. Mendonca, arXiv:gr-qc/0603112v3, 26 Jul 2006

15. J.8. Zacharias, Phys. Rev. 94, 751 （1954）

16. S. Chu et al., Phys. Rev. Lett. 55, 48 （1985）

17. M.A. Kasevich, Phys. Rev. Lett. 63, 612 （1989）

18. S.8. Jefferts et al., Proc. SPIE 6673, 667309 （2007）

19. C. Vian et al., IEEE Trans. Instrum. Meas. 54, 833 （2005）

20. T.P. Heavner et al., in IEEElEIA International Frequency Control Symposium, 2002, p. 473

21. C. Munroe et al., Phys. Rev. Lett. 75,4714 （1995）. and Phys. Rev.A, 55 82489 （1997）

22. C. Kloeffel, D. Loss, Annu. Rev. Con. Mat. Phys. 4, 51 （2013）

23. I.L.Chuang et al., Proc. R. Soc. London 454, 447 （1998）

24. J. Chen et al., Phys. Rev. Lett. 100, 133603 （2008）

后 记

　　新兴量子科学的曙光可以解开导航"何去何从"的问题（不是给上帝，而是给导航员的一封信），并使之在其历史背景下更为清晰化，尽管可能还比较粗略。因此我们希望，本书能够激发人们的热情，不断地深入探究这一课题，并参与其发展历程，或至少做到物尽所用。我们应该铭记英雄信鸽 Cher Ami（亲爱的朋友），这只坚强的鸟类导航员，去理解它的忠诚和担当！